一学就会

魔法书

（第3版）

U0322193

AutoCAD 2012绘图基础

（第3版）

九州书源

张良军　徐云江　编著

清華大学出版社

北　京

内 容 简 介

《AutoCAD 2012绘图基础（第3版）》一书讲述了AutoCAD 2012绘图所需的相关基础知识，主要内容包括AutoCAD 2012软件的基础知识，使用AutoCAD绘制图形的基础知识，绘制简单图形对象的方法，图形的基本编辑和高级编辑知识，如何使用图层管理绘制的图形、图块和图案，如何标注图形尺寸，使用文本和表格说明图形，三维图形的绘制基础，如何编辑三维模型以及图形的输出和协作等，最后通过综合实例练习AutoCAD绘制图形的方法和分析思路，提高读者的综合应用能力。

本书深入浅出，以“小魔女”对AutoCAD绘图一窍不通到能熟练掌握AutoCAD 2012绘图的方法为线索贯穿始终，引导初学者学习。本书选择了大量实际工作中的应用实例，以帮助读者掌握相关知识；每章后面附有大量丰富生动的练习题，以检验读者对本章知识点的掌握程度，达到巩固所学知识的目的。

本书及光盘还有如下特点及资源：情景式教学、互动教学演示、模拟操作练习、丰富的实例、大量学习技巧、素材源文件、电子书阅读、大量拓展资源等。

本书定位于有意从事计算机辅助设计的初学者，适用于工厂技术人员、装饰装潢设计师、在校学生、教师等学习和参考，也可作为各类AutoCAD培训或计算机辅助设计培训课程的教材。

图书在版编目（CIP）数据

AutoCAD 2012绘图基础/九州书源编著．—3版．—北京：清华大学出版社，2013
（一学就会魔法书）

ISBN 978-7-302-31581-0

Ⅰ．①A…　Ⅱ．①九…　Ⅲ．①AutoCAD软件　Ⅳ．①TP391.72

中国版本图书馆CIP数据核字（2013）第030682号

责任编辑：赵洛育
封面设计：刘洪利
版式设计：文森时代
责任校对：赵丽杰
责任印制：何　芊

出版发行：清华大学出版社
网　　址：http://www.tup.com.cn，http://www.wqbook.com
地　　址：北京清华大学学研大厦A座　　**邮　　编**：100084
社 总 机：010-62770175　　**邮　　购**：010-62786544
投稿与读者服务：010-62776969，c-service@tup.tsinghua.edu.cn
质 量 反 馈：010-62772015，zhiliang@tup.tsinghua.edu.cn
印 装 者：北京鑫海金澳胶印有限公司
经　　销：全国新华书店
开　　本：185mm×260mm　　**印　张**：18　　**字　　数**：416千字
（附光盘1张）
版　　次：2005年8月第1版　　2013年10月第3版　　**印　　次**：2013年10月第1次印刷
印　　数：31001～36200
定　　价：39.80元

产品编号：046283-01

再致亲爱的读者

——一学就会魔法书（第3版）序

首先感谢您对“一学就会魔法书”的支持与厚爱！

“一学就会魔法书”（第1版）自2005年8月出版以来，曾在全国各大书店畅销一时，2009年7月“一学就会魔法书”（第2版）出版，备受市场瞩目。截止目前，先后有百余万读者通过这套书学习了电脑相关技能，被全国各地550多家电脑培训机构、机关、社区、企业、学校选作培训教材，累计销售近150万册。其中丛书第1版本5种荣获2006年度“全行业优秀畅销品种”，丛书第2版1种荣获第2届“全国大学出版社优秀畅销书”，丛书第1版、第2版荣获清华大学出版社优秀畅销系列书，连续8年在市场上表现良好。

许多热心读者反映，通过“一学就会魔法书”学会了电脑操作，为自己的工作与生活带来了乐趣。有的读者希望增加一些新的品种；有的读者反映一些知识落后了，希望能出新的版本。为了满足广大读者的需求，我们对“一学就会魔法书”（第2版）进行了大幅度更新，包括内容、版式、封面和光盘运行环境的更新与优化，同时还增加了很多新的、流行的品种，使内容更加贴近读者，与时俱进。

“一学就会魔法书”（第3版）继承了第2版的优点：“轻松活泼”“起点低，入门快，实例多”和“情景式学习”等，光盘则“可快慢调节、可模拟操作练习、包含素材源文件”，还有大量学习技巧和拓展视频等。

一、丛书内容特点

本丛书内容有以下特点：

（一）情景式教学，让电脑学习轻松愉快

本丛书为读者设置了一个轻松、活泼的学习情境，书中以“小魔女”的学习历程为线索，循着她学习的脚步，解决日常电脑应用的常见知识，同时还有“魔法师”深入浅出讲解各个知识点，并及时提出常见问题、学习技巧、学习建议等。情景式学习，寓教于乐，让学习轻松、充满乐趣。

（二）动态教学，操作流程一目了然

为了让读者更为直观地看到操作的动态过程，本丛书在讲解时尽量采用图示方式，并用醒目的序号标示操作顺序，且在关键处用简单的文字描述，在有联系的图与图之间用箭头连接起来，将电脑上的操作过程动态地体现在纸上，让读者在看书的同时感觉就像在电脑上操作一样直观。

（三）解疑释惑让学习畅通无阻，动手练习让学习由被动变主动

“魔力测试”让您可以随时动手，“常见问题解答”帮您清除学习路上的“拦路虎”，“过关练习”让您能强化操作技能，这些都是为了让读者主动学习而精心设计的。

本丛书中穿插的“小魔女”的各种疑问就是读者常见的问题，而“魔法师”的回答则让读者豁然开朗。这种一问一答的互动模式让学习畅通无阻。

二、光盘内容及其特点

本丛书的光盘是一套专业级交互式多媒体光盘，采用全程语音讲解、情景式教学、详细的图文对照方式，通过全方位的结合引导读者由浅至深，一步一步地完成各个知识点的学习。

（一）同步、互动多媒体教学演示，手把手教您

多媒体演示中，提出各式各样的问题，引出了各个知识点的学习任务；安排了一个知识渊博的“魔法师”耐心、详细地解答问题；另外还安排了一个调皮的“小精灵”，总是在不经意间让您了解一些学习的窍门。

（二）多媒体模拟操作练习，边看边练

通过“新手练习”按钮，用户可以边学边练；通过“交互”按钮，用户可以进行模拟操作，巩固学到的知识。

（三）素材、源文件等学习辅助资料

模仿是最快的学习方式，为了便于读者直接模仿书中内容进行操作，本书光盘提供所有实例的素材和源文件，读者可直接调用，非常方便。

（四）常见问题与学习技巧

光盘中给出了百余个与本书内容相关的各类实用技巧和常见问题，帮读者扫清学习障碍，提高学习效率。

（五）深入拓展学习资源

为了便于读者后续深入学习，开拓视野，本光盘赠送了较为深入的“视频教程”。

（六）电子阅读

为了方便读者在电脑上学习，光盘中配备了电子书，读者可直接在电脑或者部分手机上学习。

九州书源

前　言

随着计算机辅助设计技术的普及，AutoCAD已经成为机械、建筑、电子、服装、石油、化工和冶金等行业不可缺少的设计绘图软件之一。它的出现改变了传统的绘图方式，不仅提高了绘图速度，而且推动了现代工业的发展。本书根据学习AutoCAD的不同层次读者的需要，从实际工作出发，以浅显易懂的讲解方式，介绍AutoCAD 2012绘图基础中最基本以及最需要掌握的内容。配合各章中的典型实例和过关练习，让读者在最短时间内以最快捷的方式掌握最实用的知识。

本书内容

本书从计算机初学者的角度出发，以循序渐进的方式将内容分为以下7个部分进行讲解。

章　　节	内　　容	目　　的
第1部分（第1～2章）	介绍AutoCAD 2012软件的基础知识和绘图前的准备知识	熟悉新版本软件的新功能并掌握绘制前的准备工作
第2部分（第3～5章）	介绍绘制和编辑二维图形的方法	熟练掌握各种绘制方法和编辑技巧
第3部分（第6～7章）	介绍使用图层、图块和图案管理和完善图形的方法	掌握管理图形、快速绘制图形和美化图形的方法
第4部分（第8～9章）	介绍为图形添加文字和表格说明以及标注图形尺寸的方法	掌握绘制图形过程中尺寸、文字和表格的使用知识
第5部分（第10～11章）	讲解三维图形的绘制和编辑	熟悉三维对象的绘制和编辑技巧
第6部分（第12章）	讲解AutoCAD与常用软件的协作知识以及图形输出知识	掌握图形的输出知识，了解各软件间的协作方法
第7部分（第13章）	综合实例	掌握使用AutoCAD绘制完整的建筑和机械图形以及三维模型的方法

本书适合的读者对象

本书适合以下读者：

（1）有意从事计算机辅助设计的初学者。

（2）工厂技术人员、装饰装潢设计师、在校学生、教师等。

（3）参加各类AutoCAD培训或计算机辅助设计培训的学员。

如何阅读本书

本书每章按“内容导读+学习要点+本章内容+本章小结+过关练习”的结构进行讲述。

- **内容导读：** 通过“小魔女”和“魔法师”的对话引出本章内容，活泼生动的语言让人读来兴趣盎然，同时了解学习本章的原因和重要性。

学习要点： 以简练的语言列出本章要点，使读者对本章将要讲解的内容一目了然。

本章内容： 将实例贯穿于知识点中讲解，将知识点和实例融为一体，以图示方式进行讲解，并通过典型实例强化巩固知识点。

本章小结： 由“小魔女”提出在学习和应用本章相关知识时遇到的疑难问题，“魔法师”给出具体回答，并传授几招给“小魔女”，帮读者解惑的同时，还能扩展所学的知识。

过关练习： 列举一些上机操作题，以提高读者的实际动手能力。

另外，了解以下几点更有利于学习本书。

（1）本书设计了调皮好学的“小魔女”和知识渊博的“魔法师”两个人物，分别扮演学生和老师的角色，这两个人物将一直引导读者进行学习，在多媒体光盘中更是可以随着小魔女的学习步伐，掌握所需的知识。

（2）本书在讲解知识点时尽量采用图示方式，用1、2、3表示操作顺序，并在关键步骤用简单的文字描述，有联系的图与图之间用箭头连接起来，体现操作的动态变化过程。

（3）本书将丰富生动的实例贯穿于知识点中，读者学完一个实例就学会了一种技能，能解决一个实际问题，读者在学习时可以有意识地用它来完成某个任务，帮助理解知识点。

（4）本书中穿插了小魔女和魔法师的提示语言以及“魔法档案”和“晋级秘诀”两个小栏目。这些都是需要重点注意的地方。这些讲解将帮助读者进一步了解知识的应用方法和技巧。

（5）“过关练习”是巩固所学知识点和提高动手能力的关键，必须综合运用前面所学的知识点才能完成。建议读者一定要正确做完所有题目后再进入下一章的学习。

（6）本书配套有多媒体互动式教学光盘，读者可以在模拟环境下边学边练，达到事半功倍的效果。若读者想获取相关的软件，则需要自行购买正版软件或在网站上下载试用版使用。

本书的创作团队

本书由九州书源组织编著，张良军、徐云江主笔，其他参与本书编著、资料整理、多媒体开发及程序调试的人员有向萍、丛威、简超、宋玉霞、张娟、羊清忠、贺丽娟、宋晓均、刘凡馨、常开忠、曾福全、向利、付琦、杨明宇、陈晓颖、陆小平、廖宵、杨颖、李伟、赵云、赵华君、张永雄、余洪、唐青、范晶晶、牟俊、陈良、张笑、穆仁龙、黄沄、刘斌、骆源、夏帮贵、王君、朱非、杨学林、何周、卢炜，在此对大家的辛勤工作表示衷心的感谢！

若您在阅读本书过程中遇到困难或疑问，您可以给我们写信，我们的E-mail是book@jzbooks.com。我们还专门为本书开通了一个网站，以解答您的疑难问题，网址是http://www.jzbooks.com。另外也可以申请加入九州书源QQ群：122144955，进行交流与答疑。

编　者

目 录

Chapter 1

第1章

全新的AutoCAD 2012

小魔女：我想学习一些设计方面的软件，希望能对将来的工作有所帮助。

魔法师：这个想法不错哦！现在的设计都计算机化了，想学设计方面的软件，那你知道AutoCAD吗？

小魔女：我知道这个软件，我想学的软件正是它。

魔法师：我一直都在使用AutoCAD制作机械图形，对建筑绘图也有一定的了解。

小魔女：哦，是吗？那你能不能教教我？

魔法师：可以啊！我可以将我多年来在建筑和机械方面的设计经验全部告诉你。在学习AutoCAD之前，还是给你讲讲基础的知识吧！

学习要点：

- 了解AutoCAD
- 认识AutoCAD 2012
- AutoCAD 2012的三大空间
- AutoCAD文件的创建与管理
- 绘制图形的方法

1.1 了解AutoCAD

魔法师：在学习AutoCAD之前，还是需要对AutoCAD有一定的认识，你现在对AutoCAD有多少了解呢？

小魔女：你刚才不是说AutoCAD软件主要用于机械绘图和建筑绘图吗？

魔法师：嗯，这只是AutoCAD软件的一部分应用，除此之外，还有许多行业都在使用该软件，下面我就从如何获取AutoCAD软件开始讲解，让你更了解AutoCAD。

1.1.1 AutoCAD的获取

AutoCAD软件是由美国Autodesk公司发行的全球最大的二维和三维设计软件。AutoCAD可以在各种操作系统支持的微型计算机和工作站中运行，熟练地掌握该软件的各种应用和开发技巧，可以不断提高工作效率。

作为一款设计软件，AutoCAD的版本和新功能都在不断地更新，而如何获取新版本软件却成为众多用户的烦恼。其实，获取软件的方法很简单，目前最常用的方法就是在Autodesk公司的官方网站中下载。进入Autodesk公司的官方网站（http://www.autodesk.com.cn），如图1-1所示，单击页面中的“产品免费下载”超链接，在打开的页面中显示了Autodesk公司的所有产品，如图1-2所示，单击AutoCAD产品对应的“免费下载”超链接，在打开的页面中填写并提交表格，即可下载该软件。下载成功后，用户有30天的试用期，用户可在试用期内或马上购买该软件，使用正版的AutoCAD软件进行设计。

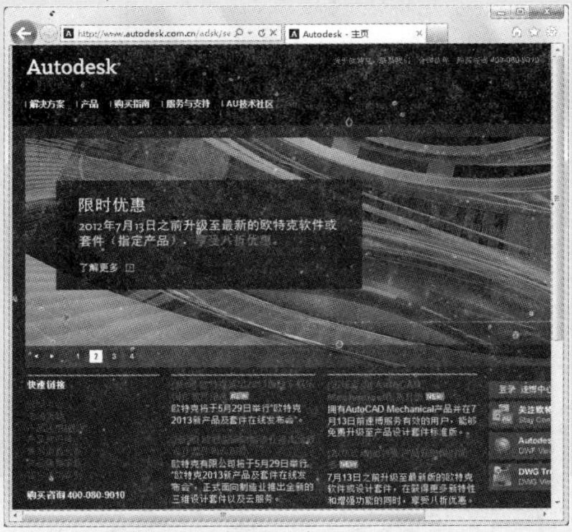

图1-1　Autodesk公司官方网站

图1-2　产品下载列表

1.1.2 AutoCAD的应用领域

AutoCAD全称是Auto Computer Aided Design，即计算机辅助设计，AutoCAD不仅在机械、建筑等行业得到了大规模的应用，同时也用于电子、石油、化工、冶金、地理、气象和航海等部门。

1. 在机械领域

AutoCAD在机械设计中应用相当普遍，使用它既可以绘制机械图样中的剖视图、剖面图、零件图、装配图等二维零件图（如图1-3所示），还可以绘制轴测图、三维线框图及三维实体图形等（如图1-4所示）。

CAD技术与传统的人工设计及绘图相比，有很大的优势，使用它可以更方便地绘制、编辑和修改图形，而且打印出的图纸版面非常整洁。CAD技术与CAM（Computer Aided Manufacture，即计算机辅助制造）、CAE（Computer Aided Engineering，即计算机辅助分析）技术相结合，无须借助图纸等媒介即可直接将设计结果传送至生产单位，并且通过CAE技术对产品的结构强度、刚度、屈曲稳定性、动力响应、热传导、三维多体接触和弹塑性等力学性能的分析计算以及结构性能的优化设计等问题进行详细分析，避免了许多人为因素造成的错误并降低了产品的生产成本。除此之外，AutoCAD还可以方便地与Photoshop和3ds Max等软件相结合，从而制作出极具真实感的三维透视和动画效果。

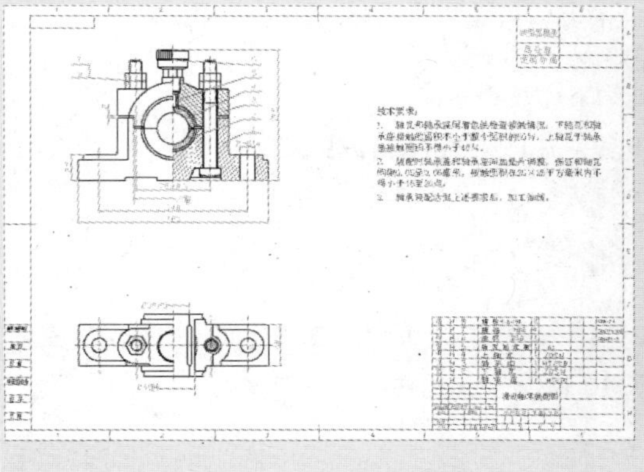

图1-3　二维零件图

图1-4　三维模型

2. 在建筑领域

AutoCAD在建筑方面的应用也非常广泛。使用它可以更方便地绘制所需的平面图、立面图、剖面图、表现图、细部表现图和竣工验收图等，如图1-5所示。同时，也可以使用AutoCAD的三维绘图功能，根据绘制的立面图绘制出整个建筑模型或单个房间模型，如图1-6所示。在建筑领域中通过该软件还可以快速地创建、轻松地共享以及高效地管理各种类型的建筑方案图、建筑施工图等。目前，市面上出现了许多以AutoCAD作为平台的建筑专业设计软件，如天正、ABD、建筑之星、圆方、华远和容创达等。要熟练运用这些专业软件，首先必须熟悉和掌握AutoCAD。

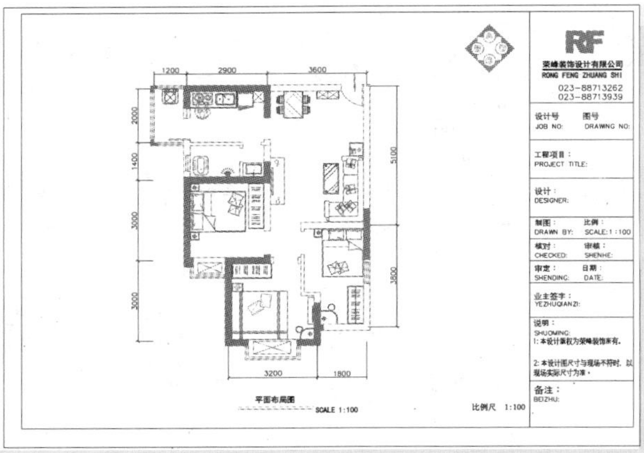

图1-5　建筑施工平面图

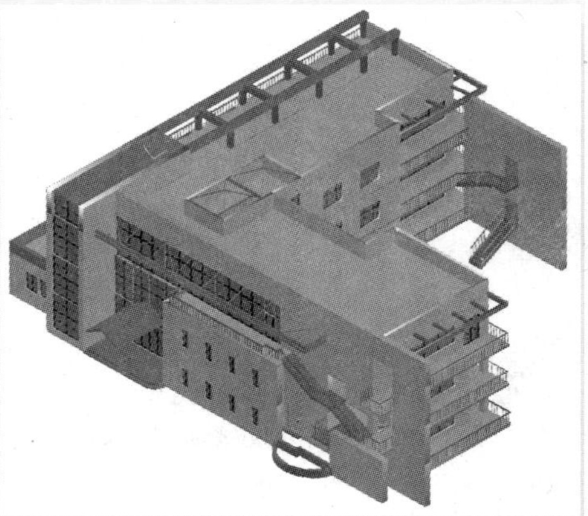

图1-6　建筑三维模型

1.1.3 AutoCAD 2012的系统配置

随着版本的不断更新，AutoCAD的功能也在不断更新，要想使其发挥出优秀的性能，对系统的配置要求也相对比旧版本高一些。AutoCAD 2012系统配置的基本要求如表1-1所示。

表1-1　AutoCAD 2012的系统配置要求

名　称	配置建议
操作系统	Windows XP SP3以上、Windows Vista SP2以上以及Windows 7各版本
浏览器	Internet Explorer ® 7.0 或更高版本
CPU	Windows XP系统建议采用双核1.6 GHz 或更高的CPU Windows Vista 或 Windows 7建议采用双核2.3 GHz 或更高的CUP
内存	2 GB RAM（建议使用 4 GB）
磁盘空间	安装 10 GB（建议使用20 GB）
定点设备	3键鼠标
.NET Framework	.NET Framework 4.0
三维建模的其他需求	双核3.0 GHz 或更高的CUP，10 GB以上可用硬盘空间，4 GB RAM，支持Direct3D® 功能的显卡，显存512 MB以上工作站级图形卡

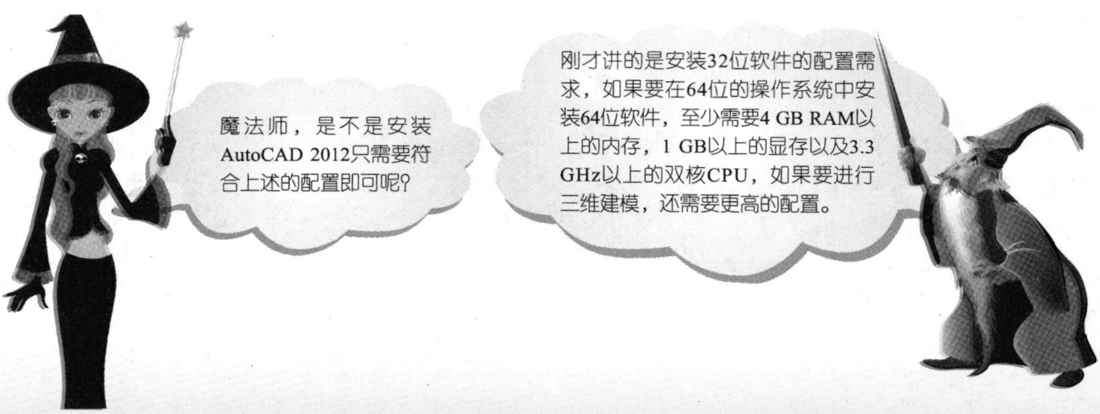

魔法师，是不是安装AutoCAD 2012只需要符合上述的配置即可呢？
刚才讲的是安装32位软件的配置需求，如果要在64位的操作系统中安装64位软件，至少需要4 GB RAM以上的内存，1 GB以上的显存以及3.3 GHz以上的双核CPU，如果要进行三维建模，还需要更高的配置。

1.1.4 启动AutoCAD 2012

在使用AutoCAD进行设计绘图之前，首先应启动该软件，启动AutoCAD 2012的方法主要有如下几种：

- 通过“开始”菜单启动：与其他多数应用软件类似，安装AutoCAD 2012后，系统会自动在“开始”菜单的“所有程序”子菜单中创建一个名为“AutoCAD 2012”的程序组，选择该程序组里的“AutoCAD 2012”命令即可启动AutoCAD 2012，如图1-7所示。
- 通过桌面快捷方式启动：安装AutoCAD 2012后，系统还会在Windows桌面上添加如图1-8所示的快捷方式图标。双击该快捷方式图标即可启动AutoCAD 2012。
- 通过打开AutoCAD文件方式启动：如果用户计算机中有AutoCAD图形文件，则双击扩展名为.dwg的文件，也可启动AutoCAD 2012并打开该图形文件。

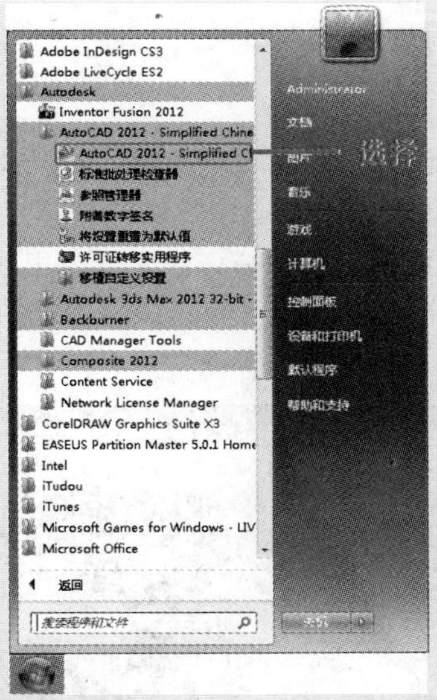

图1-7　通过“开始”菜单启动

图1-8　通过桌面快捷方式启动

1.1.5 退出AutoCAD 2012

在AutoCAD 2012中绘制完图形文件后，退出AutoCAD 2012的方法主要有如下几种：

- 单击AutoCAD窗口右上角的“关闭”按钮。
- 单击AutoCAD界面中的“应用程序”按钮，在打开的应用程序菜单中单击“退出 AutoCAD 2012”按钮。
- 双击AutoCAD界面中的“应用程序”按钮。
- 直接按【Alt+F4】组合键或【Ctrl+Q】组合键。

1.2 认识AutoCAD 2012

小魔女：魔法师，刚才你提到了软件的版本在不断更新，那AutoCAD 2012又有什么不同的变化呢？

魔法师：其实，各个版本之间的基本功能都相同，只是对一些功能进行了改进，使其更简单、易用。

小魔女：哦，原来是这样！那你快带我去认识AutoCAD 2012吧，虽然想学AutoCAD软件，但是我还真的不太认识它。

1.2.1 AutoCAD 2012独特的新功能

Autodesk公司每发布一个AutoCAD新版本都会更新一些新功能，AutoCAD 2012也不例外，在该版本中更新的新功能要比以往的版本更多，下面将对其进行讲解。

1. 能导入更多格式的外部数据

AutoCAD 2012在数据的导入方面进行了更大的改进，改进后的导入功能能够完美支持UG NX、Solidworks、IGES、CATIA、Rhino、Pro/ENGINEER、3ds Max以及STEP等文件的导入，使数据的交换更加方便。如图1-9所示为导入Pro/ENGINEER进行分模的文件效果，如图1-10所示为导入3ds Max绘制三维模型效果。

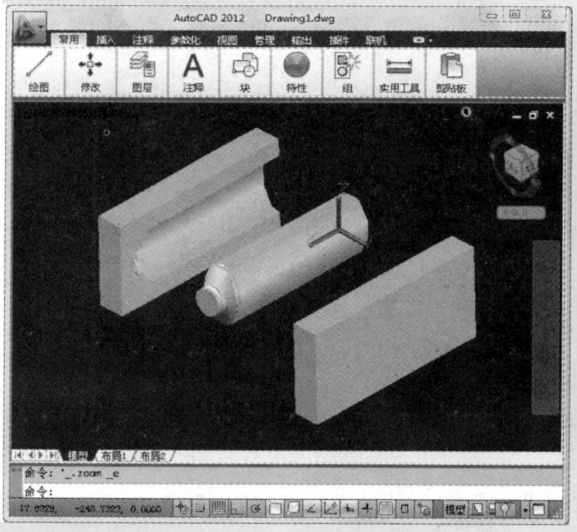

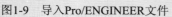

图1-9　导入Pro/ENGINEER文件

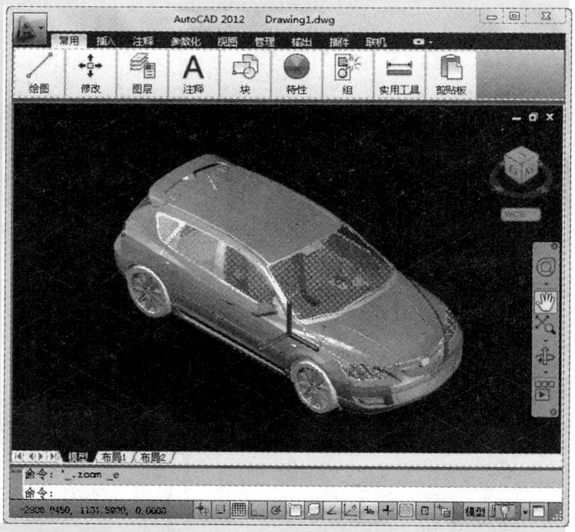

图1-10　导入3ds Max文件

2. UCS坐标的操作更加方便

UCS作为AutoCAD中最重要的坐标系，在绘制图形时经常需要对其进行编辑，如更改UCS坐标的方向，以在不同的平面绘制图形。

在以前的版本中，更改UCS坐标需要执行相应的命令，然后输入相应的值来更改坐标的方向，然而在AutoCAD 2012中，对这一功能进行了改进，可以直接选择UCS坐标，然后通过夹点来改变坐标的方向，如图1-11所示。

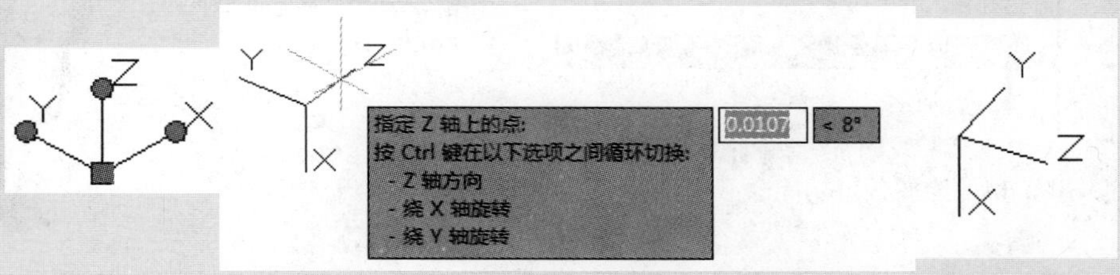

图1-11　通过夹点改变UCS坐标方向

3. 自动完成功能

自动完成功能是指在输入命令时，系统自动提供一份清单，列出匹配的命令名称、系统变量和命令别名，更好地帮助用户有效地访问命令。比如在输入“L”时，系统会自动列出以“L”开头的所有命令供用户选择，如图1-12所示为在动态输入功能下和命令行中自动完成功能列出的命令清单。

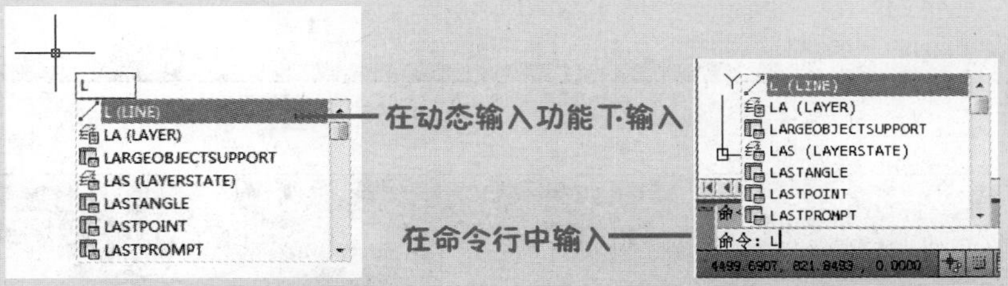

图1-12　自动完成功能

4. 更强大的夹点编辑功能

夹点编辑功能是编辑图形最常使用的功能之一，在AutoCAD 2012中，这一功能增加了更多的选项和菜单，让夹点编辑更人性化。如图1-13所示为夹点编辑的选项和菜单。

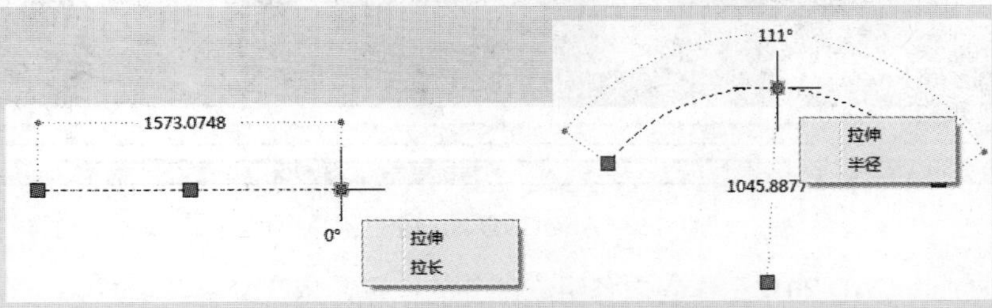

图1-13　夹点编辑的选项和菜单

5. 绘图预览功能

在AutoCAD 2012中，还增加了一个功能就是绘图预览功能，该功能能实现在绘制或编辑图形确定命令前，对所要执行的绘图命令或编辑命令进行预览。比如在对图形对象进行圆角操作时，选择第一条圆角边后将光标移动到第二条圆角边上就能看见预览效果，如图1-14所示。

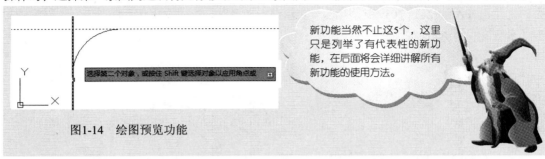

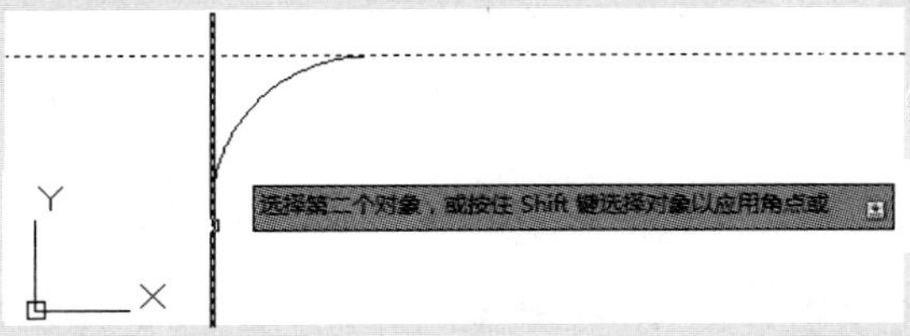

图1-14　绘图预览功能

新功能当然不止这5个，这里只是列举了有代表性的新功能，在后面将会详细讲解所有新功能的使用方法。

1.2.2 认识AutoCAD 2012的工作界面

其实，AutoCAD 2012的工作界面也是一个重要的更新，新的工作界面使操作更人性化。当启动AutoCAD 2012后，将打开其工作界面，并自动新建一个名称为“Drawing1.dwg”的文件，其工作界面主要由标题栏、应用程序按钮、功能区、绘图区、视口标签菜单、视点工具、导航栏、十字光标、UCS图标、命令行和状态栏等部分组成，如图1-15所示。

图1-15　AutoCAD 2012的工作界面

下面根据AutoCAD 2012工作界面各组成部分的位置，依次介绍其功能。

1. 标题栏

AutoCAD 2012的标题栏位于工作界面最上方，与其他应用软件的标题栏结构及功能类似。在标题栏中主要包含了快速访问工具栏、工作空间、应用程序名称、搜索区和窗口控制按钮等，如图1-16所示。

图1-16 标题栏

各部分的含义分别如下。

- **快速访问工具栏**：快速访问工具栏中有各种常用的文件操作命令按钮，如新建、打开、保存、打印等，也可以根据需要，通过单击工作空间旁边的▾按钮，在打开的下拉列表框中添加或删除命令按钮。
- **工作空间**：单击 草图与注释 ▾ 按钮，在打开的下拉列表框中选择相应的工作空间，可对AutoCAD的工作空间进行切换或对工作空间进行设置。
- **应用程序名称**：应用程序名称主要用于显示当前窗口的程序名、版本号，以及当前正在编辑的图形文件名称等。
- **搜索区**：该区域可用于搜索各种命令的使用方法、相关操作等。在搜索区旁边的是登录区，注册过AutoCAD账户的用户可以在登录后将绘制的图像上传到网络中。
- **窗口控制按钮**：该区域主要有3个按钮，可分别实现AutoCAD 2012窗口的最小化、最大化、还原和关闭操作。

2. 应用程序按钮

单击“应用程序”按钮，将会打开如图1-17所示的应用程序菜单，在该菜单的左边可以快速地创建图形、打开现有图形、保存图形、输出图形、打印图形、发布图形以及关闭图形等，在应用菜单的右边可以退出AutoCAD 2012、打开“选项”对话框和打开最近使用的文档。将光标放在需要打开的文档上将会打开该文档的预览图和基本信息，如图1-18所示。

图1-17 应用程序菜单

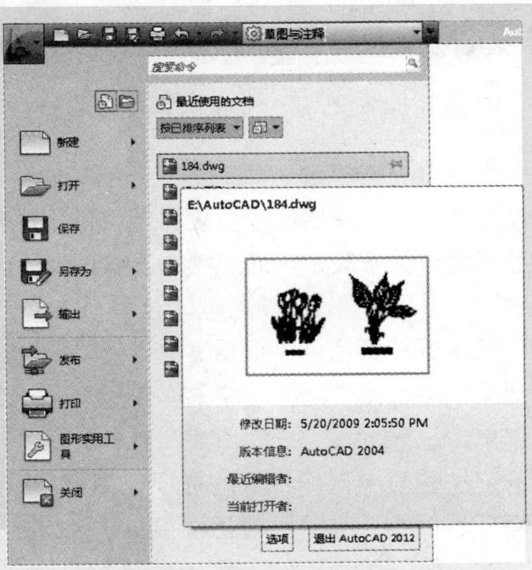

图1-18 预览最近打开的文件信息

3. 功能区

功能区位于标题栏下方，主要由选项卡和面板组成。根据需要可以对功能区进行最小化选项卡、最小化面板标题以及最小化面板按钮等操作，只需要单击功能区中选项卡后面的按钮，然后在打开的下拉列表框中选择相应的选项即可。

除此之外，在AutoCAD 2012中可以设置选项卡的显示数目以及各选项卡中面板的显示数量。下面将“常用”选项卡的“实用工具”面板和“联机”选项卡进行隐藏，其具体操作如下：

步骤 01 在功能区中单击鼠标右键，在打开的快捷菜单中选择“显示面板”命令，在打开的下级菜单中选择“实用工具”选项，取消该选项前面的✓标记，如图1-19所示。

步骤 02 在功能区中单击鼠标右键，在打开的快捷菜单中选择“显示选项卡”命令，在打开的下级菜单中选择“联机”选项，如图1-20所示。

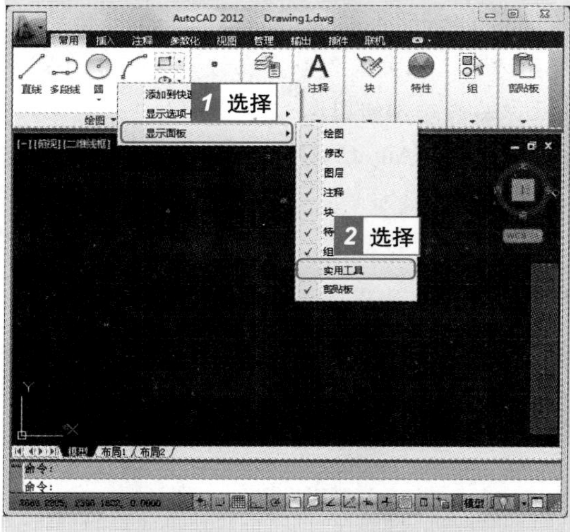

图1-19 隐藏“实用工具”面板

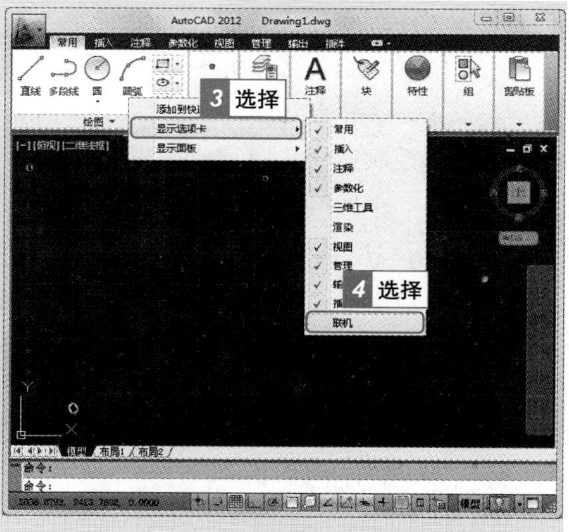

图1-20 隐藏“联机”选项卡

4. 绘图区

绘图区是用户绘图的主要区域，位于屏幕中央的空白区域，绘图区没有边界，无论多大的图形都可置于其中，通过绘图区右侧及下方的滚动条可使当前绘图区进行上、下、左、右移动。

绘图区的颜色可以根据需要进行设置，其方法为：在绘图区中单击鼠标右键，在打开的快捷菜单中选择“选项”命令。在打开的“选项”对话框的“显示”选项卡的“窗口元素”栏中单击颜色(C)...按钮，如图1-21所示。然后在打开的“图形窗口颜色”对话框中的“颜色”下拉列表中选择相应的选项，如图1-22所示，单击应用并关闭(A)按钮，返回“选项”对话框。最后在“选项”对话框中单击确定按钮，返回绘图区查看更改的颜色。同时，在“图形窗口颜色”对话框中还可以在“界面元素”列表框中选择其他选项并对其颜色进行修改。

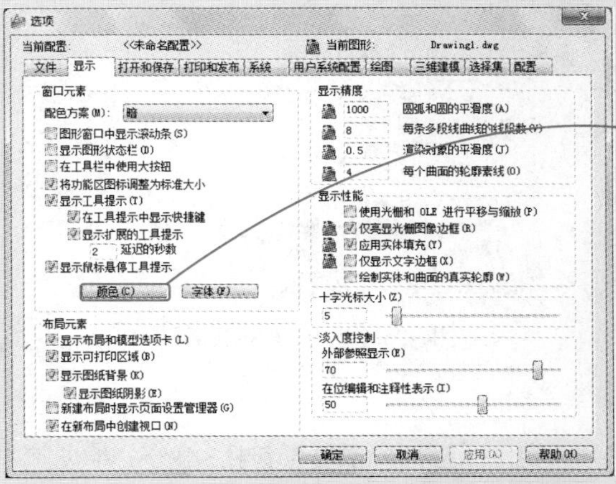

图1-21　“选项”对话框

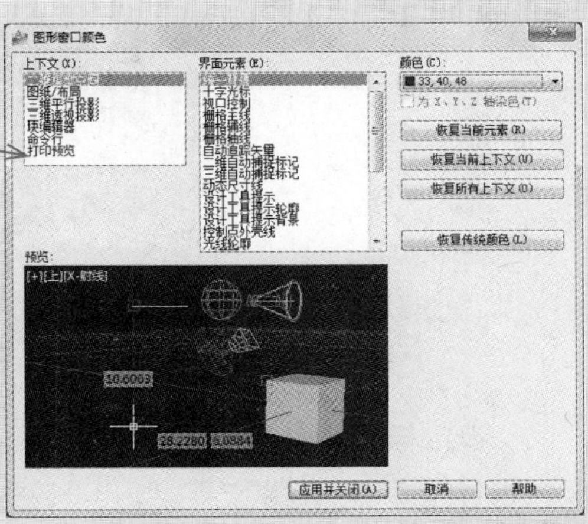

图1-22　“图形窗口颜色”对话框

5. 十字光标

在绘图区中，有一个可移动的十字光标，该十字光标的交点显示了当前点在坐标系中的位置，十字光标与当前用户坐标系的X、Y坐标轴平行。系统默认的十字光标的大小为屏幕大小的5%，用户可根据实际需要设定十字光标大小。设置十字光标的大小主要是通过在“选项”对话框中的“十字光标大小”栏的文本框中输入大小值或拖动文本框后面的滑块来调整，如图1-23所示，设置完成后单击确定按钮即可完成设置。

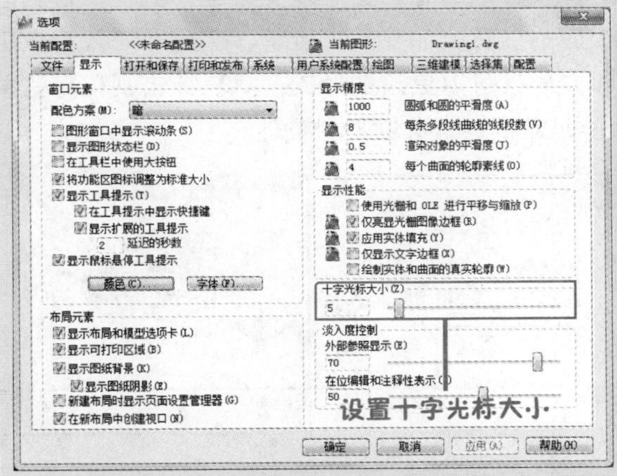

图1-23　“选项”对话框

6. UCS图标

UCS图标就是坐标系图标，位于AutoCAD 2012绘图区的左下角，主要用于显示当前使用的坐标系以及坐标方向等。在不同的视图模式下，该坐标系所指的方向不同。

用户可以根据自己的需要将UCS图标打开或关闭，还可以更改UCS图标的样式和大小，其具体操作如下：

步骤 01 选择“视图”/“坐标”组，单击“命名UCS”按钮，打开“UCS”对话框，如图1-24所示。

步骤 02 选择“设置”选项卡，在“UCS图标设置”栏下取消选中开(O)复选框，如图1-25所示，单击确定按钮，完成设置。关闭“UCS”对话框，返回到工作界面中即可查看到坐标系图标已被隐藏。

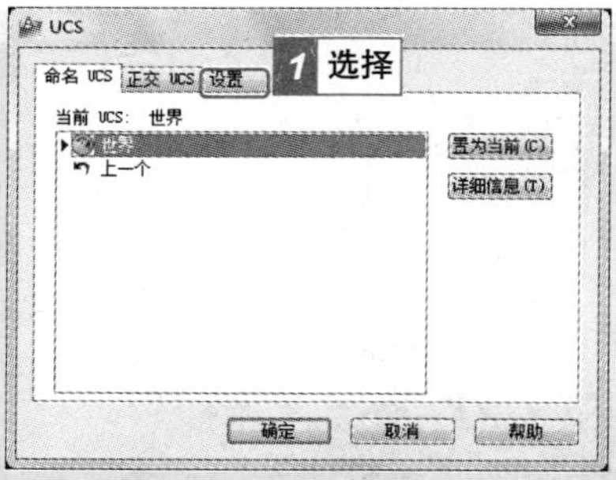

图1-24 “UCS”对话框

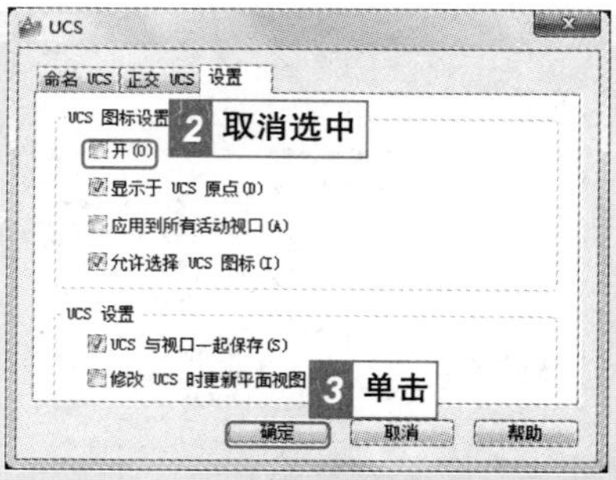

图1-25 进行UCS图标设置

7. 视口标签菜单与视点工具

视口标签菜单与视点工具主要用于调整视口，视口标签菜单中主要包括3部分。单击其中的[-]图标，在打开的快捷菜单中选择“恢复视口”命令，即可将视口恢复为三视图视口，该模式下的视口非常适合绘制三维模型，如图1-26所示。单击其中的俯视图标，在打开的快捷菜单中选择相应的命令，还可以更改图形的视点，更改视点后，绘图区右上方的视点工具也会发生相应的变化，如图1-27所示。除此之外，视点工具是一个立方体，单击立方体中的各个角点和面同样可以更改图形的视点。单击视口标签菜单中的二维线框图标，在打开的快捷菜单中还可以更改图形的视觉样式。

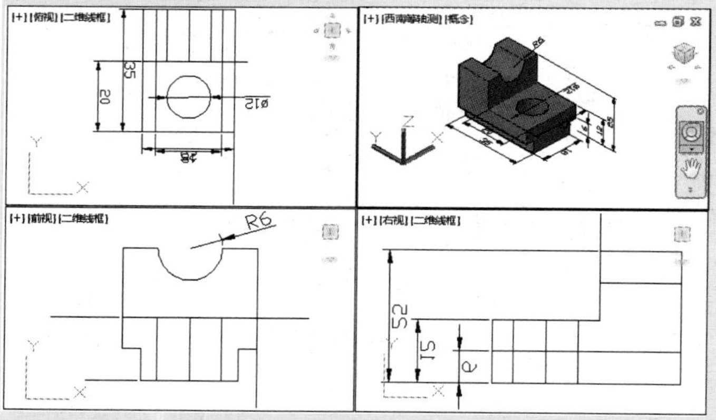

图1-26 三视图视口

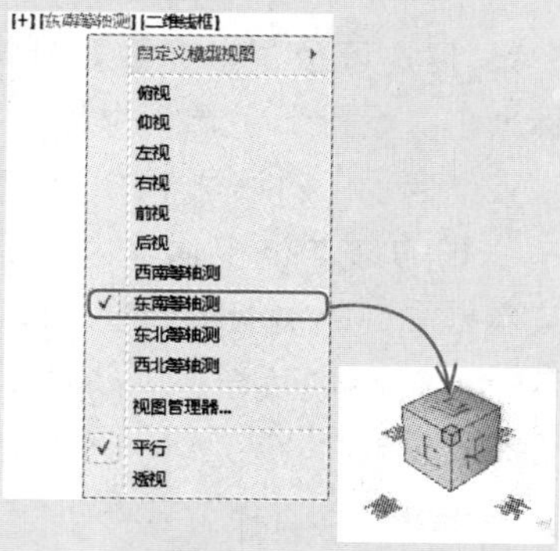

图1-27 更改视点

8. 导航栏

导航栏中集成了5个功能按钮，其功能主要用于辅助绘图，其具体作用如下。

- “全导航控制盘”按钮：单击该按钮后会在绘图区中出现一个导航盘，并跟随着光标移动，如图1-28所示，单击导航盘中的相应按钮即可执行对应的操作。
- “平移”按钮：单击该按钮后光标会变为形状。此时，可以按住鼠标左键来拖动绘图区，查看其中的图形对象。
- “范围缩放”按钮：单击该按钮后系统会自动将绘图区中的图形对象以最合适的比例满屏显示在绘图区中。

- “动态观察”按钮：单击该按钮后光标会变成形状，然后可以按住鼠标左键移动鼠标对图形对象进行三维查看，该功能多用于查看三维对象。
- “ShowMotion”按钮：该按钮主要是为创建和回放电影式相机动画提供屏幕显示，以便进行设计查看、演示和书签样式导航。

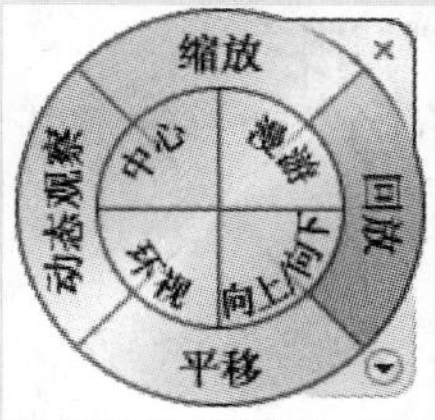

图1-28　导航盘

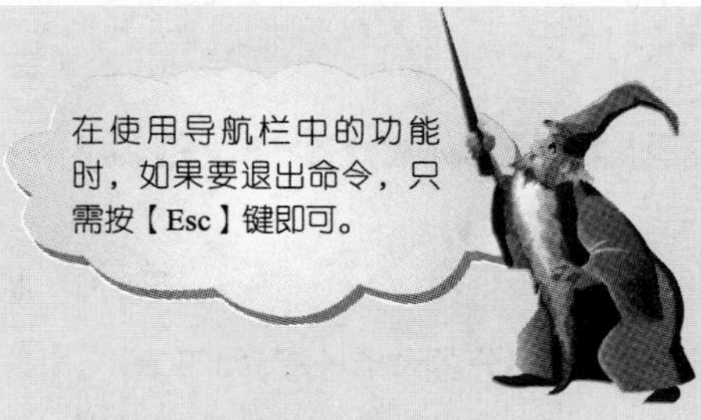

在使用导航栏中的功能时，如果要退出命令，只需按【Esc】键即可。

9. 命令行

命令行是AutoCAD与用户对话的一个平台，AutoCAD通过命令行反馈各种信息，用户应密切关注命令行中出现的信息，按信息提示进行相应的操作。

使用AutoCAD绘图时，命令行一般有两种显示状态，介绍如下。

- 等待命令输入状态：表示系统等待用户输入命令以绘制或编辑图形，如图1-29所示。
- 正在执行命令状态：在执行命令的过程中，命令行中将显示该命令的操作提示，以方便用户快速确定下一步操作，如图1-30所示。

图1-29　等待命令输入状态

图1-30　正在执行命令的状态

在绘图的过程中，如果需查看多行命令，可按【F2】键将“AutoCAD文本窗口”打开，该窗口中显示了对文件执行过的所有命令，如图1-31所示，也可在其中输入命令，命令行是随之变化的。

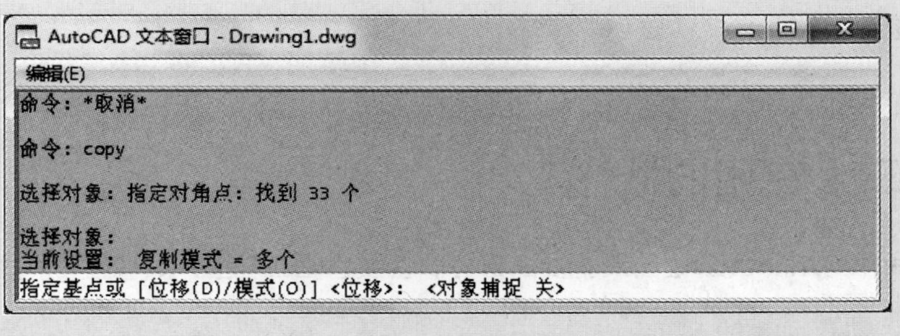

图1-31　文本窗口

10.状态栏

状态栏位于工作界面的最下方，主要由当前光标的坐标值、辅助工具按钮、布局、注释比例和状态栏菜单5部分组成，如图1-32所示。

图1-32　状态栏的组成

状态栏中各部分的作用分别如下。

- 当前光标的坐标值：在状态栏的最左方有一组数字，它跟随光标的移动发生变化，通过该栏用户可快速查看当前光标的位置及对应的坐标值。
- 辅助工具按钮：辅助工具按钮属于开关型按钮，即单击某个按钮，使其呈凹陷状态时表示启用该功能，再次单击该按钮使其呈凸起状态时则表示关闭该功能。
- 布局：在布局选项中，可以通过单击模型按钮，将当前的模型空间切换为图纸空间；单击按钮，可快速查看布局效果；单击按钮，则可快速查看当前布局中的对象。
- 注释比例：注释比例默认状态下是1:1，根据用户的不同可以自行调整注释比例，方法是单击其右侧的按钮，在打开的菜单中选择需要的比例即可。
- 状态栏菜单：单击按钮，在打开的菜单中选择相应的选项，可显示或隐藏状态栏中的相应部分。

1.3 AutoCAD 2012的三大空间

小魔女：魔法师，刚才你讲到的工作空间是怎么回事呢？感觉有点迷糊。

魔法师：工作空间是AutoCAD的三大空间之一，其余的两大空间为模型空间和图纸空间。

小魔女：空间？跟绘制三维模型有关吗？

魔法师：这三大空间是AutoCAD绘图最重要的部分，看来你确实很迷糊了。不要紧，下面我详细地给你讲解一下这三大空间吧！

1.3.1 三大空间的概念

三大空间作为AutoCAD绘图最重要的部分，主要包括工作空间、模型空间和图纸空间，其具体含义如下。

- 工作空间：工作空间是经过分组和组织的菜单、工具栏、工具选项板和控制面板的集合，使用户可以在自定义的、面向任务的绘图环境中工作。使用工作空间时，只会显示与任务相关的菜单、工具栏和工具选项板。此外，工作空间还会自动显示面板，一个带有特定任务的特殊选项板。

- **模型空间**：模型空间是可以建立三维坐标系的绘图空间，用户的大多数设计工作均在此空间中完成。AutoCAD默认启动时即进入模型空间。
- **图纸空间**：图纸空间又叫做布局空间，在该空间中只能进行二维操作，主要用于创建最终的打印布局，对图形最后输出效果进行布置。用户在布局空间中创建的对象在模型空间是不可见的。

> **魔法档案——模型空间和布局空间的区别**
>
> 模型空间和图纸空间的主要区别在于：模型空间是针对绘制与编辑图形的空间，是完成设计图形最初的地方。图纸空间主要是对图纸进行布局，模拟图纸的平面空间，其最终的目的是用于打印输出最后的效果图。

1.3.2 使用与配置工作空间

使用工作空间时，只会显示与任务相关的功能区选项板、面板等内容，在AutoCAD 2012中提供了二维草图和注释、三维基础、三维建模和AutoCAD经典等几个工作空间。

1. 使用其他工作空间

用户根据绘图需要可以使用其他工作空间进行绘图。通过单击快速访问工具栏中的 [草图与注释] 按钮，然后选择需要切换到的工作空间选项，即可切换到该工作空间中。

2. 配置工作空间

使用或切换工作空间，就是改变绘图区域的显示，用户可以在绘图过程中切换到另一个工作空间，还可以通过“自定义用户界面”对话框来管理工作空间。

下面将创建名为“机械设计”的工作空间，在该空间中的功能区的选项卡中将显示“注释”、“插入”、“输出”和“管理”选项卡，其具体操作如下：

步骤 01 单击 [草图与注释] 按钮，在打开的快捷菜单中选择“自定义”命令。

步骤 02 打开“自定义用户界面”对话框，在“工作空间”选项上单击鼠标右键，在弹出的快捷菜单中选择“新建工作空间”命令。

步骤 03 系统会在“工作空间”选项中创建一个新的工作空间，将新建的工作空间名称更改为“机械设计”，如图1-33所示。

步骤 04 在“工作空间内容”栏中单击 [自定义工作空间(C)] 按钮。

步骤 05 单击“功能区”选项前的“展开”按钮[+]，在展开的“选项卡”选项中依次展开内容，并选中☑注释、☑插入、☑管理和☑输出复选框，如图1-34所示。

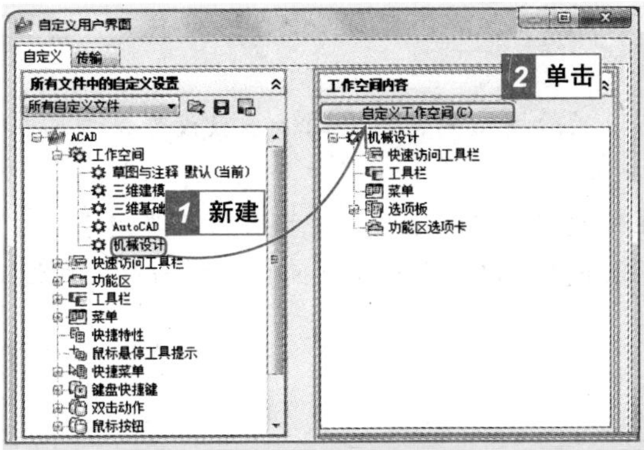

图1-33　新建工作空间

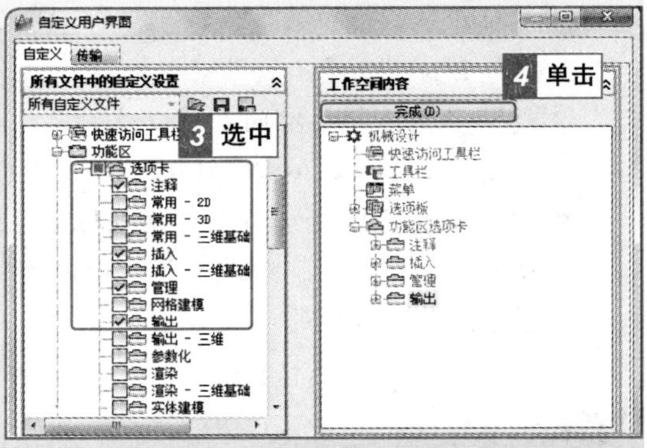

图1-34　设置工作区

步骤 06 单击窗格上方的 完成(D) 按钮，完成工作空间内容的设置，单击 确定(O) 按钮，完成工作空间的自定义操作，并返回绘图区。

步骤 07 在状态栏中单击 草图与注释 按钮，在打开的快捷菜单中选择“机械设计”命令，将工作空间切换为“机械设计”空间。

1.3.3 模型空间与图纸空间的切换

在模型空间绘制完图纸后，若需打印输出，可单击绘图区左下角的布局选项卡即“布局1”或“布局2”进入图纸空间，对图纸打印输出在纸上的布局效果进行设置，设置完毕后单击“模型”选项卡即可返回到模型空间中。

在图纸空间中，虽然不能对图形对象进行编辑，但是可以通过单击状态栏中的 模型 按钮进行切换，切换后在布局选项卡中将会出现视点工具和导航栏。此时，可以对图形对象进行编辑。

1.3.4 创建新的图纸空间

AutoCAD 2012在默认情况下提供了一个模型和图纸空间，用户可以根据需要创建多个图纸空间。创建图纸空间时，可以通过在模型和布局选项卡上单击鼠标右键，在打开的快捷菜单中选择“新建布局”命令的方法来创建一个空白的图纸空间。也可以根据样板文件来创建一个具有标题栏或其他对象的图纸空间。

下面将使用样板文件“Tutorial-mArch”来创建一个新的布局，其操作步骤如下：

步骤 01 使用鼠标右键单击“布局”选项卡，在弹出的快捷菜单中选择“来自样板”命令。

步骤 02 在打开的“从文件选择样板”对话框中选择“Tutorial-mArch”选项，单击 打开(O) 按钮，如图1-35所示。

步骤 03 打开“插入布局”对话框，单击 确定 按钮，确定布局空间的名称。

步骤 04 选择“ISO A1 布局”选项卡，将空间切换到ISO A1 布局，如图1-36所示。

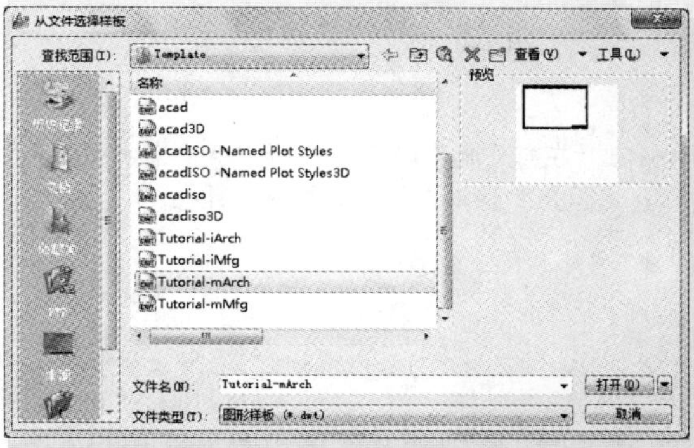

图1-35 “从文件选择样板”对话框

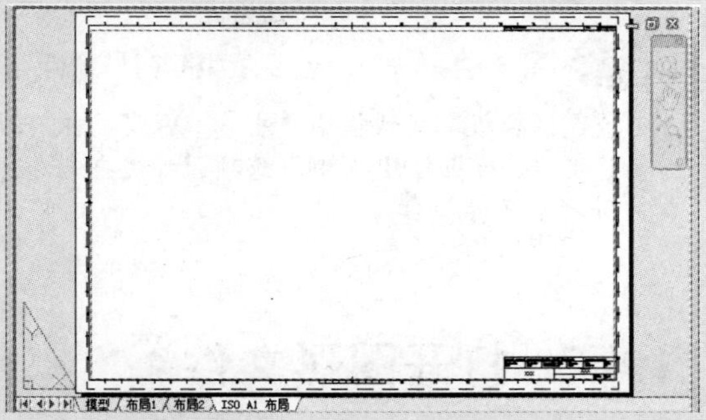

图1-36 最终效果

1.4 AutoCAD文件的创建与管理

小魔女：魔法师，AutoCAD的基础知识是不是已经讲完了？你现在是不是要教我怎么绘制图形了？

魔法师：前面给你讲的是最基础的知识，我接下来给你讲的是更重要的基础知识哦！那就是AutoCAD文件的创建与管理，你知道有哪些吗？

小魔女：我想应该与其他软件一样，包括新建、打开、保存、关闭和加密图形等操作吧。

1.4.1 新建图形文件

启动AutoCAD之后，将自动新建一个名为“Drawing1”的图形文件。用户也可以新建图形文件，以完成更多、更复杂的绘图操作，其方法主要有以下几种：

- 单击“应用程序”按钮，在打开的菜单中选择“新建”命令。
- 单击快速访问工具栏中的“新建”按钮。
- 在命令行中执行“NEW”命令。
- 按【Ctrl+N】组合键。

执行上述操作后，将打开“选择样板”对话框，在该对话框中选择新文件所要使用的样板文件，默认样板文件是acadiso.dwt，然后单击打开(O)按钮，如图1-37所示，即可基于选定样板新建一个文件。

图1-37 “选择样板”对话框

魔法档案——以公制或英制打开文件

在“选择样板”对话框中单击打开(O)按钮右侧的按钮，在打开的菜单中可选择“无样板打开-英制”或“无样板打开-公制”选项，如用户未进行任何选择，默认以选择“无样板打开–公制”选项打开图形文件。

1.4.2 打开图形文件

若要对计算机中已保存的AutoCAD文件进行编辑，必须先打开该文件，打开文件的方法主要有以下几种：

- 单击“应用程序”按钮，在打开的菜单中选择“打开”命令。
- 单击快速访问工具栏中的“打开”按钮。
- 在命令行中执行“OPEN”命令。
- 按【Ctrl+O】组合键。

执行上述任一操作后，将打开“选择文件”对话框，在“查找范围”下拉列表框中选择要打开的文件保存路径，在中间的列表框中选择要打开的文件，单击打开(O)按钮即可将选择的文件在当前绘图区中打开并显示出来。单击打开(O)按钮右侧的按钮，将打开文件的下拉菜单，其中“以只读方式打开”表示打开的图形不能进行修改，“局部打开”表示只打开用户接下来指定图层所在的图形，如图1-38所示。

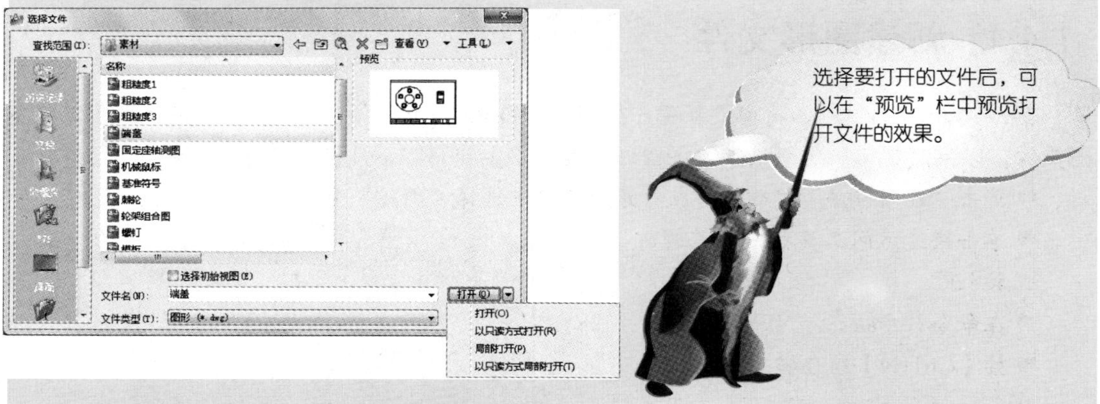

图1-38　“选择文件”对话框

1.4.3 保存图形文件

绘图完成以后应保存已绘制完成的图形，在绘图工作中也应随时保存图形，以免因死机、停电等意外事故使图形丢失。下面介绍在不同情况下保存图形文件的方法。

1. 保存新文件

新文件就是以前未进行过保存操作的文件，保存新图形文件的方法主要有：

- 单击“应用程序”按钮，在打开的菜单中选择“保存”或“另存为”命令。
- 在快速访问工具栏中单击“保存”按钮。
- 在命令行中执行“SAVE”/“SAVEAS”命令。
- 按【Ctrl+S】或【Ctrl+Shift+S】组合键。

执行上述任一操作后都将打开如图1-39所示的“图形另存为”对话框，在该对话框中的“保存于”下拉列表框中指定文件的保存路径，在“文件名”下拉列表框中输入要保存的文件名称，并在“文件类型”下拉列表框中选择要保存的文件类型，然后单击 保存(S) 按钮，即可将其保存到指定的文件夹中。

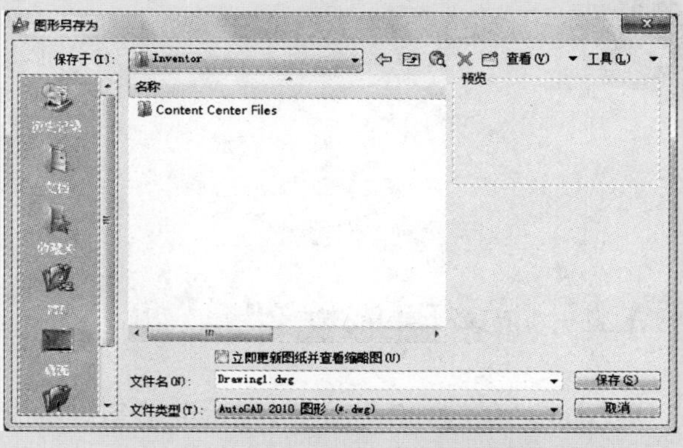

图1-39　“图形另存为”对话框

2. 保存编辑后的文件

保存编辑后的文件的方法介绍如下：

- 单击快速访问工具栏中的“保存”按钮。
- 在命令行执行“QSAVE”命令。
- 按【Ctrl+S】组合键。

如果图形从未被保存过，AutoCAD 2012会提示用户为图形命名存盘；如果图形已被保存过，就会按原文件名和文件路径存盘，而不再出现任何提示。如果需要将编辑好的文件保存在其他位置，可以单击“应用程序”按钮，在打开的菜单中选择“另存为”命令。

3. 自动保存正在编辑中的文件

在绘图过程中必须时刻注意保存图形文件，因为只有这样才能在计算机出现意外关机或死机时将损失降到最低，但这非常影响绘图速度，建议在绘制图形时使用AutoCAD 2012的自动保存功能，定时保存正在绘制的图形文件。

下面将在“选项”对话框中对文档的自动保存进行设置，其具体操作如下：

步骤 01　在绘图区中单击鼠标右键，在弹出的快捷菜单中选择“选项”命令。

步骤 02　在打开的“选项”对话框中选择“打开和保存”选项卡。

步骤 03　选中“文件安全措施”栏的 自动保存(U) 复选框，再在下面的文本框中输入想设定的自动保存的间隔时间，单击 确定 按钮关闭“选项”对话框，如图1-40所示。

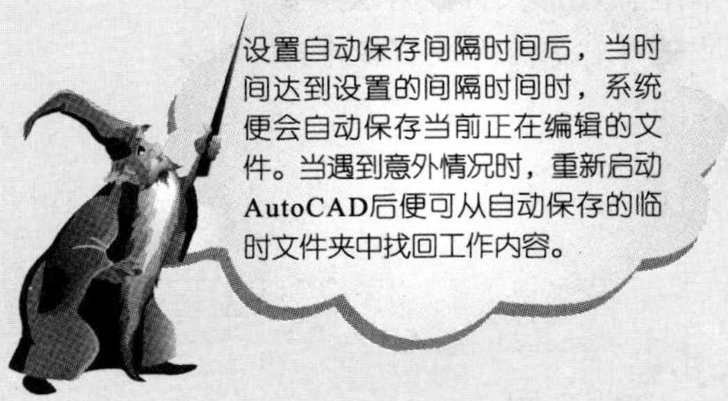
设置自动保存间隔时间后，当时间达到设置的间隔时间时，系统便会自动保存当前正在编辑的文件。当遇到意外情况时，重新启动AutoCAD后便可从自动保存的临时文件夹中找回工作内容。

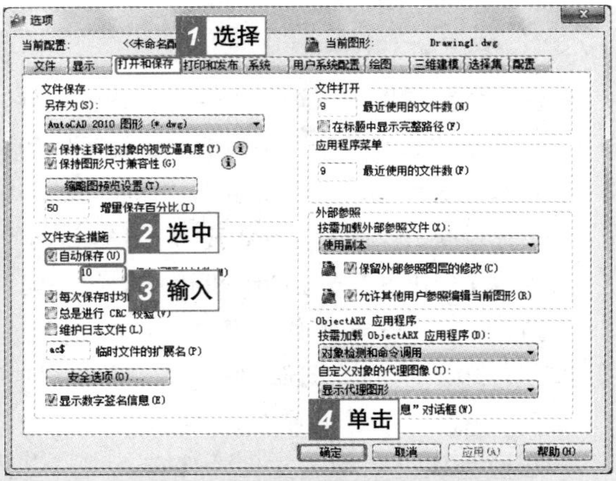

图1-40　设置自动保存时间

1.4.4 加密图形文件

在AutoCAD 2012中，在保存图形文件时可以使用密码保护功能对文件进行加密保存，限制打开文件的用户范围，提高资料的安全性，其具体操作如下：

步骤 01 在“图形另存为”对话框中单击工具(L) ▾按钮，在打开的菜单中选择“安全选项”命令，如图1-41所示。

步骤 02 打开“安全选项”对话框，在“用于打开此图形的密码或短语”文本框中输入打开权限密码，单击确定按钮，如图1-42所示。

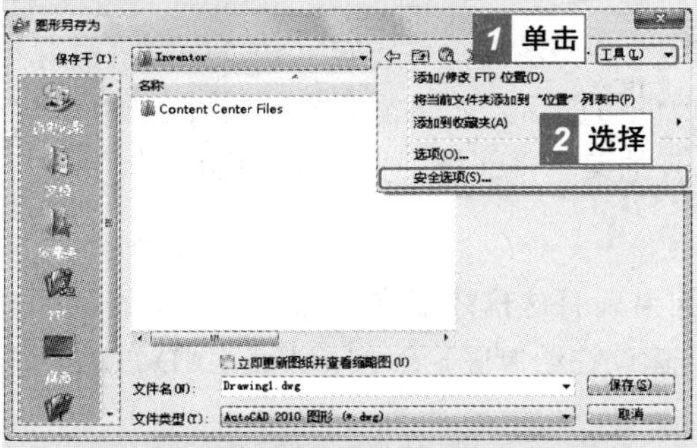

图1-41　“图形另存为”对话框

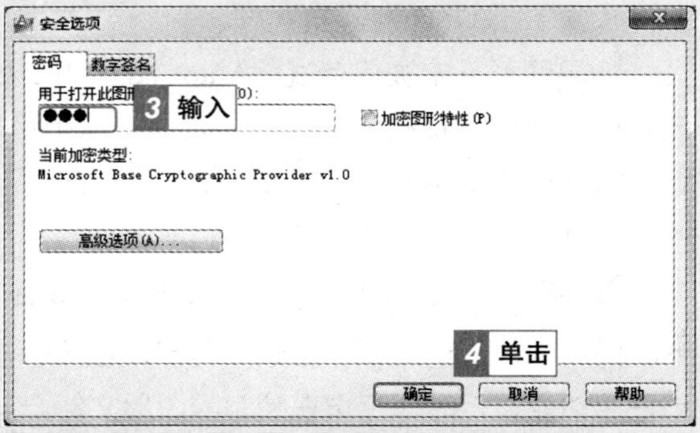

图1-42　设置打开图形密码

步骤 03 打开“确认密码”对话框，在“再次输入用于打开此图形的密码”文本框中再次输入相同的权限密码，单击确定按钮，如图1-43所示。返回“图形另存为”对话框中，指定图形保存的位置、文件名及文件类型后，单击保存(S)按钮即保存了一个经过加密的图形文件。

步骤 04 当用户下次打开该图形文件时，系统就会提示用户“请输入密码以打开图形”，用户输入密码后，单击确定按钮，若密码正确即可打开该文件，否则将不能打开该文件，如图1-44所示。

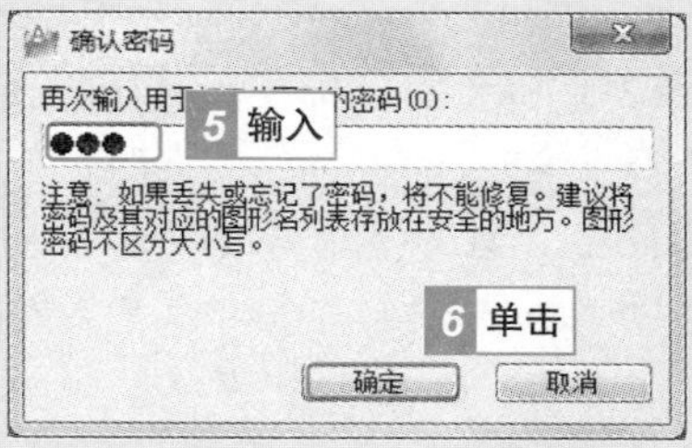

图1-43　确认权限密码

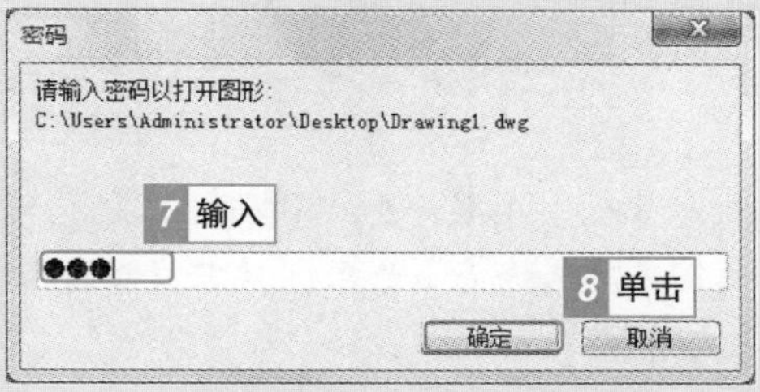

图1-44　输入打开权限密码

1.4.5　关闭图形文件

编辑完当前图形文件后，应将其保存关闭，关闭文件操作的方法主要有：

- 单击“应用程序”按钮，在打开的菜单中选择“关闭”命令。
- 单击绘图区中的“关闭”按钮。
- 在命令行中执行“CLOSE”命令。
- 按【Ctrl+F4】组合键。

魔法档案——未保存时关闭文件

关闭文件时如果尚未保存编辑过的文件，将打开提示对话框询问是否保存改动的图形信息，若要保存直接按【Enter】键即可。

1.5　绘制图形的方法

小魔女：其实，文件的创建与管理操作与其他软件的操作方法类似，不知道绘制图形的方法和其他软件是不是一样呢？

魔法师：使用AutoCAD绘图主要是通过命令来完成的，在AutoCAD中调用命令的方法有很多种，主要包括在命令行输入命令、使用功能区面板中的命令按钮等。不管采用哪种方式执行命令，命令提示行中都将显示相应的提示信息。

小魔女：绘制图形的方法居然有这么多，那你赶快给我讲讲吧！

1.5.1　在命令行输入命令绘图

在命令行输入命令绘图是很多熟悉并牢记绘图命令的用户比较青睐的方式，因为它可以有效地提高绘图速度，是最快捷的绘图方式，其输入方法是：在命令提示行单击鼠标左键，看到闪烁的鼠标光标后输入命令快捷键，按【Enter】或空格键确认命令输入，然后按照提示信息一步一步地进行绘制即可。

在执行命令过程中，系统经常会提示用户进行下一步的操作，其命令行提示的各种特殊符号的含义介绍如下：

- 在命令提示行[ ]符号中有以“/”符号隔开的内容：表示该命令下可执行的各个选项，若要选择某个选项，只需输入圆括号中的字母即可，该字母既可以是大写形式也可以是小写形式。例如，在执行“创建圆”命令过程中，输入“3P”，就可以3点方式绘制圆，如图1-45所示。
- 某些命令提示的后面有一个尖括号“< >”：其中的值是当前的默认值或是上次操作时使用的值，若在这类提示下，直接按【Enter】键则采用系统默认值或上次操作时使用的值并执行命令。

图1-45　通过命令方式绘图

1.5.2 使用功能区按钮绘图

用户在不知道命令的快捷键时，可以在功能区选项卡中的面板中单击相应的按钮执行绘图命令，其命令的执行结果与输入命令方式相同。

如需要执行直线命令就可以在“常用”选项卡中的“绘图”面板中单击“直线”按钮。在本书中将会采用选择“常用”/“绘图”组，单击“直线”按钮的方式进行描述。如果在面板中没有需要使用的按钮，可以单击面板中的下拉按钮，在展开的面板中寻找需要的功能按钮，如图1-46所示。在面板中还有一个形如的按钮，如图1-47所示，该按钮称为“展开”按钮，单击该按钮可以打开该面板对应的设置对话框或选项板。

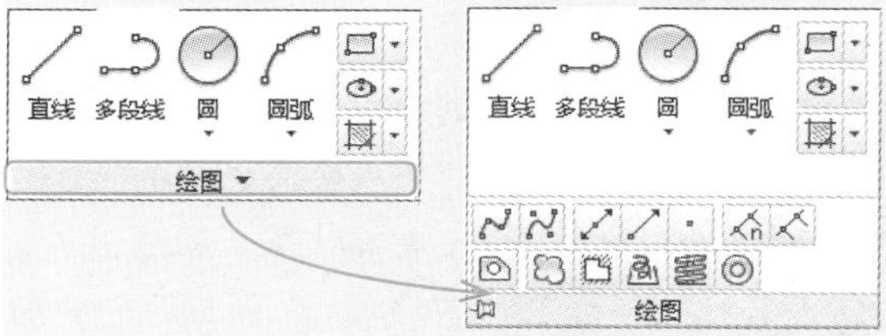

图1-46　展开面板中的按钮

图1-47　“展开”按钮

1.5.3 重复执行命令

要重复执行命令，无须再次输入命令。下面将讲解两种重复执行命令的方法。

- 只需在命令行为“命令:”提示状态时，直接按【Enter】或空格键，这时系统将自动执行前一次操作的命令。

- 如果用户需执行以前执行过的相同命令，可按【↑】键，这时将在“命令:”提示状态中依次显示前面输入的命令或参数，当出现需要执行的命令时，按【Enter】或空格键即可执行。

1.5.4 取消或恢复已执行的命令

如果执行完某一个操作后，觉得效果并不尽如人意，可取消前一次或前几次命令的执行结果。操作方法介绍如下：

- 单击快速访问工具栏中的“撤销”按钮，可撤销到前一次执行操作后的效果中，单击该按钮后的按钮，可在打开的快捷菜单中选择需撤销的最后一步操作，并且该操作后的所有操作将同时被撤销。
- 在命令行中执行“U”或“UNDO”命令可撤销前一次命令的执行结果，多次执行该命令可撤销前几次命令的执行结果。
- 在某些命令的执行过程中，命令行中提供了“放弃”选项，在该提示下选择“放弃”选项可撤销上一步执行的操作，连续选择“放弃”选项可以连续撤销前几步执行的操作。

与取消操作相反的是恢复操作，通过恢复操作，可以恢复前一次或前几次已取消执行的操作。操作方法介绍如下：

- 在使用了“U”或“UNDO”命令后，紧接着使用“REDO”命令。
- 单击工具栏中的“恢复”按钮。

1.5.5 退出命令

在绘图过程中，如果执行某一命令后发现无须执行此命令，可按【Esc】键退出正在执行的命令。

1.6 典型实例——设置绘图环境并绘制图形

魔法师：现在，我基本上将AutoCAD的基础知识都讲解了，你掌握了多少呢？

小魔女：这些知识比较简单，基本上都掌握了。魔法师，你现在能不能教我怎么绘制图形呢？

魔法师：别急，先复习一下前面学习过的知识吧，下面你就跟着我一起对工作界面颜色和十字光标进行设置，然后我再教你绘制一个圆，让你感受一下AutoCAD绘制图形的过程，完成后的效果如图1-48所示。

图1-48　最终效果

其具体操作如下：

步骤 01　双击桌面上的快捷方式图标，启动AutoCAD 2012。

步骤 02　单击“应用程序”按钮，在打开的菜单中单击选项按钮。

步骤 03　在打开的“选项”对话框的“显示”选项卡的“窗口元素”栏中单击颜色(C)...按钮，如图1-49所示。

步骤 04　在打开的“图形窗口颜色”对话框中的“颜色”下拉列表中选择“白”选项，如图1-50所示，单击应用并关闭(A)按钮，返回“选项”对话框。

步骤 05　在“选项”对话框中的“十字光标大小”栏的文本框中输入十字光标的大小为“100”，单击确定按钮，返回绘图区。

图1-49　“选项”对话框

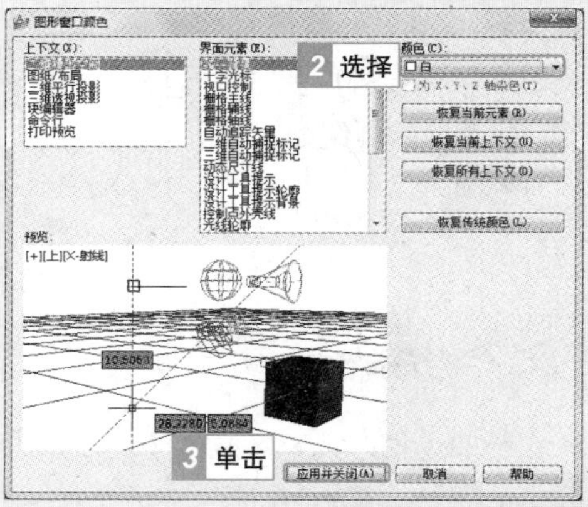

图1-50　更改背景颜色

步骤 06　选择“常用”/“绘图”组，单击“圆”按钮，如图1-51所示。

步骤 07　在绘图区的任意地方单击确定圆心。

步骤 08　然后移动十字光标，并输入圆的半径为“300”，如图1-52所示。

步骤 09　输入完成后，按【Enter】键，完成绘制。

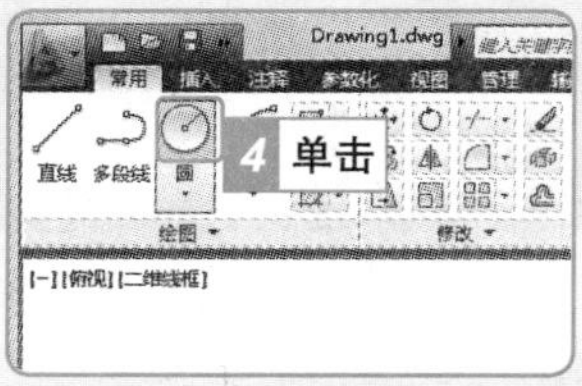

图1-51　选择命令

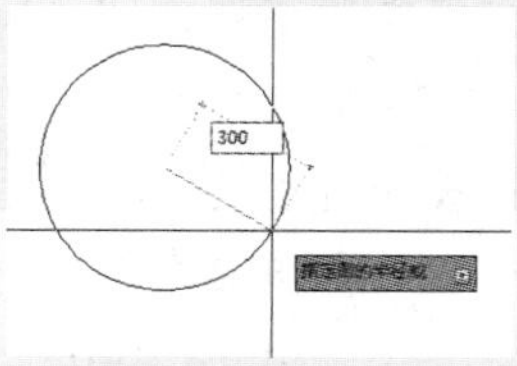

图1-52　输入半径值

步骤 10 单击快速访问工具栏中的“保存”按钮，在打开的“图形另存为”对话框中输入保存文件的名称，并单击保存(S)按钮（光盘:\效果\第1章\圆.dwg）。

1.7 本章小结——使用AutoCAD的基本技巧

魔法师：小魔女，你有什么学习感想吗？

小魔女：AutoCAD的基础操作知识与其他的软件有很多相通的地方，学习起来还是比较轻松的。通过前面练习绘制圆，我感觉使用AutoCAD绘制图形比较形象，整个绘制过程都会将提示显示在命令行中，就算是有不会使用的功能，通过命令行同样能够绘制出满意的图形。

魔法师：对，前面讲的虽然是基础知识，但是很重要，尤其是绘制图形的方法一定要掌握好，这对以后提高绘图效率很有帮助。另外，我再教你几招使用AutoCAD的基本技巧吧。

第1招：保存为其他版本文件

AutoCAD 2012默认保存文件的格式是“AutoCAD 2010 图形（*.dwg）”，由于低版本AutoCAD软件无法打开高版本AutoCAD的图形文件，为了方便，可以将图形文件保存为其他版本的文件。执行保存或另存为操作，打开“图形另存为”对话框后，在“文件类型”下拉列表框中选择需要的版本类型，如图1-53所示，然后单击保存(S)按钮即可。

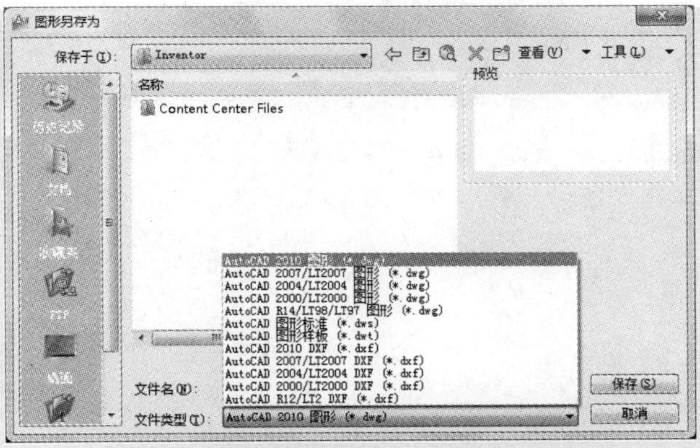

图1-53　文件保存的类型

第2招：全屏显示工作界面

在状态栏最后有一个按钮，该按钮为“全屏显示”按钮，单击该按钮可全屏显示AutoCAD 2012工作界面，并隐藏Windows的任务栏，再次单击可恢复工作界面的显示。

第3招：使用命令提示功能

在通过单击功能区中的按钮执行命令时，可以将光标停放在按钮上，稍后系统会打开该功能按钮的提示信息，其中包含了该按钮的名称、简单的介绍说明以及使用示意图，如图1-54所示。

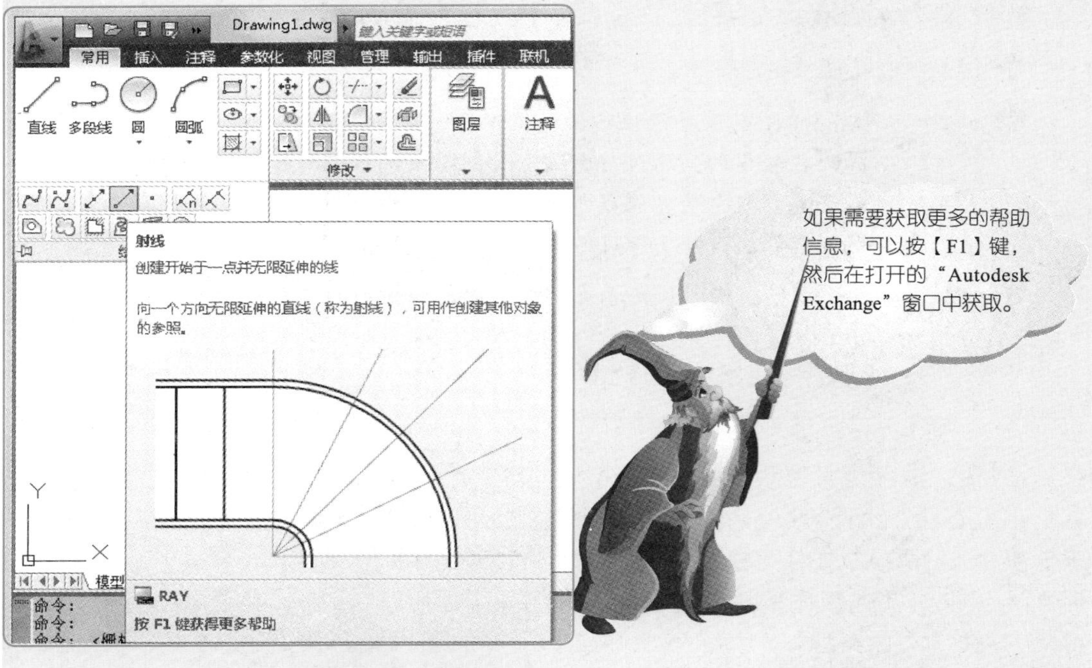

图1-54　显示帮助信息

1.8 过关练习

（1）使用功能按钮绘制一条长100mm的直线（光盘:\效果\第1章\直线.dwg）。

（2）打开“五角星”图形文件（光盘:\素材\第1章\五角星.dwg），然后将文件另存为名为“矩形”的文件。

Chapter 2

第2章

AutoCAD绘图基础

小魔女：听你这么一讲，我觉得AutoCAD 2012真的是一款功能强大的绘图软件哦！

魔法师：功能强不强大要看能不能给你的工作带来帮助。

小魔女：那我在学习绘图前，还需要准备点什么呢？

魔法师：当然需要准备了，不过这些准备指的是准备软件的基本操作知识哦！

小魔女：哦，原来如此，那你快给我讲讲这些知识吧！

魔法师：那好吧，这些基础知识也是非常重要的，你可要认真学习哦！

学习要点：

- 设置绘图环境
- 控制显示图形
- AutoCAD精确输入点的方法
- 精确绘图的基本设置
- 管理图纸集

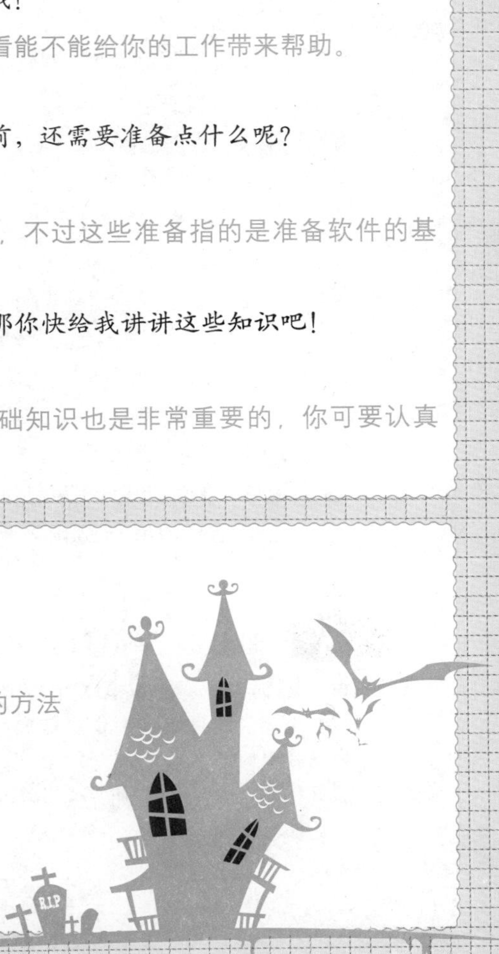

2.1 设置绘图环境

魔法师：首先，我还是教教你如何设置绘图的环境吧！

小魔女：在电脑中绘制图形还需要设置环境吗？

魔法师：当然了，设置绘图环境是使用AutoCAD 2012的基础操作，能使绘制的图形更加规范。绘图环境主要包括绘图单位和绘图界限两方面，一般新建图形文件后，绘图单位和绘图界限都采用样板文件的默认设置，用户也可根据需要进行自定义设置。

2.1.1 设置绘图单位和精度

设置绘图单位，即在绘图时采用何种单位，设置绘图单位的方法主要有如下几种：

- 单击应用程序按钮，在打开的菜单中选择“图形适用工具”/“单位”命令。
- 在命令行中执行“UNITS/DDUNITS/UN”命令。

执行以上的任一操作后都将弹出“图形单位”对话框。通过该对话框可以设置长度和角度的单位与精度。

下面将在“图形单位”对话框中对“长度”、“角度”、“插入时的缩放单位”和“方向”等进行设置，其具体操作如下：

步骤 01 单击按钮，在打开的菜单中选择“图形适用工具”/“单位”命令。

步骤 02 在打开的“图形单位”对话框中的“长度”栏的“类型”下拉列表框中选择长度单位的类型为“建筑”，然后在“精度”下拉列表框中选择长度单位的精度为“0′-0″”。

步骤 03 在“角度”栏的“类型”下拉列表框中选择角度单位的类型为“度/分/秒”，然后在“精度”下拉列表框中选择角度单位的精度为“0d”。

步骤 04 选中“角度”栏中的☑顺时针(C)复选框，设置角度的旋转方向以顺时针方向为正方向，如图2-1所示。

步骤 05 保持“插入时的缩放单位”栏中的设置不变，然后单击 方向(D)... 按钮。

步骤 06 在打开的“方向控制”对话框中设置基准角度的方向为北方为270d0′，如图2-2所示，设置完毕，依次单击 确定 按钮，关闭对话框。

晋级秘诀——设置单位和精度的其他选项

在设置单位时，AutoCAD 2012提供了多种单位类型，如分数、工程、建筑、科学和小数等5种类型，选择不同的单位在设置精度时都会有不同的选项。另外，在“插入时的缩放单位”栏中可选择以拖放方式插入图块时的单位。如果创建图块时为该选项指定的单位与此处设置的单位不同，则以现在设置的单位缩小或放大图块。

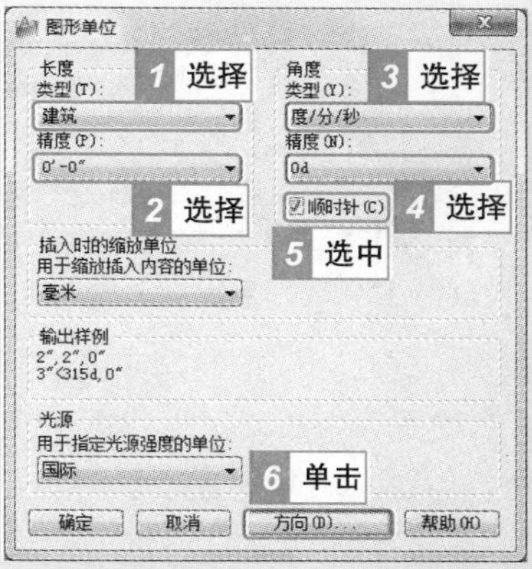

图2-1 “图形单位”对话框

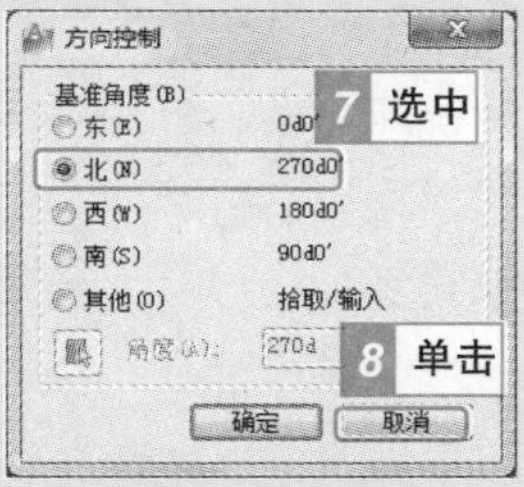

图2-2 “方向控制”对话框

魔法档案——方向控制的设置

一般情况下，用户应不更改角度的旋转方向和基准角的方向，以增加AutoCAD 2012的通用性，本书也是以默认设置进行讲解。

2.1.2 设置图形界限

默认情况下，AutoCAD的模型空间是无限大，能够绘制出无限尺寸的图形。但是在无限大的空间中绘制图形非常不方便，同时也会对打印和输出造成一定的影响。加上图纸都具有一定尺寸规格，如B5、A4和A3等。使用AutoCAD绘图的最终目的是将绘制的图形打印在图纸上。所以在绘制图形前应根据图纸的规格设置绘图范围，即图形界限。图形界限一般应大于或等于选择的图纸尺寸。

绘图界限是UCS坐标系中的二维点，表示左下至右上的图形边界。设置绘图界限的方法主要有如下几种:

- 在“AutoCAD经典”工作空间中选择“格式”/“图形界限”命令。
- 在命令行中执行“LIMITS”命令。

如果要将使用默认样板创建的图形文件的绘图界限设置为A3纸（420mm×297mm），其具体操作如下:

步骤 01 在命令行中输入“LIMITS”命令，然后按【Enter】键确认，如图2-3所示。

步骤 02 再按【Enter】键确认指定图形界限左下角点的坐标位置为（0,0）。

步骤 03 系统会提示输入右上角的坐标，此时，输入坐标值为（420,297），如图2-4所示。

步骤 04 按【Enter】键完成设置。

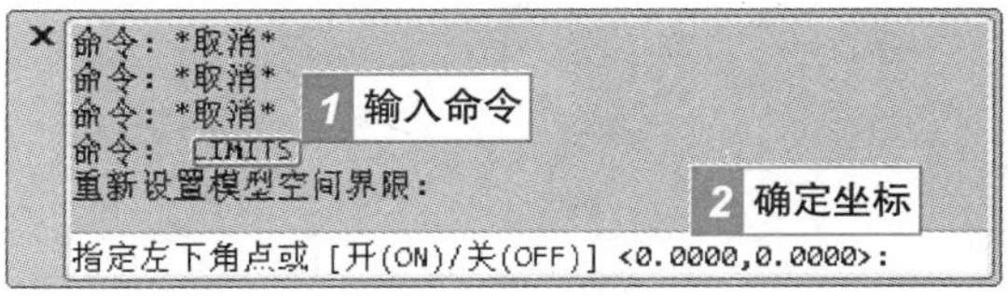

图2-3 输入命令

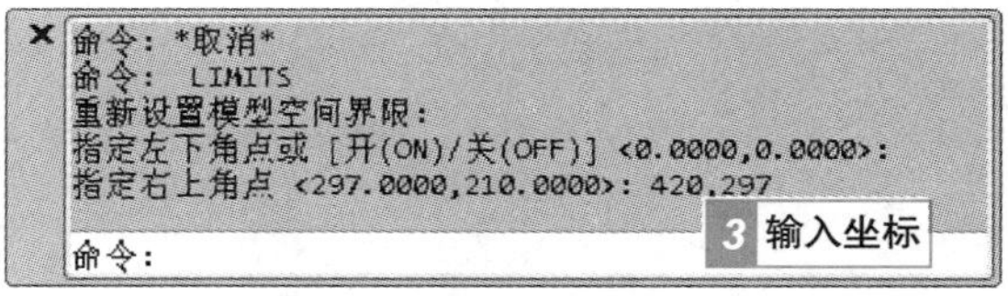

图2-4 输入图形界限右上角坐标

在执行命令过程中的“开（ON）”和“关（OFF）”选项用于控制打开或关闭绘图界限检查功能。当关闭（OFF）绘图界限检查功能时，绘制的图形将不受图形界限的限制；当打开（ON）界限检查功能时，则只能在设置的范围内进行绘图。另外，在设置图形界限时，左下角的起始点也可以自行输入坐标定义。

2.2 控制显示图形

小魔女：听你这么一讲，我才明白什么叫绘图环境，原以为是整理好我周边的环境卫生哦，笑死我了。

魔法师：小魔女，你真逗，现在应该不会再闹笑话了吧！接下来教教你如何控制显示图形吧！控制显示图形是为了更好地观察视图与绘图，通常要对视图进行控制，包括缩放、平移、重画和重生成等操作。

2.2.1 缩放与平移图形

在AutoCAD中绘制图形的空间有无限大，在绘制图形时常常需要使用缩放与平移命令对图形进行查看。缩放与平移图形的方法非常简单，下面将分别进行讲解。

1. 缩放图形

在绘制图形的过程中，为了查看绘制图形的整体效果，常常需要对图形进行缩放操作，缩放图形的方法主要有如下几种：

- 选择“视图”/“二维导航”组，单击“范围”按钮，然后在弹出的下拉菜单中选择需要的命令。
- 在命令行中执行“ZOOM/Z”命令，然后选择相应的选项。

缩放视图的方式多种多样，在不同的情况下可以采用不同的方法，在使用“ZOOM”命令时，只需要在命令行中执行“ZOOM”命令，然后再在列出的选项中选择对应的命令，在如图2-5所示的图形中，选择“窗口”选项，然后拖动鼠标选择其中的区域，放大的图形区域效果如图2-6所示。

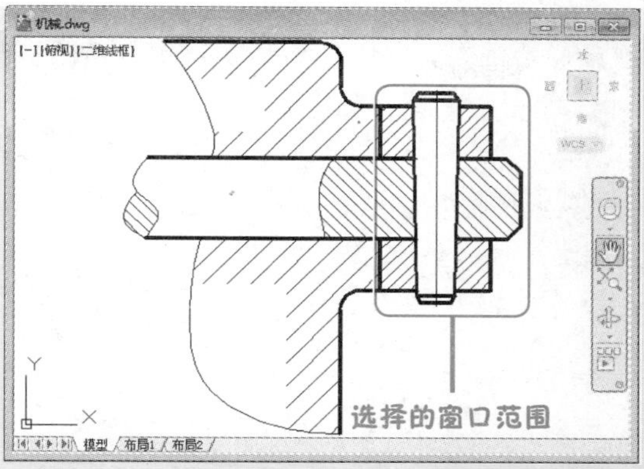

图2-5 缩放视图前

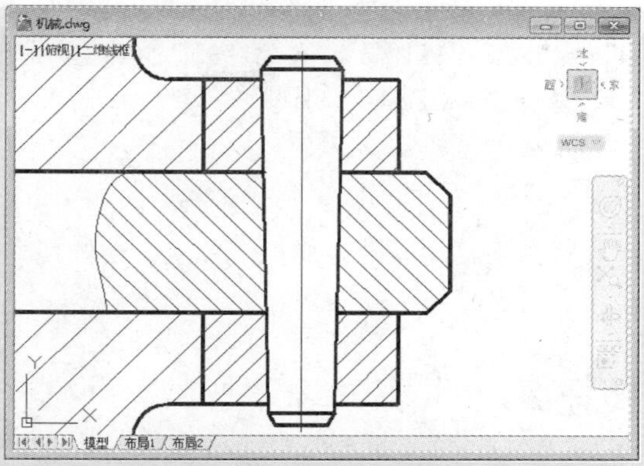

图2-6 被放大的窗口范围

在执行“ZOOM”命令时，各选项的含义分别如下：

- 全部：在当前视窗中显示全部图形。当绘制的图形均包含在用户定义的图形界限内时，则在当前视窗中完全显示出图形界限，如果绘制的图形超出了图形界限，则以图形范围进行显示。
- 中心：以指定点为中心进行缩放，并需输入缩放倍数，缩放倍数可以使用绝对值或相对值。
- 动态：对图形进行动态缩放。选择该选项后屏幕上将显示出几个不同颜色的方框，主要为观察框、图形扩展区、当前视区和生成图形区等。拖动鼠标移动当前视区到所需位置，再单击鼠标左键，然后即可拖动鼠标缩放当前视区框，调整到适当大小后按【Enter】键即可将当前视区框内的图形以最大化显示。
- 范围：将当前窗口中的所有图形尽可能大地显示在屏幕上。
- 上一个：返回前一个视图。当使用其他选项对视图进行缩放以后，需要使用前一个视图时，可直接选择此选项。
- 比例：根据输入的比例值缩放图形。有3种输入比例值的方法：直接输入数值表示相对于图形界限进行缩放；在输入的比例值后面加上x，表示相对于当前视图进行缩放；在比例值后面加上xp，表示相对于图纸空间单位进行缩放。
- 窗口：选择该选项后可以用鼠标拖拽出一个矩形区域，释放鼠标，该范围内的图形便以最大化显示。
- 对象：将选择的图形对象尽可能大地显示在屏幕上。
- 实时：该项为默认选项，执行“ZOOM”命令后直接按【Enter】键即使用该选项。选择该选项后将在屏幕上出现一个🔍形状的光标，按住鼠标左键不放向上移动则放大视图，向下移动则缩小视图。按【Esc】键或【Enter】键可以退出该方式。

2. 平移图形

在绘图过程中由于某些组成较大的图形实体并不能以实际比例完全显示在屏幕中，因而要观察这些图形实体就需平移视图。平移操作不会改变绘图空间（图纸）上图形的实际位置和尺寸大小，也不会改变绘图界限。平移视图的方法介绍如下：

- 选择“视图”/“二维导航”组，单击“平移”按钮，然后在弹出的下拉菜单中选择需要的命令。
- 在命令行中执行“PAN/P”命令。

执行上述任一操作后，鼠标光标变为形状，在绘图区按下鼠标左键不放，移动鼠标位置可以自由移动当前图形，使其位于最佳观察位置。

晋级秘诀——最常用缩放与平移图形的方法

如果用户使用的是3键鼠标，任何状态下在绘图区中滑动滚轮均可对视图进行实时缩放，当按住鼠标滚轮时还可以实现图形的平移操作。另外，双击3键鼠标滚轮还可以直接执行缩放命令中的“范围”选项。

2.2.2 重画和重生成视图窗口

在AutoCAD 2012中绘制较复杂的图形或较大的图形时，在绘图区中常会留下一些用来指示对象位置的标记点，使显示屏幕看起来有些杂乱，此时可以通过重画或重生成操作来刷新当前视窗中的图形，消除残留的标记点痕迹，使图形变得清晰、有序。重画或重生成视图窗口的方法介绍如下：

- 在“AutoCAD经典”工作空间中选择“视图”/“重画/重生成/全部重生成”命令。
- 在命令行中执行“REDRAWALL/REGEN/REGENALL”命令。

在绘制三维图形时，当对实体进行了消隐或更改线框密度后，也需要重生成视图才能观察到更改后的效果，三维绘图的知识将会在后面的章节进行讲解。

2.2.3 设置弧形对象的显示分辨率

在绘制圆、圆弧、椭圆和样条曲线等弧形对象后，通常会因为显示分辨率设置过低，外观显示效果呈锯齿状，如图2-7所示。在AutoCAD中可以用“VIEWRES”命令更改分辨率的方法使图形的外观变得更加平滑。使用该命令能够设置分辨率的范围为1～20000，设置的数目越大，图形的外观越平滑，如图2-8所示为增大显示分辨率的效果。分辨率的具体值需要根据电脑硬件的配置情况进行设置，过高的显示分辨率会降低电脑的运行速度。使用“VIEWRES”命令设置对象的显示分辨率时，其命令行及操作如下：

```
命令: VIEWRES                                  //执行“VIEWRES”命令
是否需要快速缩放? [是(Y)/否(N)] <Y>: Y          //选择“是”选项
输入圆的缩放百分比 (1-20000) <1000>: 5000      //输入控制分辨率的百分比
正在重生成模型
```

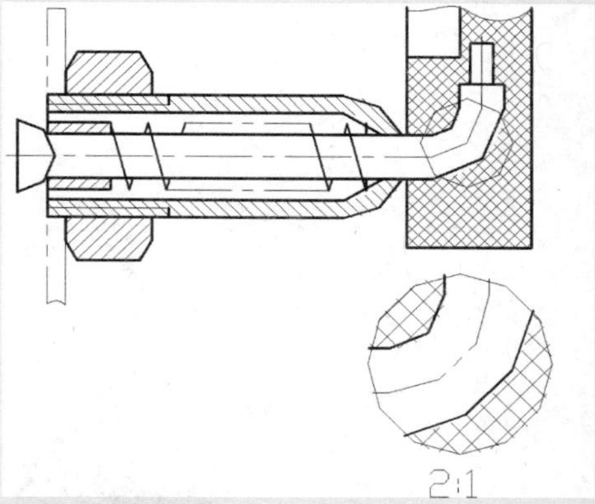

图2-7　显示分辨率低出现的锯齿现象

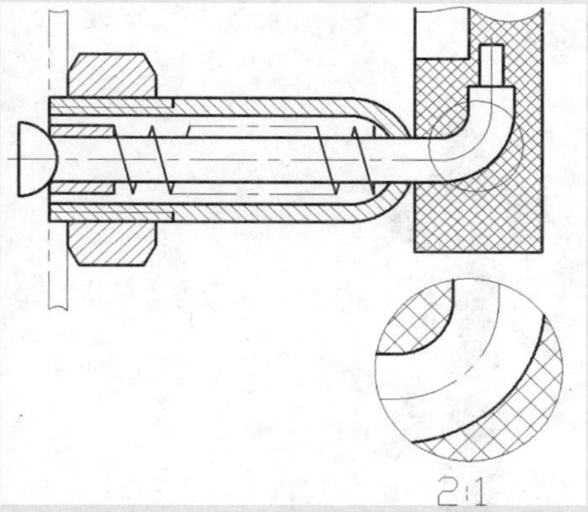

图2-8　增大显示分辨率的效果

2.3 AutoCAD精确输入点的方法

小魔女：我听说AutoCAD绘制的图形之所以精确，完全是坐标点的功劳。

魔法师：不错，那你又对AutoCAD中的坐标点了解多少呢？

小魔女：呵呵，这个就完全不知道了。

魔法师：其实坐标点的输入还是离不开坐标系，坐标系的使用直接影响到绘图的精确度，还是听我详细给你讲解一下吧！

2.3.1 世界坐标系与用户坐标系

AutoCAD 2012采用三维笛卡儿坐标系统来确定点的位置，该坐标系由3个相互垂直、相交的坐标轴（X轴、Y轴、Z轴）组成。

AutoCAD 2012中称这套坐标系为世界坐标系（WCS），即绘图区中的UCS图标就是世界坐标系图标，该坐标系分别为二维坐标系和三维坐标系，如图2-9所示。当用户在二维坐标系内绘制、编辑图形时，只需输入X轴和Y轴的坐标，Z轴的坐标将由AutoCAD 2012自动赋值为“0”。当进行三维绘图时，需要指定空间点坐标，就需要输入X轴、Y轴和Z轴的坐标。

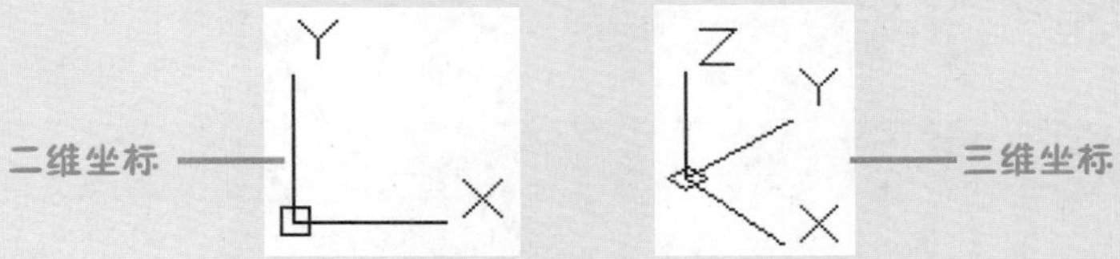

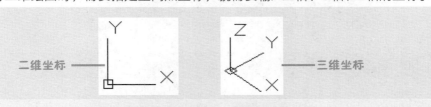

图2-9　AutoCAD 2012绘图区中的WCS坐标

世界坐标系虽然使用频繁，却是固定不变的坐标系，为了方便用户绘图，在AutoCAD

2012中可以根据世界坐标系来创建用户坐标系（UCS），而创建的用户坐标系又包括直角坐标和极坐标。

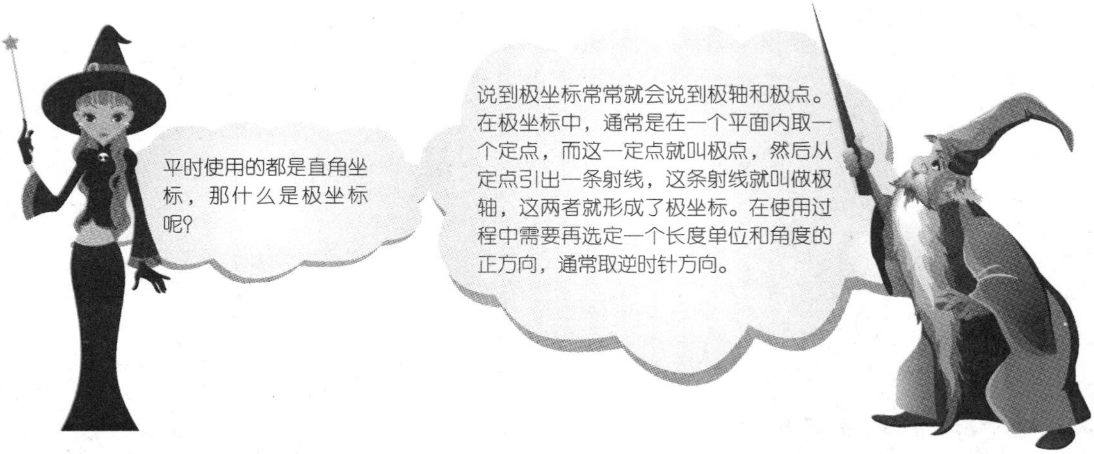

平时使用的都是直角坐标，那什么是极坐标呢?
说到极坐标常常就会说到极轴和极点。在极坐标中，通常是在一个平面内取一个定点，而这一定点就叫极点，然后从定点引出一条射线，这条射线就叫做极轴，这两者就形成了极坐标。在使用过程中需要再选定一个长度单位和角度的正方向，通常取逆时针方向。

2.3.2 绝对坐标点的输入

在AutoCAD中绝对坐标点的输入又包含了绝对直角坐标点的输入和绝对极坐标点的输入，下面将分别讲解输入的方法：

- **绝对直角坐标点的输入：** 绝对坐标是以坐标原点（0,0,0）为基点来定位其他所有的点，用户可以通过输入（X,Y,Z）坐标来确定点在坐标系中的位置，若Z值为0，则可省略，输入绝对直角坐标点时只需要直接输入即可，如图2-10所示。
- **绝对极坐标点的输入：** 绝对极坐标点表示的是坐标点与原点之间的距离和角度，但跨度与角度之间需用“<”符号隔开。如45<20° 表示距离原点45，角度为20° 的点，如图2-11所示。

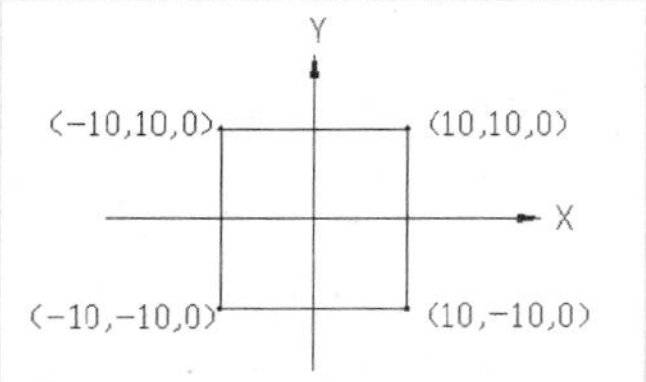

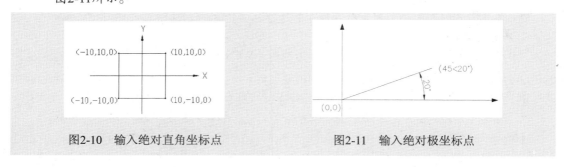

图2-10　输入绝对直角坐标点

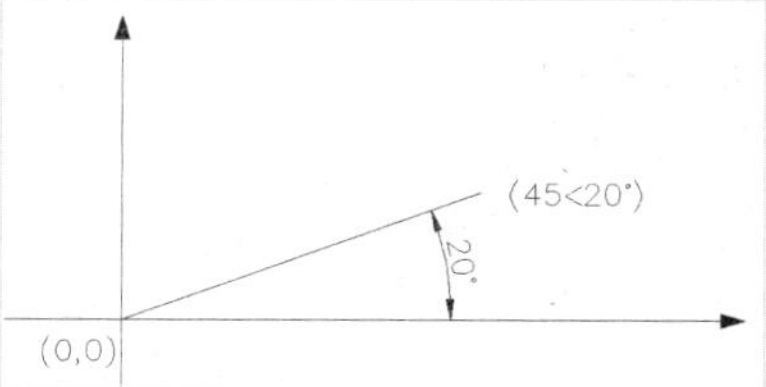

图2-11　输入绝对极坐标点

2.3.3 相对坐标点的输入

与绝对坐标点的输入相同，相对坐标点的输入包含了相对直角坐标点的输入和相对极坐标点的输入；与绝对坐标点的输入不同的是，相对坐标点的输入需要在前面输入一个“@”符号，下面将分别讲解输入的方法：

- **相对直角坐标点的输入：** 相对坐标是以某一特定点为参考点，然后输入相对于该点的位移坐标来确定另一点。相对特定坐标点（X,Y,Z），输入格式为（@X,Y,Z），如图2-12所示。
- **相对极坐标点的输入：** 相对极坐标是以某一特定点为参考极点，输入相对于极点的距离和角度来定义一个点的位置。其使用格式为@距离<角度，如图2-13所示中的B点即为A点的相对坐标。在输入极坐标时，AutoCAD 2012默认角度按逆时针方向增大，按顺时针方向减小。如果用户需要输入按顺时针方向旋转的角度，应输入负的角度值。

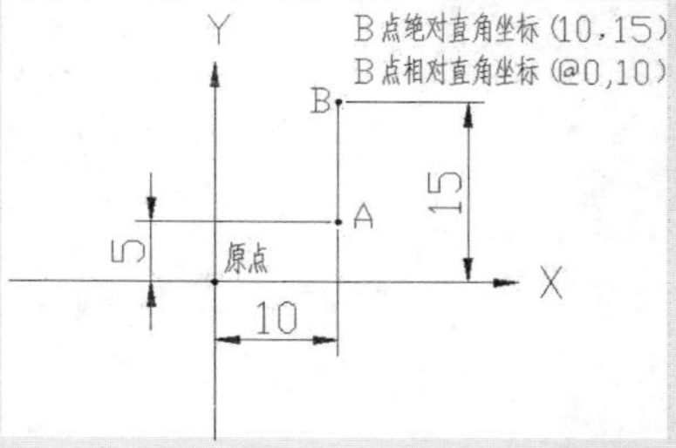

图2-12 输入相对直角坐标

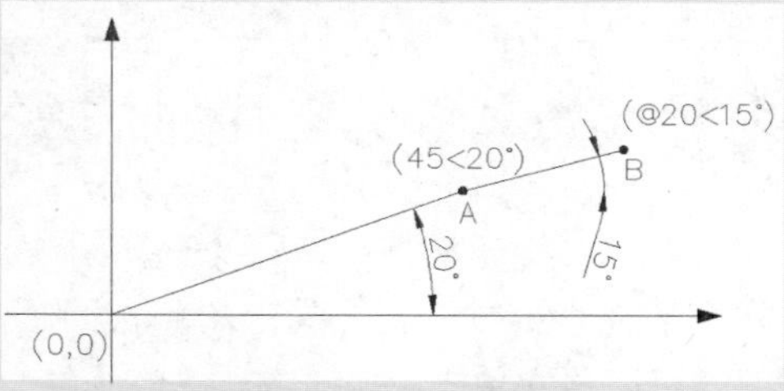

图2-13 输入相对极坐标

2.3.4 动态输入坐标点

动态输入功能可以在图形绘制时的动态文本框中输入坐标值，而不必在命令行中进行输入。用户可以通过单击状态栏的“动态输入”按钮，开启或关闭动态输入功能。使用该功能时可以在鼠标光标附近看到相关的操作信息，同时命令行中也会出现相应的信息，如图2-14所示。当关闭了该功能后，输入的命令和坐标等信息只会显示在命令行中，如图2-15所示。

图2-14 动态输入坐标

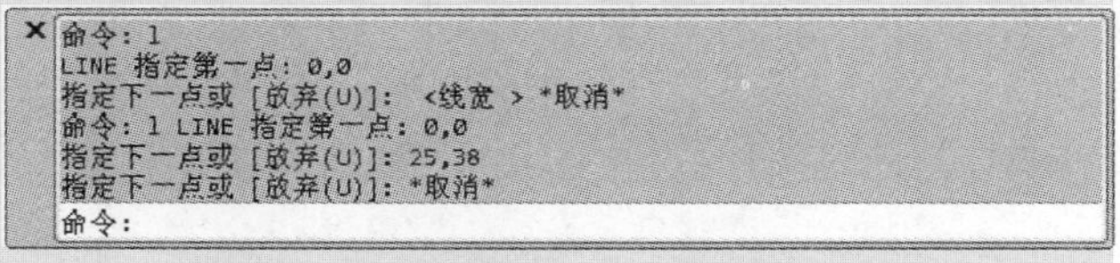

图2-15 关闭动态输入坐标显示在命令行的功能

魔法档案——在动态输入下输入的坐标点

坐标点的输入有相对坐标和绝对坐标之分，当开启动态输入功能时，输入的直角坐标点和极坐标点都属于相对坐标，而不用再在坐标点输入“@”符号。当动态输入功能关闭时，输入的坐标点默认情况下为绝对坐标点，当需要输入相对坐标点时就需要在前面输入“@”符号。

2.4 精确绘图的基本设置

魔法师：使用坐标点进行精确绘图时，还离不开辅助功能的使用，你知道吗？

小魔女：你指的是状态栏中那些辅助功能开关对应的功能吗？

魔法师：不错，就是那些功能，但是那些功能是不能直接使用的，其在开启之后，还需要对其进行相应的设置，才能满足使用需求；接下来就给你详细讲解一下这些功能的设置吧！

2.4.1 设置正交与极轴方式绘图

单击状态栏中的按钮或按【F8】键，即启用了正交功能。当用户启用正交功能后，可以方便地捕捉水平或垂直方向上的点，因此该功能常用来绘制水平线或垂直线。当需要关闭该功能时可以再次单击按钮或按【F8】键。

与正交功能相对的是极轴功能，使用极轴功能不仅可以绘制水平线、垂直线，还可以快速绘制任意角度或设定角度的线段。单击状态栏中的按钮或按【F10】键，都可启用极轴功能。启用极轴功能后，用户在进行绘图操作时，将在屏幕上显示由极轴角度定义的临时对齐路径，系统默认的极轴角度为90°。不过，正交功能与极轴功能都是排他性功能，即使用正交功能时将不能使用极轴功能，使用极轴功能时正交功能为不可用状态。通过“草图设置”对话框可设置极轴追踪的角度等其他参数，其具体操作如下：

步骤 01 在按钮上单击鼠标右键，在弹出的快捷菜单中选择“设置”命令，打开“草图设置”对话框，如图2-16所示。

步骤 02 在“增量角”下拉列表框中设置极轴追踪的角度为30°。在绘制图形时，光标移动到相对于前一点的0°、30°、60°、90°、120°和150°等角度上时，会自动显示一条虚线，如图2-17所示。

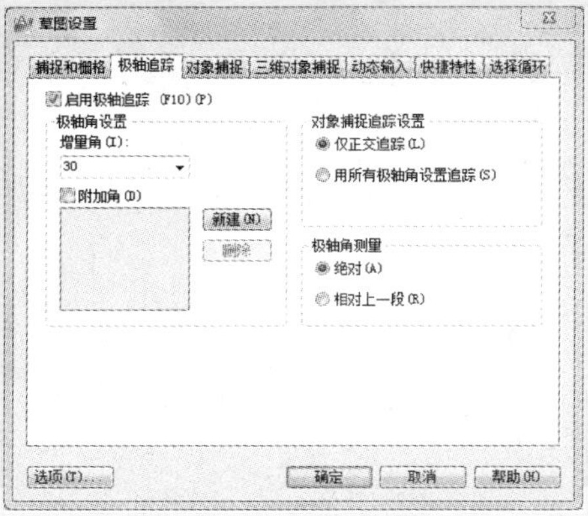

图2-16 “草图设置”对话框

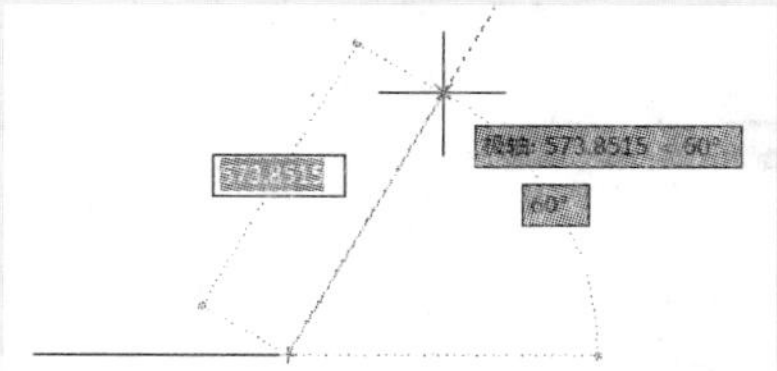

图2-17 极轴追踪效果

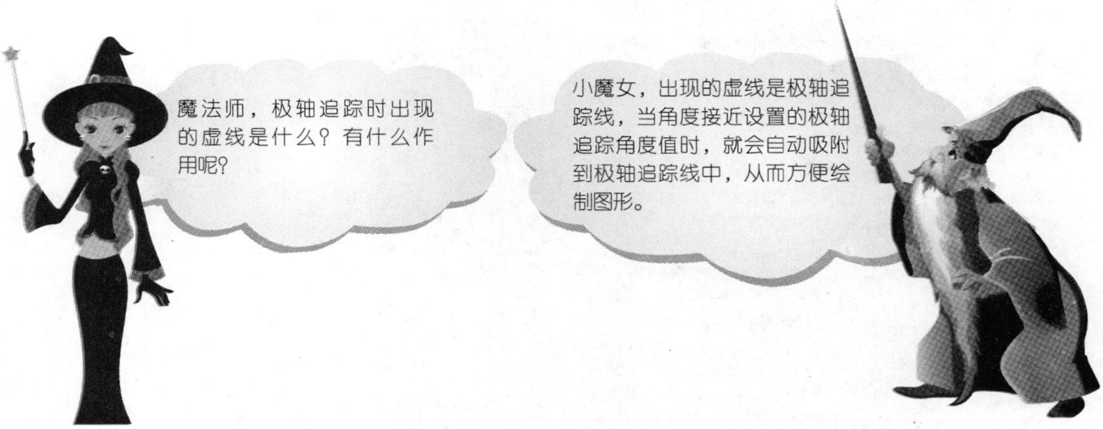

魔法师，极轴追踪时出现的虚线是什么？有什么作用呢？
小魔女，出现的虚线是极轴追踪线，当角度接近设置的极轴追踪角度值时，就会自动吸附到极轴追踪线中，从而方便绘制图形。

魔法档案——极轴追踪中的其他设置

选中☑附加角(D)复选框，然后单击 新建(N) 按钮，可新增一个附加角。附加角是指当十字光标移动到设定的附加角度位置时，会自动捕捉到该极轴线，以辅助用户绘图。在“极轴角测量”栏中还可更改极轴的角度类型，系统默认选中◉绝对(A)单选按钮，即以当前用户坐标系确定极轴追踪的角度；若选中◉相对上一段(R)单选按钮，则根据上一个绘制线段确定极轴追踪角度。

2.4.2 设置栅格与捕捉功能绘图

捕捉功能常与栅格功能联合使用。一般情况下，先启动AutoCAD 2012的栅格功能，然后再启动捕捉功能捕捉栅格点，在默认情况下，栅格功能处于开启状态。如果没有开启该功能，还可以手动单击状态栏中的▦按钮，开启该功能。

开启栅格功能后，绘图区中会显示出栅格，但是在打印图形对象时并不会将其打印出来。如果用户需要将鼠标光标快速定位到某个栅格点，就必须启动捕捉功能，单击状态栏中的▦按钮启用捕捉功能，此时在绘图区中移动十字光标，会发现光标将按一定间距移动。为方便用户更好地捕捉图形中的栅格点，可以将光标的移动间距与栅格的间距设置为相同，这样光标就会自动捕捉到相应的栅格点，其具体操作如下：

步骤 01 在▦按钮上单击鼠标右键，在弹出的快捷菜单中选择“设置”命令，打开“草图设置”对话框。

步骤 02 指定启用捕捉功能后，设置十字光标水平移动的间距值，这里设置“栅格X轴间距”为“10”，然后在“捕捉Y轴间距”文本框中设置光标垂直移动的间距值，这里同样设置为“10”，如图2-18所示。

步骤 03 根据需要用户还可在对话框的右侧设置栅格的相关参数，如栅格X轴间距和栅格Y轴间距等。单击 确定 按钮完成设置，此时绘图区中的光标将自动捕捉栅格点，如图2-19所示。

图2-18　“草图设置”对话框

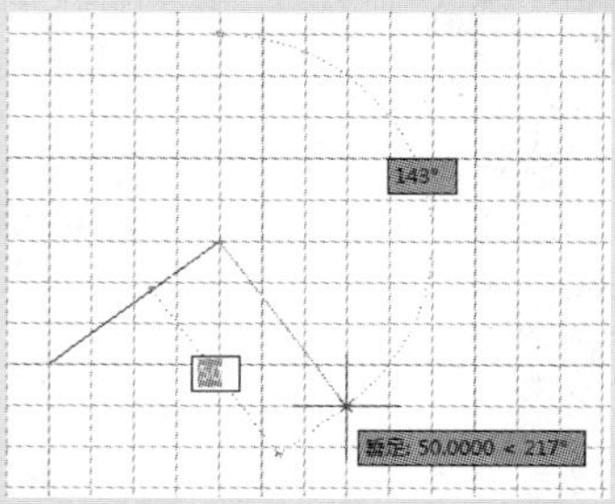

图2-19　栅格捕捉效果

魔法档案——使用命令设置捕捉和栅格功能

用户也可通过命令行来设置捕捉和栅格功能。其中，捕捉的命令形式是SNAP，栅格的命令形式是GRID。

2.4.3 设置对象捕捉与对象追踪功能绘图

通过对象捕捉功能可以捕捉某些特殊的点对象，如端点、中点、圆心和交点等。可以通过单击状态栏中的□按钮或按【F3】键，启用对象捕捉功能。启用对象捕捉功能并执行相应的绘图命令后，移动十字光标到图形的某些特殊点上，该点将以特定的符号显示出来，单击鼠标即可快速定位到该点。根据不同的需要，用户也可自行设置系统捕捉的点对象。

设置捕捉对象也是在“草图设置”对话框中进行，当打开该对话框后，在“对象捕捉”选项卡下只需要选中需要设置的对象对应的复选框即可，如图2-20所示。

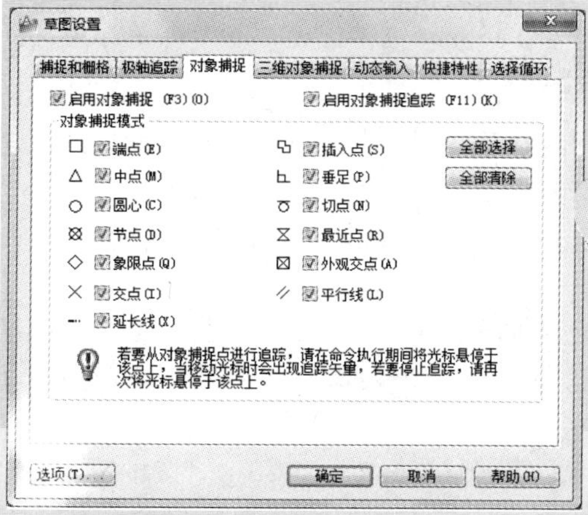

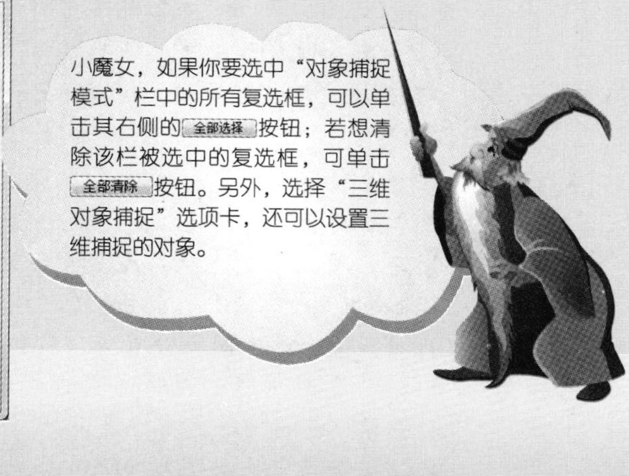

小魔女，如果你要选中“对象捕捉模式”栏中的所有复选框，可以单击其右侧的全部选择按钮；若想清除该栏被选中的复选框，可单击全部清除按钮。另外，选择“三维对象捕捉”选项卡，还可以设置三维捕捉的对象。

图2-20　设置对象捕捉类型

另外，在该对话框中选中☑启用对象捕捉追踪 (F11)(K)复选框，在进行对象捕捉的同时还可以通过极轴功能中的极轴追踪线辅助捕捉一些特定的点。

2.4.4 设置线宽显示功能

在绘制图形时，常常需要设置不同的线宽来区别一些线型。当设置了线宽后，需要开启线宽显示功能才能看见设置线宽后的效果，可以通过单击状态栏中的按钮开启或关闭该功能。如图2-21所示为开启和关闭线宽功能的效果。

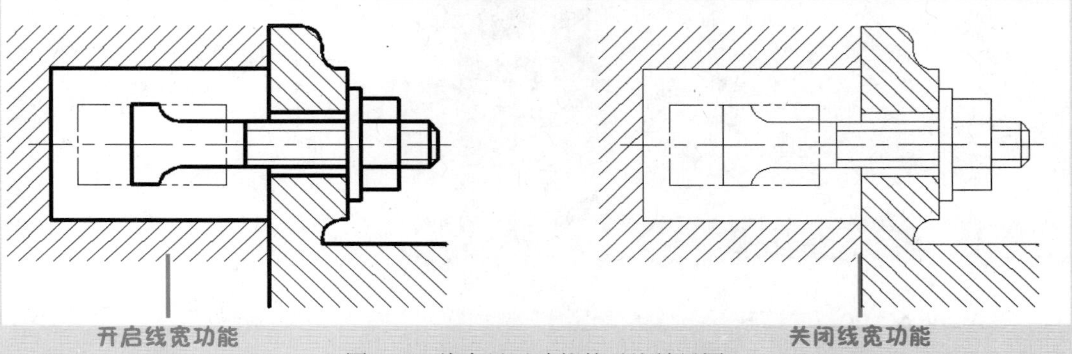

图2-21 线宽显示功能的对比效果图

2.5 管理图纸集

魔法师：图纸集是一个有序命名集合，它是几个图形文件中图纸的集合，包括图纸集的保存、组织、归档和管理等操作。

小魔女：听上去这个功能挺实用的，赶快给我讲讲吧！

魔法师：图纸集的功能确实实用，而且操作简单，通过“图纸集管理器”选项板即可完成大部分操作。

2.5.1 认识图纸集管理器

在AutoCAD中，管理图纸集通常都在“图纸集管理器”选项板中进行，可以通过选择“视图”/“选项板”组，单击“图纸集管理器”按钮打开该选项板，如图2-22所示是初次打开“图纸集管理器”选项板的效果。在“图纸集管理器”选项板中有3个选项卡，其作用介绍如下：

- **“图纸列表”选项卡：**用于显示图纸集和图纸的有组织的列表。
- **“图纸视图”选项卡：**用于显示当前图纸集可用的有组织的视图。
- **“模型视图”选项卡：**用于显示资源图形位置或文件夹。

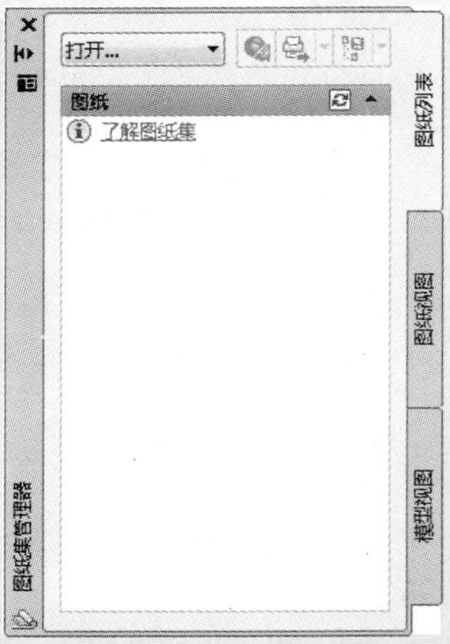

图2-22　"图纸集管理器"选项板

2.5.2　打开图纸集

在AutoCAD 2012中打开"图纸集管理器"选项板后，在其上端的 打开... 下拉列表框中选择"打开"选项，打开"打开图纸集"对话框，在"搜索"下拉列表框中选择图纸集的保存路径，然后在其下的列表框中选择需要打开的图纸集，再单击 打开 按钮，即可打开该图纸集。在打开图纸集的同时，图纸集中的图纸也会同时显示在"图纸"列表中，在图纸名称上双击，即可在绘图区中打开该图纸，并对其进行查看和编辑。

　魔法档案——只读图纸集的标记

在打开一些图纸集时，会发现图纸集名称前显示⊙标记。这是创建者为了避免图纸集被其他用户编辑修改，便在Windows中将该图纸集的文件属性设置为"只读"，这种图纸集只能被查看，而不能被修改。

2.5.3　创建自己的图纸集

用户可将绘制的图纸按要求的不同分成不同图纸集，以便更好地管理图纸。在创建图纸集的过程中，既可以在现有图形的基础上创建图纸集，也可以使用现有图纸集作为样板进行创建。其具体操作如下：

步骤 01 单击"应用程序"按钮 ，在弹出的菜单中单击"新建"命令旁边的 按钮，在弹出的子菜单中选择"图纸集"命令。

步骤 02 在打开的"创建图纸集-开始"对话框的"使用以下工具创建图纸集"栏中选中◉样例图纸集(S)单选按钮，使用一个样例图纸集来创建自己的图纸集，如图2-23所示，单击下一步(N) >按钮。

步骤 03 在打开的“创建图纸集-图纸集样例”对话框中选中◉选择一个图纸集作为样例(S)单选按钮，并在其下的列表框中选择一个图纸集选项，如图2-24所示，单击下一步(N) >按钮。

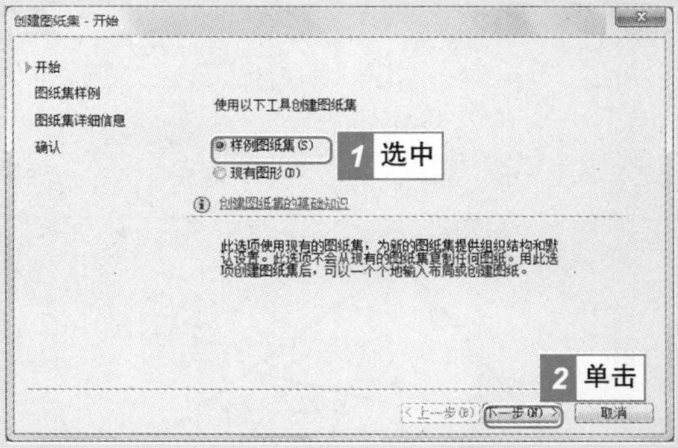

图2-23　选择创建图纸集的工具

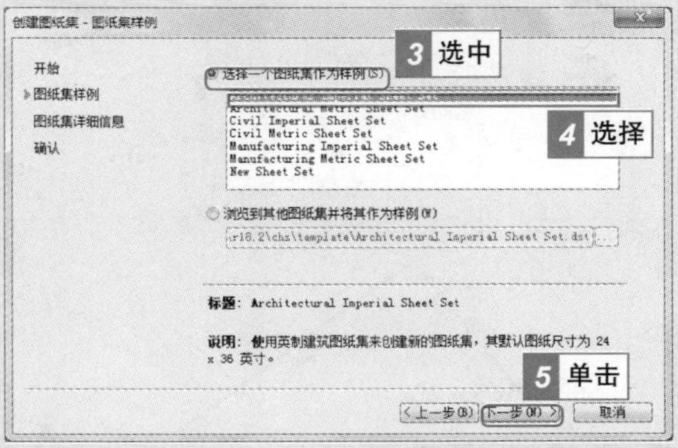

图2-24　选择图纸集样例

步骤 04 在打开的“创建图纸集-图纸集详细信息”对话框中的“新图纸集的名称”文本框中输入创建的新图纸集的名称“建筑绘图图纸集”，如图2-25所示，单击下一步(N) >按钮。

步骤 05 在打开的“创建图纸集-确认”对话框的“图纸集预览”列表框中显示了创建的图纸集的详细信息，若不满意可单击< 上一步(B)按钮返回对其进行修改。确认后单击 完成 按钮，完成图纸集的创建，如图2-26所示。

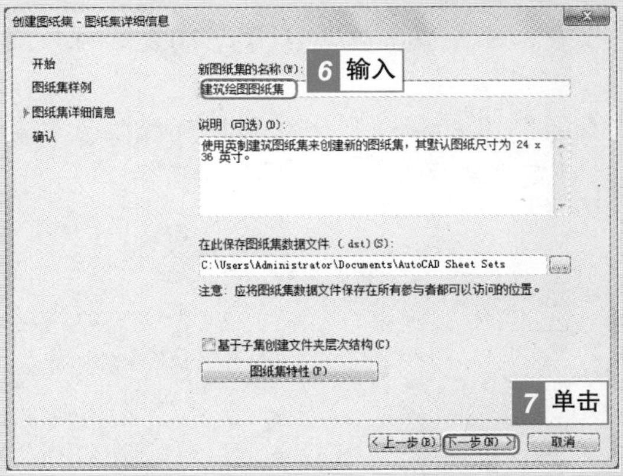

图2-25　设置新建图纸集名称

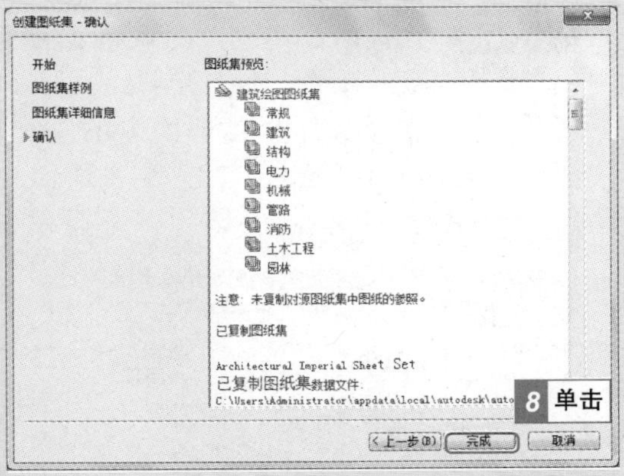

图2-26　完成图纸集的创建

魔法档案——在选项板中创建图纸集

在创建图纸集时，还可以直接在“图纸集管理器”选项板中单击打开...按钮，然后在打开的下拉列表框中选择“新建图纸集”选项，创建新图纸集。

2.6 典型实例——绘制三角形重心

魔法师：学习了这么久，还是来练习一下吧！

小魔女：好的，魔法师请出题吧！

魔法师：本章的知识操作性不是很强，下面就对提供的如图2-27所示的三角形图形，使用对象捕捉功能，结合"LINE"命令，找出三角形的重心点，效果如图2-28所示（光盘:\效果\第2章\三角形.dwg）。

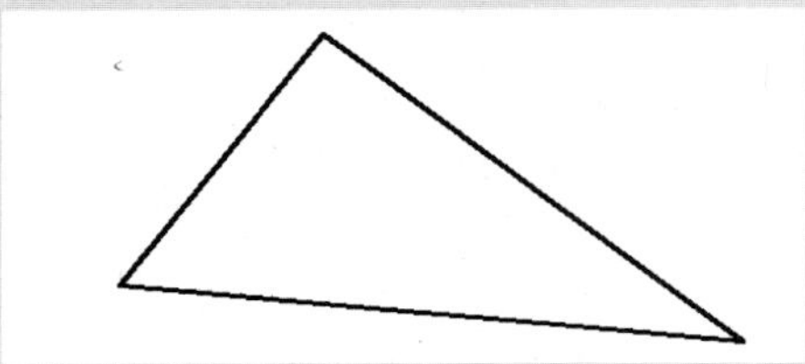

图2-27 素材文件

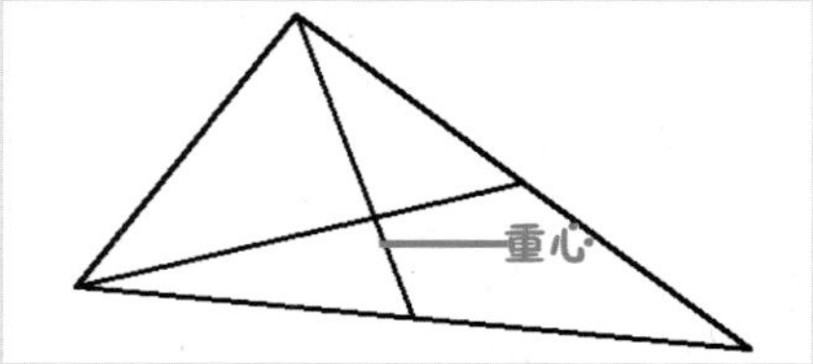

图2-28 最终效果

其具体操作如下：

步骤01 启动AutoCAD 2012，打开"三角形.dwg"图形文件（光盘:\素材\第2章\三角形.dwg）。

步骤02 单击状态栏中的 按钮，开启动态输入功能。然后在状态栏的 按钮上单击鼠标右键，在弹出的快捷菜单中选择"设置"命令，打开"草图设置"对话框，如图2-29所示。

步骤03 在该对话框的"对象捕捉模式"栏中选中☑端点(E)和☑中点(M)复选框，完成后单击 确定 按钮。

步骤04 在命令行中执行"LINE"命令，然后将鼠标移动到上方捕捉直线端点，等提示"端点"时，单击鼠标左键，确定直线第一点，如图2-30所示。

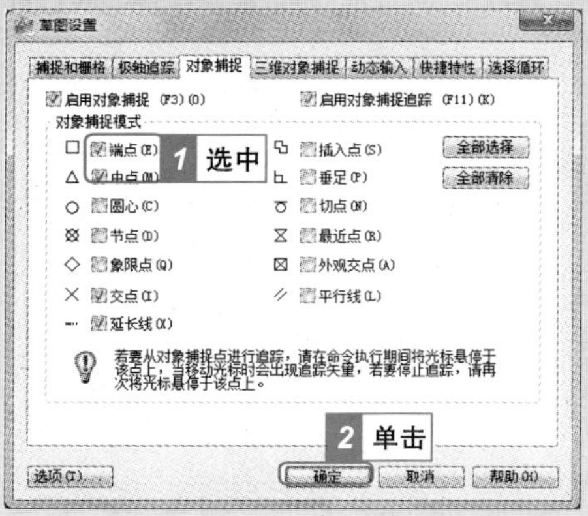

图2-29 "草图设置"对话框

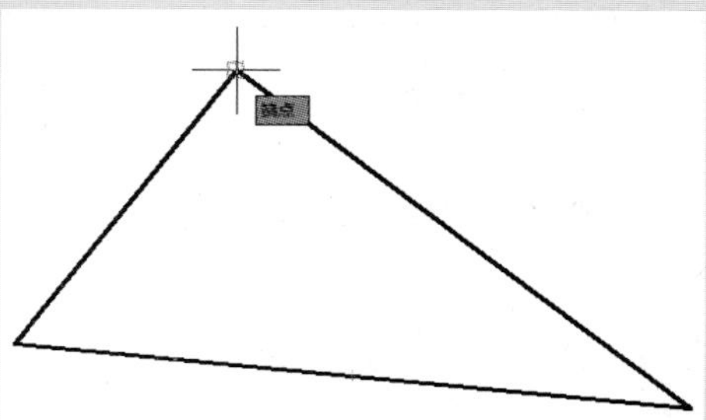

图2-30 指定直线第一点

步骤05 将鼠标移动至下方直线的中间，等提示"中点"时，单击鼠标左键，指定直线的第二点，如图2-31所示。然后按【Esc】键退出直线命令。

步骤 06 使用相同的方法绘制出第二条中线，两条中线的交点即是三角形的重心，如图2-32所示。

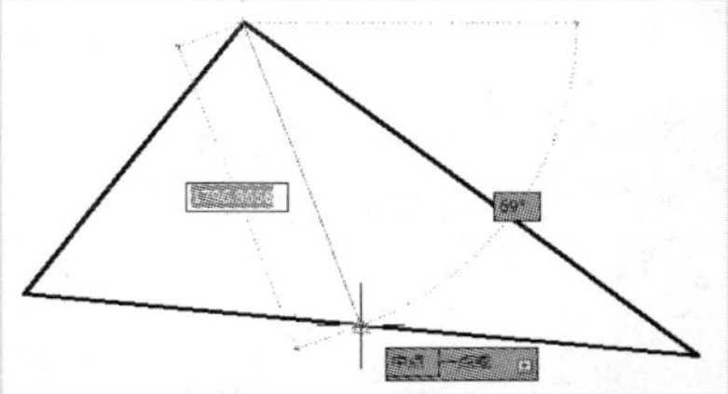

图2-31　指定直线第二点

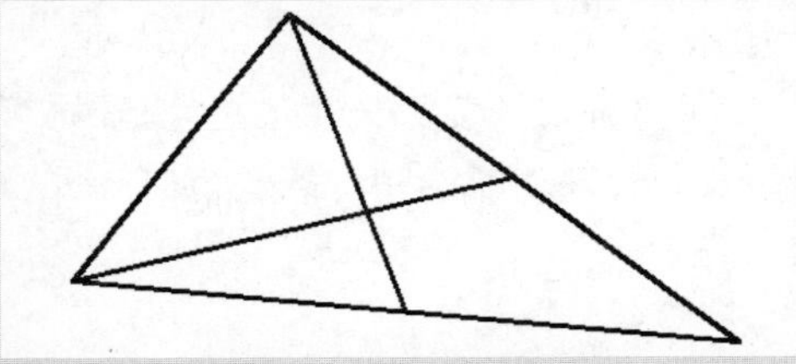

图2-32　三角形的重心

2.7 本章小结——巩固AutoCAD的基础知识

小魔女：回头来看，要巩固的知识还真是不少，这下我回家得好好想想了。

魔法师：学习了之后巩固一下，这样才会记得更牢，不过我还有点小知识没有告诉你，还是等我讲解了后，你一起巩固巩固吧！

小魔女：那就有劳你了，魔法师。

第1招：如何调整命令行中显示的行数和字体

命令行是AutoCAD 2012与用户对话的区域，提示用户下一步应该执行怎样的操作，命令行的显示行数和字体影响用户了解提示信息的效率，用户如果需要调整命令行的显示行数和字体，只需要将鼠标光标移到“模型”选项卡下方的命令行上端的分隔线处，当光标变为≑时按下鼠标左键，然后上下拖动鼠标即可调整命令行的显示行数，一般将其调整到3～5行为最佳显示，然而调整命令行文字字体，需要在“选项”对话框的“显示”选项卡中，单击“窗口元素”栏中的 字体(F)... 按钮，在打开的“命令行窗口字体”对话框的“字体”列表框中选择需设置的字体，然后在“字形”和“字号”列表框中选择需要的字形和字号即可。

第2招：如何使用透明命令

在执行某些命令的过程中，可以在不中断该命令的情况下执行另一条命令，这种可以在其他命令执行过程中执行的命令被称为透明命令。透明命令既可以在执行其他命令的过程中执行，也可以单独执行。在执行其他命令的过程中执行透明命令时，需要先输入撇号（'），再输入透明命令，然后根据提示进行操作。当完成透明命令的执行后，命令自动返回执行透明命令前所执行的命令状态。

AutoCAD中的“ZOOM”、“PAN”、“DIST”、“ID”、“AREA”等命令都可作为透明命令使用。如在绘制直线的过程中，直线的另一端点需要连接到当前绘图区中尚未显示出来的某个点，就可使用实时PAN命令移动屏幕将该点显示出来。但在输入文字或执行“STRETCH”或“PLOT”等命令时不能使用透明命令。

2.8 过关练习

（1）使用坐标系与坐标点的知识，绘制一个如图2-33所示的零件图（光盘:\效果\第2章\零件图.dwg）。

（2）打开“角度”文件（光盘:\素材\第2章\角度.dwg），在其中捕捉左侧端点后，使用动态输入和极轴功能绘制一条长为65mm的线段，最后效果如图2-34所示（光盘:\效果\第2章\角度.dwg）。

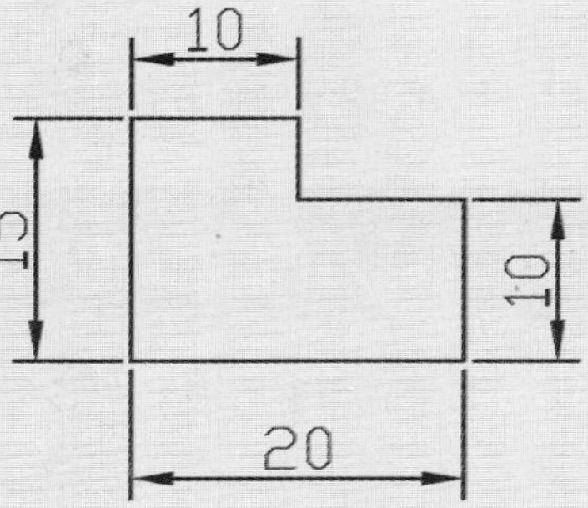

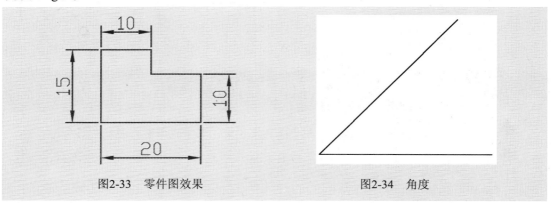

图2-33　零件图效果

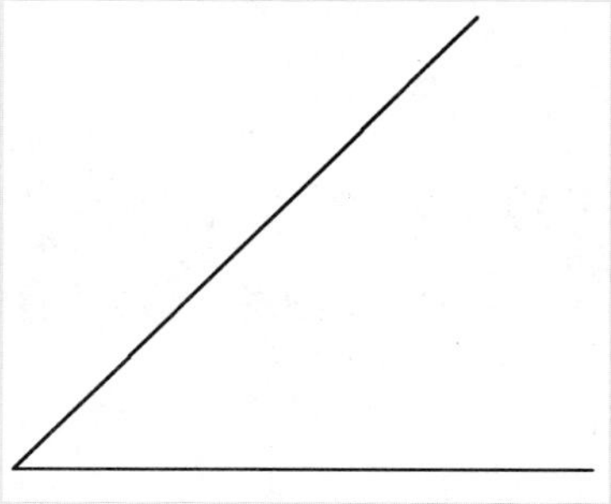

图2-34　角度

Chapter 3

第3章

绘制简单的图形对象

小魔女：前面你给我讲解了一些AutoCAD的基础绘图知识，回想前面所有学过的知识，感觉AutoCAD的基础知识还是挺多的！

魔法师：小魔女，你是不是在埋怨我讲了那么多废话，还不给你讲如何绘制图形啊？

小魔女：我可没有这种想法哦！其实我觉得基础知识是非常重要的，只有前面的基础学好了，学习图形的绘制时才会游刃有余啊！

魔法师：你能有这种想法就太好了，那接下来我就开始给你讲解一下图形的绘制吧！

学习要点：

- 绘制点对象
- 绘制线型对象
- 绘制曲线型对象
- 绘制多边形对象
- 绘制特殊对象

3.1 绘制点对象

魔法师：点是二维图形最基本的组成单位，AutoCAD作为一款专业的二维绘图软件，点的绘制自然是不可缺少的。

小魔女：那么小的一点，还能绘制出来吗？

魔法师：嗯，点是图形对象中最基本的对象，它不仅是组成图形最基本的元素，也可作为定位坐标等，除了最基本的圆点外，通过设置点样式还可绘制出不同形状的点。

3.1.1 设置点样式

在绘制点之前需对点的样式进行设置，这样才能将绘制的点在绘图区中显示出来。否则当点与其他图形对象重合时，将无法看到该点。设置点样式的方法介绍如下：

- 选择“常用”/“实用工具”组，单击“点样式”按钮。
- 在命令行中执行“DDPTYPE”命令。

设置点样式的具体操作如下：

步骤 01 选择“常用”/“实用工具”组，单击“点样式”按钮，打开“点样式”对话框。

步骤 02 根据需要在对话框的点样式列表中选择一种点样式，这里选择⊕样式。

步骤 03 选中◉相对于屏幕设置大小(R)单选按钮，然后在“点大小”文本框中输入点的大小为“15”，如图3-1所示。

步骤 04 完成设置后，单击确定按钮即可。

“点样式”对话框中提供了两种设置点大小的方式，其具体含义如下：

- ◉相对于屏幕设置大小(R)单选按钮：选中该单选按钮，并在“点大小”文本框中输入点的大小，这时将按屏幕尺寸的百分比显示点的大小。当进行缩放操作时，点的显示大小将随之改变。
- ◉按绝对单位设置大小(A)单选按钮：选中该单选按钮，将按“点大小”文本框中指定的实际单位显示点的大小。当进行缩放操作时，AutoCAD 2012显示的点大小固定不变。

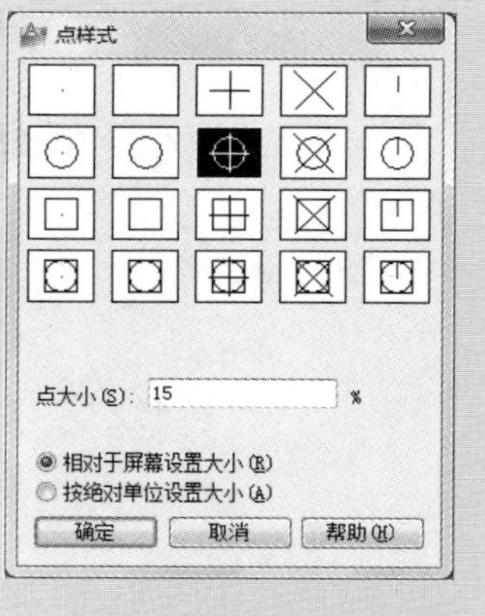

图3-1 “点样式”对话框

3.1.2 绘制单点

点常用于标记图形中的位置，如果设置了点的样式，还可在建筑绘图中绘制一些灯泡。在AutoCAD中调用绘制单点的方法主要有如下几种：

- 在“AutoCAD经典”工作空间中，选择“绘图”/“点”/“单点”命令。
- 在命令行中执行“POINT/PO”命令。

绘制单点的方法很简单，在执行命令后，直接在绘制图区中单击鼠标，即可绘制出单点，其命令行及操作如下：

```
命令:POINT                                     //执行“POINT”命令
当前点模式: PDMODE=34  PDSIZE=15.0000          //系统提示当前的点模式
指定点:                                        //在绘图区指定点的位置，完成单点的创建
```

上面命令行中系统提示的当前的点模式是使用PDMODE和PDSIZE两个系统变量来表示的，其含义介绍如下：

- PDMODE：控制点的样式，与“点样式”对话框中的第一行与第四行点样式相对应，不同的值对应不同的点样式，其数值为0~4、32~36、64~68及96~100，对应关系如图3-2所示。其中值为0时，显示为1个小圆点。值为1时不显示任何图形，但可以捕捉到该点，默认为0。

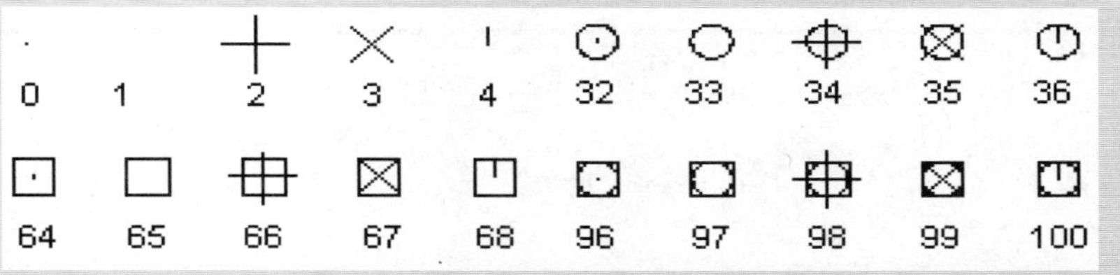

图3-2　各种点样式对应的PDMODE值

- PDSIZE：控制点的大小，当该值为0时，点的大小为默认值，即屏幕大小的5%；当值为负时，它表示点的相对尺寸大小，相当于选中“点样式”对话框中的 ◉ 相对于屏幕设置大小(R) 单选按钮；当值为正时，表示点的绝对尺寸大小，相当于选中“点样式”对话框中的 ◉ 按绝对单位设置大小(A) 单选按钮。

在命令行分别输入“PDMODE”和“PDSIZE”后，可以重新指定点的样式和大小，这与在“点样式”对话框中设置点的样式效果是一样的。

3.1.3　绘制多点

绘制多点就是在输入命令后一次能指定多个点，多点的绘制方法与单点的绘制方法相同，如图3-3所示为绘制多点的效果。调用绘制多点命令的方法主要有如下几种：

- 选择“常用”/“绘图”组，单击“多点”按钮。
- 在命令行中输入“POINT”命令，然后按【Enter】键，在绘图区任意位置单击鼠标左键，按【Enter】键，再在绘图区任意位置单击鼠标左键，依此类推。

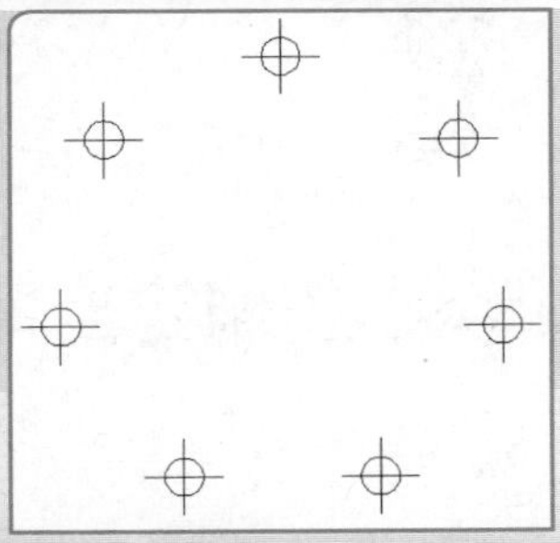

图3-3　绘制多点效果

3.1.4 绘制定数等分点

绘制定数等分点指以定数等分长度的方式在指定对象上绘制点对象。被等分的对象有直线、圆、圆弧、多段线等，等分点只是按要求在等分对象上做出点标记。调用定数等分点命令的方法主要有如下几种：

- 选择“常用”/“绘图”组，单击“定数等分”按钮。
- 在命令行中执行“DIVIDE/DIV”命令。

其命令行及操作如下：

```
命令: DIVIDE                        //执行“DIVIDE”命令
选择要定数等分的对象:                //选择要等分的线段
输入线段数目或 [块(B)]: 4            //输入要等分的数量并确认输入，效果如图3-4所示
```

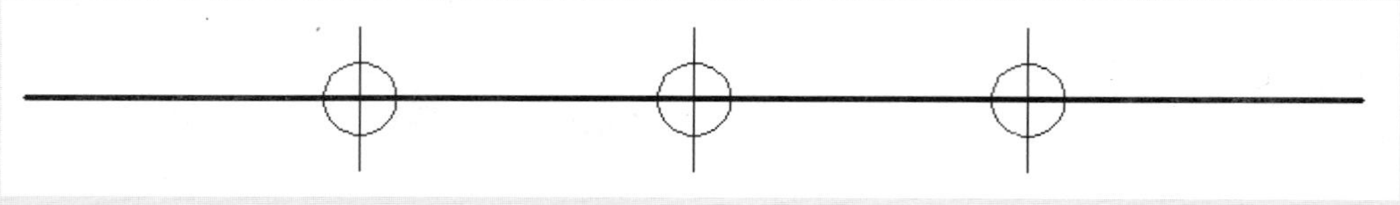

图3-4 定数等分效果

魔法档案——定数等分命令中“块”选项的含义

在执行“DIVIDE”命令的过程中，如果在提示“输入线段数目或 [块(B)]:”时选择“块”选项，则可用指定的图块代替点，即在线段上等分插入所选的图块。关于图块的知识将在本书后面的章节详细讲解。

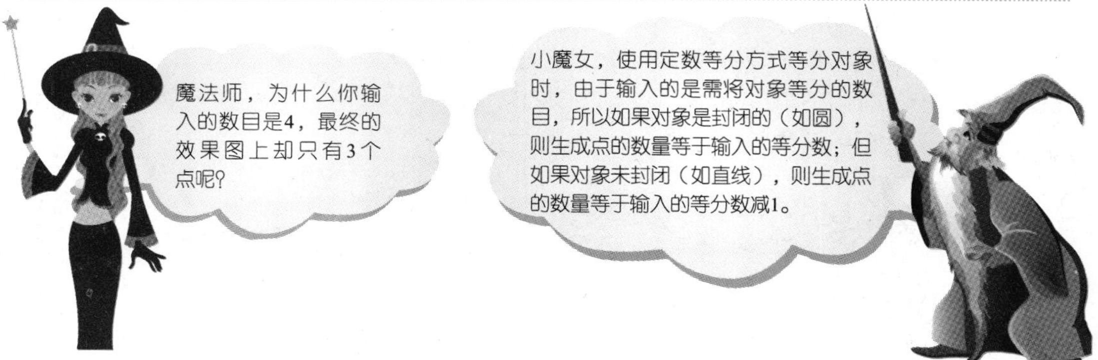

魔法师，为什么你输入的数目是4，最终的效果图上却只有3个点呢？
小魔女，使用定数等分方式等分对象时，由于输入的是需将对象等分的数目，所以如果对象是封闭的（如圆），则生成点的数量等于输入的等分数；但如果对象未封闭（如直线），则生成点的数量等于输入的等分数减1。

3.1.5 绘制定距等分点

绘制定距等分点是指在选定的对象上按指定的长度绘制多个点对象，即先指定所要创建的点与点之间的距离，然后AutoCAD 2012按照该间距值分隔所选对象，并不是将对象断开，而是在相应的位置上放置点对象，以辅助绘制其他图形。调用定距等分点命令的方法主要有

如下几种：

- 选择“常用”/“绘图”组，单击“定数等分”按钮。
- 在命令行中执行“MEASURE/ME”命令。

其命令行及操作如下：

```
命令: MEASURE                          //执行“MEASURE”命令
选择要定数等分的对象:                  //拾取要等分的图形对象
指定线段长度或 [块(B)]: 200            //输入各点间的距离并确认，效果如图3-5所示
```

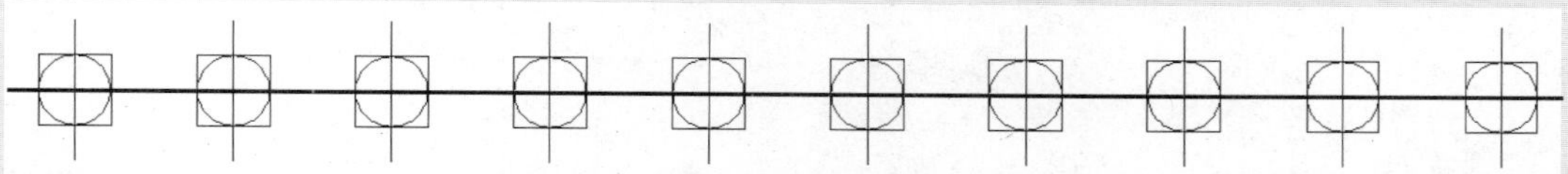

图3-5 定距等分效果

魔法档案——定距等分点命令的使用注意事项

使用“MEASURE”命令插入点时，系统会从离拾取对象点最近的端点处开始，以相等的距离计算度量点，直到余下部分不足一个给定的距离参数为止。所以定距等分时给定的距离参数通常都不能将某条线段完全等分。另外使用“DIVIDE”命令和“MEASURE”命令并不能将对象断开，而是在选择的对象上放置辅助点。

3.2 绘制线型对象

小魔女：刚才你给我讲解了点的绘制，按照点线面的顺序，接下来是不是该给我讲解线的绘制了呢？

魔法师：没错，直线型对象是所有图形的基础，AutoCAD 2012可以绘制多种直线类型，如直线、射线、构造线、多段线和多线等。接下来我就详细介绍这些直线型对象的绘制方法。

3.2.1 绘制直线段

在AutoCAD 2012中，只要指定起点和终点就可以绘制一条直线段。当绘制一条线段后，可继续以该线段的终点作为起点，然后指定另一终点……从而绘制首尾相连的封闭图形。绘制直线的方法介绍如下：

- 选择“常用”/“绘图”组，单击“直线”按钮。
- 在命令行中执行“LINE/L”命令。

直线命令是绘制图形最常用的命令之一，下面将配合正交模式，绘制楼梯图形，其命令行及操作如下：

```
命令: <正交 开>                                  //按【F8】键开启正交模式
命令: LINE                                       //执行“LINE”命令
指定第一点:                                      //在绘图区中单击鼠标指定起点
指定下一点或 [放弃(U)]: 300                      //鼠标向右移动并输入长度值
指定下一点或 [放弃(U)]: 150                      //鼠标向上移动并输入长度值，如图3-6所示
指定下一点或 [闭合(C)/放弃(U)]: 300              //鼠标向右移动并输入长度值
指定下一点或 [闭合(C)/放弃(U)]: 150              //鼠标向上移动并输入长度值
……                                               //按照相同的方法绘制其余线段
指定下一点或 [闭合(C)/放弃(U)]: *取消*           //按【Esc】键取消命令，效果如图3-7所示（光
                                                   盘:\效果\第3章\楼梯.dwg）
```

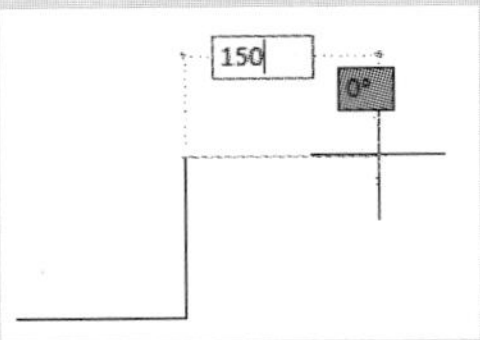

图3-6　输入长度值

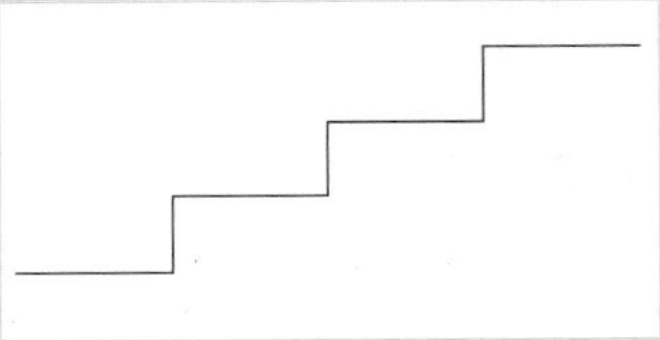

图3-7　最终效果

在执行直线命令的过程中出现的“闭合”和“放弃”选项的具体含义如下：

- **闭合**：如果绘制了多条线段，最后要形成一个封闭的图形，选择该选项，按【C】键，并按【Enter】键可将最后确定的端点与第1个起点重合，形成一个封闭的图形。
- **放弃**：选择该选项，按【U】键，将撤销刚才绘制的直线而不退出“LINE”命令。

3.2.2 绘制射线

射线是只有起点和方向却没有终点的直线，即射线为一端固定，而另一端无限延伸的直线，一般用作辅助线。绘制射线后按【Esc】键即可退出绘制状态，调用射线命令的方法主要有如下几种：

- 选择“常用”/“绘图”组，单击“射线”按钮。
- 在命令行中执行“RAY”命令。

射线仅用作绘图辅助线，其命令行及操作如下：

```
命令: RAY                  //执行“RAY”命令
指定起点:                  //指定起点坐标
指定通过点:                //指定通过点坐标确定射线方向
```

3.2.3 绘制构造线

绘制构造线首先需要执行构造线命令，调用构造线命令的方法主要有如下几种：

- 选择“常用”/“绘图”组，单击“构造线”按钮。

- 在命令行中执行“XLINE/XL”命令。

构造线是没有端点和起点的直线，不管是绘制机械图形还是建筑图形，都可以用该命令绘制辅助线。下面将使用该命令在“钻孔示意图”（光盘:\素材\第3章\钻孔示意图.dwg）中绘制轴线，完成后的效果如图3-8所示（光盘:\效果\第3章\钻孔示意图.dwg），其命令行及操作如下：

```
命令:XLINE                                              //执行“XLINE”命令
指定点或 [水平(H)/垂直(V)/角度(A)/二等分(B)/偏移(O)]: B   //选择“二等分”选项
指定角的顶点:                                           //选择如图3-9所示的A点
指定角的起点:                                           //选择B点为起点
指定角的端点:                                           //选择C点为端点
指定角的端点: *取消*                                    //按【Esc】键取消命令
```

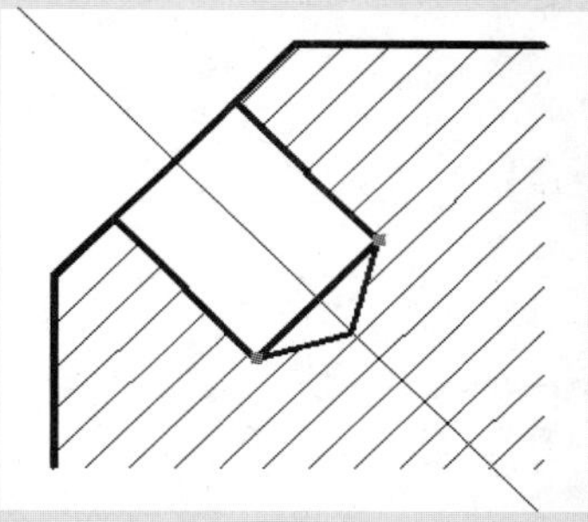

图3-8　最终效果

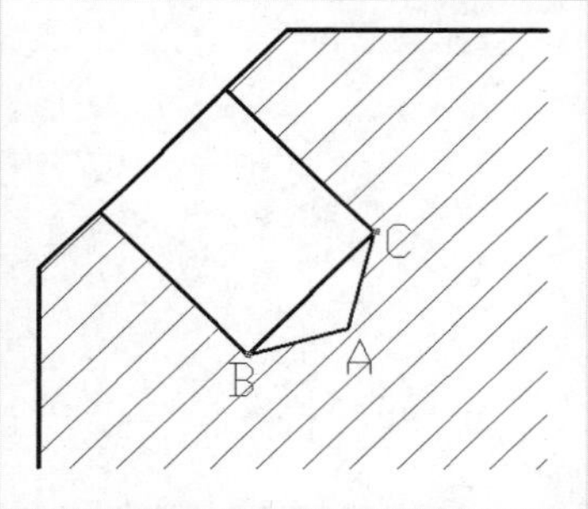

图3-9　二等分的各个点

在执行构造线命令的过程中各选项的具体含义如下：

- 水平：选择该项可绘制水平构造线。
- 垂直：选择该项可绘制垂直构造线。
- 角度：选择该项可按指定的角度创建一条构造线。
- 二等分：选择该项可创建已知角的角平分线。使用该选项创建的构造线平分指定的两条线间的夹角，且通过该夹角的顶点。绘制角平分线时，系统要求用户依次指定已知角的顶点、起点及终点。
- 偏移：选择该项可创建平行于另一个对象的平行线。这条平行线可以偏移一段距离与对象平行，也可以通过指定的点与对象平行。

3.2.4 绘制多线

多线是一种由多条平行线组成的组合图形对象，在机械制图中使用并不多，主要用于绘制建筑图形中的墙体。利用多线命令可以一次性绘制多条平行线，而且每条线可拥有各自不同的颜色和线型，正是这一特殊性让多线成为AutoCAD 2012中设置项目最多的线型命令。在绘制多线前通常需要对多线样式进行设置。

1. 设置多线样式

在使用多线命令之前可对多线进行多数数量和每条单线的偏移距离、颜色、线型及背景填充等特性设置。设置多线样式的方法主要有如下几种：

- 在“AutoCAD经典”工作空间中，选择“格式”/“多线样式”命令。
- 在命令行中执行“MLSTYLE”命令。

执行命令后，将打开“多线样式”对话框，设置多线样式主要是在该对话框中进行的。下面将在该对话框中新建一个名为“墙线”的多线样式，其具体操作如下：

步骤 01 执行“MLSTYLE”命令后，在打开的“多线样式”对话框中单击 新建(N)... 按钮，如图3-10所示，打开“创建新的多线样式”对话框。

步骤 02 在该对话框中的“新样式名”文本框中输入“墙线”，如图3-11所示，单击 继续 按钮。

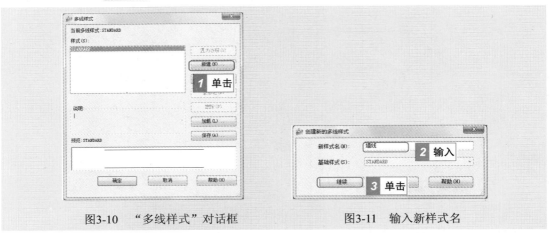

图3-10 “多线样式”对话框

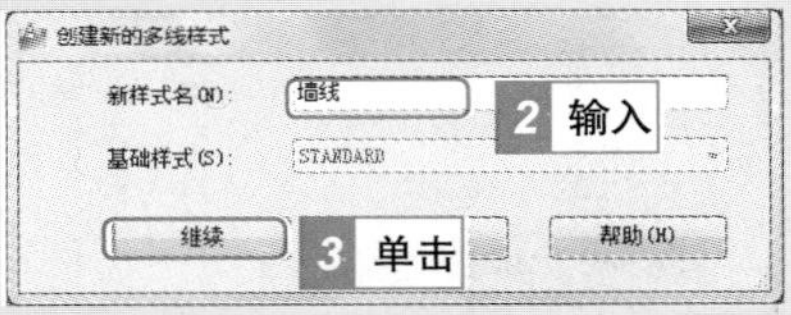

图3-11 输入新样式名

步骤 03 打开“新建多线样式：墙线”对话框，在该对话框中的“说明”文本框中输入“墙线”，然后在其他栏中对新建的多线样式的封口、直线之间的距离、颜色等因素进行设置，设置参数如图3-12所示。

步骤 04 单击 线型(Y)... 按钮，打开“选择线型”对话框，在列表框中选择需要的线型，如图3-13所示，单击 确定 按钮。

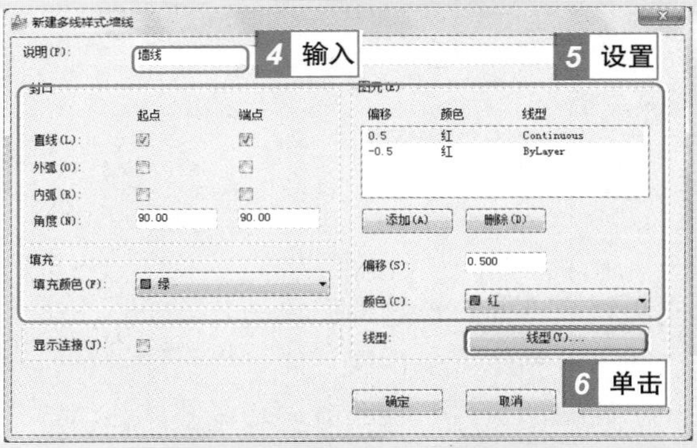

图3-12 设置多线样式

图3-13 选择线型

步骤 05 返回到“新建多线样式：墙线”对话框，单击 确定 按钮，保存设置并关闭对话框。

步骤 06 返回“多线样式”对话框。此时，在“多线样式”对话框的“样式”列表框中将会显示刚设置完成的多线样式。

步骤 07 在“多线样式”对话框的“样式”列表框中选择需要使用的多线样式，单击 置为当前(U) 按钮，将该多线样式设置为当前系统默认的样式。

步骤 08 完成多线样式设置后，单击 确定 按钮。

在设置多线样式时，每一个选项都对多线的设置有影响，在“新建多线样式：墙线”对话框中各选项的含义介绍如下：

- **封口：**设置多线的平行线段之间两端封口的样式，可以设置起点和端点的样式。
- **直线：**表示多线端点由垂直于多线的直线直接封口。
- **外弧：**表示多线以端点向外凸出的弧形线封口。
- **内弧：**表示多线以端点向内凹进的弧形线封口。
- **填充：**设置封闭的多线内的填充颜色，选择“无”表示使用透明颜色填充。
- **显示连接(J): □ 复选框：**显示或隐藏每条多线线段顶点处的连接。
- **图元：**构成多线的每一条直线，通过单击 添加(A) 按钮可以添加多线构成元素，也可以通过单击 删除(D) 按钮删除这些元素。
- **偏移：**设置多线元素从中线的偏移值，值为正表示向上偏移，值为负表示向下偏移。
- **颜色：**设置组成多线元素的直线线条颜色。
- **线型：**设置组成多线元素的直线线条线型。

魔法档案——“多线样式”对话框中其余按钮的作用

在“多线样式”对话框中，单击 修改(M)... 按钮，将打开“修改多线样式”对话框，该对话框与“新建多线样式”对话框的选项完全一致，在其中可对指定样式的各选项进行修改；单击 重命名(R) 按钮，可将选择的多线样式重新命名；单击 删除(D) 按钮，可以将选择的多线样式删除；单击 保存(A)... 按钮，在“保存多线样式”对话框中可以将多线样式以文件的形式保存到电脑中，以备以后调用；单击 加载(L)... 按钮，在打开的“加载多线样式”对话框中单击 文件... 按钮则可以调用电脑中已有的多线样式文件。

2. 绘制多线

当设置好多线样式后，就可以使用多线命令绘制图形了。调用多线命令的方法主要有如下几种：

- 在“AutoCAD经典”工作空间中，选择“绘图”/“多线”命令。
- 在命令行中执行“MLINE/ML”命令。

默认情况下，执行“MLINE”命令后绘制的多线由两条线型相同的平行线组成，其绘制方法与直线的绘制方法相似。下面将使用前面设置的多线样式，绘制一个如图3-14所示的多线（光盘:\效果\第3章\多线.dwg），其命令行及操作如下：

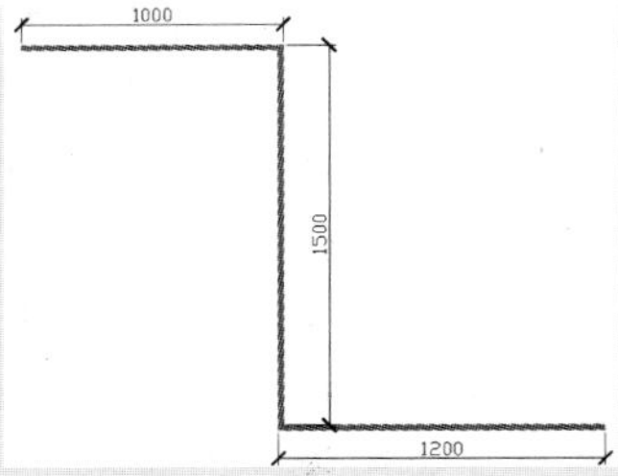

图3-14 最终效果

命令:MLINE	//执行"MLINE"命令
当前设置:对正=上，比例=20.00，样式=STANDARD	//系统提示当前的多线样式、对正方法与比例
指定起点或[对正(J)/比例(S)/样式(ST)]:	//在绘图区适当位置拾取一点作为多线的起点
指定下一点:1000	//将十字光标移至起点右侧，输入数值并确认
指定下一点或[放弃(U)]: 1500	//将十字光标移至上一点的下方，输入数值并确认
指定下一点或[放弃(U)]: 1200	//将十字光标移至上一点的右侧，输入数值按【Enter】键确认

在执行多线命令的过程中关键选项的含义介绍如下：

- 对正：设置绘制多线时相对于输入点的偏移位置。该选项有上、无和下3个选项，各选项含义介绍如下：
  - ◎上：多线顶端的线随着光标移动。
  - ◎无：多线的中心线随着光标移动。
  - ◎下：多线底端的线随着光标移动。
- 比例：设置多线样式中平行多线的宽度比例。如一个比例为2的比例因子产生的宽度是定义样式中"偏移"值的两倍，而负的比例因子则会将偏移方向反向。
- 样式：设置绘制多线时使用的样式，默认的多线样式为STANDARD。选择该选项后，可以在提示信息"输入多线样式名或[?]"后面输入已定义的样式名，输入"?"则会列出当前图形中所有的多线样式。

3.3 绘制曲线型对象

魔法师：直线的绘制是不是很简单呢？接下来我可要开始讲解曲线对象的绘制了哦，你可要跟上我的思维哦！

小魔女：按道理不是应该讲面的绘制吗？怎么会是曲线的绘制呢？

魔法师：二维绘制怎么会包含面的绘制呢？AutoCAD中绘制线型的命令非常多，除前面讲解的直线型对象外，线型对象还包括曲线型对象。曲线型图形主要包括圆、圆环、圆弧、样条曲线、修订云线、椭圆和椭圆弧等。

3.3.1 绘制圆

不管是绘制机械图形，还是建筑图形，圆命令的使用都比较频繁，调用圆命令的方法主要如下几种：

- 选择“常用”/“绘图”组，单击“圆”按钮，在弹出的菜单中选择需要的命令。
- 在命令行中执行“CIRCLE/C”命令。

执行该命令后，可以使用多种方式绘制圆，AutoCAD 2012默认通过指定圆心和半径进行绘制。在命令行执行命令绘制圆有3种绘制方式，其命令行及操作如下：

```
命令: CIRCLE                                         //执行“CIRCLE”命令
指定圆的圆心或[三点(3P)/两点(2P)/相切、相切、半径(T)]:  //在绘图区拾取一点作为圆心
指定圆的半径或[直径(D)] <0>:                          //输入半径值并按【Enter】键确认
```

如果采用单击命令面板中的按钮的方式绘制圆，在弹出的菜单中提供了6种绘制圆的方式，如图3-15所示分别为6种不同方式绘制圆的示意图，其中“圆心、半径”方式即为在上面命令行提示下绘制圆的方式。

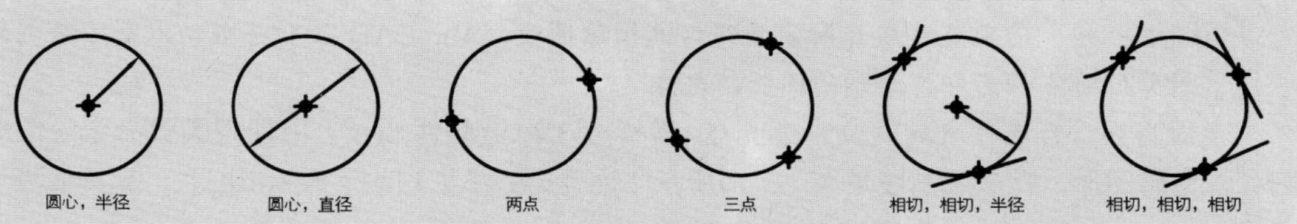

图3-15　6种不同方式绘制圆的示意图

在执行圆命令的过程中各关键选项的含义介绍如下：

- **三点：**通过将已知的3个点作为将要绘制的圆周上的3个点来绘制圆，AutoCAD 2012会陆续提示指定第1点、第2点和第3点。
- **两点：**利用已知的两个点绘制圆，AutoCAD 2012将分别提示指定圆直径方向的两个端点。
- **相切、相切、半径：**利用两个已知对象的切点和圆的半径来绘制圆，AutoCAD 2012会分别提示指定圆的第1切线、第2切线上的点以及圆的半径。在使用该选项绘制圆时，由于圆的半径限制，绘制的圆可能与已知对象不实际相切，而与其延长线相切；如果输入的圆半径不合适，也可能绘制不出需要的圆。
- **圆心、直径：**通过指定圆心和直径画圆。

3.3.2 绘制圆弧

圆弧是圆对象中的一部分，常用于连接其余的图形对象。调用圆弧命令的方法主要有如下几种：

- 选择“常用”/“绘图”组，单击“圆弧”按钮，在弹出的菜单中选择需要的命令。

- 在命令行中执行“ARC/A”命令。

在命令行执行“ARC”命令的过程中，如果选择的选项不同，圆弧的绘制方法也不同。虽然绘制圆弧的方法有多种，但这些方法中除以指定3点的方式进行绘制之外，其他方式都是通过圆弧的起点、起点方向、包含的圆心角、圆弧的终点和圆弧的弦长等参数来确定的。各种绘制圆弧选项的含义如下：

- 三点：以指定3点的方式绘制圆弧。
- 起点、圆心、端点：以圆弧的起点、圆心、端点方式绘制圆弧。
- 起点、圆心、角度：以圆弧的起点、圆心、圆心角方式绘制圆弧。
- 起点、圆心、长度：以圆弧的起点、圆心、弦长方式绘制圆弧。
- 起点、端点、角度：以圆弧的起点、终点、圆心角方式绘制圆弧。
- 起点、端点、方向：以圆弧的起点、终点、起点的切线方向方式绘制圆弧。
- 起点、端点、半径：以圆弧的起点、终点、半径方式绘制圆弧。
- 圆心、起点、端点：以圆弧的圆心、起点、端点方式绘制圆弧。
- 圆心、起点、角度：以圆弧的圆心、起点、圆心角方式绘制圆弧。
- 圆心、起点、长度：以圆弧的圆心、起点、弦长方式绘制圆弧。
- 继续：绘制其他直线或非封闭曲线后选择该选项，AutoCAD 2012将自动以刚才绘制的对象的终点作为即将绘制的圆弧的起点。

下面将在“标准件.dwg”文件（光盘:\素材\第3章\标准件.dwg）中使用圆弧命令绘制出圆弧，完善图形，完成后的效果如图3-16所示（光盘:\效果\第3章\标准件.dwg），其具体操作如下：

步骤 01 打开“标准件.dwg”文件，如图3-17所示。

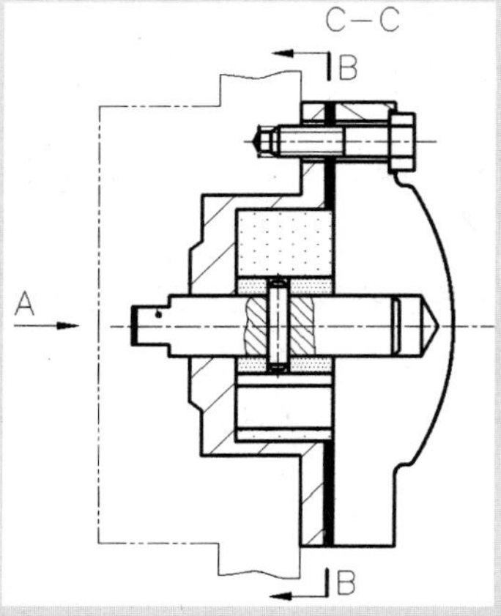

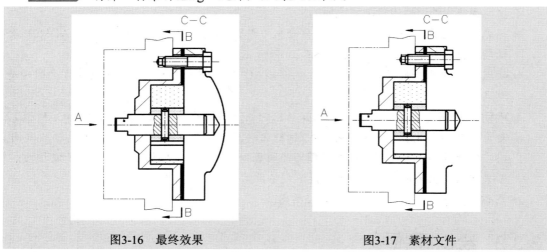

图3-16 最终效果

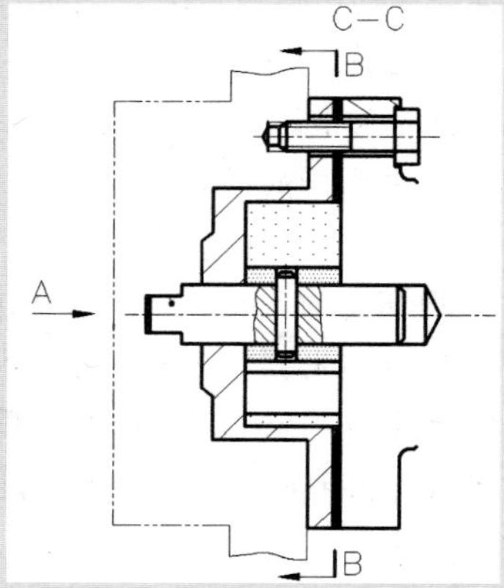

图3-17 素材文件

步骤 02 在命令行中执行“ARC”命令，其命令行及操作如下：

```
命令:ARC                                        //执行“ARC”命令
指定圆弧的起点或 [圆心(C)]:                      //捕捉图形下方的端点
指定圆弧的第二个点或 [圆心(C)/端点(E)]:E          //选择“端点”选项
```

```
指定圆弧的端点:                                    //捕捉图形上方的端点
指定圆弧的圆心或 [角度(A)/方向(D)/半径(R)]: R       //选择“半径”选项
指定圆弧的半径: 20                                 //输入圆弧的半径为20
```

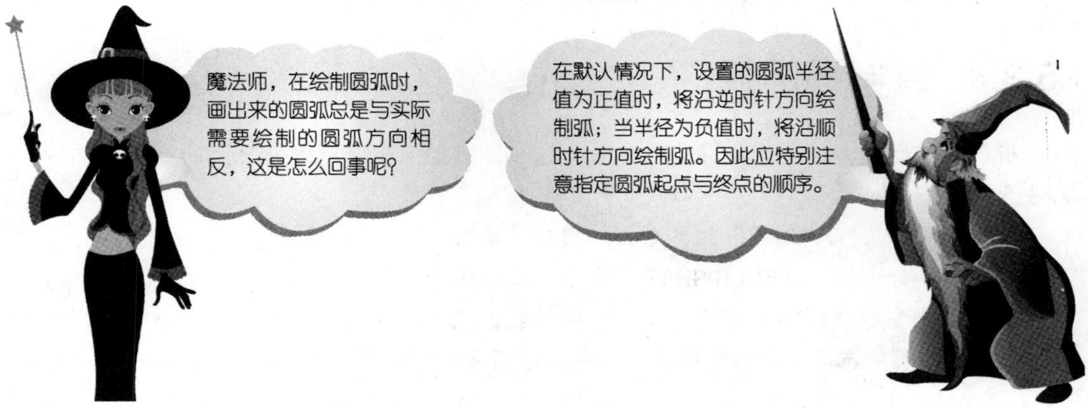

魔法师，在绘制圆弧时，画出来的圆弧总是与实际需要绘制的圆弧方向相反，这是怎么回事呢？
在默认情况下，设置的圆弧半径值为正值时，将沿逆时针方向绘制弧；当半径为负值时，将沿顺时针方向绘制弧。因此应特别注意指定圆弧起点与终点的顺序。

3.3.3 绘制椭圆

绘制椭圆时，AutoCAD 2012默认需指定椭圆长轴与短轴的尺寸，调用椭圆命令的方法主要有如下几种：

- 选择“常用”/“绘图”组，单击“圆心”按钮或单击“轴，端点”按钮。
- 在命令行中执行“ELLIPSE/EL”命令。

下面将使用椭圆命令绘制一个长轴为70，短轴为35的椭圆，完成后的效果如图3-18所示（光盘:\效果\第3章\椭圆.dwg）。

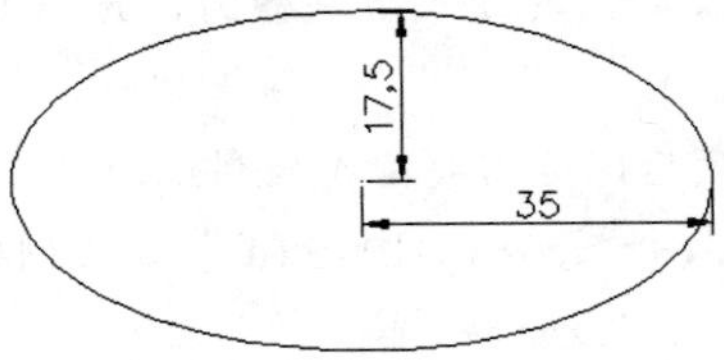

图3-18　最终效果

其命令行及操作如下：

```
命令:ELLIPSE                                  //执行“ELLIPSE”命令
指定椭圆的轴端点或 [圆弧(A)/中心点(C)]:        //在绘图区中单击鼠标，确定椭圆的中心点
指定轴端点: 35                                //鼠标向左移动，并输入35指定长半轴的长度值
指定另一条半轴长度或 [旋转(R)]: 17.5           //输入17.5，指定另一半轴的长度
```

在执行椭圆命令的过程中各选项的具体含义如下：

- 圆弧：只绘制椭圆上的一段弧线，即椭圆弧，它与选择“绘图”/“椭圆”/“圆弧”命令的作用相同。

- **中心点：** 以指定椭圆圆心和两半轴的方式绘制椭圆或椭圆弧。
- **旋转：** 通过绕第一条轴旋转圆的方式绘制椭圆或椭圆弧。输入的值越大，椭圆的离心率就越大，输入0时将绘制正圆图形。

3.3.4 绘制椭圆弧

椭圆弧实际上是绘制椭圆命令中的一个选项。在绘制椭圆弧时和椭圆命令是相同的，其方法介绍如下：

- 选择“常用”/“绘图”组，单击“圆心”按钮。
- 在命令行中执行“ELLIPSE/EL”命令，然后选择“圆弧”选项。

通过单击命令面板中的按钮，可以直接绘制椭圆弧，而在命令行中执行命令后，需进行手动选择“圆弧”选项才能绘制椭圆弧，其命令行及操作如下：

```
命令: ELLIPSE                                    //执行“ELLIPSE”命令
指定椭圆的轴端点或 [圆弧(A)/中心点(C)]:A          //选择“圆弧”选项
指定椭圆弧的轴端点或 [中心点(C)]:                 //在绘图区中拾取一点作为椭圆弧轴的一个端点
指定轴的另一个端点:                               //拾取另一点作为轴的另一个端点
指定另一条半轴长度或 [旋转(R)]:                   //指定椭圆弧另一条轴线的半长
指定起始角度或 [参数(P)]:                         //指定椭圆弧起点角度值，可手动拾取点确定
指定终止角度或 [参数(P)/包含角度(I)]:             //指定椭圆弧端点角度值
```

在执行椭圆弧命令的过程中各选项的含义介绍如下：

- **中心点：** 以指定圆心的方式绘制椭圆弧。选择该选项后指定第一条轴的长度时也只需指定其半长即可。
- **旋转：** 通过绕第一条轴旋转圆的方式绘制椭圆，再指定起始角度与终止角度绘制出椭圆弧。
- **参数：** 选择“参数”选项后同样需要输入椭圆弧的起始角度，但AutoCAD 2012将通过矢量参数方程式“p(u) = c+a* cos(u)+b*sin(u)”来绘制椭圆弧。其中，c表示椭圆的中心点，a和b分别表示椭圆的长轴和短轴。
- **包含角度：** 定义从起始角度开始的包含角度。

3.3.5 绘制圆环

圆环是由两个同心圆组成的组合图形，AutoCAD 2012默认圆环两个圆之间的面积填充为实心，调用圆环命令的方法主要有如下几种：

- 选择“常用”/“绘图”组，单击“圆环”按钮。
- 在命令行中执行“DONUT/DO”命令。

绘制圆环时需要指定圆环的内径、外径及中心点位置。下面将绘制一个内径为10，外径为20的圆环，效果如图3-19所示（光盘:\效果\第3章\圆环.dwg）。

图3-19　最终效果

其命令行及操作如下：

命令: DONUT	//执行“DONUT”命令
指定圆环的内径 <0.5000>:10	//输入圆环的内径值
指定圆环的外径 <1.0000>:20	//输入圆环的外径值
指定圆环的中心点或 <退出>:	//此时出现一个与设置大小相同的圆环跟随十字光标移动，在绘图区中拾取一点即可将其作为圆环的中心点
指定圆环的中心点或 <退出>:	//再次拾取一点可绘制相同的圆环，此处结束绘制

3.4　绘制多边形对象

小魔女：你说得没错，二维对象中怎么会包含面的绘制呢？我真糊涂！

魔法师：呵呵，虽然接下来讲解的多边形对象不是面，但是有一点接近哦！

小魔女：多边形怎么会是面呢？

魔法师：多边形是所有非弧形的封闭区域，在平面图绘制过程中，矩形和多边形运用的比例较大，如果用三维中的面域命令编辑这些多边形，就会变成面哦！

3.4.1　绘制矩形

矩形就是日常称的长方形，在AutoCAD中，为了符合工作需要还可以设置矩形的倒角、圆角等效果，并可以为其设定宽度与厚度值，调用矩形命令的方法主要有如下几种：

- 选择“常用”/“绘图”组，单击“矩形”按钮□。
- 在命令行中执行“RECTANG/REC”命令。

其命令行及操作如下：

命令:RECTANG	//执行“RECTANG”命令
指定第一个角点或 [倒角(C)/标高(E)/圆角(F)/厚度(T)/宽度(W)]:	//直接指定一个角点或选择另一种绘制矩形的方式
指定另一个角点或 [面积(A)/尺寸(D)/旋转(R)]:	//直接指定另一个角点位置或坐标值，或选择另外欲达到的参数来确定另一个角点

在执行矩形命令的过程中各关键选项的含义介绍如下：

- **倒角**：设置矩形的倒角距离，以对矩形的各边进行倒角，倒角的效果如图3-20所示。
- **标高**：设置矩形在三维空间中的基面高度，用于三维对象的绘制。
- **圆角**：设置矩形的圆角半径，以对矩形进行倒圆角。一般在设计机械零件时，为了避免给用户带来伤害，不可能让其棱角分明，所以在绘制矩形时，一般都会对每条边进行倒圆角，该倒角为工艺倒角，大小依据实际情况而定，圆角的效果如图3-21所示。
- **厚度**：设置矩形厚度，即三维空间Z轴方向的高度。该选项用于绘制三维图形对象。
- **宽度**：设置矩形的线条宽度。
- **面积**：指定将要绘制的矩形的面积，在绘制时系统要求指定面积和一个维度（长度或宽度），AutoCAD 2012将自动计算另一个维度并完成矩形。
- **尺寸**：通过指定矩形的长度、宽度和矩形另一角点的方向来绘制矩形。
- **旋转**：指定将要绘制的矩形旋转的角度。

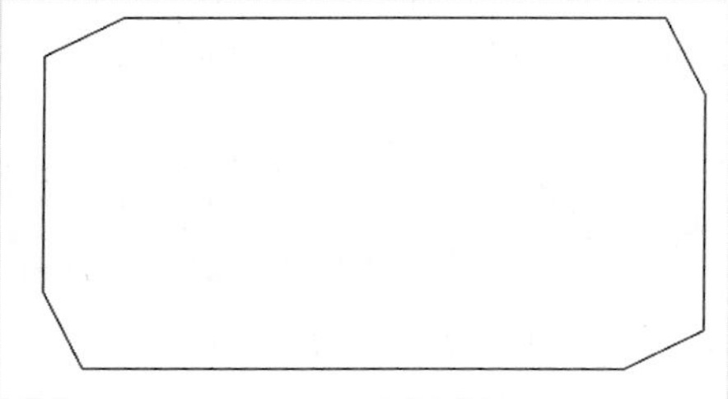

图3-20　倒角的效果

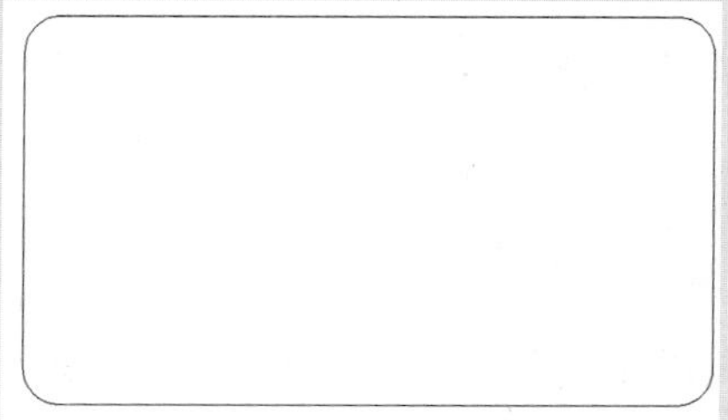

图3-21　圆角的效果

3.4.2 绘制正多边形

在AutoCAD 2012中，使用正多边形命令可绘制3～1024条边的正多边形，调用正多边形命令的方法主要有如下几种：

- 选择“常用”/“绘图”组，单击“多边形”按钮⬠。
- 在命令行中执行“POLYGON/POL”命令。

其命令行及操作如下：

命令: POLYGON	//执行“POLYGON”命令
输入边的数目 <4>:	//输入多边形的边数
指定正多边形的中心点或 [边(E)]:	//指定正多边形的中心点或选择以指定边的方式绘制正多边形
输入选项 [内接于圆(I)/外切于圆(C)] <I>:	//指定绘制正六边形的一种方式
指定圆的半径:	//输入内接圆或外切圆的半径

在执行正多边形命令的过程中各选项的含义介绍如下：

- **边**：通过指定多边形边的方式来绘制正多边形。该方式将通过边的数量和长度确定正多边形。
- **内接于圆**：以指定多边形内接圆半径的方式来绘制多边形。

- 外切于圆：以指定多边形外切圆半径的方式来绘制多边形。

3.5 绘制特殊对象

小魔女：学了这么多的绘制命令，怎么全是一些规规矩矩的图形呢？如果遇到一些特殊的对象怎么办呢？

魔法师：如果遇到一些特殊的对象，可以通过绘制特殊对象的命令来实现，但是这些命令并不能满足所有的特殊对象的绘制。确实无法绘制的特殊图形，可以通过编辑命令来实现，编辑命令的使用后面将详细讲解，接下来就讲讲这些绘制特殊对象命令的使用方法吧！

3.5.1 绘制多段线

多段线是由多条线段构造的一个图形，这些线段可以是等宽或不等宽的直线、圆弧等对象，通过多段线命令绘制的图形是一个整体，用户可对其进行整体编辑，调用多段线命令的方法主要有如下几种：

- 选择“常用”/“绘图”组，单击“多段线”按钮。
- 在命令行中执行“PLINE/PL”命令。

下面将在AutoCAD中通过多段线命令绘制出警告标志，完成后效果如图3-22所示（光盘:\效果\第3章\警告标志.dwg），其具体操作如下：

步骤01 打开“警告标志.dwg”文件（光盘:\素材\第3章\警告标志.dwg），如图3-23所示。

图3-22　最终效果

图3-23　素材文件

步骤02 先开启正交功能，然后在命令行中执行“PLINE”命令，其命令行及操作如下：

```
命令: <正交 开>                       //按【F8】键开启正交功能
命令: PLINE                           //执行“PLINE”命令
```

```
指定起点:                                                       //选择图中的A点
指定下一个点或 [圆弧(A)/半宽(H)/长度(L)/放弃(U)/宽度
(W)]: W                                                         //选择"宽度"选项
指定起点宽度 <0.0000>: 3                                        //设置起点宽度为3
指定端点宽度 <3.0000>: 3                                        //设置端点宽度为3
指定下一个点或 [圆弧(A)/半宽(H)/长度(L)/放弃(U)/宽度
(W)]: 4                                                         //鼠标向上移动，并输入4，指定直线的长度
指定下一点或 [圆弧(A)/闭合(C)/半宽(H)/长度(L)/放弃
(U)/宽度(W)]: A                                                 //选择"圆弧"选项
指定圆弧的端点或[角度(A)/圆心(CE)/闭合(CL)/方向(D)/
半宽(H)/直线(L)/半径(R)/第二个点(S)/放弃(U)/宽度(W)]:
CE                                                              //选择"圆心"选项
指定圆弧的圆心: 1.5                                             //鼠标向左移动，并输入1.5，指定圆心位置
指定圆弧的端点或 [角度(A)/长度(L)]: A                           //选择"角度"选项
指定包含角: 90                                                  //输入角度为90°
指定圆弧的端点或[角度(A)/圆心(CE)/闭合(CL)/方向(D)/
半宽(H)/直线(L)/半径(R)/第二个点(S)/放弃(U)/宽度(W)]:
L                                                               //选择"直线"选项
指定下一点或 [圆弧(A)/闭合(C)/半宽(H)/长度(L)/放弃
(U)/宽度(W)]: 3                                                 //鼠标向左移动，输入3，指定直线的长度
指定下一点或 [圆弧(A)/闭合(C)/半宽(H)/长度(L)/放弃
(U)/宽度(W)]: A                                                 //选择"圆弧"选项
指定圆弧的端点或[角度(A)/圆心(CE)/闭合(CL)/方向(D)/
半宽(H)/直线(L)/半径(R)/第二个点(S)/放弃(U)/宽度(W)]:
CE                                                              //选择"圆心"选项
指定圆弧的圆心: 1.5                                             //鼠标向上移动，输入1.5，指定圆心位置
指定圆弧的端点或 [角度(A)/长度(L)]: A                           //选择"角度"选项
指定包含角: -90                                                 //输入角度为-90°
指定圆弧的端点或[角度(A)/圆心(CE)/闭合(CL)/方向(D)/
半宽(H)/直线(L)/半径(R)/第二个点(S)/放弃(U)/宽度(W)]:
L                                                               //选择"直线"选项
指定下一点或 [圆弧(A)/闭合(C)/半宽(H)/长度(L)/放弃
(U)/宽度(W)]: 4                                                 //鼠标向上移动，输入4，指定直线长度
指定下一点或 [圆弧(A)/闭合(C)/半宽(H)/长度(L)/放弃
(U)/宽度(W)]: W                                                 //选择"宽度"选项
指定起点宽度 <3.0000>: 10                                       //输入起点宽度为10
指定端点宽度 <6.0000>: 0                                        //输入端点宽度为0
指定下一点或 [圆弧(A)/闭合(C)/半宽(H)/长度(L)/放弃
(U)/宽度(W)]: 6                                                 //鼠标向上移动，输入6，指定直线宽度
指定下一点或 [圆弧(A)/闭合(C)/半宽(H)/长度(L)/放弃
(U)/宽度(W)]: *取消*                                            //按【Esc】键取消命令
```

在执行多段线命令过程中，各选项的含义介绍如下：

- **圆弧**：选择该项，按【A】键，将以绘制圆弧的方式绘制多段线，其下的“半宽”、“长度”、“放弃”与“宽度”选项与主提示中的各选项含义相同。
- **半宽**：选择该项，按【H】键，将指定多段线的半宽值，AutoCAD将提示用户输入多段线的起点半宽值与终点半宽值。
- **长度**：选择该项，按【L】键，将定义下一条多段线的长度，AutoCAD将按照上一条线段的方向绘制这一条多段线。若上一段是圆弧，将绘制与此圆弧相切的线段。
- **放弃**：选择该项，按【U】键，将取消上一次绘制的一段多段线。
- **宽度**：选择该项，按【W】键，接下来可以设置多段线的宽度值。

3.5.2 绘制样条曲线

样条曲线常用来设计某些曲线型工艺品的轮廓线，它可以生成拟合光滑曲线，使绘制的曲线更加真实、美观。该命令是通过起点、控制点、终点及偏差变量来控制曲线走向的。调用样条曲线命令的方法主要有如下几种：

- 选择“常用”/“绘图”组，单击“样条曲线拟合”按钮或“样条曲线控制点”按钮。
- 在命令行中执行“SPLINE”命令。

下面将在“轴.dwg”图形文件中绘制一条样条曲线，最终效果如图3-24所示（光盘:\效果\第3章\轴.dwg），其具体操作如下：

步骤 01 打开“轴.dwg”文件（光盘:\素材\第3章\轴.dwg），如图3-25所示。

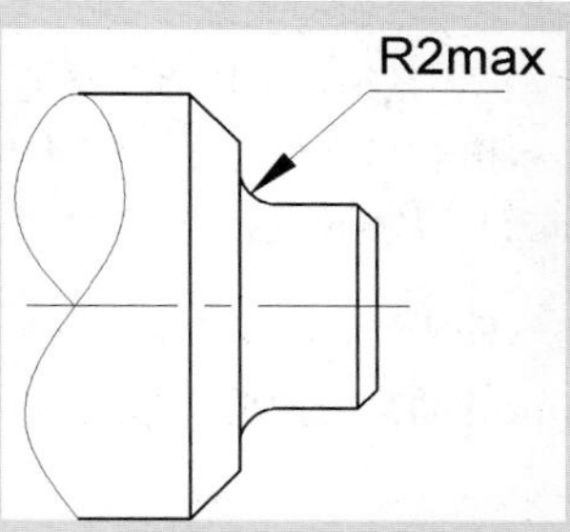

图3-24 最终效果

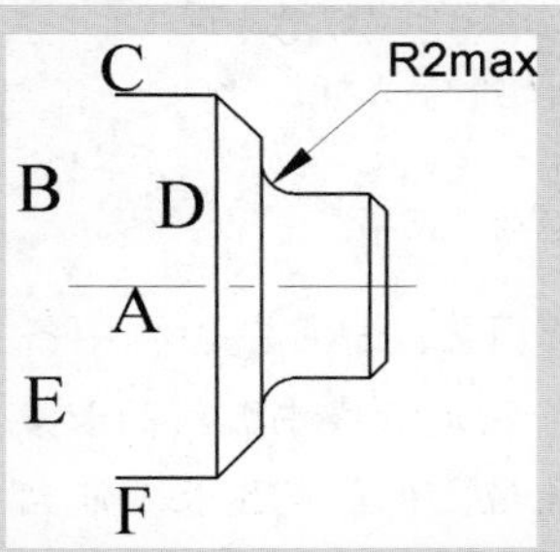

图3-25 素材文件

步骤 02 在命令行中执行“SPLINE”命令，其命令行及操作如下：

```
命令:SPLINE                                          //执行“SPLINE”命令
当前设置: 方式=拟合  节点=弦                          //保持默认设置不变
指定第一个点或 [方式(M)/节点(K)/对象(O)]:              //在绘图区中选择A点
输入下一个点或 [起点切向(T)/公差(L)]:                  //在绘图区中选择B点
输入下一个点或 [端点相切(T)/公差(L)/放弃(U)]:          //在绘图区中选择C点
输入下一个点或 [端点相切(T)/公差(L)/放弃(U)/闭合(C)]:  //在绘图区中选择D点
输入下一个点或 [端点相切(T)/公差(L)/放弃(U)/闭合(C)]:  //在绘图区中选择A点
```

输入下一个点或 [端点相切(T)/公差(L)/放弃(U)/闭合(C)]:　//在绘图区中选择E点
输入下一个点或 [端点相切(T)/公差(L)/放弃(U)/闭合(C)]:　//在绘图区中选择F点
输入下一个点或 [端点相切(T)/公差(L)/放弃(U)/闭合(C)]:　//按【Enter】键，确认绘制并退出命令

在上述方法中讲解的是通过样条曲线拟合点的方式进行绘制。在绘制样条曲线时，还可以通过执行“SPLINE”命令后，在命令行中选择“方式”选项，然后再选择“控制点”选项，或者直接单击功能区面板中的“样条曲线控制点”按钮的方式进行绘制。使用控制点的方式来绘制样条曲线，其绘制方法与通过样条曲线拟合点绘制样条曲线的方法相同。

3.5.3 绘制修订云线

修订云线的形状类似于天空中的云朵，它的组成元素包括多个控制点和最大弧长、最小弧长等，调用修订云线命令的方法主要有如下几种：

- 选择“常用”/“绘图”组，单击“修订云线”按钮。
- 在命令行中执行“REVCLOUD”命令。

执行上述任一命令后，其命令行及操作如下：

命令: REVCLOUD　//执行“REVCLOUD”命令
最小弧长: 15　最大弧长: 15　样式: 普通　//系统自动显示当前弧长设置
指定起点或 [弧长(A)/对象(O)/样式(S)] <对象>:
A　//选择“弧长”选项，重新指定弧长
指定最小弧长 <15>:　//输入最小弧长
指定最大弧长 <15>:　//输入最大弧长
指定起点或 [对象(O)] <对象>:　//在绘图区指定一点作为起点
沿云线路径引导十字光标...　//移动十字光标，系统自动按移动路径生成修订云线
修订云线完成　//当十字光标移至起点位置处时，系统自动闭合云线，完成修订云线的绘制

在执行修订云线命令的过程中各关键选项的含义介绍如下：

- **弧长：**指定云线中弧线的长度，选择该选项后AutoCAD 2012要求指定最小弧长值与最大弧长值，但最大弧长不能大于最小弧长的3倍。
- **对象：**指定要转换为修订云线的单个闭合对象。选择要转换的对象后，命令行将出现提示信息“反转方向 [是(Y)/否(N)] <否>:”，默认为“否”选项，如果选择“是”选项还可以反转圆弧的方向。如图3-26所示为将圆对象进行反转方向和不进行反转方向绘制修订云线的效果。

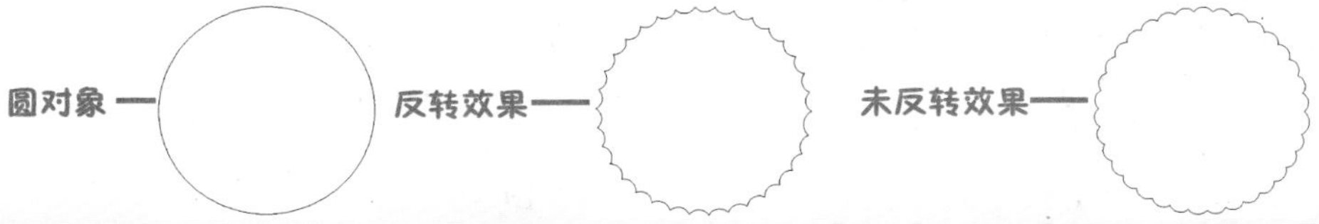

图3-26　修订云线的反转效果

- 样式：选择修订云线的样式，选择该选项后，命令行将出现提示信息“选择圆弧样式[普通(N)/手绘(C)] <普通>：”，默认为“普通”选项。

3.6 典型实例——绘制房屋顶棚图

魔法师：简单图形对象的绘制已经讲完了，怎么样？完全掌握了吗？

小魔女：还可以吧！看上去内容非常多，但是操作还是非常简单的。魔法师，你可以考考我啊！

魔法师：好吧，那你就运用学过的绘图方法绘制一个房屋顶棚图，最终效果如图3-27所示（光盘:\效果\第3章\房间平面图.dwg）。

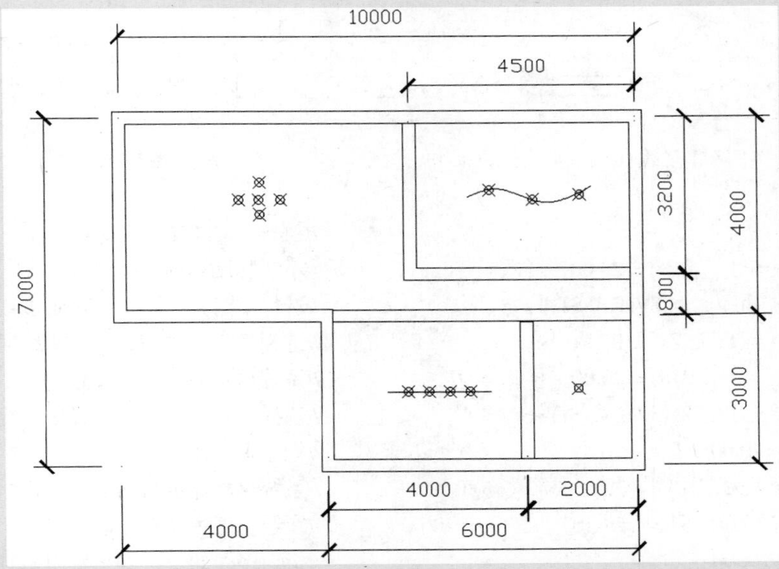

图3-27 最终效果

其具体操作如下：

步骤01 执行“MLSTYLE”命令，在打开的“多线样式”对话框中单击 新建(N)... 按钮，打开“创建新的多线样式”对话框。

步骤02 在“新样式名”文本框中输入需创建的多线样式名称为“墙线”，单击 继续 按钮。

步骤03 打开“新建多线样式：墙线”对话框，在“说明”文本框中输入“240墙”，在“封口”栏的“直线”选项后选中起点和端点两个复选框。

步骤04 在“图元”列表框中选择第一个选项，在“偏移”文本框中输入“120”，在“图元”列表框中选择第二个选项，在“偏移”文本框中输入“-120”，单击 确定 按钮，如图3-28所示，返回到“多线样式”对话框。

步骤 05 单击置为当前(U)按钮，再单击确定按钮，保存设置并关闭该对话框，返回到绘图区中。

步骤 06 使用绘制多线命令绘制墙线，绘制完成后效果如图3-29所示，其命令行及操作如下：

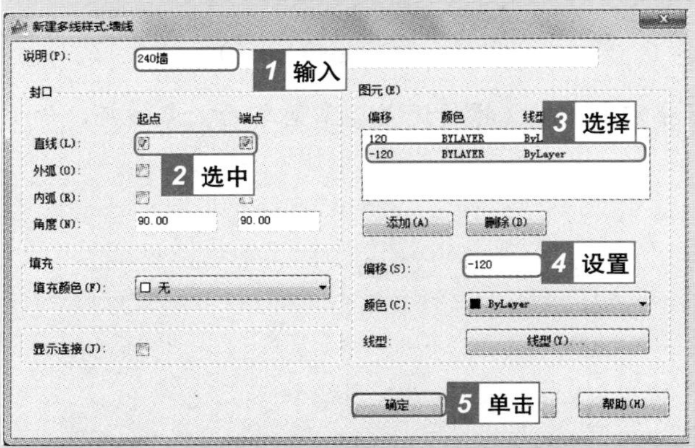

图3-28 “新建多线样式：墙线”对话框

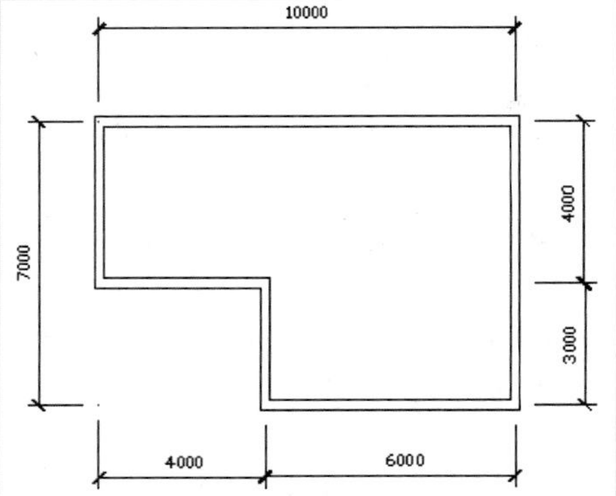

图3-29 绘制外墙线

```
命令: MLINE                                          //执行“MLINE”命令
当前设置: 对正 = 上，比例 = 20.00，样式 = QT          //系统显示当前多线设置
指定起点或 [对正(J)/比例(S)/样式(ST)]: J             //选择“对正”选项，设置多线对齐方式
输入对正类型 [上(T)/无(Z)/下(B)] <上>: Z             //选择“无”选项，设置多线居中对齐
当前设置: 对正 = 无，比例 = 20.00，样式 = QT          //系统再次显示多线设置
指定起点或 [对正(J)/比例(S)/样式(ST)]: S             //选择“比例”选项，设置多线比例
输入多线比例 <20.00>: 1                              //指定多线比例为1
当前设置: 对正 = 无，比例 = 1.00，样式 = QT           //系统再次显示当前多线设置
指定起点或 [对正(J)/比例(S)/样式(ST)]:               //在绘图区中任意拾取一点
指定下一点: @10000,0                                 //指定多线的下一点（使用相对坐标）
指定下一点或 [放弃(U)]: @0,-7000                     //指定多线的下一点
指定下一点或 [闭合(C)/放弃(U)]: @-6000,0             //指定多线的下一点
指定下一点或 [闭合(C)/放弃(U)]: @0,3000              //指定多线的下一点
指定下一点或 [闭合(C)/放弃(U)]: @-4000,0             //指定多线的下一点
指定下一点或 [闭合(C)/放弃(U)]: C                    //选择“闭合”选项，闭合多线
```

步骤 07 使用相同的方法绘制中间的多线，绘制完成后效果如图3-30所示。

步骤 08 绘制完成后，选择“常用”/“实用工具”组，单击“点样式”按钮，打开“点样式”对话框。在“点样式”列表中选择第二排第4个点样式。在“点大小”文本框中输入“3”，如图3-31所示，完成后单击确定按钮。

步骤 09 返回到绘图区，选择“常用”/“绘图”组，单击“多点”按钮，然后在客厅处单击成一吊灯装饰，如图3-32所示。

步骤 10 返回到绘图区，选择“常用”/“绘图”组，单击“样条曲线拟合”按钮，然后在卧室随意绘制一个曲线型灯座，如图3-33所示。

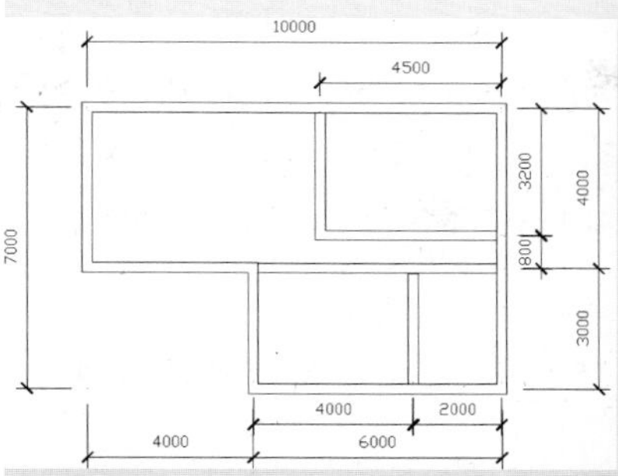

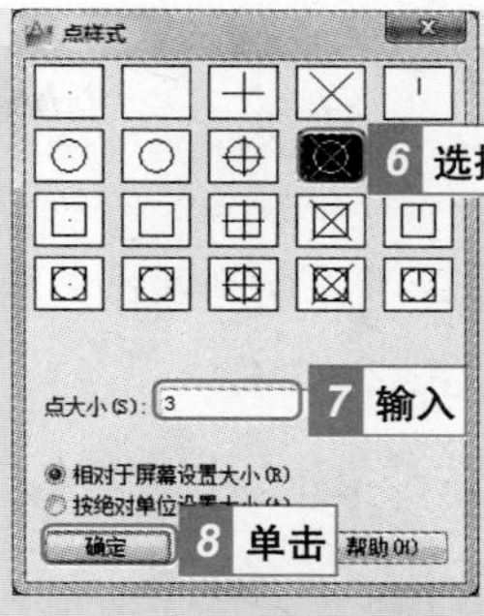

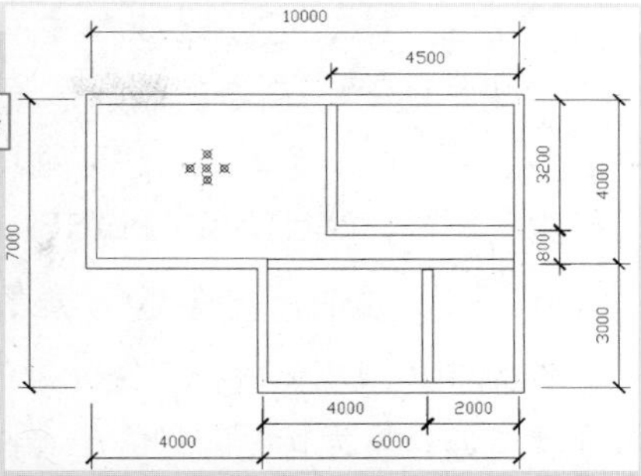

图3-30　墙线绘制效果　　图3-31　“点样式”对话框　　图3-32　绘制客厅灯饰

步骤 11　选择“常用”/“绘图”组，单击“直线”按钮╱，在厨房顶棚中间绘制一条长为2000mm的直线，然后使用定数等分点的方法绘制灯饰，完成后效果如图3-34所示，其命令行及操作如下：

```
命令: DIVIDE                          //执行“DIVIDE”命令
选择要定数等分的对象:                  //选择直线
输入线段数目或 [块(B)]: 5              //输入“5”，然后按【Enter】键
```

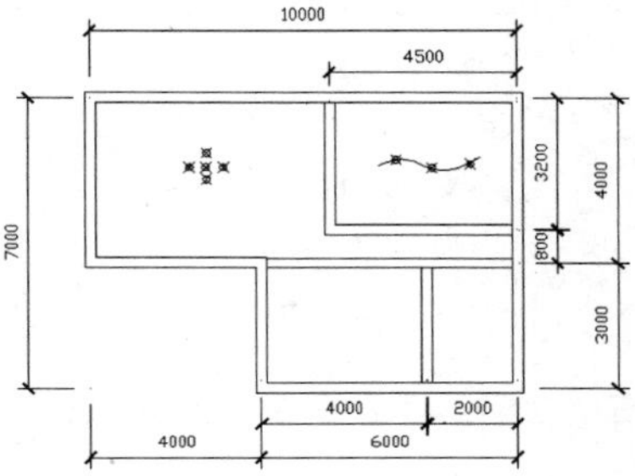

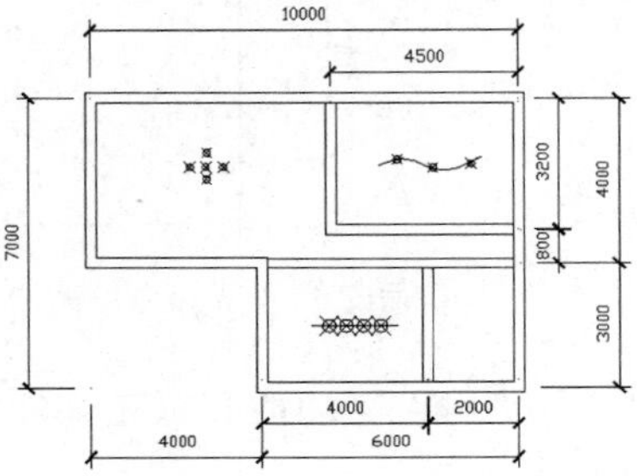

图3-33　绘制曲线型灯座　　图3-34　绘制厨房灯饰

步骤 12　在卫生间的顶棚上绘制一个单点，完成绘制。

3.7 本章小结——绘制简单图形的技巧

魔法师：不错，不错。看来你是真的掌握了这些简单的图形绘制方法了！

小魔女：那当然，师傅教得好，我这个徒弟怎么会学不会呢？

魔法师：呵呵，少拍马屁了，老规矩，结束之前还是给你简单地总结下，再教你几招技巧吧！

第1招：如何使用圆环命令绘制实心的圆

在学习了本章的知识后，如果需要绘制实心圆，可以使用圆环命令，其方法为：在设置圆环内径时，将其值设置为0，将外径值设置为任意值，即可绘制出外径大小的实心圆。而在学习了后面的知识之后，还可以通过填充的方法来实现实心圆的绘制。

第2招：直线与多段线命令有何不同

使用“LINE”命令绘制的是单直线，每条直线都是独立的对象。使用“PLINE”命令绘制的多段线是一个整体，用户可对其进行整体编辑，在绘制多段线的过程中，用户可对多段线进行宽度设置，而且使用“PLINE”命令可以绘制圆弧，而“LINE”命令则没有这些功能。

第3招：如何确定多线元素的偏移量

在绘制建筑墙体时，多线元素的偏移量是根据墙体的宽度来设定的，如墙体宽200，则多线元素的偏移量为100和-100。

3.8 过关练习

（1）使用“PLINE”命令绘制如图3-35所示的单开门平面图形（光盘:\效果\第3章\单开门平面图.dwg），其中直线的长度为900，圆弧的包含角度为90°。

（2）绘制如图3-36所示的“全波桥”图形，尺寸自定义（光盘:\效果\第3章\全波桥.dwg）。

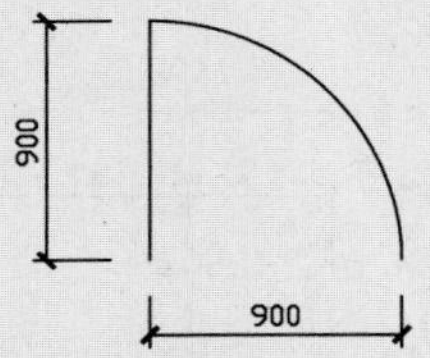

图3-35　单开门平面图

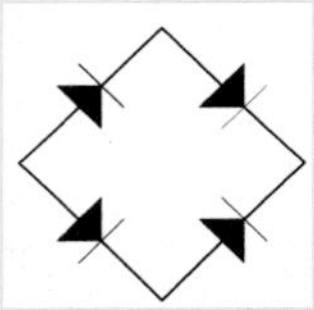

图3-36　全波桥

（3）使用正交功能和极轴功能绘制如图3-37所示的轴测图（光盘:\效果\第3章\轴测图.dwg）。

（4）使用“象限点”捕捉功能，结合使用“LINE”命令和“CIRCLE”命令绘制如图3-38所示的图形（光盘:\效果\第3章\公切线.dwg）。

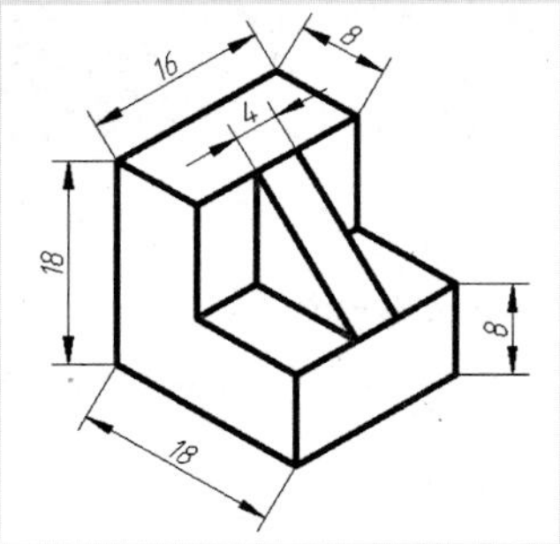

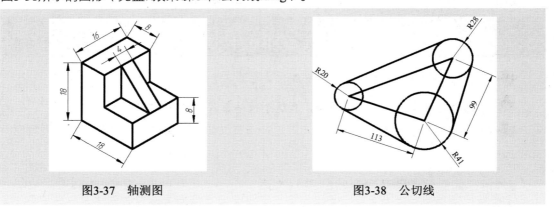

图3-37　轴测图

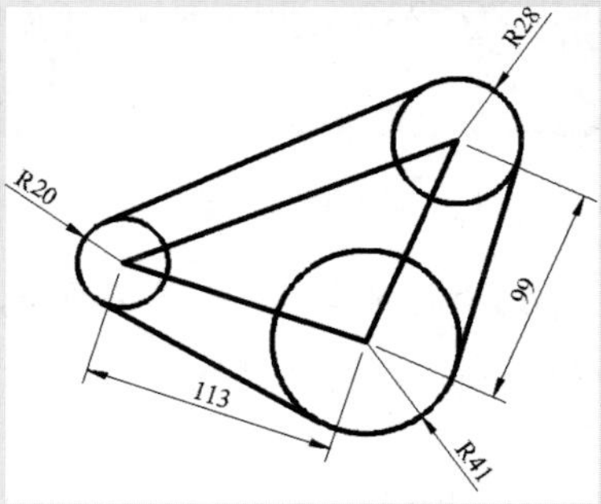

图3-38　公切线

Chapter 4

第4章

图形的基本编辑

小魔女：AutoCAD的绘图功能确实很强大，我终于知道为什么AutoCAD能在机械和建筑等行业称霸了。

魔法师：你刚学习了AutoCAD的绘图功能就开始称赞，那你学习了编辑功能，岂不是会佩服得五体投地啊？

小魔女：编辑功能？有点不明白！

魔法师：你在绘制图形的时候是不是总感觉有的操作过于繁琐，很多情况下还想要去修改绘制好的图形呢？

小魔女：对啊，我经常遇到这种情况，但就是不知道该怎么办，是不是应该使用我还不知道的编辑功能呢？

魔法师：对，编辑功能不仅可以对图形进行修改，在绘图过程中还会起到其他重要作用哦！

学习要点：

- 选择图形对象
- 修改图形对象
- 复制图形对象
- 改变图形对象位置
- 改变图形对象的比例

4.1 选择图形对象

魔法师：小魔女，你会选择绘制好的图形对象吗？你知道有多少种方法可以选择图形对象吗？

小魔女：我只知道用鼠标单击对象即可选择该对象，难道选择对象的方法还有很多种？

魔法师：选择对象是编辑图形的第一步，在不同的情况下需要选择对象的数量也不同，当然不止单击选择这一种方法了。

4.1.1 选择单个图形对象

单个点选图形对象是选择图形对象时最常用、最简单的一种选择方法，直接用十字光标在绘图区中单击需要选择的对象即可，如图4-1所示。如果连续单击不同的对象则可同时选择多个对象。在未执行任何命令的情况下，被单击选择的对象将以虚线显示，同时显示对象的夹点（以蓝色实心点显示，夹点的知识将会在后面的章节中详细讲解），如图4-2所示。

图4-1　点选单个对象

图4-2　连续点选对象

4.1.2 选择多个图形对象

如果需要一次性选择的图形对象很多，通过单个点选的方式来选择就显得非常繁琐了。此时，可以通过选择多个图形对象的方法来实现。在AutoCAD中选择多个图形的方法有很多种，下面将分别对其进行讲解。

1. 框选图形对象

在众多的选择多个图形对象的方法中，框选图形对象的方法使用频率最高。框选方法适合于需要同时选择多个图形对象时，包括矩形框选和交叉框选两种方法。

- 矩形框选：矩形框选是在绘图区中将鼠标光标移至需选择图形对象的左侧，按住鼠标左键不放向右上方或右下方拖动鼠标，这时绘图区中将呈现一个矩形方框，如图4-3所示，释放鼠标后，被方框完全包围的对象将被选择，如图4-4所示。

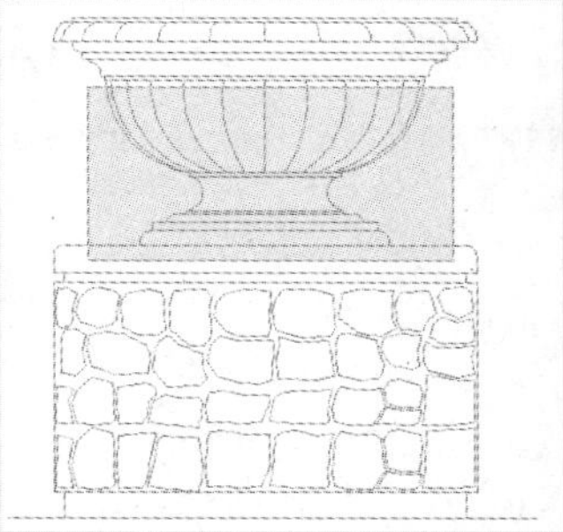

图4-3　矩形框选目标对象

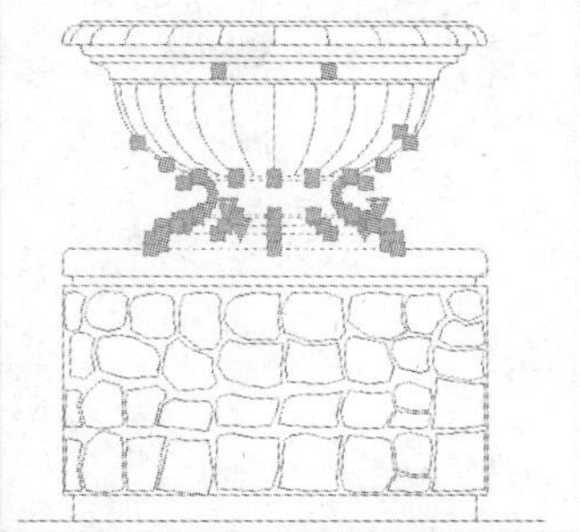

图4-4　框选后的目标对象

- **交叉框选**：交叉框选方法与矩形框选方法类似，只是选择图形对象的方向恰好相反。其操作方法是在绘图区中将鼠标光标移至目标对象的右侧，按住鼠标左键不放向左上方或左下方拖动鼠标，如图4-5所示，当绘图区中呈现一个虚线显示的方框时释放鼠标，这时与方框相交和被方框完全包围的对象都将被选择，如图4-6所示。

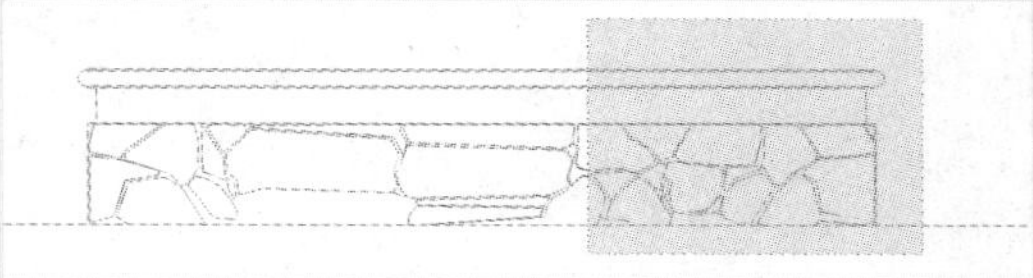

图4-5　交叉框选目标对象

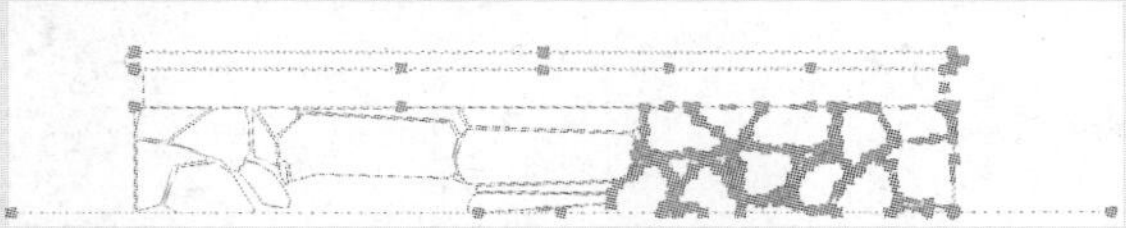

图4-6　交叉框选后的目标对象

2. 围选图形对象

围选就是使用一个与自身相交或相切的多边形来选择对象，包括圈围和圈交两种方法，其具体含义如下。

- **圈围对象**：圈围对象是指定一个与自身相交或相切的任一闭合多边形，与矩形框选对象的方法类似，当命令行中显示“指定对角点或 [栏选(F)/圈围(WP)/圈交(CP)]:”提示信息时，执行“WPOLYGON”或“WP”命令并按【Enter】键即可开始绘制任意形状的多边形来框选对象，多边形框将显示为实线，如图4-7所示，释放鼠标，多边形中的所有对象将被选择，如图4-8所示。

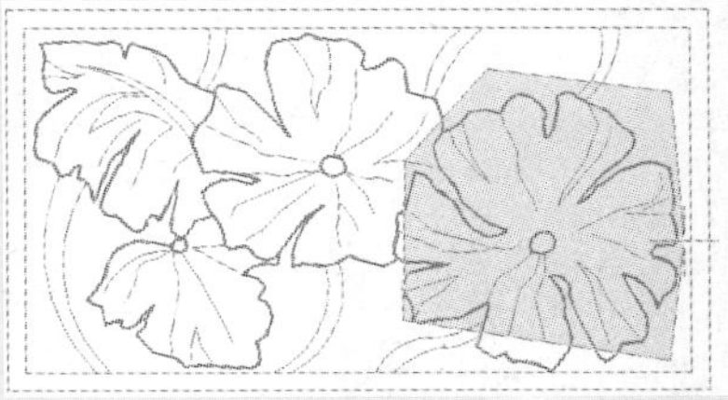

图4-7　圈围框选目标对象

图4-8　圈围框选后的目标对象

- **圈交对象**：圈交对象是一种多边形交叉窗口选择方法，与交叉框选对象的方法类似。但圈交方法可以构造任意形状的多边形来选择对象，当命令行中显示“指定对角点或

[栏选(F)/圈围(WP)/圈交(CP)]:”提示信息时，执行“CPOLYGON”或“CP”命令，并按【Enter】键即可绘制任意形状的多边形来框选对象，如图4-9所示，多边形框将显示为虚线，与多边形选择框相交或被其完全包围的对象均被选择，如图4-10所示。

图4-9　绘制多边形选择框

图4-10　被选择的对象

3. 栏选图形对象

栏选是通过绘制一条多段直线来选择对象，该方法在选择连续性目标时非常方便。栏选线不能封闭或相交，如图4-11所示，当命令行中显示“指定对角点或 [栏选(F)/圈围(WP)/圈交(CP)]:”提示信息时，执行“FENCE”或“F”命令，并按【Enter】键即可开始栏选对象，与直线相交的图形对象将被选择，如图4-12所示。

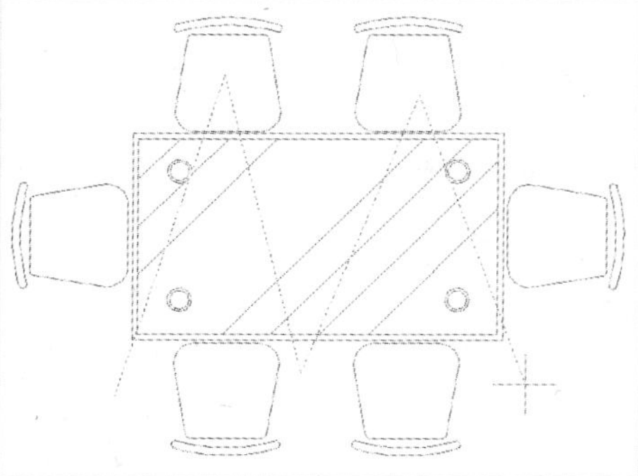

图4-11　绘制栏选线

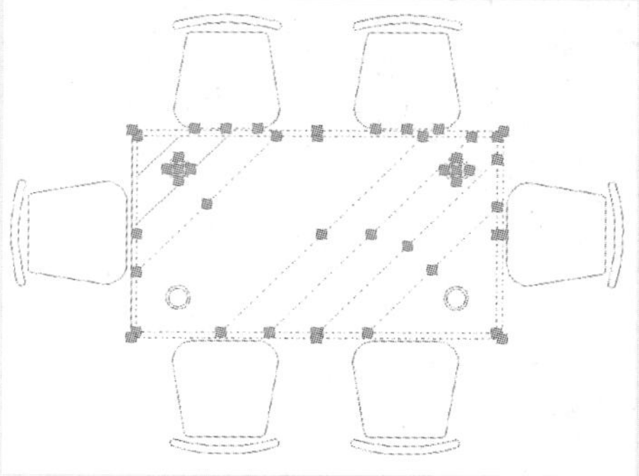

图4-12　被选择的对象

4.1.3　快速选择相同属性的对象

快速选择功能可以快速选择具有特定属性值的对象，并能集中添加或删除对象，以创建一个符合指定对象类型和对象特性的选择集。快速选择对象主要是在“快速选择”对话框中进行，打开该对话框的方法主要有如下几种：

- 选择“常用”/“实用工具”组，单击“快速选择”按钮。
- 在命令行中执行“QSELECT”命令。

下面将在“沙发.dwg”图形中通过快速选择对象的方法，选择图形中的所有圆弧对象，其具体操作如下：

步骤 01 打开“沙发.dwg”图形对象（光盘:\素材\第4章\沙发.dwg），然后选择“常用”/“实用工具”组，单击“快速选择”按钮。

步骤 02 在打开的“快速选择”对话框的“应用到”下拉列表框中选择“整个图形”选项，在“对象类型”下拉列表中选择“圆弧”选项，在“特性”列表框中选择“颜色”选项，如图4-13所示。

步骤 03 保持其余设置不变，单击 确定 按钮，返回绘图区中即可查看选择所有圆弧对象的效果，如图4-14所示。

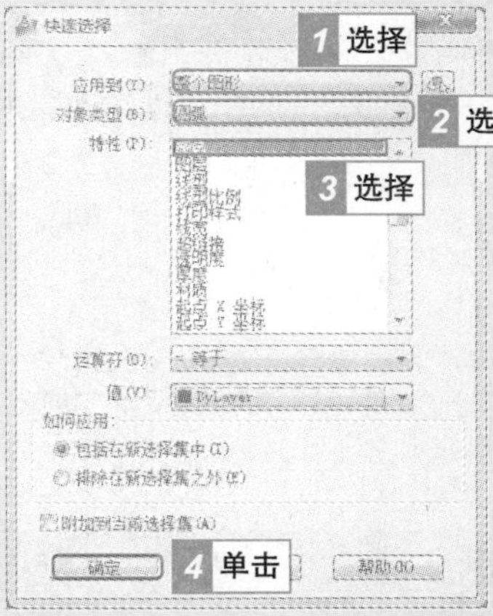

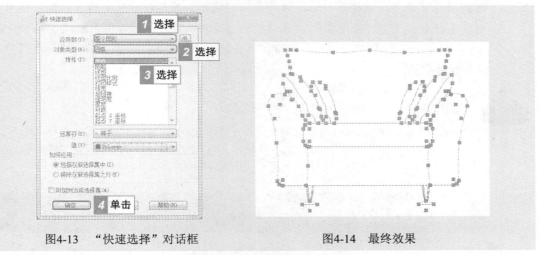

图4-13　“快速选择”对话框

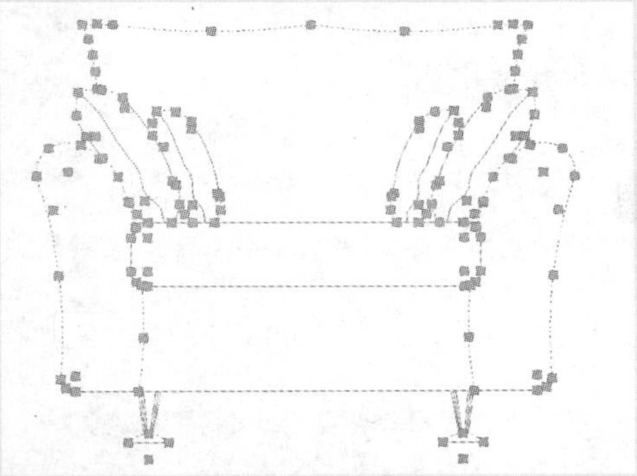

图4-14　最终效果

“快速选择”对话框中其他选项的具体含义如下。

- **“选择对象”按钮**：单击该按钮，则可以返回绘图区选择需要的部分图形对象作为选择范围。
- **“运算符”下拉列表框**：在该列表框中可以选择设置的条件。
- **“值”下拉列表框**：该下拉列表框主要用于补充选择对象的特性，其中的内容会随“特性”列表框中选项的不同而不同。
- **“如何应用”栏**：用于指定是将符合指定过滤条件的对象包括在新选择集中还是排除在新选择集之外，直接选中需要的单选按钮即可。
- **附加到当前选择集(A)复选框**：当再次利用快速选择功能选择其他类型与特性的对象时，可以指定创建的选择集是替换当前选择集还是添加到当前选择集。若要添加到当前选择集，则选中该复选框，否则将替换当前选择集。

4.1.4 添加或删除选择的对象

当选择对象后发现所选对象不正确或漏选、多选时，可以根据需要取消选择的对象，然后重新选择，也可以向选择集中添加或删除对象。添加或删除选择的对象的方法如下：

- **取消选择：**可以在执行某个命令的过程中按【Esc】键取消选择，如果在执行某个命令的过程中选择对象，输入“U”并按【Enter】键可以取消本次的选择操作，但不退出正在执行的命令（使用点选方法除外）。
- **向选择集中添加对象：**在选择编辑对象后，若还需向选择集中添加对象，可以直接用鼠标选择需要添加的对象。如果是以执行命令的方式选择对象，还可以使用框选对象的方法进行添加。
- **从选择集中删除对象：**如果选择了不需要的对象，可以将其从选择集中删除，而不必取消选择后再重新进行选择。从选择集中删除对象可以通过在按住【Shift】键不放的同时，单击要从选择集中删除的对象来实现。如果是在以命令的方式选择对象，当命令行中出现“选择对象:”提示信息时（使用点选方法除外），输入“REMOVE（R）”命令并按【Enter】键，然后使用任意选择方法选择要删除的对象，即可将其从选择集中删除。

晋级秘诀——最常用的添加和删除对象的方法

在实际绘图过程中，选择图形对象都是通过拖动鼠标实现的。在选择图形对象时，需要在选择集中添加或删除对象，其中添加对象最常用的方法就是直接用鼠标单击或框选需要添加的对象，而删除对象则是通过按住【Shift】键的同时拖动鼠标框选或单击对象进行删除。

4.2 修改图形对象

魔法师：小魔女，修改对象是编辑图形常用的操作之一，它只改变对象在绘图区的坐标值，并不改变对象的形状、大小和结构等。

小魔女：哦，原来是这样，那修改图形对象是不是包含了很多命令啊？

魔法师：在AutoCAD 2012中，修改图形对象是指改变图形的形状等，其中包括修剪、打断、延伸、倒角、倒圆角、合并和延伸对象等。

4.2.1 删除与恢复图形对象

在绘图完成后，可将不需要的图形对象删除，这样有助于提高整个图形的显示效果，若错删了图形对象，可使用恢复操作将删错的图形对象恢复到绘图区中。

1. 删除图形对象

在绘制的图形中会有一些多余的图形和使用过的辅助线，可以使用多种方法将其从图形中删除，调用删除命令的方法主要有如下几种：

- 选择“常用”/“修改”组，单击“删除”按钮。
- 在命令行中执行“ERASE/E”命令。

其命令行及操作如下：

```
命令: ERASE                //执行“ERASE”命令
选择对象:                  //使用不同的方式选择要删除的对象
选择对象:                  //继续选择要删除的对象或按【Enter】键将选择的对象删除
```

2. 恢复被删除的对象

使用“ERASE”命令删除的对象只是被临时性删除，只要不关闭当前图形，就可使用恢复或“UNDO”命令将其恢复，其方法介绍如下：

- 单击快速访问工具栏中的“放弃”按钮。
- 在命令行中执行“OOPS”或“UNDO/U”命令。

“OOPS”命令与“UNDO”命令都可恢复被删除的对象，主要区别介绍如下：

- 在命令行中执行“OOPS”命令，可撤销前一次删除对象的操作。使用“OOPS”命令只会恢复前一次被删除的对象而不会影响前面进行的其他操作。
- 在命令行中执行“UNDO/U”命令可撤销前一次或前几次执行的命令，其中保存、打开、新建和打印文件等操作不能被撤销。

4.2.2 修剪命令

使用修剪命令可以对多余的线进行修剪，被修剪的对象可以是直线、圆、弧、多段线、样条曲线和射线等，调用修剪命令的方法主要有如下几种：

- 选择“常用”/“修改”组，单击“修剪”按钮。
- 在命令行中执行“TRIM/TR”命令。

下面对“螺钉.dwg”图形对象（光盘:\素材\第4章\螺钉.dwg）中的多余圆弧进行修剪，最终效果如图4-15所示（光盘:\效果\第4章\螺钉.dwg），其命令行及操作如下：

```
命令: TRIM                                        //执行“TRIM”命令
当前设置:投影=UCS，边=无                           //系统显示当前的修剪设置
选择剪切边...                                     //系统提示
选择对象或 <全部选择>: 指定对角点: 找到 5 个        //选择图4-16所示的图形对象
选择对象:                                         //按【Enter】键结束对象的选择
选择要修剪的对象，或按住 Shift 键选择要延伸的对象，或
[栏选(F)/窗交(C)/投影(P)/边(E)/删除(R)/放弃(U)]:    //选择圆弧中需要修剪的多余曲线
选择要修剪的对象，或按住 Shift 键选择要延伸的对象，或
[栏选(F)/窗交(C)/投影(P)/边(E)/删除(R)/放弃(U)]:    //继续选择圆弧中需要修剪的多余曲线
选择要修剪的对象，或按住 Shift 键选择要延伸的对象，或
[栏选(F)/窗交(C)/投影(P)/边(E)/删除(R)/放弃(U)]:    //修剪完成后，按【Enter】键结束命令
```

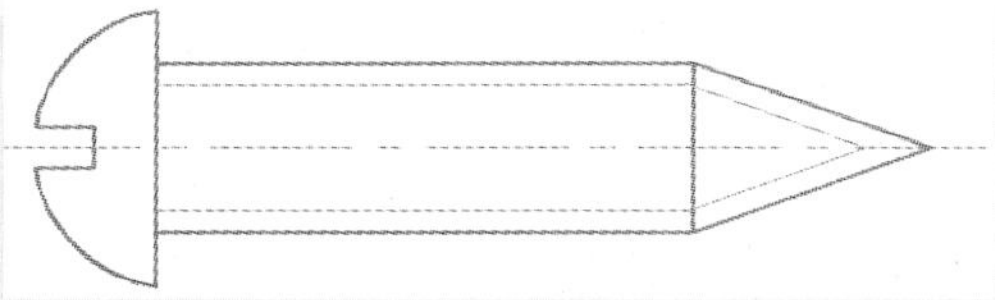

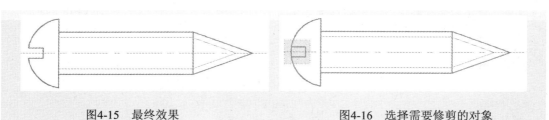

图4-15　最终效果

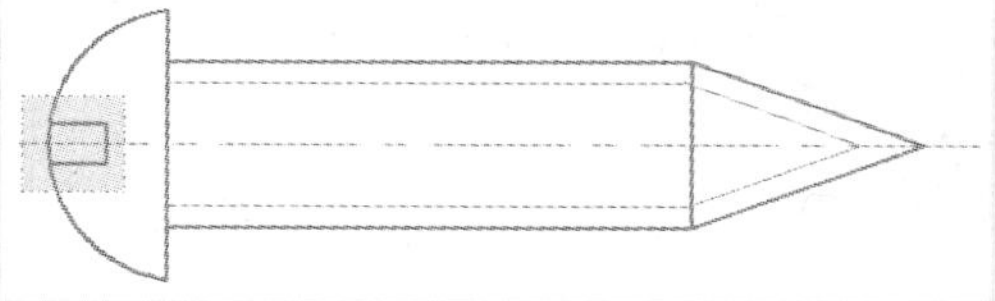

图4-16　选择需要修剪的对象

晋级秘诀——修剪过程中【Shift】键的妙用

在执行“TRIM”命令的过程中按住【Shift】键，可转换为执行延伸命令“EXTEND”，如在选择要修剪的对象时，某线段未与修剪边界相交，则按住【Shift】键后单击该线段，可将其延伸到最近的边界。

4.2.3 延伸命令

如果图形中的直线、圆弧或多段线等对象的端点距要求的边界有一定的距离，可以使用EXTEND命令来延长对象到指定的边界，其方法介绍如下：

- 选择“常用”/“修改”组，单击“延伸”按钮--/。
- 在命令行中执行“EXTEND/EX”命令。

下面将使用延伸命令对“马桶.dwg”图形对象（光盘:\素材\第4章\马桶.dwg）进行完善，完成后如图4-17所示（光盘:\效果\第4章\马桶.dwg），其命令行及操作如下：

命令: EXTEND	//执行“EXTEND”命令
当前设置:投影=UCS，边=无	//系统提示
选择边界的边...	
选择对象或 <全部选择>: 指定对角点: 找到 3 个	//选择图形对象，如图4-18所示
选择对象:	//按【Enter】键结束边界的选择
选择要延伸的对象，或按住Shift键选择要修剪的对象，或[栏选(F)/窗交(C)/投影(P)/边(E)/放弃(U)]:	//选择图形中上方的线段为需要延伸的图形对象
选择要延伸的对象，或按住Shift键选择要修剪的对象，或[栏选(F)/窗交(C)/投影(P)/边(E)/放弃(U)]:	//再次选择另一条线段为延伸的图形对象
选择要延伸的对象，或按住 Shift 键选择要修剪的对象，或[栏选(F)/窗交(C)/投影(P)/边(E)/放弃(U)]:	//按【Enter】键结束命令

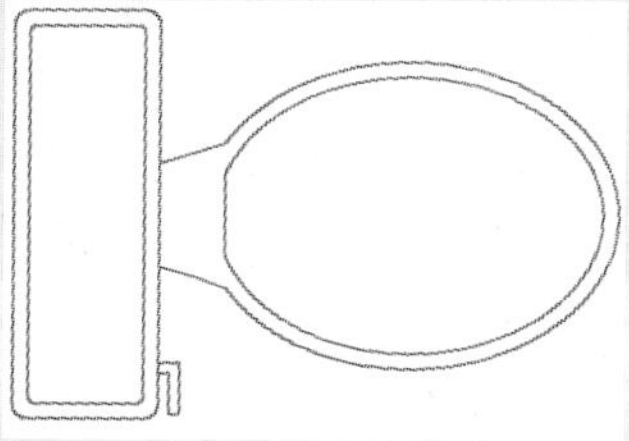

图4-17　最终效果

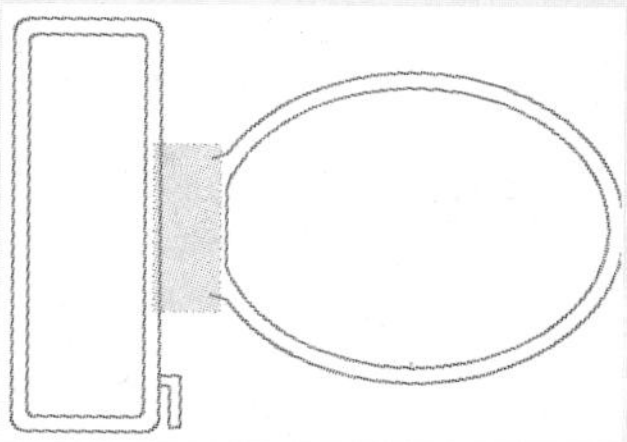

图4-18　选择需要延伸的图形对象

4.2.4 合并命令

合并命令主要用于将相似的图形对象合并为一个对象，可以合并的对象包括圆弧、椭圆弧、直线、多段线和样条曲线等，调用合并命令的方法主要有如下几种：

- 选择“常用”/“修改”组，单击“合并”按钮。
- 在命令行中执行“JOIN/J”命令。

执行合并命令后，需要先选择源对象，然后选择要合并到源的对象，最后按【Enter】键即可完成合并，如图4-19所示为合并两条直线的效果。

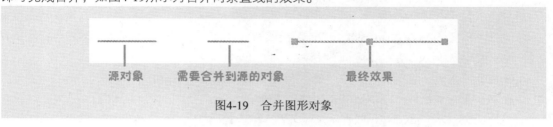

图4-19　合并图形对象

魔法档案——合并对象的注意事项

进行合并操作的对象必须位于相同的平面上。另外，合并两条或多条圆弧（或椭圆弧）时，将从源对象开始沿逆时针方向合并圆弧（或椭圆弧）。

4.2.5 打断命令

打断命令即把已有的线条分离为两段，被分离的线段只能是单独的线条，不能是任何组合形体。在AutoCAD 2012中打断命令又分为打断于点和打断对象两种方法，下面将对两种方法分别进行讲解。

1. 打断于点

将对象打断于点是指将线段进行无缝断开，分离成两条独立的线段，但线段之间没有空隙。调用打断于点命令的方法主要有如下几种：

- 选择“常用”/“修改”组，单击“打断于点”按钮。
- 在命令行中执行“BREAK”命令。

在执行打断于点命令后，首先需要选择需打断的图形对象，然后指定打断的点即可实现无缝打断。如果通过在命令行中执行命令的方式来打断对象于一点，在选择对象后，只需要输入“F”，选择“第一点”选项，然后再指定第一点的位置即可；当需要指定第二点的位置时，只需要输入“@”即可完成打断于点的操作。

2. 打断对象

打断对象是指在打断对象时，需要在对象上创建两个打断点，从而将对象以一定的距离断开。调用打断对象命令的方法主要有如下几种：

- 选择“常用”/“修改”组，单击“打断”按钮▭。
- 在命令行中执行“BREAK”命令。

打断对象的操作相对简单，执行上述任何一种方法后，只需要在需打断的对象上指定两点即可打断对象。

4.2.6 倒角命令

倒角是指在两条非平行直线或多段线的连接处做出角度，在绘制机械图形时常常会用到倒角命令，而在建筑绘图中，该命令主要用于绘制一些简单的造型。倒角的效果与在绘制矩形时讲解的倒角的效果是类似的。在使用该命令时，应先设定倒角度数，然后再指定倒角线，调用倒角命令的方法主要有如下几种：

- 选择“常用”/“修改”组，单击“倒角”按钮◸。
- 在命令行中执行“CHAMFER/CHA”命令。

下面将在“水龙头.dwg”图形对象（光盘:\素材\第4章\水龙头.dwg）中，对水龙头进行倒角操作，完成后如图4-20所示（光盘:\效果\第4章\水龙头.dwg），其命令行及操作如下：

命令: CHAMFER	//执行“CHAMFER”命令
(“修剪”模式) 当前倒角距离 1 = 0.0000，距离 2 = 0.0000	//显示当前倒角模式
选择第一条直线或 [放弃(U)/多段线(P)/距离(D)/角度(A)/修剪(T)/方式(E)/多个(M)]:	//选择需要倒角的第一条线段，如图 4-21 所示
选择第二条直线，或按住 Shift 键选择直线以应用角点或 [距离(D)/角度(A)/方法(M)]: D	//选择“距离”选项
指定 第一个 倒角距离 <0.0000>: 6	//输入第一个倒角距离
指定 第二个 倒角距离 <6.0000>: 3.5	//输入第二个倒角距离
选择第二条直线，或按住 Shift 键选择直线以应用角点或 [距离(D)/角度(A)/方法(M)]:	//选择需要倒角的第二条直线，完成操作

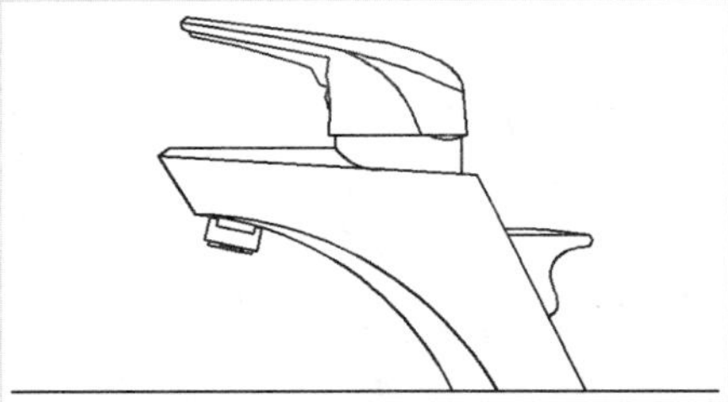

图4-20　最终效果

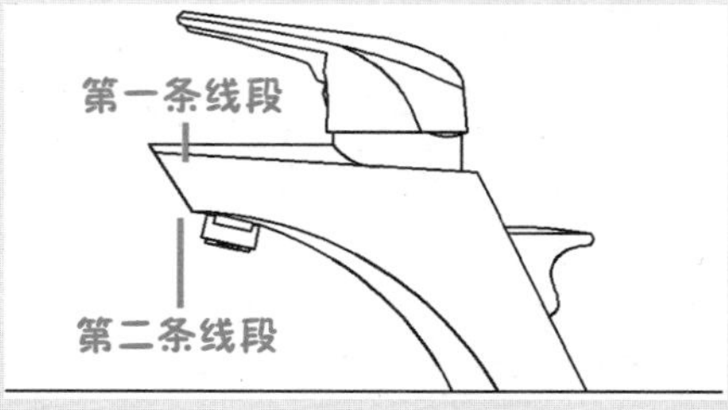

图4-21　素材效果

在执行倒角命令的过程中各关键选项的含义如下。

- 多段线：在二维多段线的所有顶点处产生倒角。
- 距离：设置倒角距离。
- 角度：以指定一个角度和一段距离的方法来设置倒角的距离。
- 修剪：设定修剪模式，控制倒角处理后是否删除原角的组成对象，默认为删除。

- **方法：** 在“距离”和“角度”两个选项之间选择一种方法。
- **多个：** 给多个对象增加倒角。命令行将重复显示提示，按【Enter】键结束命令。

4.2.7 圆角命令

“圆角”这一名词在机械行业中并不陌生，在绘制很多机械零件时都会用到圆角命令，而在建筑绘图中，该命令的使用与倒角命令的使用基本相同，主要用于修饰图形。与倒角不同的是，圆角是将两条相交的直线通过一个指定半径的圆弧连接起来。调用圆角命令的方法主要有如下几种：

- 选择“常用”/“修改”组，单击“圆角”按钮。
- 在命令行中执行“FILLET/F”命令。

下面将在“摇柄.dwg”图形对象（光盘:\素材\第4章\摇柄.dwg）中进行圆角操作，完成后如图4-22所示（光盘:\效果\第4章\摇柄.dwg），其命令行及操作如下：

```
命令: FILLET                                                    //执行“FILLET”命令
当前设置: 模式 = 修剪，半径 = 0.0000                            //显示当前圆角设置
选择第一个对象或 [放弃(U)/多段线(P)/半径(R)/修剪(T)/多个(M)]: R  //选择“半径”选项
指定圆角半径 <0.0000>: 15                                       //输入圆角的半径值
选择第一个对象或 [放弃(U)/多段线(P)/半径(R)/修剪(T)/多个(M)]:    //选择第一个圆角对象
选择第二个对象或按住Shift键选择对象以应用角点或 [半径(R)]:      //选择第二个圆角对象，如图4-23
                                                                  所示
......                                                          //使用相同的方法对其他对象进行
                                                                  圆角操作
```

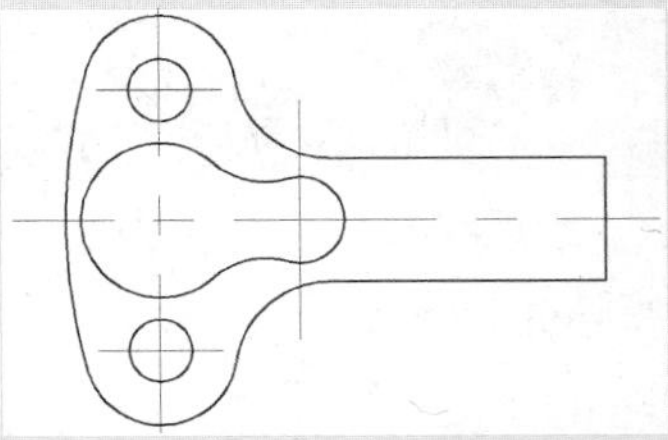

图4-22　最终效果

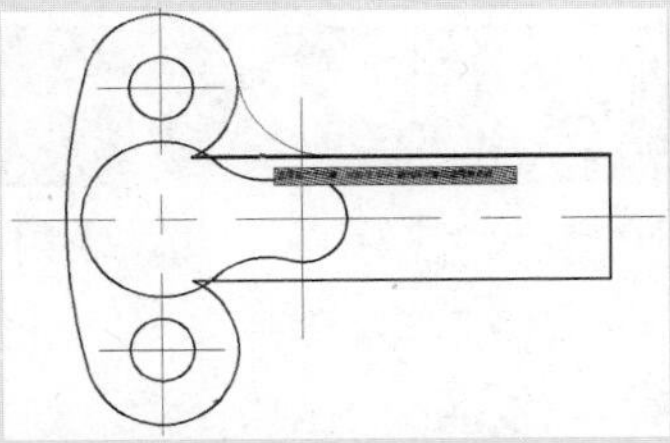

图4-23　选择圆角对象

魔法师，执行圆角命令时命令行中的各选项和倒角命令的各选项差不多，其含义是不是也一样呢?

对，这些选项的含义和使用方法都差不多，可以参照倒角命令来学习。

4.2.8 分解命令

分解命令主要用于将复合对象，如多段线、图案填充、块等，还原为一般对象。任何被分解对象的颜色、线型和线宽都可能会改变，其他结果取决于所分解的合成对象的类型。调用分解命令的方法主要有如下几种：

- 选择"常用"/"修改"组，单击"分解"按钮。
- 在命令行执行"EXPLODE/X"命令。

在进行分解操作时，只需要先选择需要分解的对象，然后执行分解命令即可。如图4-24所示为一个复合对象，当执行分解操作后，效果如图4-25所示。当然，分解对象时，先执行命令然后再选择对象同样可以实现分解。

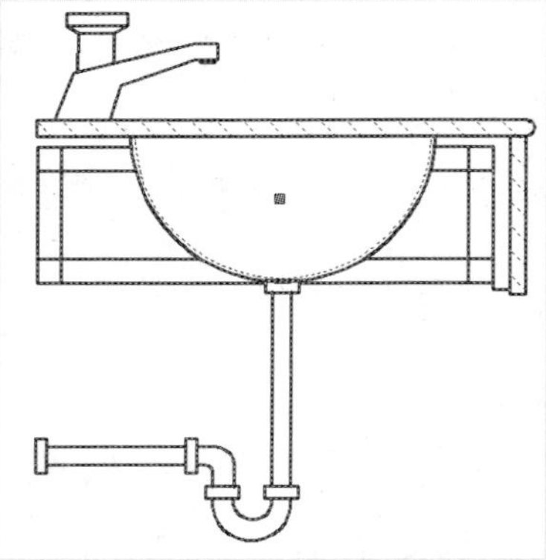

图4-24 未分解的对象

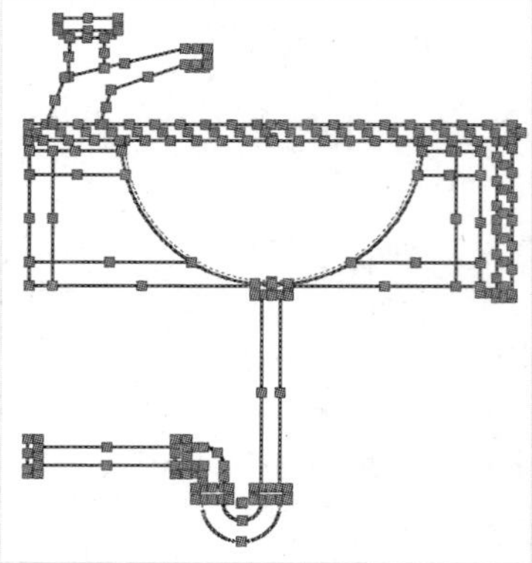

图4-25 分解对象的效果

4.3 复制图形对象

小魔女：魔法师，我在绘制图形的时候，有时需要绘制一些相同图形，一个一个地绘制，感觉这样好麻烦，有没有简单的方法呢？

魔法师：绘制类似的图形对象在图形编辑中也很常见，可以通过复制图形对象类的命令来简化繁琐的操作，其中包括复制、偏移、镜像、阵列等多种操作，在实际操作时应根据情况灵活采用不同的方法。

小魔女：原来真的有捷径，快教教我吧！

4.3.1 复制图形

复制操作可以连续绘制出多个与源图形完全相同的新图形，调用复制命令的方法主要有如下几种：

- 选择"常用"/"修改"组，单击"复制"按钮。

● 在命令行中执行“COPY/CO/CP”命令。

下面将“床.dwg”图形对象（光盘:\素材\第4章\床.dwg）中左边的床头柜复制到床的右边，最终效果如图4-26所示（光盘:\效果\第4章\床.dwg）。其命令行及操作如下：

命令: COPY	//执行“COPY”命令
选择对象: 指定对角点: 找到 6 个	//选择左边床头柜为要复制的对象
选择对象:	//按【Enter】键，结束对象的选择
当前设置: 复制模式 = 多个	//系统自动显示
指定基点或 [位移(D)/模式(O)] <位移>:	//选择左边床头柜的左上角点为复制基点，如图4–27所示
指定第二个点或 [阵列(A)] <使用第一个点作为位移>:	//指定对象复制的新位置，捕捉床的右上角
指定第二个点或 [阵列(A)/退出(E)/放弃(U)] <退出>:	//按【Enter】键结束命令

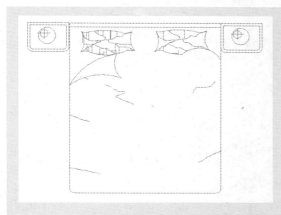

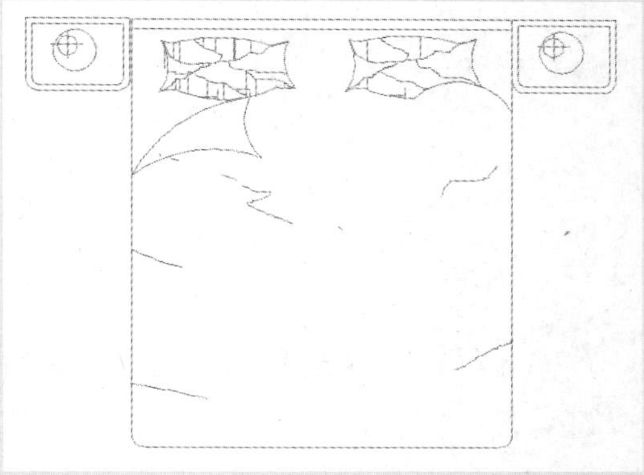

图4-26　最终效果

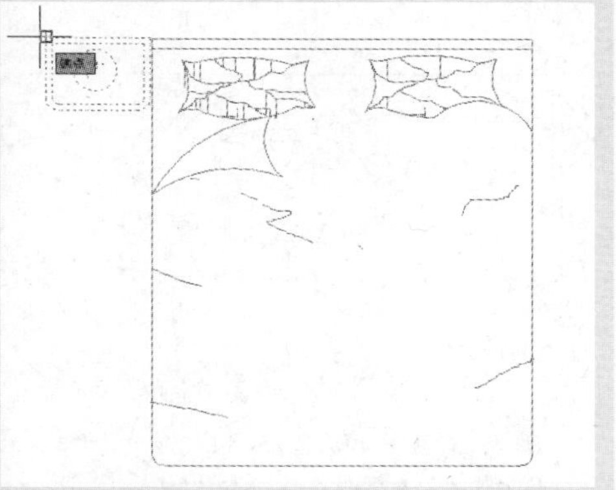

图4-27　选择复制图形的基点

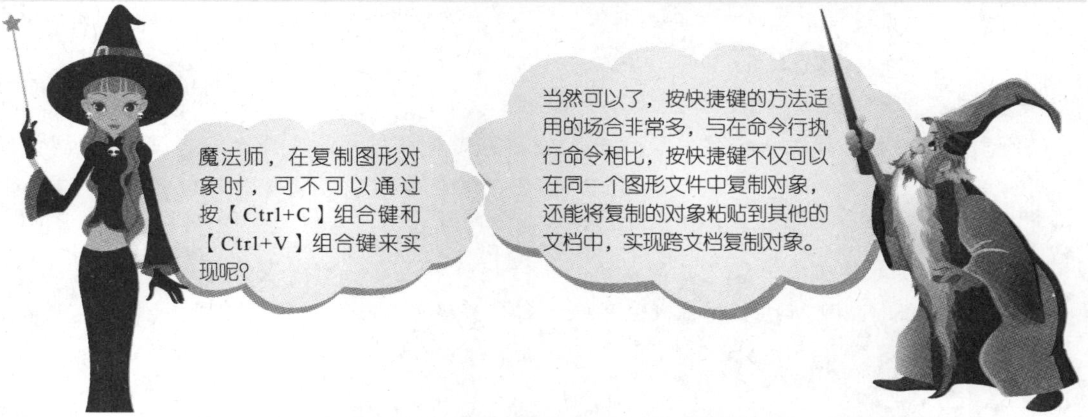

魔法师，在复制图形对象时，可不可以通过按【Ctrl+C】组合键和【Ctrl+V】组合键来实现呢?
当然可以了，按快捷键的方法适用的场合非常多，与在命令行执行命令相比，按快捷键不仅可以在同一个图形文件中复制对象，还能将复制的对象粘贴到其他的文档中，实现跨文档复制对象。

4.3.2 偏移图形

偏移命令与复制命令类似，不同的是偏移命令要输入新、旧个两图形的具体距离，即偏移值。偏移对象命令可以用于直线、圆弧、圆、椭圆和椭圆弧、二维多段线、构造线、射线和样条曲线等对象，调用偏移命令的方法主要有如下几种：

- 选择“常用”/“修改”组，单击“偏移”按钮。
- 在命令行中执行“OFFSET/O”命令。

下面将在“洗手池.dwg”图形对象（光盘:\素材\第4章\洗手池.dwg）中，将图像的轮廓线向内进行偏移复制，完成后如图4-28所示（光盘:\效果\第4章\洗手池.dwg），其命令行及操作如下：

命令: OFFSET	//执行“OFFSET”命令
当前设置: 删除源=否 图层=源 OFFSETGAPTYPE=0	//系统提示当前设置状态
指定偏移距离或 [通过(T)/删除(E)/图层(L)] <通过>: 20	//输入偏移距离
选择要偏移的对象，或 [退出(E)/放弃(U)] <退出>:	//选择要偏移的图形
指定要偏移的那一侧上的点，或 [退出(E)/多个(M)/放弃(U)] <退出>:	//指定偏移的方向，在图形内单击鼠标，如图4–29所示
选择要偏移的对象，或 [退出(E)/放弃(U)] <退出>: *取消*	//结束命令

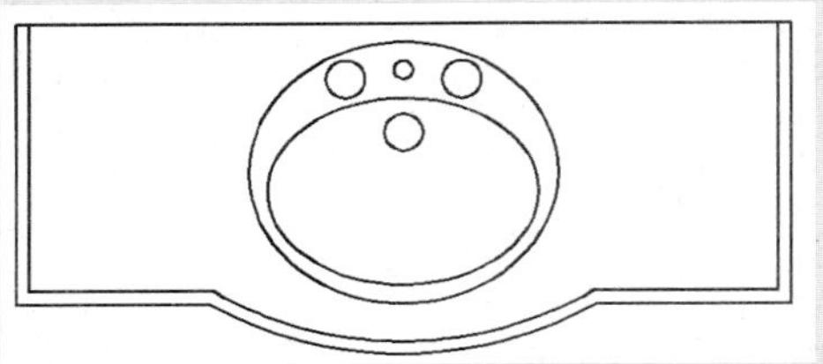
图4-28　最终效果

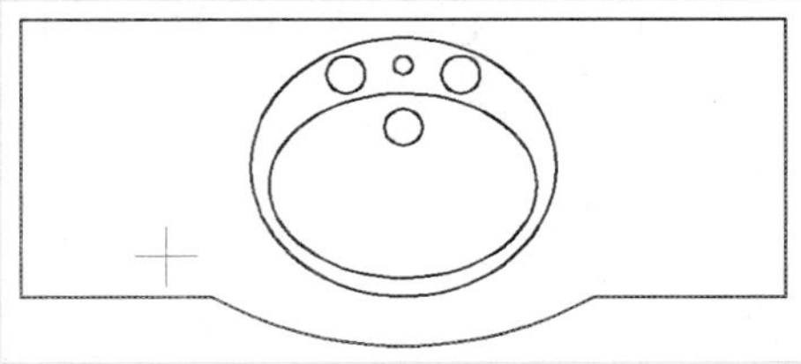
图4-29　指定偏移方向

在执行偏移命令的过程中，命令行中各关键选项的含义如下。

- OFFSETGAPTYPE：控制偏移闭合多段线时处理线段之间潜在间隙方式的系统变量，其值有0、1、2，0表示通过延伸多段线线段填充间隙，1表示用圆角弧线段填充间隙（每个弧线段半径等于偏移距离），2表示用倒角直线段填充间隙（到每个倒角的垂直距离等于偏移距离）。
- 通过：指定以通过一个已知点的方法偏移图形对象。
- 删除：指定是否在执行偏移操作后删除源图形对象，当前是什么状态可以通过执行OFFSET命令时命令行的提示来判断，如果“删除源=否”则不删除源对象；反之，如果“删除源=是”则会在执行偏移操作后只保留偏移图形而删除源对象。
- 图层：指定是在源对象所在图层执行偏移操作还是在当前图层执行偏移操作，如果“图层=源”则表示在源对象所在图层执行偏移操作；反之，如果“图层=当前”则表示在当前图层执行偏移操作。

魔法档案——偏移命令的使用规则

在使用偏移命令时，指定的偏移距离必须要大于0；如果偏移的对象是直线，则偏移后的直线长度不变；如果偏移的对象是圆或矩形等，则偏移后的对象将被放大或缩小，所以在实际应用中一般用来偏移直线。

4.3.3 镜像图形

镜像图形后将生成一个与所选对象相对称的图形。在镜像对象时，需要用户指出对称轴线，该轴线可以是任意方向的，所选对象将根据该轴线进行对称。在镜像操作结束时，可选择删除或保留源对象，调用镜像命令的方法主要有如下几种：

- 选择“常用”/“修改”组，单击“镜像”按钮。
- 在命令行中执行“MIRROR/MI”命令。

下面将在“桌椅.dwg”图形对象（光盘:\素材\第4章\桌椅.dwg）中把左边的椅子镜像到桌子右边，最终效果如图4-30所示（光盘:\效果\第4章\桌椅.dwg），其命令行及操作如下：

```
命令: MIRROR                                  //执行“MIRROR”命令
选择对象: 指定对角点: 找到 231 个              //框选图形中的椅子对象，如图4-31所示
选择对象: 指定镜像线的第一点:                  //指定桌子的下方中心点为对称轴线第一点
指定镜像线的第二点:                            //指定桌子的上方中心点为对称轴线第二点
要删除源对象吗? [是(Y)/否(N)] <N>:             //保持默认选项，按【Enter】键结束命令
```

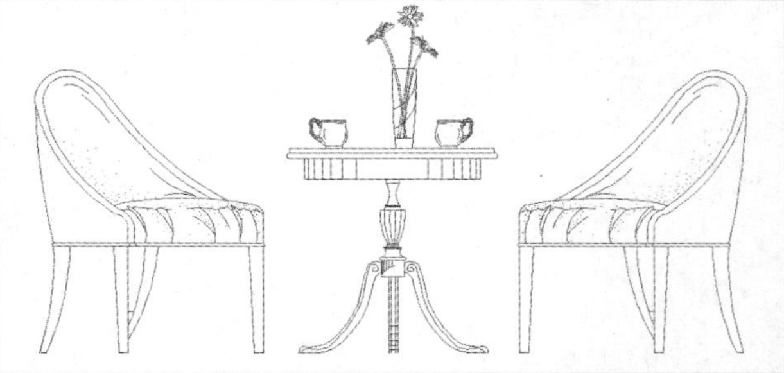

图4-30　最终效果

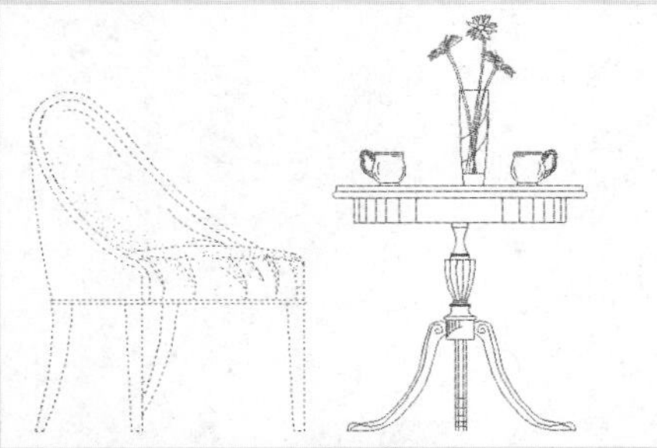

图4-31　选择镜像对象

4.3.4 阵列图形

阵列图形可以快速复制出与已有对象相同，且按一定规律分布的多个图形，在AutoCAD 2012中阵列图形又分为矩形阵列、路径阵列和环形阵列3种。

1. 矩形阵列

矩形阵列就是指将对象在行和列的方向进行多个复制。调用矩形阵列的方法主要有如下几种：

- 选择“常用”/“修改”组，单击“矩形阵列”按钮。
- 在命令行中执行“ARRAYRECT”命令。

下面将在“跌水步级平面图.dwg”图形对象（光盘:\素材\第4章\跌水步级平面图.dwg）中通过矩形阵列对图形中的树木进行阵列，效果如图4-32所示（光盘:\效果\第4章\跌水步级平面图.dwg），其命令行及操作如下：

命令: ARRAYRECT	//执行“ARRAYRECT”命令
选择对象: 找到 1 个	//选择图形中的树木为阵列对象
选择对象:	//按【Enter】键，确认选择的对象
类型 = 矩形 关联 = 是	//系统自动显示当前信息
为项目数指定对角点或 [基点(B)/角度(A)/计数(C)] <计数>: C	//选择“计数”选项
输入行数或 [表达式(E)] <4>: 2	//输入阵列的行数
输入列数或 [表达式(E)] <4>: 3	//输入阵列的列数
指定对角点以间隔项目或 [间距(S)] <间距>: S	//选择“间距”选项
指定行之间的距离或 [表达式(E)] <100>: -3600	//输入阵列行与行之间的距离
指定列之间的距离或 [表达式(E)] <100>: 4800	//输入阵列列与列之间的距离
按 Enter 键接受或 [关联(AS)/基点(B)/行(R)/列(C)/层(L)/退出(X)] <退出>:	//按【Enter】键确认阵列，同时结束阵列命令

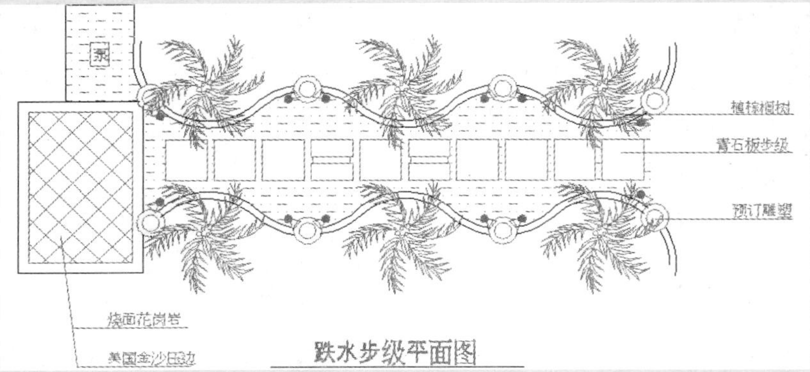

图4-32　矩形阵列效果

2. 路径阵列

路径阵列顾名思义就是按照指定的曲线路径进行阵列，路径可以是直线、多段线、三维多段线、样条曲线、螺旋、圆弧、圆或椭圆等对象。调用路径阵列命令的方法主要有如下几种：

- 选择“常用”/“修改”组，单击“路径阵列”按钮。
- 在命令行中执行“ARRAYPATH”命令。

下面将“路灯.dwg”图形对象（光盘:\素材\第4章\路灯.dwg）中的路灯图形对象通过路径阵列沿着图形文件中的样条曲线进行阵列，效果如图4-33所示（光盘:\效果\第4章\路灯.dwg），其命令行及操作如下：

命令: ARRAYPATH	//执行“ARRAYPATH”命令
选择对象: 找到 1 个	//选择路灯对象
类型 = 路径 关联 = 是	//系统自动显示当前信息
选择路径曲线:	//选择图形中的样条曲线
输入沿路径的项数或 [方向(O)/表达式(E)] <方向>: O	//选择“方向”选项
指定基点或 [关键点(K)] <路径曲线的终点>:	//捕捉路灯最底端的点为基点

```
指定与路径一致的方向或 [两点(2P)/法线(NOR)] <当前>:        //捕捉路径中的一点
输入沿路径的项目数或 [表达式(E)] <4>: 8                    //输入阵列的个数
指定沿路径的项目之间的距离或 [定数等分(D)/总距离(T)/表     //选择“定数等分”选项
达式(E)] <沿路径平均定数等分(D)>: D
按 Enter 键接受或 [关联(AS)/基点(B)/项目(I)/行(R)/层(L)/对   //按【Enter】键确认阵列，完成操作
齐项目(A)/Z 方向(Z)/退出(X)] <退出>:
```

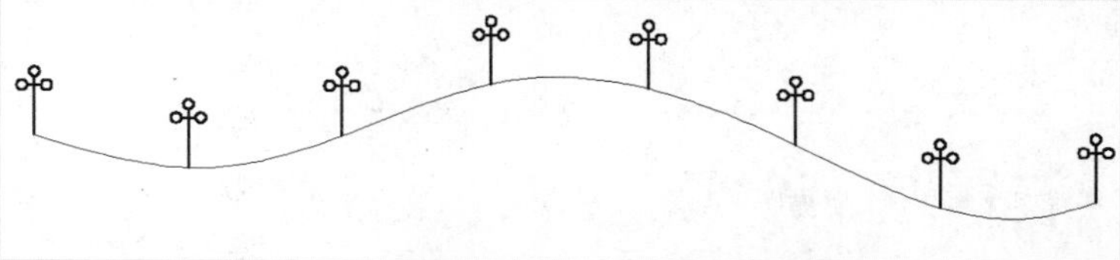

图4-33　路径阵列效果

3. 环形阵列

环形阵列也是使用较为频繁的阵列方式之一，调用该阵列方式的方法主要有如下几种：

- 选择“常用”/“修改”组，单击“环形阵列”按钮。
- 在命令行中执行“ARRAYPOLAR”命令。

下面将在“圆餐桌.dwg”图形对象（光盘:\素材\第4章\圆餐桌.dwg）中通过环形阵列将图形中的椅子进行阵列，效果如图4-34所示（光盘:\效果\第4章\圆餐桌.dwg），其命令行及操作如下：

```
命令: ARRAYPOLAR                                              //执行“ARRAYPOLAR”命令
选择对象: 指定对角点: 找到 2 个                                //框选椅子对象，如图4-35所示
选择对象:                                                     //确认选择的对象
类型 = 极轴  关联 = 否                                         //系统自动显示当前信息
指定阵列的中心点或 [基点(B)/旋转轴(A)]:                         //捕捉桌子图形对象的圆心
输入项目数或 [项目间角度(A)/表达式(E)] <4>: 8                   //输入阵列的项目数
指定填充角度(+=逆时针、-=顺时针)或 [表达式(EX)] <360>: 360      //输入阵列的角度
按 Enter 键接受或 [关联(AS)/基点(B)/项目(I)/项目间角度(A)/填充   //按【Enter】键确认阵列，同时结
角度(F)/行(ROW)/层(L)/旋转项目(ROT)/退出(X)] <退出>:              束阵列命令
```

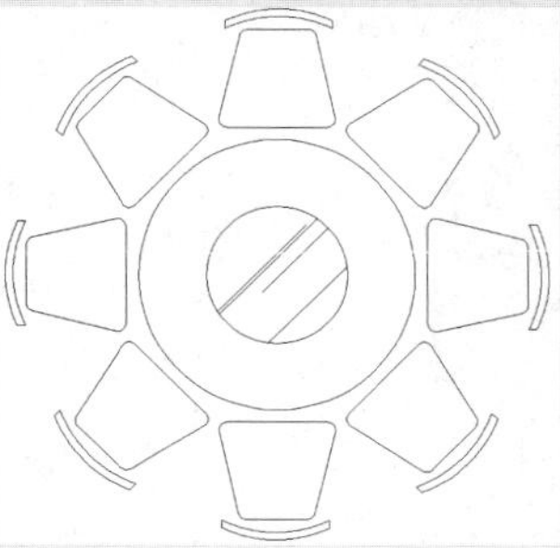

图4-34　最终效果

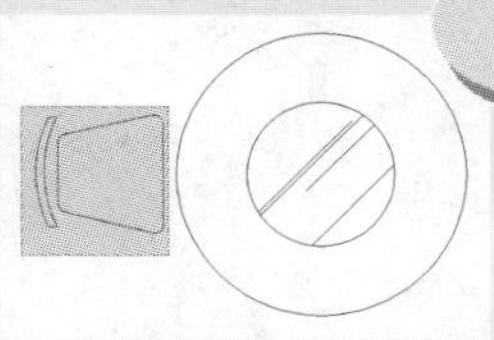

图4-35　选择阵列对象

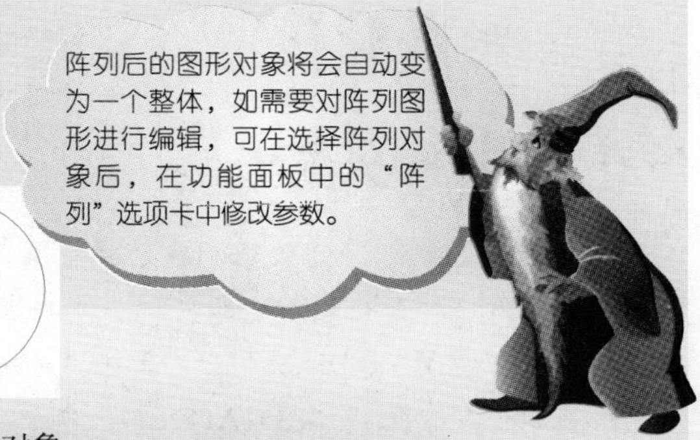

阵列后的图形对象将会自动变为一个整体，如需要对阵列图形进行编辑，可在选择阵列对象后，在功能面板中的“阵列”选项卡中修改参数。

4.4 改变图形对象位置

魔法师：小魔女，除了前面讲解的编辑命令外，还有一些其他常用的编辑命令，下面我就给你讲解一下改变图形对象位置类的编辑命令。

小魔女：怎么编辑命令有这么多呢，感觉好像学不完似的。

魔法师：在学习AutoCAD绘制图形的过程中编辑命令非常重要，你不是在夸软件的功能强大吗？正因如此，你才要好好学习哦！

4.4.1 移动对象

移动对象即把单个对象或多个对象从当前的位置移至新位置，这种移动并不改变对象的尺寸及方位，调用移动命令的方法主要有如下几种：

- 选择“常用”/“修改”组，单击“移动对象”按钮✥。
- 在命令行中执行“MOVE/M”命令。

下面在“人物.dwg”图形对象（光盘:\素材\第4章\人物.dwg）中将人图形移动到椅子上，完成后效果如图4-36所示（光盘:\效果\第4章\人物.dwg），其命令行及操作如下：

命令: MOVE	//执行“MOVE”命令
选择对象: 找到 1 个	//选择要执行移动操作的图形对象
选择对象:	//按【Enter】键结束选择对象
指定基点或 [位移(D)] <位移>:	//指定被移动对象的基点，如图4-37所示
指定第二个点或 <使用第一个点作为位移>:	//指定移动图形后的基点位置或使用第一个点的坐标绝对值作为图形的移动距离

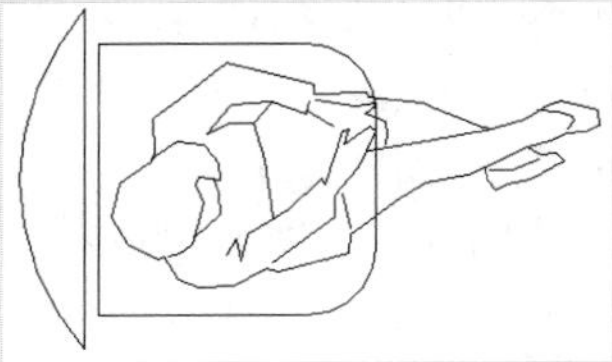

图4-36　最终效果

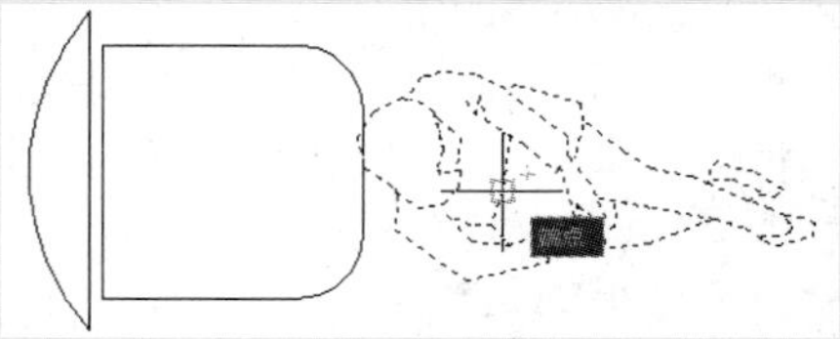

图4-37　选择移动基点

4.4.2 旋转对象

旋转对象即将图形对象参照某个基点进行旋转，该命令不会改变对象的整体尺寸，调用旋转命令的方法主要有如下几种：

- 选择“常用”/“修改”组，单击“旋转对象”按钮○。
- 在命令行中执行“ROTATE/RO”命令。

下面将“鱼缸.dwg”图形对象（光盘:\素材\第4章\鱼缸.dwg）中直立的鱼缸旋转-90°使其正常放置，最终效果如图4-38所示（光盘:\效果\第4章\鱼缸.dwg），其命令行及操作如下：

```
命令: ROTATE                                          //执行“ROTATE”命令
UCS当前的正角方向: ANGDIR=逆时针 ANGBASE=0            //系统显示当前UCS方向
选择对象:找到 1 个                                    //选择整个鱼缸，按【Enter】键结束选择对象
指定基点:                                             //选择如图4-39所示的点为旋转基点
指定旋转角度，或[复制(C)/参照(R)]<0>:-90              //输入角度数
```

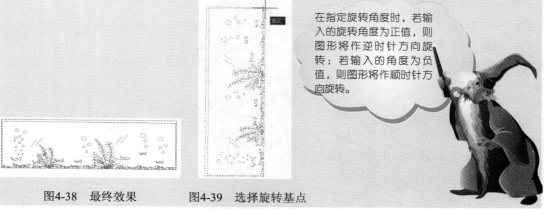

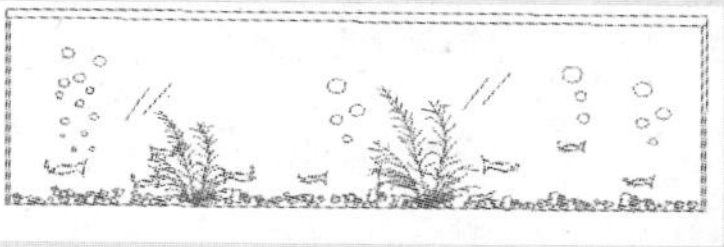

图4-38　最终效果

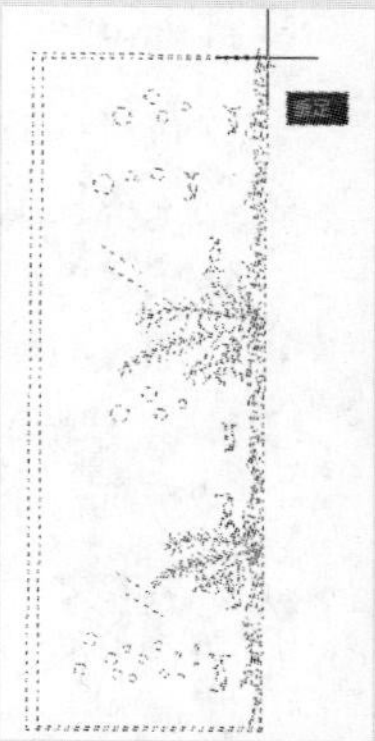

图4-39　选择旋转基点

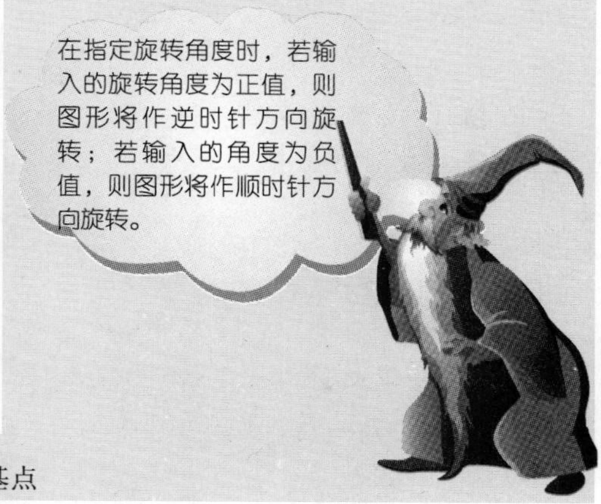

在指定旋转角度时，若输入的旋转角度为正值，则图形将作逆时针方向旋转；若输入的角度为负值，则图形将作顺时针方向旋转。

在执行旋转命令的过程中，各关键选项的含义介绍如下。

- **复制**：指定以复制的方式旋转图形对象，即进行旋转操作后源图形对象不删除，而在新的指定位置生成该图形旋转后的图形。
- **参照**：指定使图形对象与用户坐标系的X轴和Y轴对齐，或与图形中的几何特征对齐。选择该项后，系统会提示用户指定当前的参照角度和所需的新旋转角度。

魔法档案——选择基点的技巧

基点选择与旋转后图形的位置有关，因此，应根据绘图需要准确捕捉基点，且基点最好选择在已知的对象上，这样不容易引起混乱。

4.5 改变图形对象的比例

小魔女：魔法师，我绘制的图形太大了，已经超过图形界限了怎么办呢？需要删除重新绘制吗？

魔法师：不用，只需要使用AutoCAD中的改变图形对象比例命令就可以了，其实这种情况在绘图过程中经常遇到，这时就需要对图形对象的比例、形状和大小等进行调整。

4.5.1 拉伸对象

使用拉伸命令可对图形对象进行单向放大或缩小，用拉伸命令拉伸对象时应指定拉伸的基点和位移点，调用拉伸命令的方法主要有如下几种：

- 选择“常用”/“修改”组，单击“拉伸”按钮。
- 在命令行中执行“STRETCH/S”命令。

下面将“零件图.dwg”图形对象（光盘:\素材\第4章\零件图.dwg）中后面的矩形拉伸为20mm，效果如图4-40所示（光盘:\效果\第4章\零件图.dwg），其命令行及操作如下：

命令: STRETCH	//执行“STRETCH”命令
以交叉窗口或交叉多边形选择要拉伸的对象...	//系统提示
选择对象: 指定对角点: 找到 2 个	//交叉窗选要进行拉伸操作的图形对象，如图4–41所示
选择对象:	//按【Enter】键，结束对象的选择
指定基点或 [位移(D)] <位移>:	//指定一个拉伸的基点或直接指定拉伸位移，如图4–42所示
指定第二个点或 <使用第一个点作为位移>: @20，0	//指定或输入第二个点以确定拉伸位移值

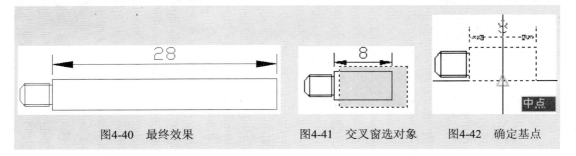

图4-40　最终效果

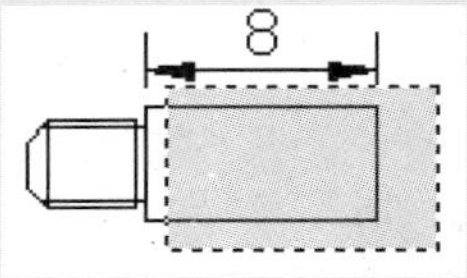

图4-41　交叉窗选对象

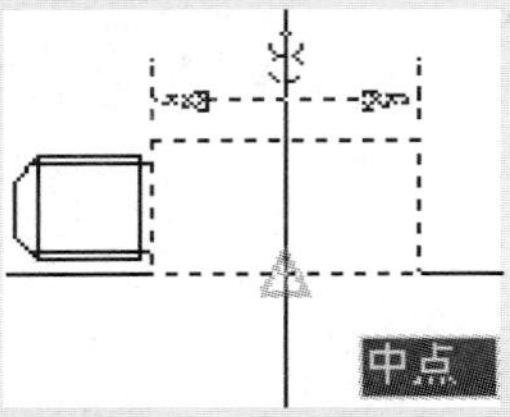

图4-42　确定基点

魔法档案——拉伸的注意事项

点、圆、文本和图块等对象不能被拉伸，而直线、圆弧、椭圆弧、多段线和样条曲线等对象则可以被拉伸。在指定拉伸增量时，如果输入的增量值为正值，则所选对象将增长；如果输入的增量值为负值，则所选对象将缩短。

4.5.2 缩放对象

当用户需要对图形的整体大小尺寸进行调整时，可使用缩放命令来缩放图形。使用缩放命令缩放图形不会改变图形的整体形状，只改变图形的整体大小。调用缩放命令的方法主要有如下几种：

- 选择“常用”/“修改”组，单击“缩放”按钮。
- 在命令行中执行“SCALE/SC”命令。

执行上述任一命令后，其命令行及操作如下：

命令: SCALE	//执行“SCALE”命令
选择对象: 找到1个	//选择要进行缩放的图形
选择对象:	//按【Enter】键，结束对象的选择
指定基点:	//指定图形缩放的基点位置
指定比例因子或 [复制(C)/参照(R)] <1.0000>:	//指定缩放比例

魔法档案——使用缩放命令的注意事项

在缩放图形的过程中，用户需要指定缩放比例，若缩放比例值小于1且大于0，则图形按相应的比例进行缩小；若缩放比例大于1，则图形按相应的比例进行放大。指定图形缩放的基点与旋转图形时需指定的基点类似，所选图形将会按指定的基点进行缩放，若指定的基点不在图形的中心位置，则缩放图形后，图形的坐标位置也会改变。

4.5.3 拉长或缩短对象

使用拉长命令可将非闭合的直线按指定的方式进行拉长或缩短，调用拉长命令的方法主要有如下几种：

- 选择“常用”/“修改”组，单击“拉长”按钮。
- 在命令行中执行“LENGTHEN/LEN”命令。

其命令行及操作如下：

命令: LENGTHEN	//执行“LENGTHEN”命令
选择对象或 [增量(DE)/百分数(P)/全部(T)/动态(DY)]:	//选择执行拉长操作的直线对象
当前长度: 500	//系统显示当前直线的总长度
选择对象或 [增量(DE)/百分数(P)/全部(T)/动态(DY)]:	//选择相应的选项，以该方法执行拉长操作

在执行拉长命令的过程中，各关键选项的具体含义介绍如下。

- **增量：** 通过输入增量来延长或缩短对象，输入的增量值为正表示拉长对象，为负值表示缩短对象，该增量可以表示为长度或角度。
- **百分数：** 通过输入百分比来改变对象的长度或圆心角大小。利用“百分数”方法对实体进行拉长操作，所输入的百分比不允许为负值，大于100表示拉长对象，小于100表示缩短对象。
- **全部：** 通过输入对象的总长度来改变对象的长度。
- **动态：** 选择该选项将以动态方法拖动对象的一个端点来改变对象的长度或角度。

4.6 典型实例——布置客厅平面图

魔法师：小魔女，编辑命令很多，所以你要勤于练习，只有运用自如才能提高绘图速度。

小魔女：我知道了，你看我对一个客厅的平面图进行了布置，效果如图4-43所示，我主要用到了旋转、移动、镜像和拉伸等编辑命令。

魔法师：看上去还是很不错的，你能不能详细讲讲是如何运用这些编辑命令，对客厅平面图进行编辑的呢？

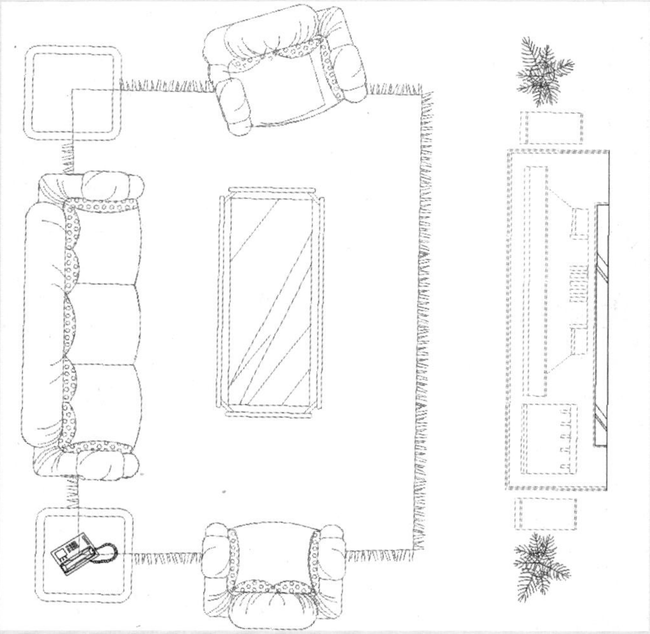

图4-43　最终效果

其具体操作如下：

步骤 01 打开“客厅平面图.dwg”图形文件（光盘:\素材\第4章\客厅平面图.dwg）。

步骤 02 使用旋转命令旋转电视柜，使其正对着沙发，效果如图4-44所示，其命令行及操作如下：

命令: ROTATE	//执行“ROTATE”命令
UCS当前的正角方向: ANGDIR=逆时针 ANGBASE=0	//系统显示当前UCS方向
选择对象:	//选择电视柜对象并按【Enter】键
指定基点:	//指定电视柜右下角的点为旋转基点，如图4-45所示
指定旋转角度，或[复制(C)/参照(R)]<0>:47	//输入角度数按【Enter】键结束旋转操作

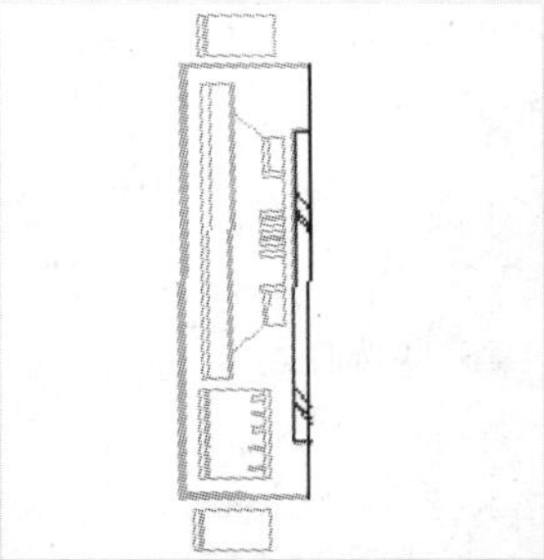

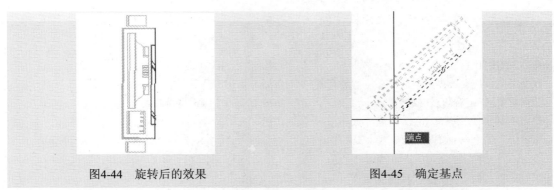

图4-44　旋转后的效果

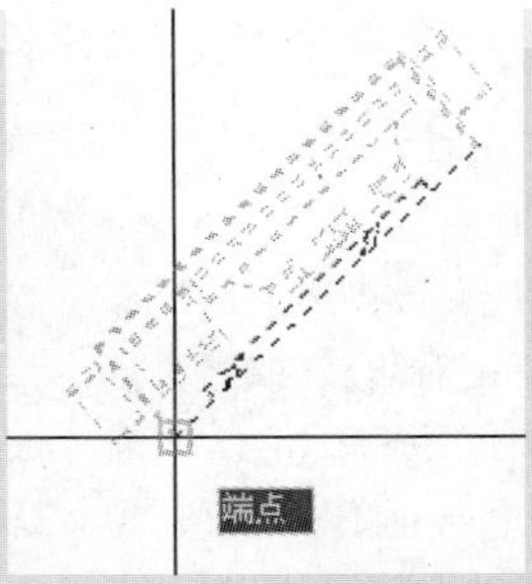

图4-45　确定基点

步骤 03 使用移动命令将电视柜移动到沙发的正对面，其命令行及操作如下：

```
命令: MOVE                                   //执行“MOVE”命令
选择对象:                                    //选择电视柜
选择对象:                                    //按【Enter】键结束选择对象
指定基点或 [位移(D)] <位移>:                  //指定被移动对象的基点
指定第二个点或 <使用第一个点作为位移>:          //指定移动对象的第二点，如图4-46所示
```

步骤 04 使用相同的方法将图形中的植物移动到电视柜的上边。然后使用镜像操作，将该植物镜像一盆到电视机的下边，其命令行及操作如下：

```
命令: MIRROR                           //执行“MIRROR”命令
选择对象:                              //选择植物
选择对象:                              //按【Enter】键，结束选择
指定镜像线的第一点:                     //捕捉电视柜的中点为对称轴线的第一点
指定镜像线的第二点:                     //指定对称轴线的第二点，如图4-47所示
要删除源对象吗？ [是(Y)/否(N)] <N>:      //按【Enter】键，保持默认不变
```

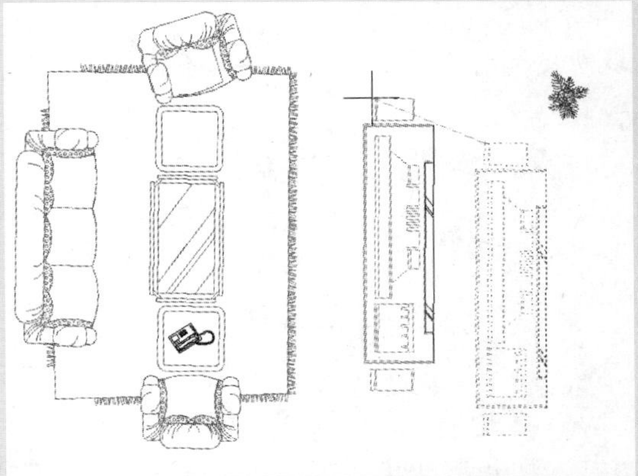

图4-46　移动电视柜

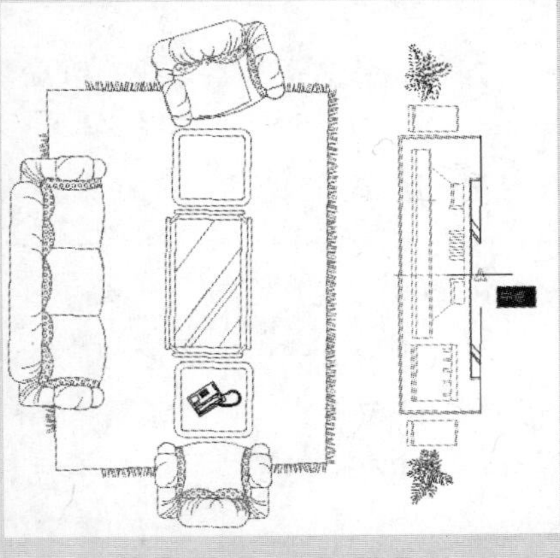

图4-47　指定镜像对称轴的第二点

步骤 05 使用相同的方法，将图形中的两个小茶几移动到长沙发的上下两边，完成后的效果如图4-48所示。

步骤 06 在命令行中执行拉伸命令，将中间的茶几向上拉伸300，其命令行及操作如下：

```
命令:STRETCH                                    //执行“STRETCH”命令
以交叉窗口或交叉多边形选择要拉伸的对象...            //框选茶几的一半对象，如图4-49所示
选择对象: 指定对角点: 找到 27 个                    //按【Enter】键确认选择
指定基点或 [位移(D)] <位移>:                        //指定左上方的点为基点
指定第二个点或 <使用第一个点作为位移>: 300           //光标向上移动，并输入拉伸距离，如图4-50所示
```

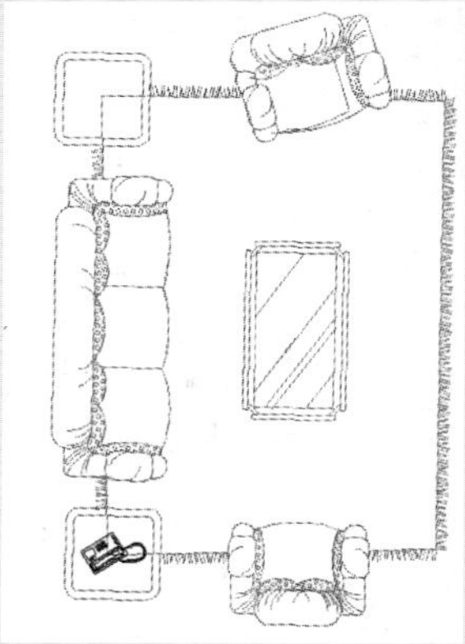

图4-48　移动小茶几的效果

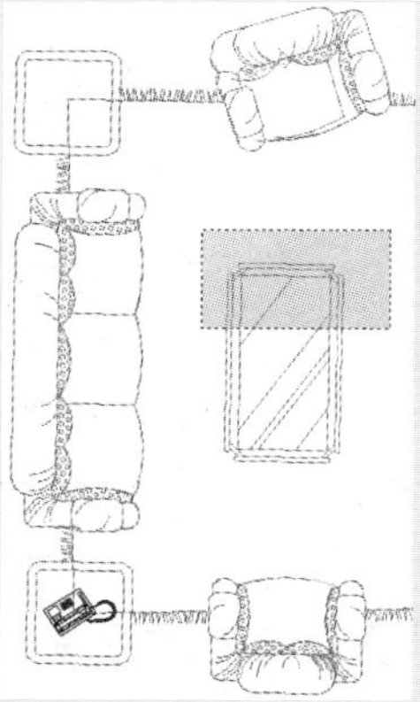

图4-49　选择拉伸的效果

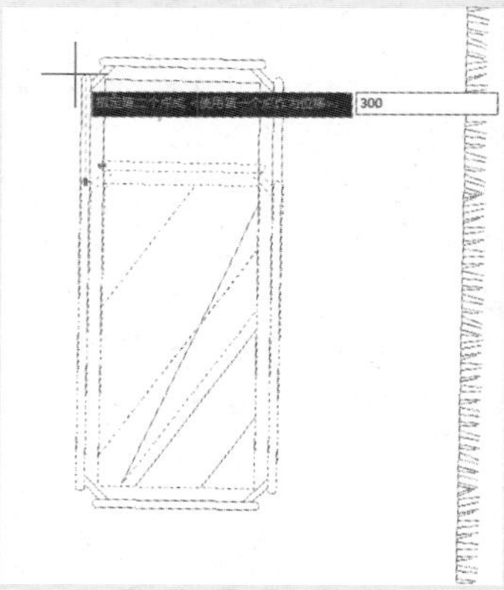

图4-50　输入拉伸值

4.7 本章小结——图形的常用编辑技巧

魔法师：小魔女，听了你前面对自己编辑的图形的讲解后，我觉得你已经基本掌握了图形的常用编辑方法。

小魔女：基本掌握？听魔法师的语气我肯定还有上升的空间哦！你不会还有什么没有教我吧！那可又要麻烦你了！

魔法师：不错，如果掌握了下面的技巧，就彻底掌握了图形的基本编辑方法了。

第1招：修剪与线条不相交的线条

使用修剪命令修剪图形时，默认情况下不能对不相交的线条进行修剪，但是可以在执行修剪命令的过程中，设置修剪线条的边为延伸状态，即可修剪不相交的线条。要设置边的状态为“延伸”，需要在执行命令后，命令行中出现“选择要修剪的对象，或按住 Shift 键选择要延伸的对象，或[栏选(F)/窗交(C)/投影(P)/边(E)/删除(R)/放弃(U)]:”时，输入“E”选择“边”选项，然后再选择“延伸”选项，即可对不相交的线条进行修剪。

第2招：如何快速指定打断的两点

在使用打断命令编辑图形时，系统会将选择对象时用户在对象上指定的点作为第一个

打断点，此时，用户只需要直接指定第二个打断点即可实现快速将对象打断于两点。所以，在实际绘图的过程中要实现快速打断对象于两点，只需要用户在选择对象时注意单击对象的位置。

第3招：使用编组的方式快速选择对象

快速选择对象的另一种方法就是使用编组方式选择对象，该方式只能快速选择事先定义好的选择集，在使用该方式之前，必须对图形对象进行编组。编组对象和选择编组对象都是通过“GROUP”命令来进行的。

当执行“GROUP”命令后，选择“名称”选项，然后输入需要设置编组的名称，最后选择对象即可把选择的对象编组到命名的组中。当需要选择编组的组对象时，只要再次执行“GROUP”命令，然后直接输入组的名称即可选择该组中的所有对象。当然，在编组成功后，选择该编组中的任意对象，就会同时选中该组的所有对象。

第4招：删除重复对象

在删除对象时，对于重复的对象类型可以使用AutoCAD中的删除重复对象命令进行删除，从而避开繁琐的操作。删除重复的对象需要选择“常用”/“修改”组，单击“删除重复对象”按钮，或在命令行中执行“OVERKILL”命令，然后选择图形中的对象，系统会自动打开“删除重复对象”对话框，如 图4-51所示，在该对话框中进行相应的设置后，单击确定按钮即可。

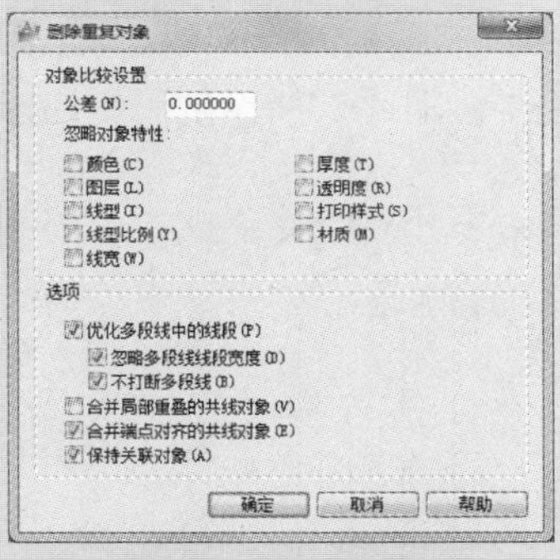

图4-51　“删除重复对象”对话框

4.8 过关练习

（1）使用环形阵列命令将如图4-52所示的图形（光盘:\素材\第4章\扇子.dwg）绘制成如图4-53所示的图形（光盘:\效果\第4章\扇子.dwg）。

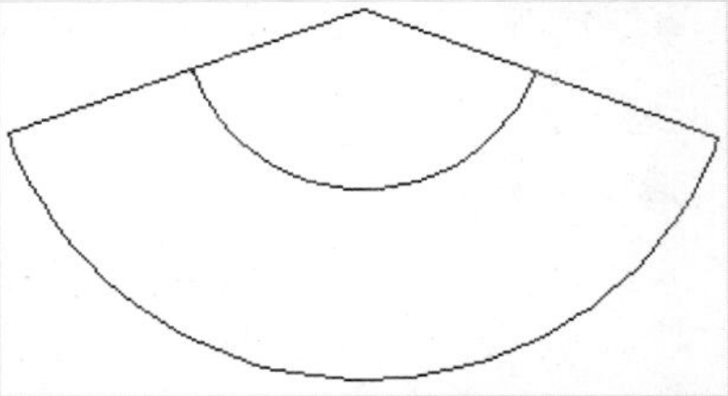

图4-52　环形阵列前

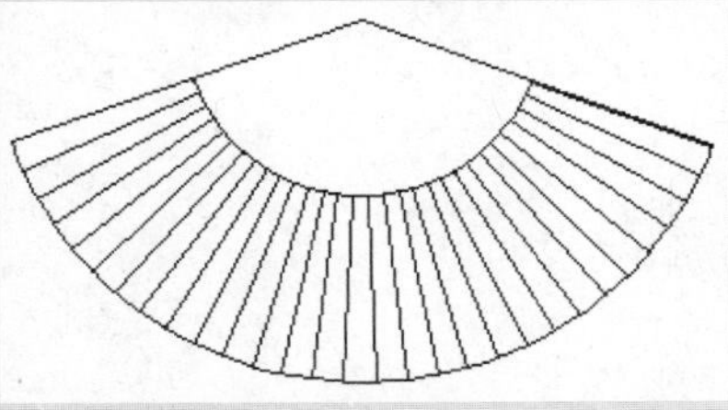

图4-53　环形阵列后

（2）绘制如图4-54所示的零件图，尺寸除外（光盘:\效果\第4章\盘形件.dwg）。

（3）绘制如图4-55所示的台灯图形，尺寸除外（光盘:\效果\第4章\台灯.dwg）。

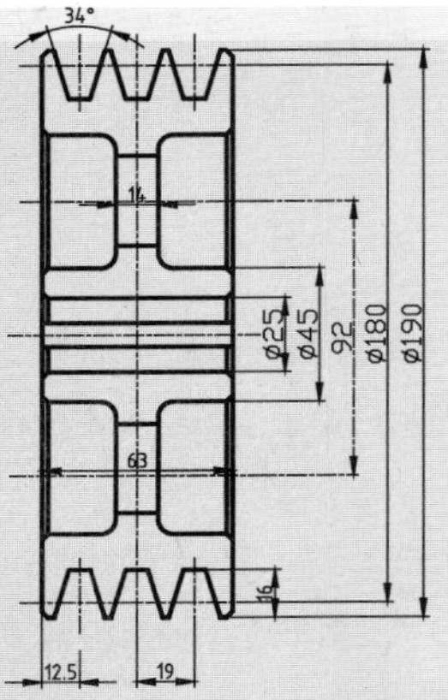

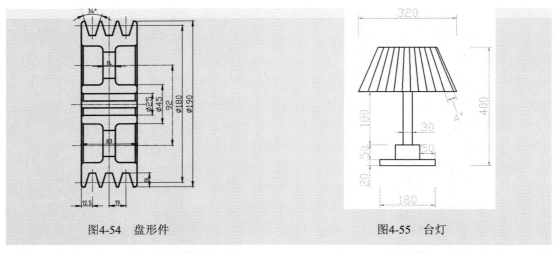

图4-54　盘形件

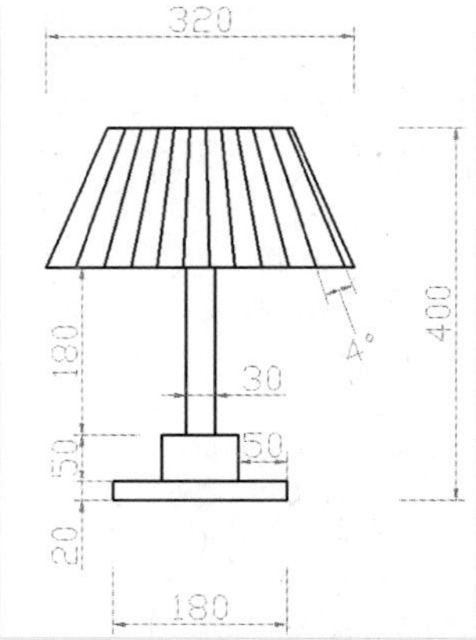

图4-55　台灯

（4）绘制如图4-56所示的挂轮架图形，尺寸除外（光盘:\效果\第4章\挂轮架.dwg）。

（5）绘制如图4-57所示的吊钩图形，尺寸除外（光盘:\效果\第4章\吊钩.dwg）。

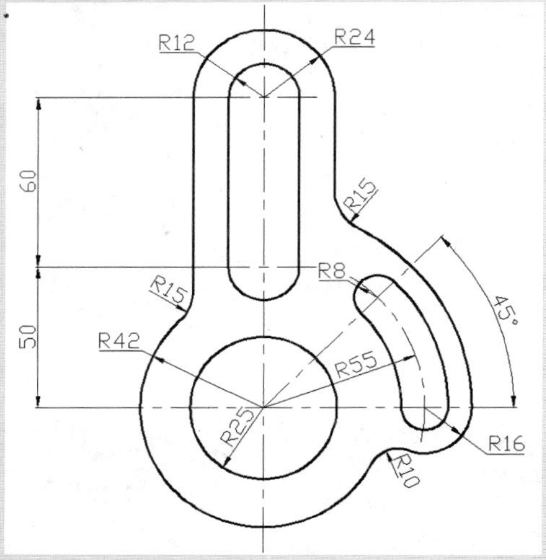

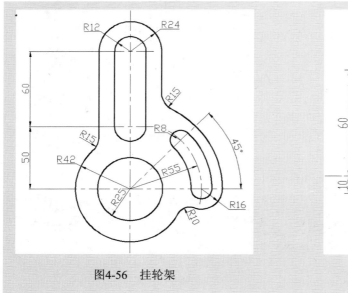

图4-56　挂轮架

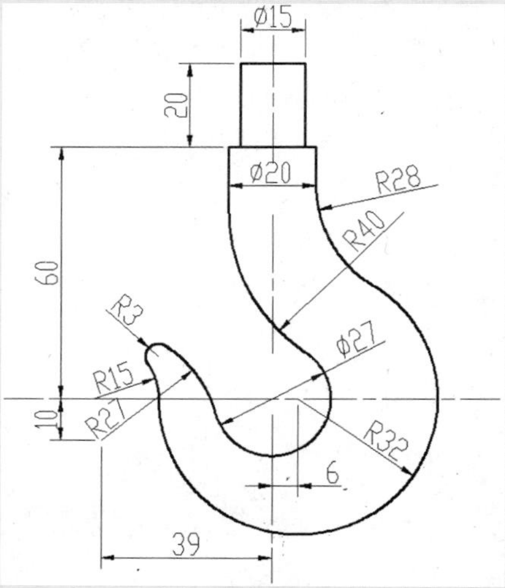

图4-57　吊钩

Chapter 5

第5章

图形的高级编辑

魔法师：小魔女，接下来我再给你讲讲图形的编辑知识吧。

小魔女：魔法师，你是不是弄错了，前面不是刚讲解了图形的编辑知识吗？看来你太辛苦了，把自己都弄晕了。

魔法师：我可没有晕哦！前面讲的是图形的基本编辑，而我现在要给你讲解的是图形的高级编辑哦！

小魔女：啊，图形的编辑知识这么多啊，通过前面的学习我就感觉知识有好多好多，没想到还没完呢。

魔法师：编辑命令是非常重要的知识，这些知识虽多，但是在学习的过程不用害怕，因为学习方法非常相似。

学习要点：

- 特殊图形的编辑
- 使用夹点与几何约束编辑图形
- 改变图形对象特性

5.1 特殊图形的编辑

魔法师：一般的编辑命令虽然可编辑的对象比较多，但是对特殊图形的编辑却不能直接正常进行。

小魔女：特殊的图形，具体指的是哪些图形对象呢？

魔法师：如多段线、样条曲线和多线等图形对象，这些都属于特殊的图形编辑对象，编辑这些特殊图形对象都需要执行对应的命令。

5.1.1 编辑多段线

在AutoCAD中，多段线、多段线形体（如多边形、填充实体、2D或3D多段线等）及多边形网格都属于多段线的编辑类型，调用编辑多段线命令的方法主要有如下几种：

- 选择“常用”/“修改”组，单击“编辑多段线”按钮。
- 在命令行中执行“PEDIT/PE”命令。

执行“PEDIT”命令后，其命令行及操作如下：

```
命令: PEDIT                                                    //执行“PEDIT”命令
选择多段线或[多条(M)]:                                         //选择一条或多条需编辑的多段线
输入选项 [闭合(C)/合并(J)/宽度(W)/编辑顶点(E)/拟合(F)/样条
曲线(S)/非曲线化(D)/线型生成(L)/反转(R)/放弃(U)]:              //指定一种多段线编辑方式
```

在执行编辑多段线命令的过程中各关键选项的含义如下：

- **闭合**：闭合多段线。如果选择的多段线本来就是闭合的，则该选项为“打开”，执行后将打开多段线。
- **合并**：将首尾相连的多个非多段线对象连接成一条完整的多段线。选择该选项后，再选择要合并的多个对象即可将它们合并为一条多段线，但选择的对象必须首尾相连，否则无法进行合并。
- **宽度**：修改多段线的宽度。
- **编辑顶点**：用于编辑多段线的顶点。选择该选项后，命令行将出现提示信息：“[下一个(N)/上一个(P)/打断(B)/插入(I)/移动(M)/重生成(R)/拉直(S)/切向(T)/宽度(W)/退出(X)] <N>:”，用户可选择所需的选项对多段线的顶点进行编辑。
- **拟合**：选择该选项后，系统将用圆弧组成的光滑曲线拟合多段线。
- **样条曲线**：选择该选项后，系统将用样条曲线拟合多段线，拟合后的多段线可以再使用“SPLINE”命令将其转换为真正意义上的样条曲线，其方法为执行“SPLINE”命令后，选择“对象”选项，然后选择用样条曲线拟合的多段线即可。
- **非曲线化**：将多段线中的曲线拉成直线，同时保留多段线顶点的所有切线信息。
- **线型生成**：用于控制有线型的多段线的显示方式。选择该选项后，AutoCAD 2012将提示："输入多段线线型生成选项[开(ON)/关(OFF)]<Off>"，输入"on"或"off"可以改变多段线的显示方式。

5.1.2 编辑样条曲线

使用样条曲线编辑命令可对样条曲线的顶点、精度、反转方向等参数进行设置，调用编辑样条曲线的方法主要有如下几种：

- 选择"常用"/"修改"组，单击"编辑样条曲线"按钮。
- 在命令行中执行"SPLINEDIT"命令。

执行"SPLINEDIT"命令后，其命令行及操作如下：

```
命令:SPLINEDIT                                          //执行"SPLINEDIT"命令
选择样条曲线:                                            //选择需编辑的样条曲线
输入选项 [闭合(C)/合并(J)/拟合数据(F)/编辑顶点(E)/转
换为多段线(P)/反转(R)/放弃(U)/退出(X)]:                  //指定一种编辑样条曲线的方式
```

在执行编辑样条曲线的过程中关键选项的含义介绍如下：

- **拟合数据**：编辑拟合数据。选择该选项后出现提示信息"[添加(A)/闭合(C)/删除(D)/移动(M)/清理(P)/切线(T)/公差(L)/退出(X)] <退出>:"默认为退出该选项。其他选项含义介绍如下：
  - ◎**添加**：在样条曲线中增加拟合点。
  - ◎**闭合/打开**：闭合打开的样条曲线。如果选择的样条曲线是闭合的，则为"打开"选项，"闭合"选项与其功能相反。
  - ◎**删除**：从样条曲线中删除拟合点并用其余的点重新拟合样条曲线。
  - ◎**移动**：将拟合点移动到新位置。选择该选项后将出现"指定新的位置或 [下一个 (N)/上一个 (P)/选择点 (S)/退出 (X)] <下一个>:"提示信息。
  - ◎**清理**：从图形数据库中删除样条曲线的拟合数据。清理样条曲线的拟合数据后，AutoCAD重新显示的提示信息中不包括"拟合数据"选项。
  - ◎**切线**：编辑样条曲线的起点和端点的切向。
  - ◎**公差**：使用新的公差值将样条曲线重新拟合至现有点。
- **编辑顶点**：重新定位样条曲线的控制顶点，精密调整样条曲线。选择该选项后将出现"输入顶点编辑选项 [添加(A)/删除(D)/提高阶数(E)/移动(M)/权值(W)/退出(X)]"提示信息。
- **反转**：反转样条曲线的方向。此选项主要适用于第三方应用程序。
- **放弃**：放弃此次编辑并结束编辑样条曲线命令。

5.1.3 编辑多线

多线是由具有多个线型和颜色的线混合成的单一对象，可以使用标准的对象修改命令（如复制、旋转、拉伸和比例缩放）对其进行编辑，但是修剪、延伸和打断于点命令不能编辑多线，调用编辑多线命令的方法主要有如下几种：

- 在AutoCAD经典工作空间中，选择“修改”/“对象”/“多线”命令。
- 在命令行中执行“MLEDIT”命令。

执行上述任一操作后，在打开的对话框中选择编辑方法，其具体操作如下：

步骤 01 执行多线编辑命令后，系统将自动打开“多线编辑工具”对话框，如图5-1所示。

步骤 02 在该对话框中选择相应的多线编辑工具，单击 关闭(C) 按钮返回绘图区中选择需要编辑的两条多线，反复选择可完成多组多线的编辑。

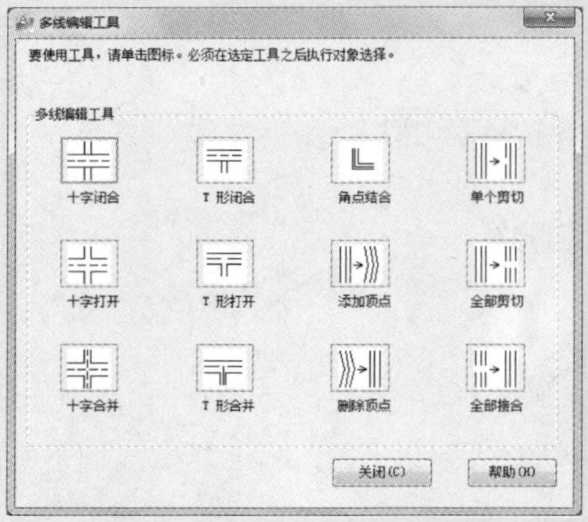

图5-1 “多线编辑工具”对话框

5.2 使用夹点与几何约束编辑图形

魔法师：前面讲解了如何使用命令来编辑图形对象，本节将讲解使用夹点编辑功能和几何约束功能来快速编辑图形的方法。

小魔女：夹点不就是选择对象后出现的方形小点吗？它能编辑图形吗？几何约束又是什么哦？

魔法师：夹点是最常用的编辑图形对象的功能之一，其操作不仅简单而且方便，而几何约束就是通过一些特定的规则来改变图形对象的位置和大小，以达到编辑要求。

5.2.1 什么是夹点与几何约束功能

夹点和几何约束功能是绘制二维图形时使用最为频繁的功能，下面将分别对这两个功能进行讲解。

1. 夹点功能

在选择绘图的图形后，图形对象中将会有蓝色的形状块显示出来，而这些蓝色的形状块就是夹点。在AutoCAD 2012中，夹点的形状不再只以蓝色的小方块形式出现，在不同的图形对象中显示的情况有所不同，各夹点形状的含义如下：

- ■夹点：该夹点主要出现在图形对象的顶点、中点或圆心等关键点上，通过该夹点可以对图形对象进行拉伸、拉长或移动等操作，其具体操作要视图形对象的类型而定。
- ▬夹点：该夹点一般出现在多段线中，该夹点主要用于拉伸、添加顶点和转换为圆弧等操作。
- ▼夹点：该夹点一般出现在样条曲线中，单击该夹点可以选择样条曲线的显示方式，如果选择的是以拟合点的方式显示，则夹点显示为■；如果选择的是以控制点的方式显示，夹点会显示为●。

当在非命令执行过程中直接选择图形时，移动鼠标光标到蓝色的夹点上，夹点会变为绿色，如图5-2所示。当十字光标在夹点上停留一会儿后，会弹出一个快捷菜单，此时，选择快捷菜单中的命令即可通过夹点对图形进行编辑操作，如图5-3所示。在选择夹点时，按住【Shift】键单击夹点可以选择多个夹点，如图5-4所示。

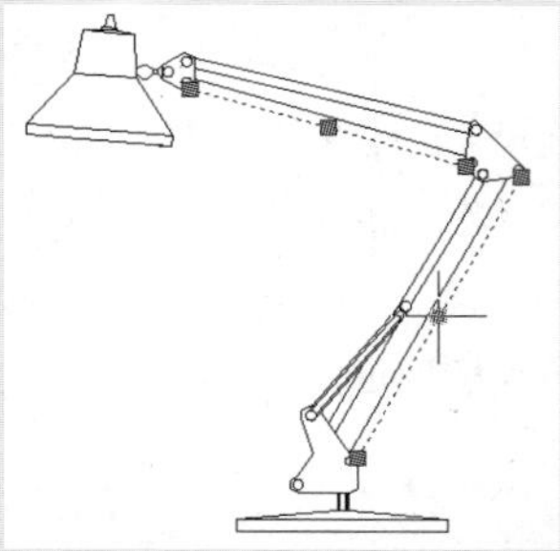

图5-2　移动光标到夹点上的效果

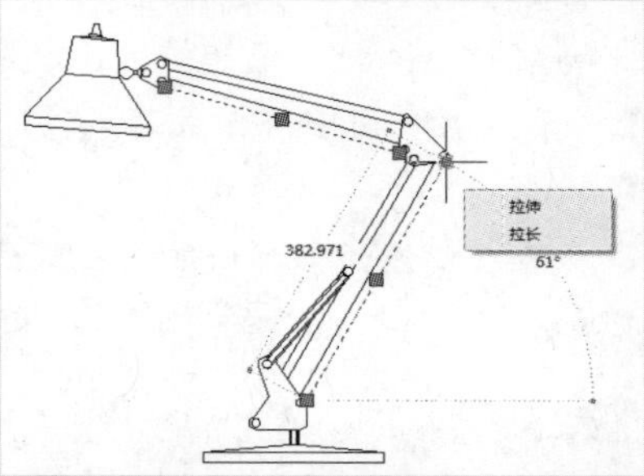

图5-3　快捷菜单

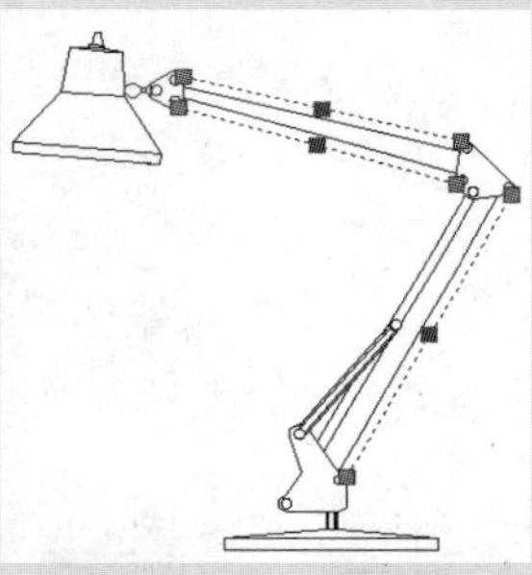

图5-4　选择多个夹点

2. 几何约束功能

利用几何约束功能绘制图形可直接将线条限制为水平、垂直、同心以及相切等特性，从而可以快速对图形对象进行编辑处理，更好地完成图形的绘制。选择“参数化”/“几何”组，在“几何”面板中单击相应的几何约束按钮或在命令行中执行“GEOMCONSTRAINT”命令，然后选择相应选项即可对图形对象进行限制。在AutoCAD 2012中共有12种几何约束，各种几何约束的使用方法分别如下：

- 重合：选择重合约束功能可以使约束点位于曲线或延长线上，也可以使约束点与某个对象重合。依次选择需要约束的点即可完成约束，包括端点、中点和圆心点等。
- 共线：选择共线约束功能可以使两条或多条直线位于同一条无限长的直线上。依次选择需要约束的直线即可完成约束，选择的第二条直线将会与第一条直线共线。
- 同心◎：选择同心约束功能可以将选择的圆、圆弧或椭圆保持在同一中心点上。依次选择需要约束的圆、圆弧或椭圆弧即可完成约束，选择的第二个对象将会与第一个对象同心。
- 固定：选择固定约束功能可以将一个点或一条曲线固定到相对于世界坐标系

（WCS）的指定位置和方向上。单击需要固定的图形对象即可完成约束。

- **平行**：选择平行约束功能可以使两条直线保持相互平行。依次选择需要约束的直线即可，选择的第二条直线将会与第一条直线平行，平行约束只能用于两个对象之间。
- **垂直**：选择垂直约束功能可使两条直线或多段线线段的夹角保持90°。依次选择需要约束的直线或多段线线段即可完成约束，选择的第二个对象会垂直于第一个对象。
- **水平**：选择水平约束功能可以使一条直线或一对点与当前UCS的X轴保持平行。单击需要约束的对象即可，对于样条曲线类对象需要选择“两点”选项进行约束。
- **竖直**：选择竖直约束功能可以使一条直线或一对点与当前UCS的Y轴保持平行。单击需要约束的对象即可，和水平约束一样也可以选择“两点”选项约束对象。
- **相切**：选择相切约束功能可以使两个圆弧、圆或椭圆保持相切或与其延长线保持相切。只需要依次选择需要约束的圆、圆弧或椭圆即可完成约束，选择的第二个对象将相切于第一个对象。
- **平滑**：选择平滑约束功能可以使一条曲线、直线、圆弧或多段线保持几何连续性。依次选择需要约束的对象即可完成约束，选择的第二个对象将会平滑于第一个对象。
- **对称**：选择对称约束功能可以使对象上的两条曲线或两个点关于选定的直线对称。依次选择需要约束的对象和对称直线即可完成约束，选择的第二个对象将会根据第一个对象关于对称直线对称。
- **相等**：选择相等约束功能可以使两条直线或多段线线段长度相等，或使圆弧半径相同。依次选择需要约束的对象即可，选择的第二个对象将会相等于第一个对象。

5.2.2 设置夹点

在使用夹点编辑时，通常需要对夹点进行设置，不然，在某些情况下夹点并不会显示在图形中，这样就不能进行夹点编辑了。

在“选项”对话框中选择“选择集”选项卡，然后在“夹点尺寸”栏中拖动滑块调整夹点的显示大小，在“夹点”栏的各下拉列表框中可以设置未选中夹点、选中夹点和悬停夹点的颜色，选中☑显示夹点(R)复选框，表示在绘图区中启用夹点编辑功能；选中☑在块中显示夹点(B)复选框，表示选择图块后，在图块上也显示夹点；选中☑显示夹点提示(T)复选框，表示当用户选择某个夹点时，在光标处会显示夹点提示信息；在“选择对象时限制显示的夹点数”文本框中设置夹点数，当选择了多于指定数目的对象时，将禁止显示夹点，如图5-5所示

图5-5 设置夹点的界面

为“选项”对话框设置夹点的界面。

5.2.3　使用夹点功能编辑图形

在使用AutoCAD 2012绘图时，常用到的夹点编辑操作包括拉伸、移动和旋转等，其具体操作如下：

步骤 01　打开“夹点编辑.dwg”图形文件（光盘:\素材\第5章\夹点编辑.dwg），使用夹点拉伸命令拉伸外长方形的A点，角度为30，拉伸距离为245，拉伸后效果如图5-6所示。

步骤 02　选择圆再单击其圆心，向右拖动鼠标将其置于四边形的右侧。

步骤 03　在如图5-7所示的A点处单击鼠标右键，在弹出的快捷菜单中选择“旋转”命令，此时命令行提示指定基点，单击A点，输入角度“90”，设置完成后效果如图5-8所示（光盘:\效果\第5章\夹点编辑.dwg）。

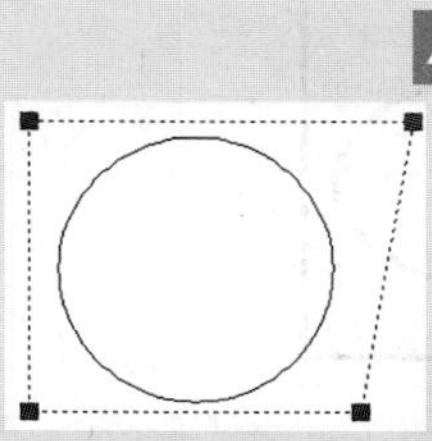

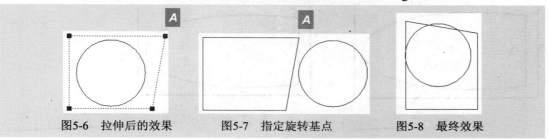

图5-6　拉伸后的效果

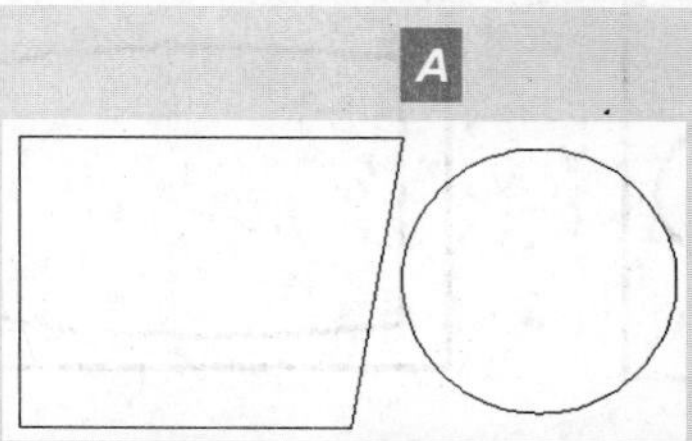

图5-7　指定旋转基点

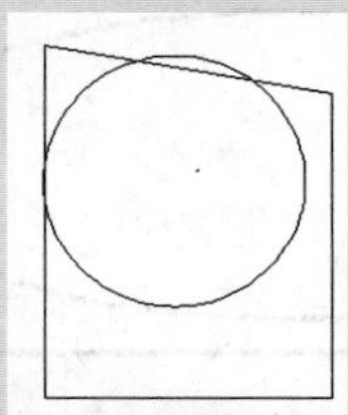

图5-8　最终效果

5.2.4　使用几何约束编辑图形

几何约束功能的使用需要特别注意选择对象的先后顺序，下面将在“浴缸.dwg”图形中（光盘:\素材\第5章\浴缸.dwg），使用几何约束功能完善该图形（如图5-9所示），最终效果如图5-10所示（光盘:\效果\第5章\浴缸.dwg）。

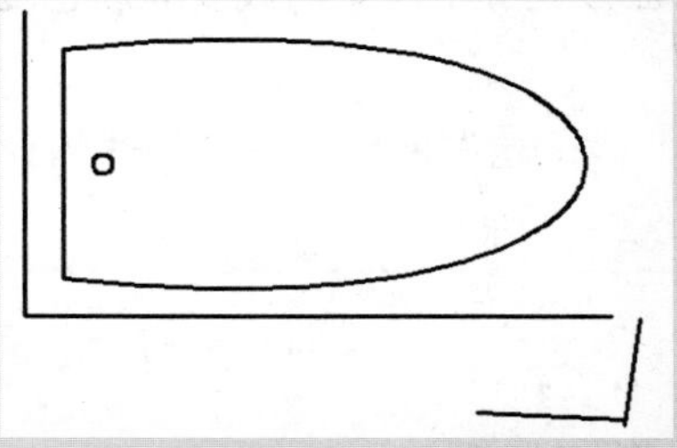

图5-9　素材文件

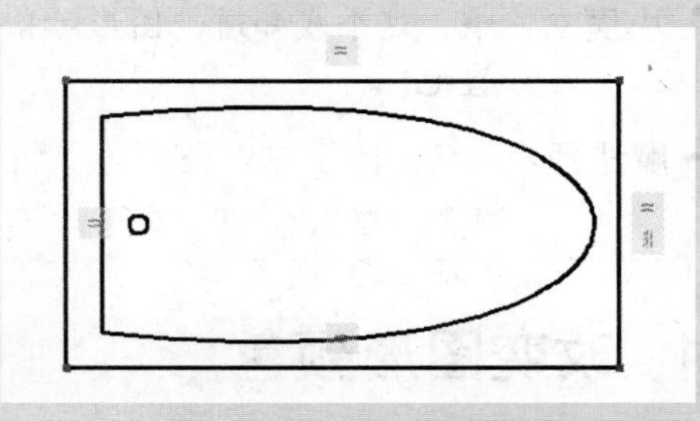

图5-10　最终效果

步骤 01　打开“浴缸.dwg”图形文件，选择“参数化”/“几何”组，单击=按钮。

步骤 02　选择左边的竖直直线为第一对象，选择右下角任一直线为第二对象，完成相等约束如图5-11所示。

步骤 03　选择“参数化”/“几何”组，单击11按钮。然后，选择被约束相等直线为约束竖直的对象，完成后如图5-12所示。

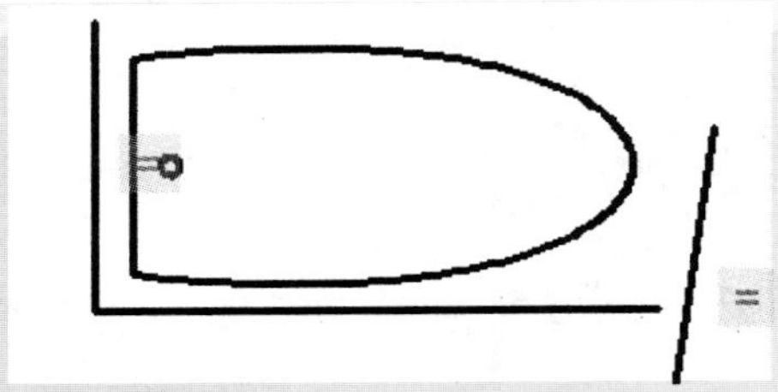

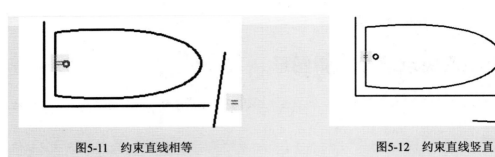

图5-11　约束直线相等

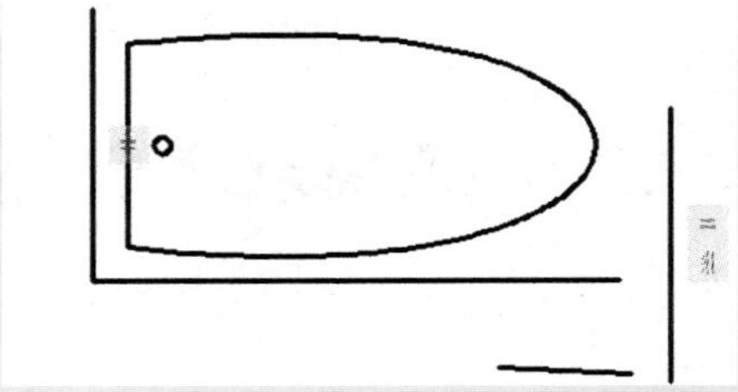

图5-12　约束直线竖直

步骤 04 选择“参数化”/“几何”组，单击按钮。选择底边直线的右端点为第一点，被约束直线的下方端点为第二点，完成重合约束如图5-13所示。

步骤 05 使用相同的方法约束另一条直线与底边直线相等，结果如图5-14所示。

步骤 06 使用相同的方法使该直线与左右两边的垂直线重合，完成操作。

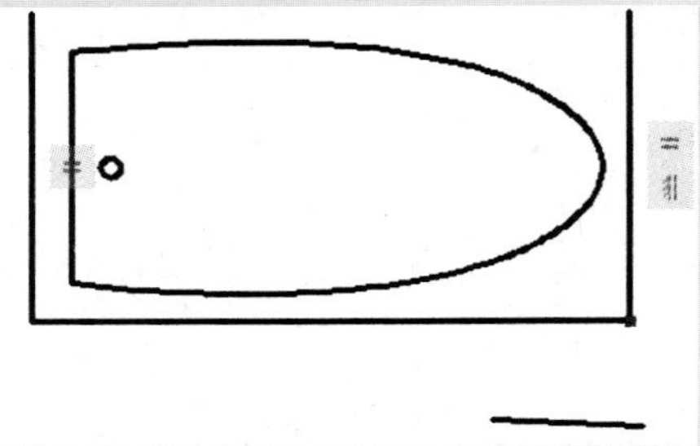

图5-13　约束直线点重合

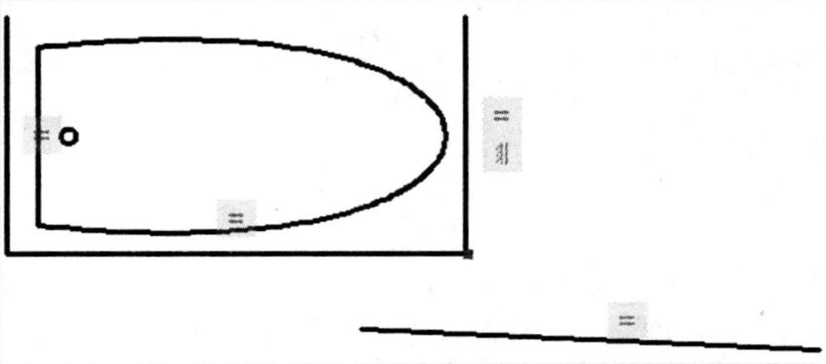

图5-14　约束另一直线相等

5.3 改变图形对象特性

魔法师：小魔女，你知道图形对象有哪些特性吗？

小魔女：哦，这个我知道，图形对象的特性应该包含了对象的线宽和颜色这些特性吧！

魔法师：不错，除了这些还包含了线型特性，改变这些特性能使绘制的图形对象更利于查看。

5.3.1 改变图形颜色

在AutoCAD中，系统提供了若干种颜色供用户选择，使绘制的图形更加美观。若用户需要定义新绘制对象的颜色，则需要改变系统当前的颜色。系统默认的当前颜色为ByLayer，即随图层颜色，改变对象当前颜色的方法主要有如下几种：

- 选择“常用”/“特性”组，在“颜色”下拉列表框中选择需要的颜色选项，如图5-15所示。
- 在命令行中执行“COLOR/COL”命令。

当选择了需要更改颜色的图形对象后，如果在“颜色”下拉列表框中没有合适的颜色，可以直接选择“选择颜色”选项，或在命令行中执行命令都将打开如图5-16所示的“选择颜色”对话框，在该对话框中可以设置图形的颜色，设置完毕后单击 确定 按钮即可更改选择的图形对象的颜色。

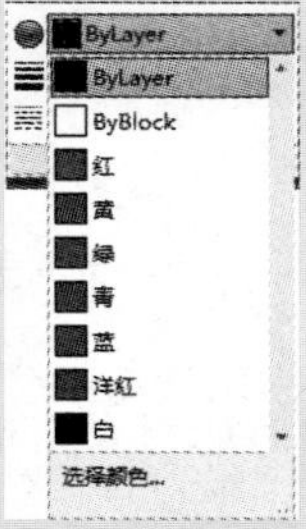

图5-15　选择“颜色”下拉列表框

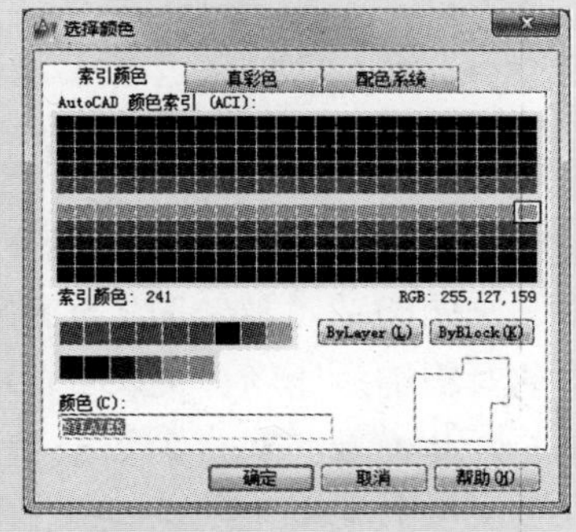

图5-16　“选择颜色”对话框

5.3.2　更改图形线型

在绘图区中可以直接改变对象的线型特性，而无须改变对象所在图层的线型特性。改变当前线型的方法主要有如下几种：

- 选择“常用”/“特性”组，在“线型控制”下拉列表框中选择。
- 在命令行中执行“LINETYPE/LT”命令。

在默认情况下，系统只加载了Continuous实线线型，而其他线型则需要用户手动添加，单击 ——ByLayer 按钮，在打开的下拉列表框中选择“其他”选项，将打开“线型管理器”对话框，如图5-17所示。在该对话框中显示了当前线型的名称，以及用户已加载的线型类型，在对话框列表框中双击某线型，即可将其设置为当前线型。如果在“线型管理器”对话框中没有需要的线型，用户可以通过加载获取更多的线型，要获取更多的线型只要单击对话框中的 加载(L)... 按钮，在打开的“加载或重载线型”对话框中选择所需的线型（如图5-18所示），单击 确定 按钮即可。

图5-17　“线型管理器”对话框

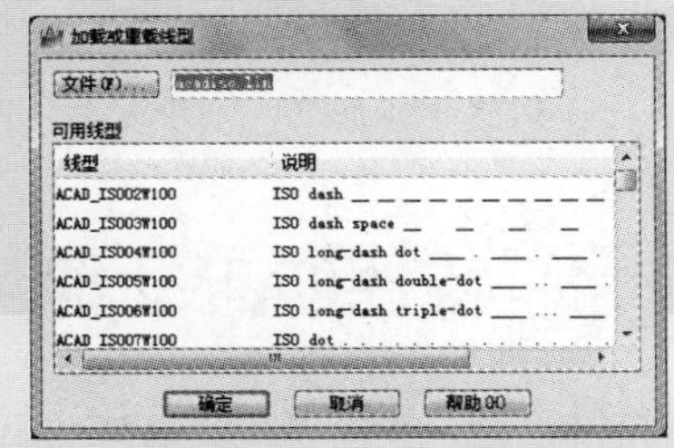

图5-18　“加载或重载线型”对话框

如果要更改已经绘制的线条线型，只需要选择需要修改线型的图形对象，再选择需要的线型即可。

魔法档案——“线型管理器”对话框中“详细信息”栏各项的含义

在“线型管理器”对话框中单击显示细节(D)按钮，在对话框下方将会显示出“详细信息”栏，各选项的含义如下：

- **名称**：显示所选线型的名称，可自行修改。
- **说明**：显示当前用户所选线型的说明信息。
- **全局比例因子**：指定当前绘图区中所有对象线型的缩放比例，可自行调整。
- **当前对象缩放比例**：更改当前线型在绘图区中的缩放比例。
- **☑缩放时使用图纸空间单位(U)复选框**：选中该复选框，表示按相同比例在图纸空间或模型空间中缩放线型。

5.3.3 改变图形线宽

在机械绘图中，绘制零件的可见轮廓线都会比较粗，系统默认的当前线宽为ByLayer。更改图形的线宽特性不需要加载，选择“常用”/“特性”组，单击——ByLayer按钮，在弹出的下拉列表框中已经包含了所有的线宽，如图5-19所示，选择需要的线宽即可完成对线宽的更改。

如果需要改变默认线宽设置，可以在该下拉列表框中选择“线宽设置”选项，或在命令行执行“LWEIGHT”命令，打开“线宽设置”对话框进行设置，如图5-20所示。

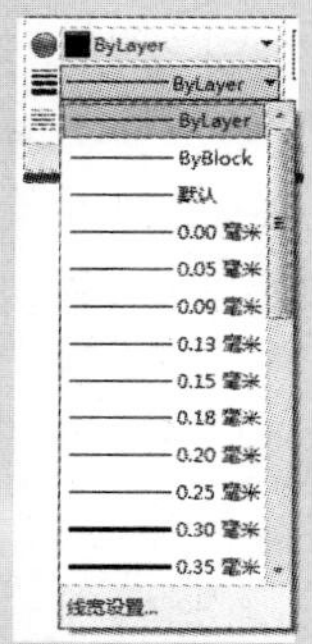

图5-19　“线宽”下拉列表框

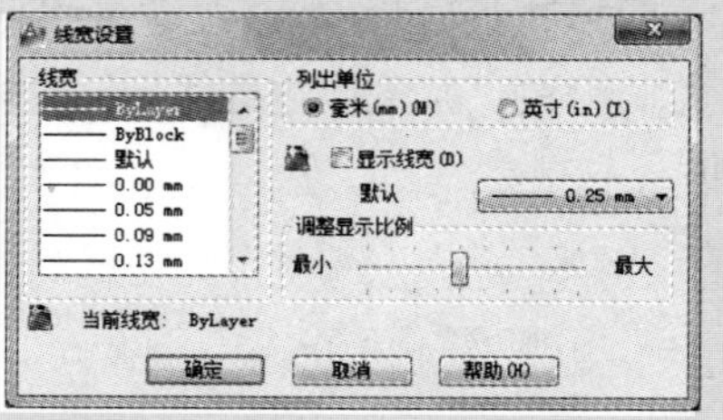

图5-20　“线宽设置”对话框

5.3.4 特性匹配功能

特性匹配功能可将2个或2个以上对象的特性（如颜色、线宽、线型及所在图层等特性）进行复制，调用特性匹配命令的方法主要有如下几种：

- 选择“常用”/“剪贴板”组，单击“特性匹配”按钮。
- 在命令行中执行“MATCHPROP/MA”命令。

执行“MATCHPROP/MA”命令后，需要先选择特性匹配的源对象，然后再选择目标对象。执行命令选择源对象后，在命令行中输入“S”，选择“设置”选项，将会打开“特性设置”对话框，如图5-21所示。通过该对话框，可以选择在特性匹配过程中需要被复制的特性，完成设置后，单击 确定 按钮即可。

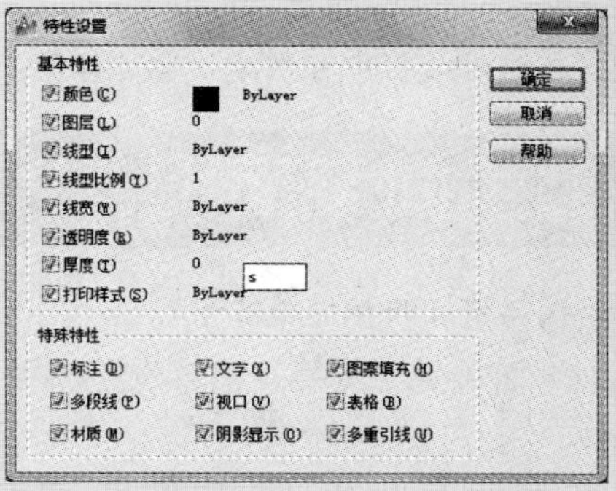

图5-21 “特性设置”对话框

魔法档案——“特性设置”对话框中各栏的含义

“特性设置”对话框中包括两大栏选项，其具体含义如下：

- “基本特性”栏：显示了源对象的特性，用户可通过选中复选框来选择需要进行复制对象的特性。
- “特殊特性”栏：选中其中的复选框表示将复制对象的这些特殊特性。

5.3.5 通过“特性”选项板编辑对象

通过“特性”选项板可以全面、快捷地修改选择对象的颜色、图层、线型、线宽和厚度等特性，还可对图形输出、视图和坐标系的特性等进行设置，打开“特性”选项板的方法主要有如下几种：

- 选择“常用”/“特性”组，单击按钮。
- 在命令行中执行“PROPERTIES”命令。
- 按【Ctrl+1】组合键。

选择需要更改图形特性的图形对象，然后打开“特性”选项板，在其中进行设置即可。在某项特性栏后面单击，即可在出现的文本框中输入新的数据或在出现的下拉列表框中选择所需的选项。选择的对象不同，所包含的特性选项也会有所不同，不选择任何对象时的“特性”选项板如图5-22所示，其中各栏的含义介绍如下：

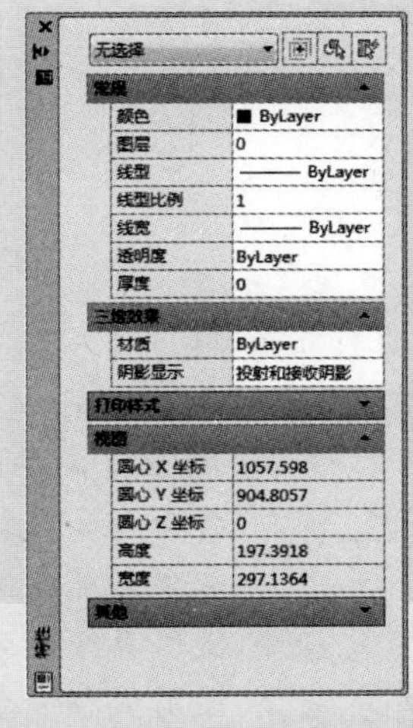

图5-22 “特性”选项板

- “常规”栏：用于设置图形对象的颜色、图层、线型、线型比例、线宽、透明度和厚度等普通特性。
- “三维效果”栏：用于设置三维图形的材质和阴影显示效果。
- “打印样式”栏：用于设置图形对象的打印输出特性。

- “视图”栏：用于设置显示图形对象的特性。
- “其他”栏：用于设置显示UCS坐标系的特性。

“特性”选项板顶部的“无选择”下拉列表框用于选择要修改的对象，其右侧的3个工具按钮的含义如下：

- 按钮：该按钮用于设置在绘图区中选择对象时，是否采用按住【Shift】键向选择集中添加对象。该功能也可通过“PICKADD”系统变量进行设置。
- 按钮：单击此按钮后可以在绘图区选择对象。
- 按钮：单击此按钮，弹出“快速选择”对话框，在该对话框中可创建快速选择集。

5.4 典型实例——编辑公共卫生间平面图

小魔女：魔法师，现在给我出一个练习题吧，让我把学过的知识练练手啊！

魔法师：好吧！那你就运用编辑图形的操作编辑某公共卫生间平面图，最终效果如图5-23所示（光盘:\效果\第5章\卫生间平面图.dwg）。

小魔女：好的，那我现在就开始了！

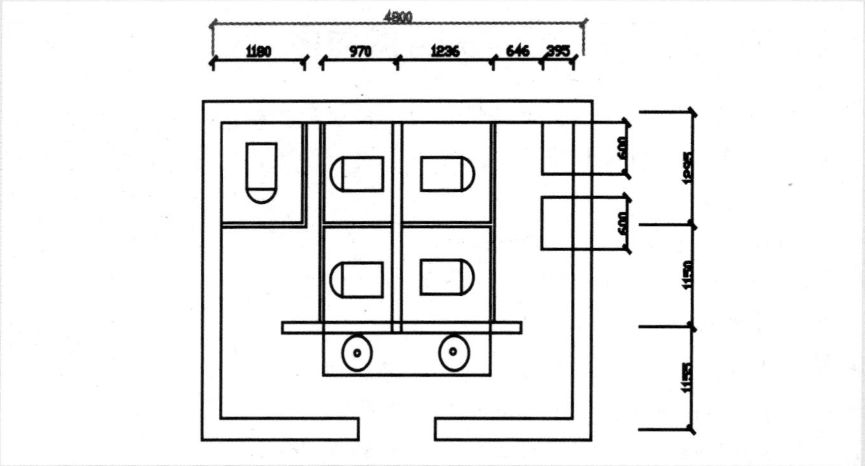

图5-23　卫生间平面图

其具体操作如下：

步骤01 启动AutoCAD 2012，打开“卫生间平面图.dwg”图形文件（光盘:\素材\第5章\卫生间平面图.dwg），然后执行“MLEDIT”命令。

步骤02 打开“多线编辑工具”对话框，在“多线编辑工具”栏中选择“T形合并”选项，然后选择外墙左上角的多线，编辑完成后的效果如图5-24所示。

步骤03 使用直线命令在左边内墙线上绘制一条直线，如图5-25所示。

步骤04 使用偏移命令偏移直线距离为2280mm，然后删除左边内墙线上的直线，效果如图5-26所示。

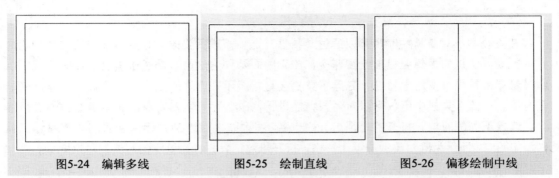

图5-24　编辑多线

图5-25　绘制直线

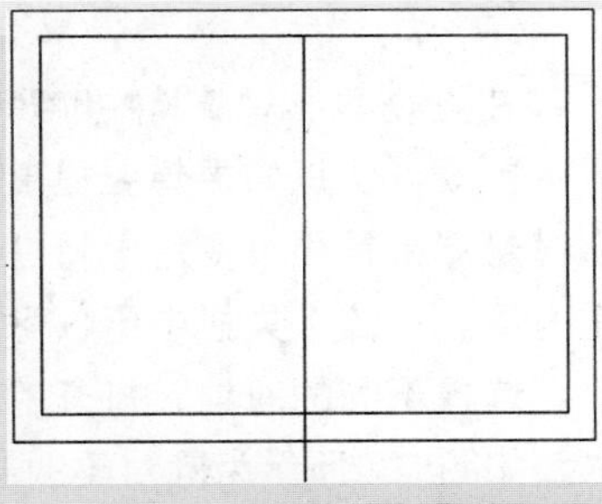

图5-26　偏移绘制中线

步骤 05　使用偏移命令将中线左右分别偏移500mm，如图5-27所示，使用修剪命令“TR”对多余线条进行修剪，修剪完的效果如图5-28所示。

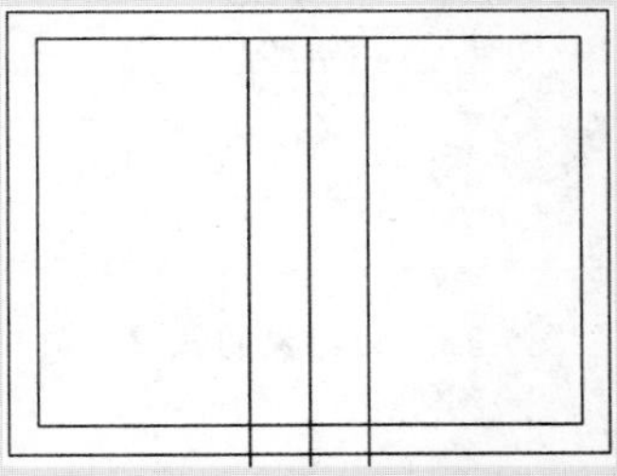

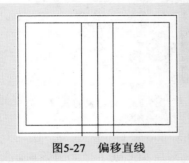

图5-27　偏移直线

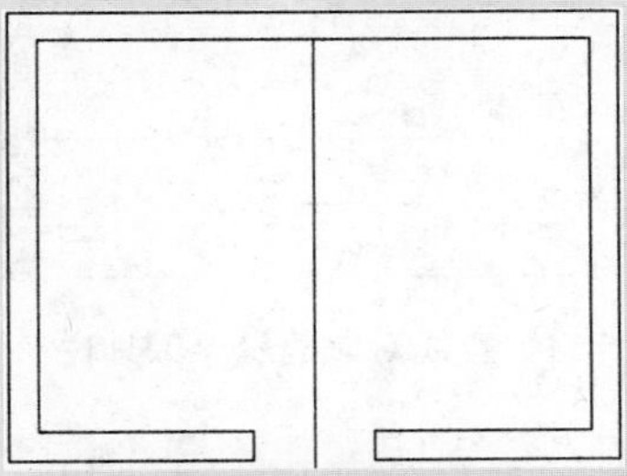

图5-28　修剪线条

步骤 06　设置多线样式为“120墙”并置为当前，然后绘制中间的多段线，绘制完成后效果如图5-29所示。

步骤 07　用绘制直线和圆弧等方法绘制间隔和洗手盆等，用夹点编辑命令将绘制的图形对象放置在图形中，然后直接删除中间多余的线条，效果如图5-30所示。

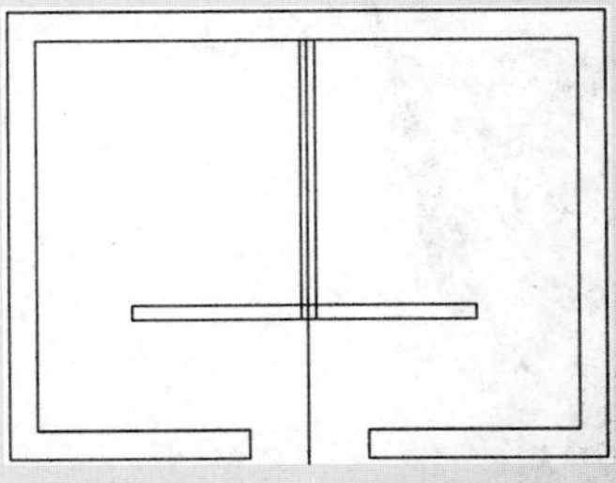

图5-29　绘制中间120墙线

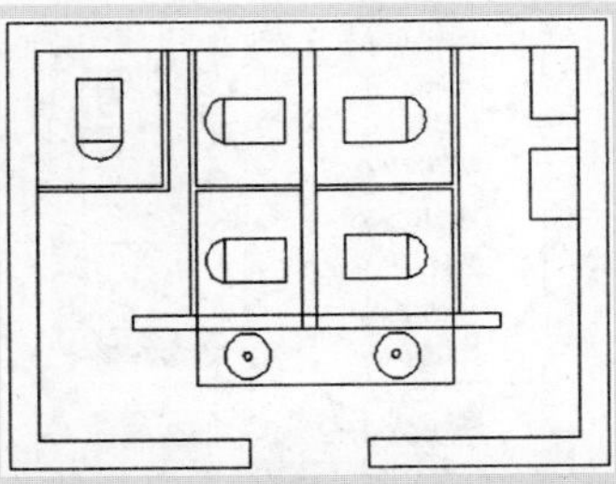

图5-30　绘制剩下的卫生器具

5.5 本章小结——图形的高级编辑技巧

小魔女：图形的高级编辑知识有很多，是不是可以只掌握一些对日常工作有用的知识呢？

魔法师：可以有针对性地学习一些常用的知识，为了更方便学习，下面再讲解几个图形的高级编辑技巧吧！

第1招：使用悬浮工具栏改变对象特性

在更改图形对象特性时，可以通过“特性”选项板进行更改，或直接在“特性”功能面板中更改，但是如果想要提高绘图速度，使用前面两种方法就显得过于缓慢。此时，就可以通过悬浮工具栏改变对象特性，悬浮工具栏会直接显示在选择的图形对象旁边，操作起来非常方便。在该工具栏中不仅可以对对象特性进行修改，还可以对对象的长度等参数值进行修改，选择不同的对象，打开的悬浮工具栏也各不相同，如图5-31所示为直线对象的悬浮工具栏，如图5-32所示为圆对象的悬浮工具栏，打开悬浮工具栏只需要双击需要的对象即可。

图5-31　直线对象的悬浮工具栏

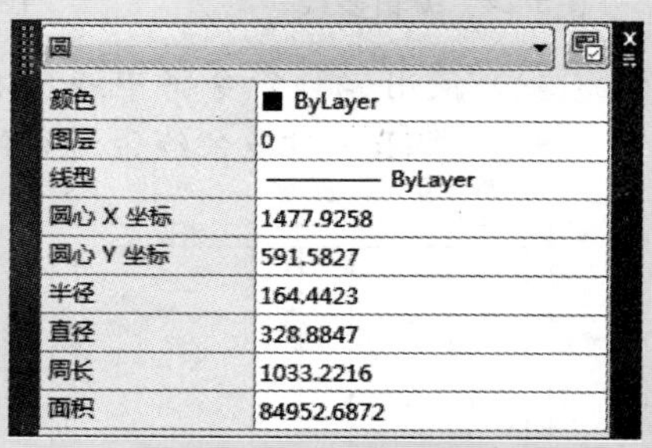

图5-32　圆对象的悬浮工具栏

第2招：如何固定和隐藏“特性”选项板

“特性”选项板在绘图区中占用的面积非常大，对绘图造成了极大的影响，此时，就可以在“特性”选项板中单击鼠标右键，在弹出的快捷菜单中选择“允许固定”命令可以将“特性”选项板固定，选择“自动隐藏”命令可以将“特性”选项板隐藏，如图5-33所示。

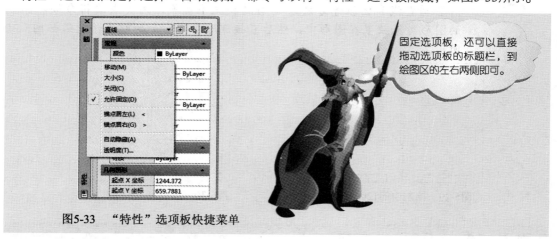

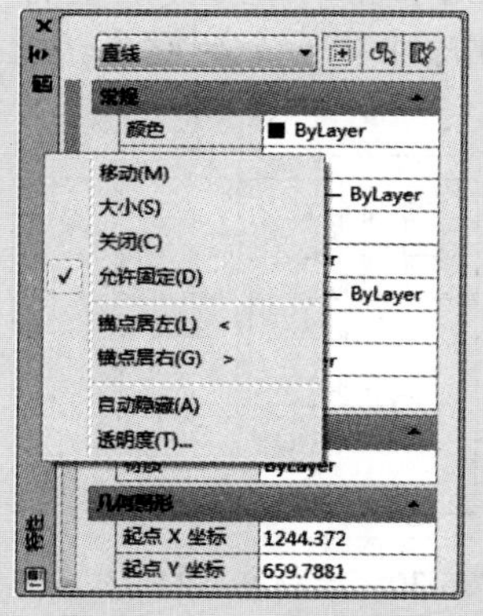

固定选项板，还可以直接拖动选项板的标题栏，到绘图区的左右两侧即可。

图5-33　“特性”选项板快捷菜单

第3招：查询对象面积及周长

查询对象面积及周长在建筑绘图和图纸查看过程中经常用到，特别是在进行预算报价的过程中需要使用该命令测量准确的面积和周长。使用查询面积命令可以测量对象的面积，也可以测量图形的周长。调用该命令可以选择“常用”/“实用工具”组，单击按钮，在弹出的下拉菜单中选择“面积”命令，或在命令行中执行“AREA”命令。

执行面积命令后，在命令行提示中将提示指定第一个角点，以及下一个角点等，直到完成全部角点的指定，如图5-34所示；按【Enter】键结束面积命令，即可对图形对象的面积和周长进行测量，如图5-35所示为在命令行中显示的查询结果。

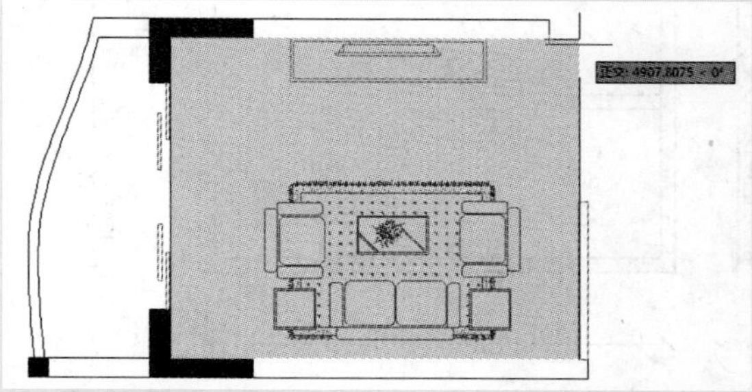

图5-34　指定测试面积

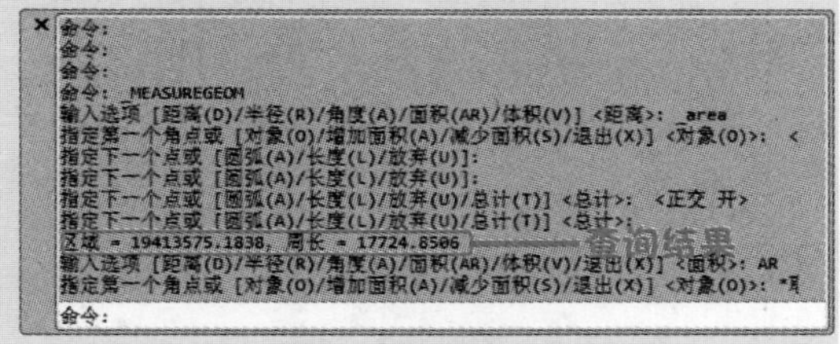

图5-35　命令行中显示的结果

第4招：查询两点间的距离

通过查询距离命令可测量两点间的长度值与角度值。这个命令在建筑及机械制图中经常用到。查询两点之间的距离同样可以通过选择“常用”/“实用工具”组，单击“距离”按钮，或在命令行中执行“DIST”或“DI”命令。

执行距离命令后，将提示在绘图区中指定两点，以确定要测量距离的两个点，测量出来的距离同样会显示在命令行中。

5.6 过关练习

（1）根据本章所学知识将如图5-36所示的“凹槽侧视图”图形文件（光盘:\素材\第5章\凹槽侧视图.dwg）中不同颜色线段的特性匹配给该图形文件中的所有图形对象，效果如图5-37所示（光盘:\效果\第5章\凹槽侧视图.dwg）。

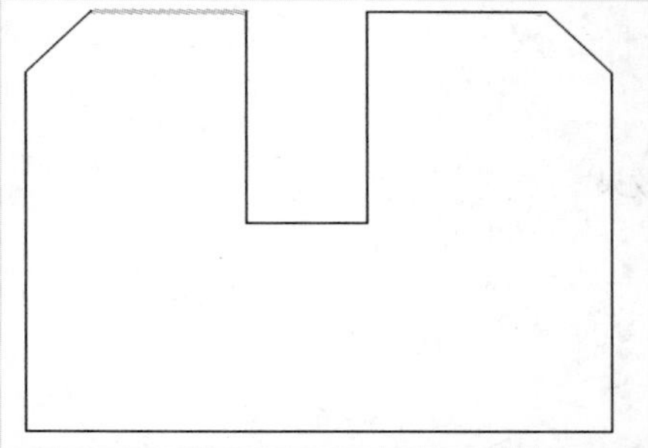

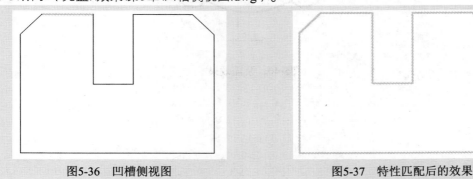

图5-36　凹槽侧视图

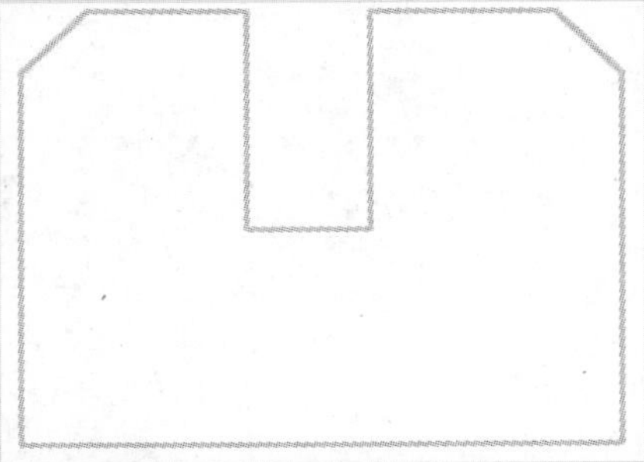

图5-37　特性匹配后的效果

（2）使用多线编辑命令绘制电梯间的平面图，打开“电梯间平面图.dwg”图形文件（光盘:\素材\第5章\电梯间平面图.dwg），如图5-38所示，编辑多线使其最终效果如图5-39所示（光盘:\效果\第5章\电梯间平面图.dwg）。

图5-38　电梯间平面图

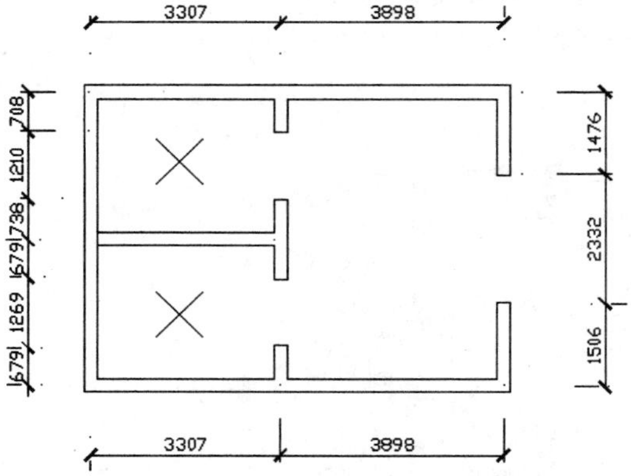

图5-39　最终电梯间平面图

（3）根据所学知识绘制如图5-40所示的机械图形（尺寸标注除外）（光盘:\效果\第5章\泵盖.dwg），并设中心线线型为“CENTER”，轮廓线宽为“0.30mm”。

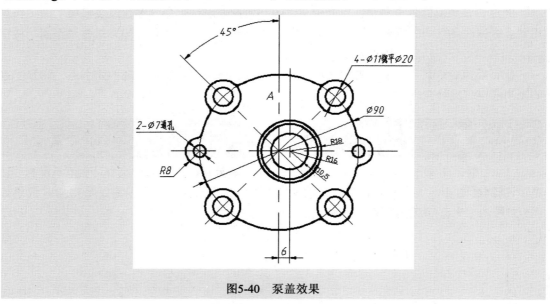

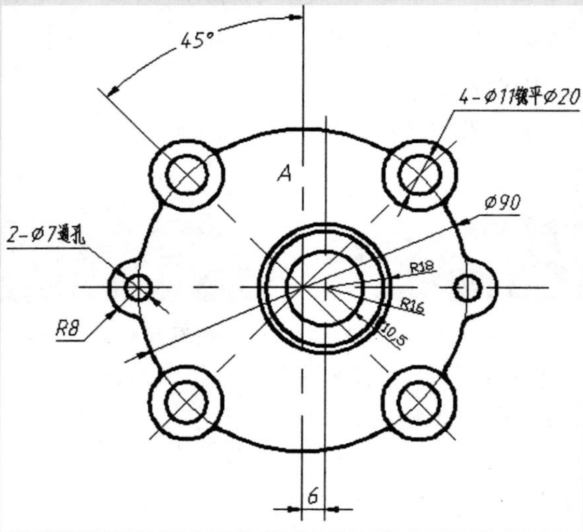

图5-40　泵盖效果

Chapter 6

第6章

使用图层管理图形

魔法师： 小魔女，你看你绘制的图形，怎么乱七八糟的？看上去真头疼啊！

小魔女： 我也没办法啊！这个图形有点复杂，只是辅助线我就绘制了28条，更别说是其他线段了。

魔法师： 你知道AutoCAD中有一个图层功能吗？

小魔女： 图层？我完全不知道，这个能帮助我管理图形文件吗？

魔法师： 虽然你不知道，但是还是答对了，图层确实可以很好地管理图形，使用它绘制图形你不用看得眼花缭乱，我也不会看着头疼了。

学习要点：

- 图层的基本操作
- 图层管理
- 保存与调用图层

6.1 图层的基本操作

魔法师：在学习图层之前，还是先来了解一下图层的基本操作吧！主要包括创建并命名图层、设置当前绘图图层和删除图层等。

小魔女：听起来还是蛮简单的，但是我连什么是图层都还不知道哦！怎么来学习图层的基本操作呢？

魔法师：那我就从最基本的开始给你讲解吧！首先带你认识一下什么是图层吧！

6.1.1 认识图层

在AutoCAD 2012中绘制任何对象都是在图层上进行的。图层将不同的图形对象重叠在一起绘制成为一幅完整的图形，不同图层上的图形对象都是独立的，可以对图层上的对象进行编辑，而不影响其他图层上的图形的效果。因此在绘图过程中，图层功能非常重要。各图层间的关系如图6-1所示。

一般在使用AutoCAD 2012绘图之前，都应先设置图层，如基本图形层、中心线层、标注层等，再在不同的图层上绘制相应的对象，从而保证图形能又快又好地绘制完成。设置图层的操作主要是在“图层特性管理器”选项板中进行的，打开该选项板的方法主要有如下几种：

- 选择“常用”/“图层”组，单击“图层特性”按钮。
- 在命令行中执行“LAYER/LA”命令。

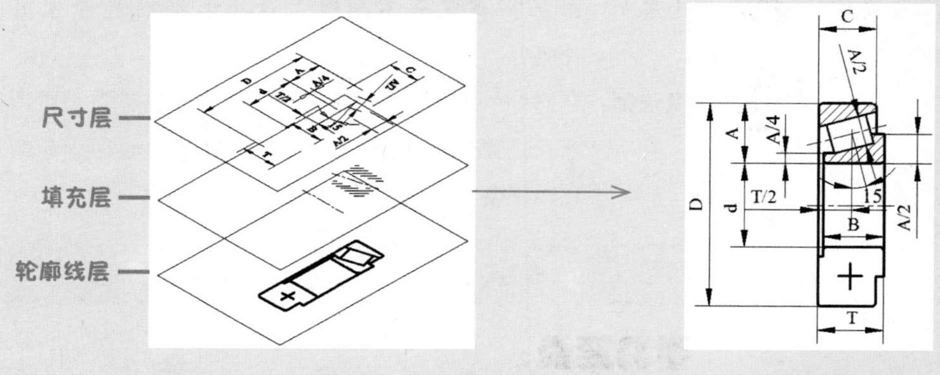

图6-1　各图层间的关系

6.1.2 新建并命名图层

启动AutoCAD 2012后，系统默认有一个名为“0”的图层，根据绘图需要，用户可以对图层进行创建。若新建的图层过多，为了更好地区分图层，可以对图层进行命名，其具体操作如下：

步骤 01 选择“常用”/“图层”组，单击“图层特性”按钮，打开“图层特性管理器”选项板，单击其上方的“新建图层”按钮，如图6-2所示。

步骤 02 “图层特性管理器”选项板中间的列表框中出现一个名为“图层1”的新图层，并且“名称”栏下的名称处于可编辑状态，输入“外墙线”，然后按【Enter】键，确认名称的输入，如图6-3所示。

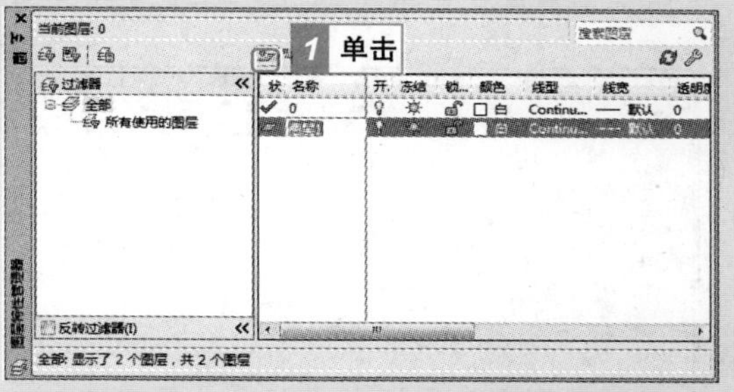

图6-2　新建图层

图6-3　重命名图层

魔法档案——对已有图层进行重命名

如果新建图层并命名后，需要对图层的名称进行重命名，此时，可以在“图层特性管理器”选项板中的需要更改名称的图层的“名称”栏下单击鼠标左键，或在该图层的名称上单击鼠标右键，在弹出的快捷菜单中选择“重命名图层”命令，即可使该栏变成可输入状态，输入名称后按【Enter】键确认即可。

6.1.3 删除多余图层

在绘制图形时，若没有对新建的图层进行任何操作，可以将其删除，其方法为：在“图层特性管理器”选项板中选择要删除的图层，单击“删除图层”按钮，或在需要删除的图层上单击鼠标右键，在弹出的快捷菜单中选择“删除图层”命令，即可将该图层删除。

6.1.4 设置图层特性

图层特性是指一个图层区别于其他图层的独特内容，如图层颜色、线型、线宽、打印样式和说明文字等。设置图层特性后，应用该图层的对象即可拥有相应的特性。

1. 设置图层颜色特性

设置图层颜色也就是设置该图层上的图形对象的颜色。在绘图过程中，可以通过索引颜色来选择AutoCAD 2012提供的7种标准颜色，也可以通过真彩色或配色系统选择需要的颜色，其具体操作如下：

步骤 01 在“图层特性管理器”选项板中的“颜色”栏中单击“颜色”特性图标

□白，打开“选择颜色”对话框。

步骤 02 在标准颜色区中选择蓝色色块■，将该颜色作为图层颜色，如图6-4所示。

步骤 03 为图层选定颜色后，单击 确定 按钮即可为图层指定一种颜色，如图6-5所示为设置图层颜色后的效果。

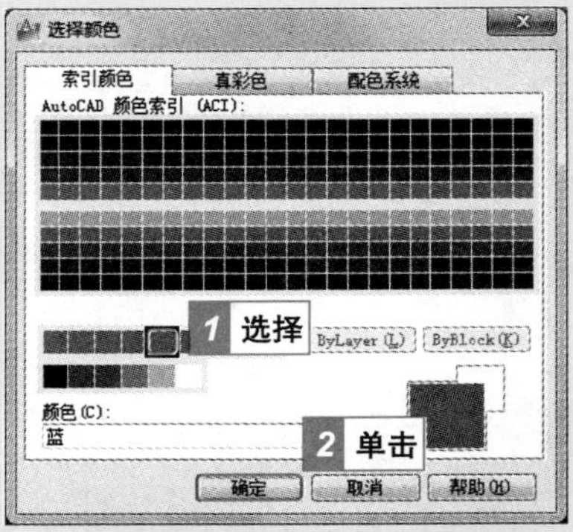

图6-4 选择颜色

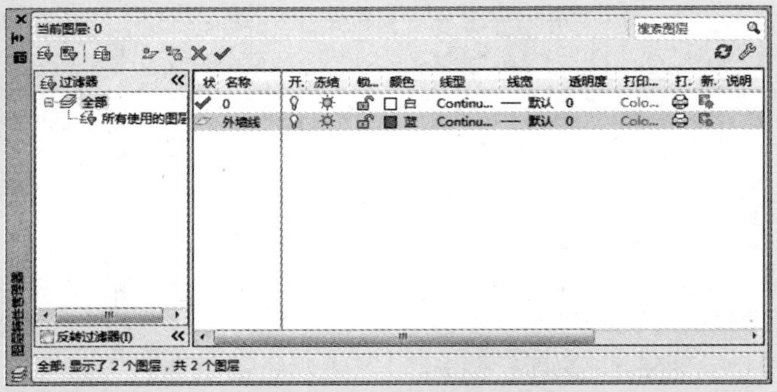

图6-5 设置图层颜色效果

2. 设置图层线型特性

设置线型特性就是设置该图层上的所有对象的线型，在AutoCAD 2012中，默认的线型是Continuous线型。若需要绘制辅助线等对象，就会用到不同的线型，设置图层的线型特性，其具体操作如下：

步骤 01 在“图层特性管理器”选项板的“线型”栏中单击“线型”特性图标，一般为Continuous。

步骤 02 打开“选择线型”对话框，默认情况下只有Continuous线型，单击 加载(L)... 按钮，如图6-6所示，加载其他线型。

步骤 03 在打开的“加载或重载线型”对话框的列表框中选择要加载的线型，然后单击 确定 按钮，如图6-7所示。

步骤 04 返回到“选择线型”对话框，此时在“选择线型”对话框中显示了新加载的线型，单击刚加载的线型，然后再单击 确定 按钮，关闭该对话框。

图6-6 “选择线型”对话框

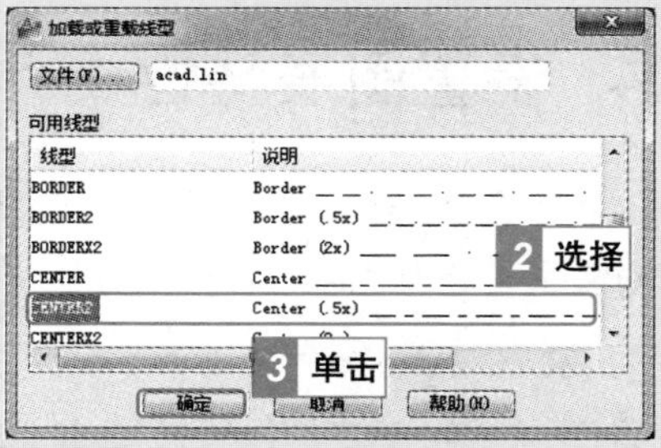

图6-7 “加载或重载线型”对话框

步骤 05 返回到“图层特性管理器”选项板，即可发现所设置的线型变为刚加载的线型，如图6-8所示。

在“加载或重载线型”对话框中单击[文件(F)...]按钮，可以在打开的对话框中加载在计算机硬盘中或从网上下载的线型。

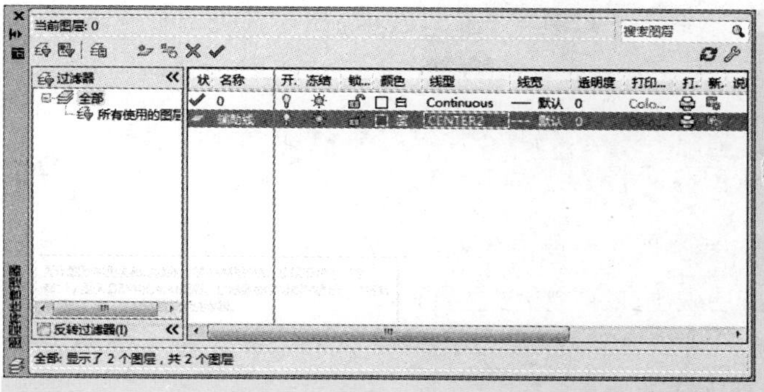

图6-8　设置线型效果

3. 设置图层线宽特性

线宽是指在显示过程中或打印出图后，图中线段的粗细。一般在使用AutoCAD进行辅助设计时将重要部分的线条的线宽值设置为较大的数值，将次要部分的线条的线宽值设置为较小值，其具体操作如下：

步骤 01　在“图层特性管理器”选项板的“线宽”栏中单击“线宽”特性图标 —— 默认，打开“线宽”对话框。

步骤 02　在“线宽”对话框中选择需要设置的线宽值，如图6-9所示，单击[确定]按钮即可设置图层线宽，效果如图6-10所示。

图6-9　选择线宽

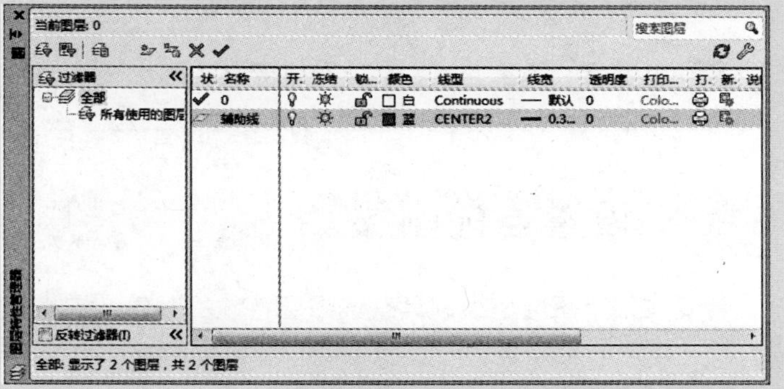

图6-10　设置线宽效果

4. 设置图层打印样式特性

设置图层的打印样式，可以改变图层上的对象在打印时的相应特性，如线型、线宽等，但对象在绘图区中的实际特性不会改变，其具体操作如下：

步骤 01　在“图层特性管理器”选项板中单击任意一个图层“打印样式”栏的Normal图标，打开“选择打印样式”对话框，如图6-11所示。

图6-11　“选择打印样式”对话框

步骤 02　在“活动打印样式表”下拉列表中选择需要的打印样式，然后在“打印样式”列表框中选择图层具体所需的打印样式，最后单击 确定 按钮即可完成对图层打印样式的设置。

6.1.5 添加图层说明文字

图层的说明文字是用来标注、解释或说明该图层的作用的，在"图层特性管理器"选项板中可直接添加图层说明文字。添加图层说明文字的方法主要有如下几种：

- 选择需要添加说明文字的图层，然后在"说明"栏后单击鼠标左键，输入说明文字后，按【Enter】键即可完成说明文字的输入。
- 单击"图形特性管理器"对话框中任意一个图层的"说明"栏即可激活说明栏，输入说明文字即可。
- 选择图层后，单击鼠标右键，在弹出的快捷菜单中选择"修改说明"命令也能为图层添加说明文字。

6.2 图层管理

小魔女：魔法师，你说的图层管理是什么意思，它对图形的管理有什么作用呢？

魔法师：在绘制复杂图形时，往往由于某些线条比较集中，而在绘制或修改过程中容易出现误操作，此时若有效地对图层的状态进行控制就可以避免不少的错误。图层控制状态是指在绘制图形时，该图层的显示状态。

小魔女：原来如此，那你赶快教教我吧！

6.2.1 设置当前图层

若要在某个图层上绘制具有该图层特性的对象，应将该图层设置为当前图层，其方法主要有如下几种：

- 在"图层特性管理器"选项板中选择需置为当前的图层，单击✔按钮。
- 在"图层特性管理器"选项板中选择需置为当前的图层，单击鼠标右键，在弹出的快捷菜单中选择"置为当前"命令。
- 在"图层特性管理器"选项板中直接双击需置为当前的图层。
- 选择"常用"/"图层"组，在该功能面板中的"图层"下拉列表框中选择所需的图层，也可将需要的图层设置为当前图层。

6.2.2 打开/关闭图层

图形越复杂，相应的图层就越多，这样就会增加系统的运算量，在显示图形时生成的时间就越多，从而影响了绘图速度。不过，通过有效地控制图层的开/关状态，就能解决这一问题，其操作方法如下：

- 关闭图层：单击“图层特性管理器”选项板中该图层“开”栏下的图标，使其变为状态，如图6-12所示。
- 打开图层：单击“图层特性管理器”选项板中该图层“开”栏下的图标，使其变为状态，如图6-13所示。

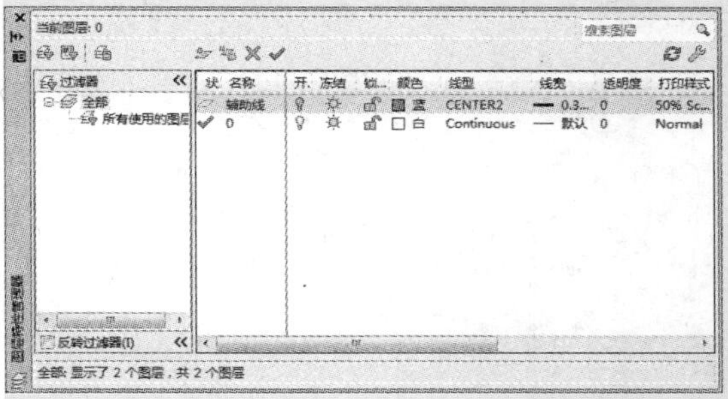

图6-12　关闭图层

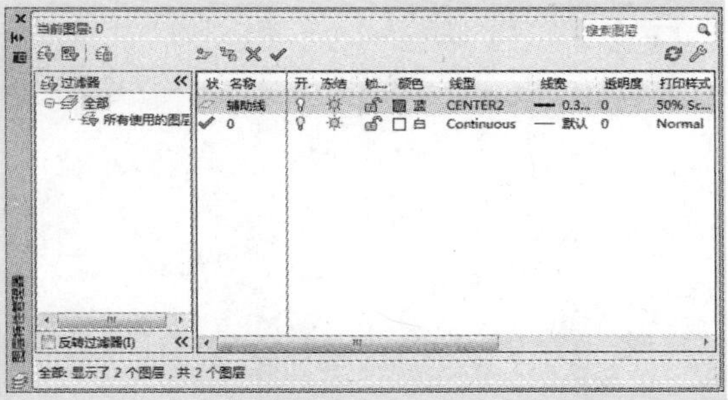

图6-13　开启图层

6.2.3 冻结/解冻图层

当图层状态设置为“冻结”时，该图层不可见、不能重生成，而且不能进行打印。不过，需要注意的是，当前图层是不能被冻结的。冻结/解冻图层的操作方法如下：

- 解冻图层：单击“图层特性管理器”选项板中该图层“冻结”栏下的图标，使其变为状态，如图6-14所示。
- 冻结图层：单击“图层特性管理器”选项板中该图层“冻结”栏下的图标，使其变为状态，如图6-15所示。

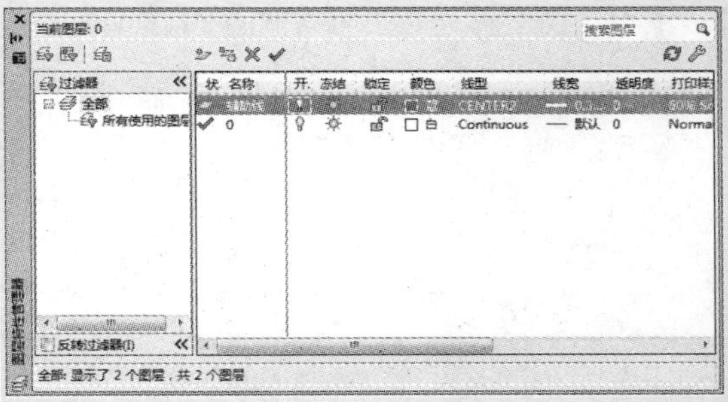

图6-14　解冻图层

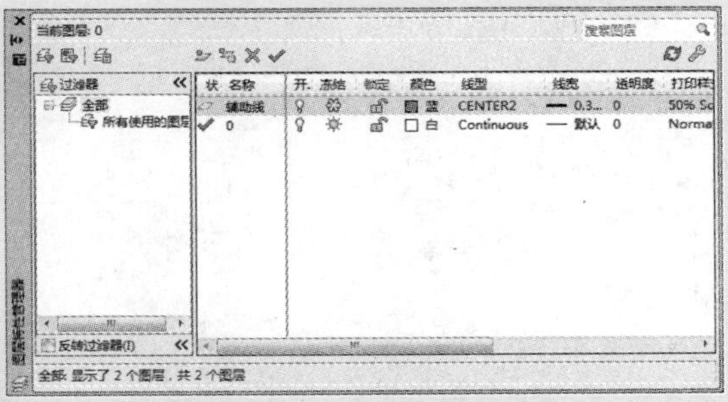

图6-15　冻结图层

6.2.4 锁定/解锁图层

锁定/解锁图层状态与打开/关闭图层的状态的作用类似，都是防止误操作改变某些图层上的对象，只是锁定图层后图形对象仍然会显示在绘图区中并能将其打印输出，但不能对该图层上的图形对象进行编辑。锁定/解锁图层的操作方法如下：

- **解锁图层**：单击“图层特性管理器”选项板中该图层“锁定”栏下的图标，使其变为状态，如图6-16所示。
- **锁定图层**：单击“图层特性管理器”选项板中该图层“锁定”栏下的图标，使其变为状态，如图6-17所示。

图6-16　解锁图层

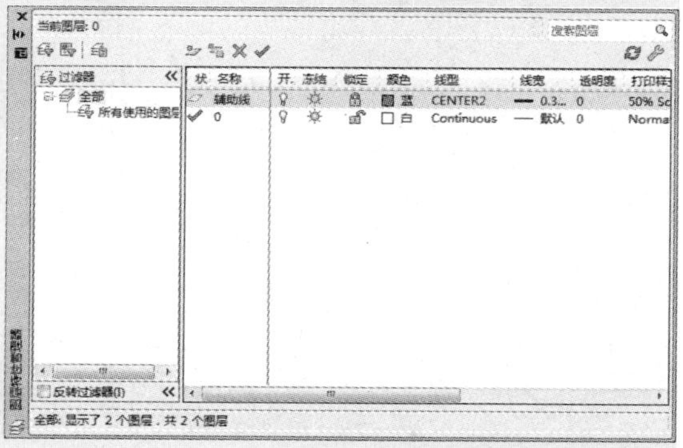

图6-17　锁定图层

6.2.5 打印/不打印图层

在默认情况下，所有图层上的图形对象都是能够被打印的，若用户在打印图形对象时，不希望打印某些图层上的图形对象，可通过控制图层的打印状态打印需要图层上的图形对象。打印/不打印图层的操作方法如下：

- **不打印图层**：单击“图层特性管理器”对话框中该图层“打印”栏下的图标，使其变为状态，如图6-18所示。
- **打印图层**：单击“图层特性管理器”对话框中该图层“打印”栏下的图标，使其变为状态，如图6-19所示。

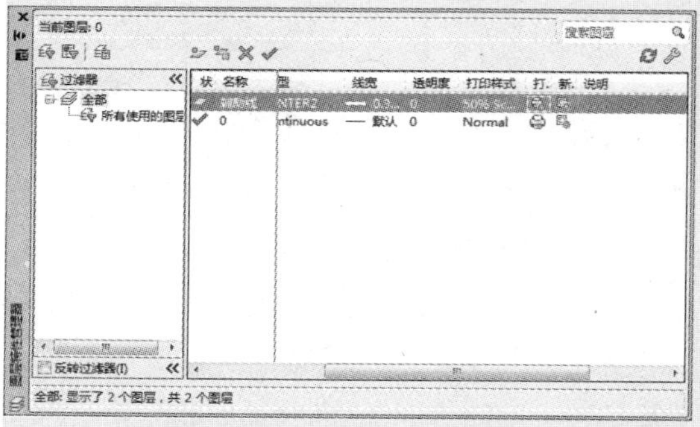

图6-18　设置不可打印状态

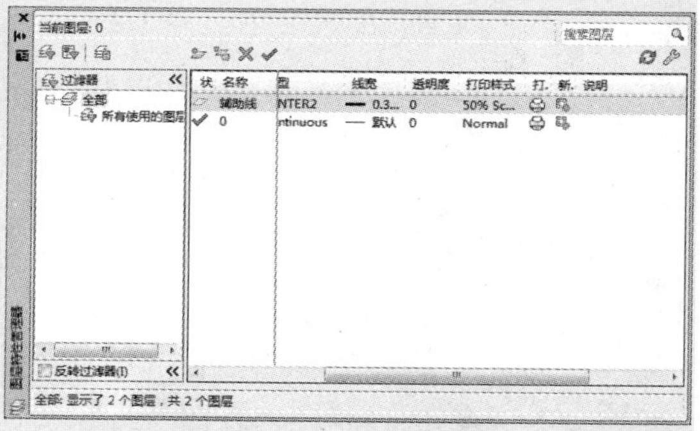

图6-19　恢复打印状态

6.3 保存与调用图层

魔法师：小魔女，如果你设置的图层与以前绘制过的图形文件中的图层相同或相似，你应该怎么办呢？

小魔女：我想应该不会再重新设置一遍吧！是不是有什么简便的方法，就好比复制和粘贴一样呢？

魔法师：看来你越来越聪明了，不过不是复制和粘贴，而是通过AutoCAD图层中的保存和调用功能来实现。

6.3.1 保存当前图层特性及状态

在对图层设置特性后，可将其保存为.las格式的文件，以便以后在其他图形文件中调用该图层设置，其具体操作如下：

步骤 01 打开“保存图层.dwg”图形文件（光盘:\素材\第6章\保存图层.dwg），并打开“图层特性管理器”选项板，单击该选项板中的“图层状态管理器”按钮，如图6-20所示。

步骤 02 在打开的“图层状态管理器”对话框中单击 新建(N)... 按钮，打开“要保存的新图层状态”对话框。

步骤 03 在“新图层状态名”下拉列表框中输入“建筑图层”为要保存的图层设置的名称，在“说明”列表框中为图层设置文件添加相应的说明信息，也可不添加，单击 确定 按钮，如图6-21所示。

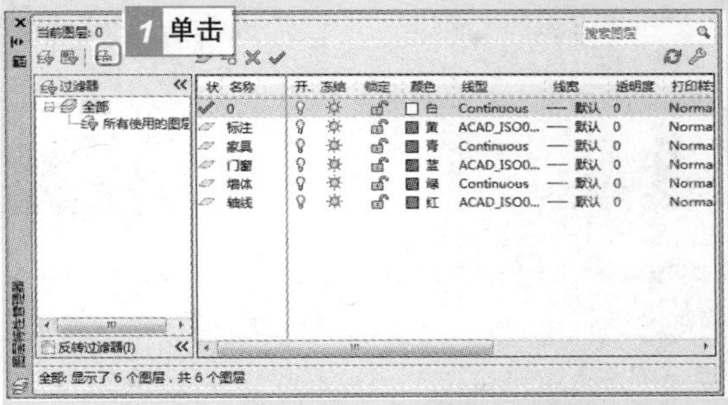

图6-20　“图层特性管理器”选项板

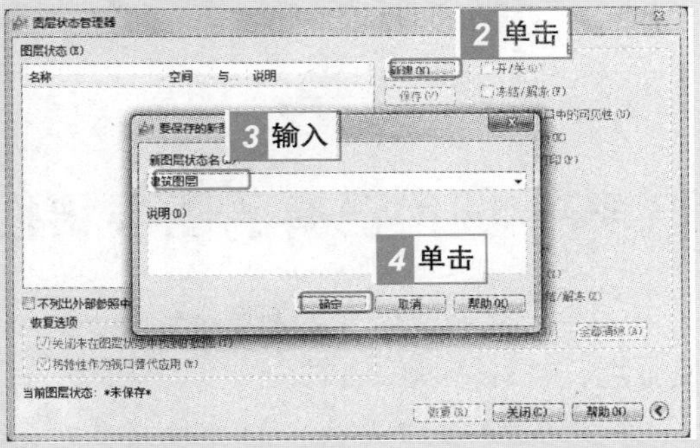

图6-21　命名图层

步骤 04 返回到“图层状态管理器”对话框中单击 输出(X)... 按钮，如图6-22所示。

步骤 05 在打开的“输出图层状态”对话框中的“保存于”下拉列表框中选择保存位置，在“文件名”文本框中系统已经自动为文件命名，单击 保存(S) 按钮即可完成对图层设置的保存，如图6-23所示。

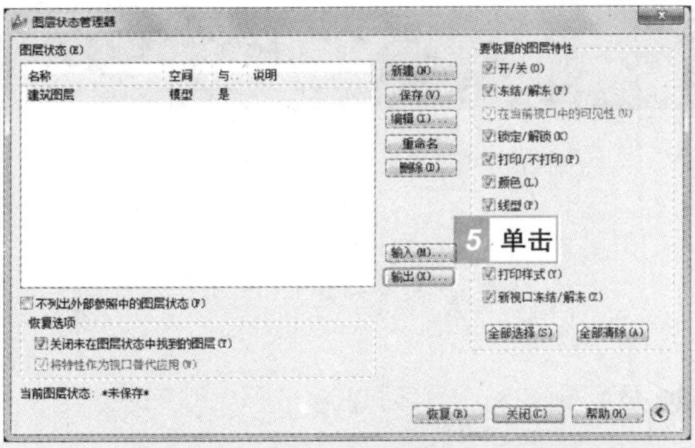

图6-22 “图层状态管理器”对话框

图6-23 设置保存位置

步骤 06 返回到“图层状态管理器”对话框，单击[关闭(C)]按钮，如图6-24所示。

步骤 07 返回“图层特性管理器”选项板，单击“关闭”按钮✖，完成图层状态的保存，在“文档库”中可以查看到如图6-25所示的图标。

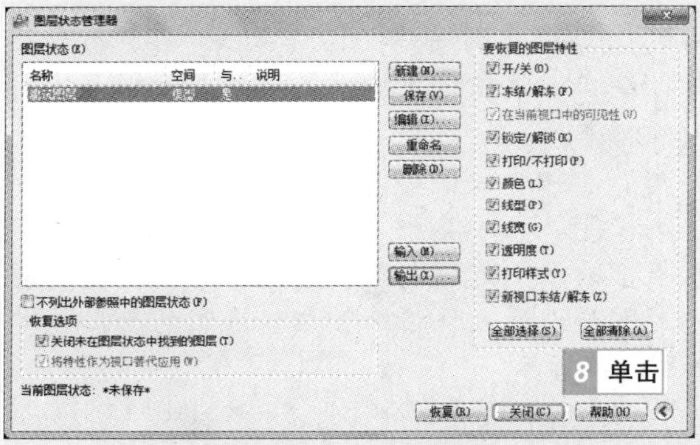

图6-24 关闭该对话框

图6-25 保存的图层图标

6.3.2 调用已有的图层特性及状态

如果要调用已保存的图层来绘图，可以在“图层状态管理器”对话框中输入该图层状态文件名，其具体操作如下：

步骤 01 在“图层状态管理器”对话框中单击[输入(M)...]按钮，打开“输入图层状态”对话框，在“查找范围”下拉列表框中选择图层状态的所在位置，在“文件类型”下拉列表框中选择“图层状态（*.las）”选项，在“文件名”文本框中输入“建筑图层”，然后单击[打开(O)]按钮，如图6-26所示。

步骤 02 返回“图层状态管理器”对话框中，在弹出的提示框中提示用户是否立即将所调用的图层状态应用到当前图形中。

步骤 03 单击[确定]按钮，立即调用图层状态，提示对话框如图6-27所示。

步骤 04 打开“图层状态-成功输入”对话框，单击[恢复状态]按钮，如图6-28所示。

图6-26　选择输入的图层文件

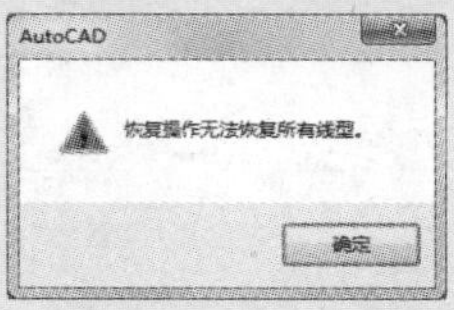

图6-27　提示对话框

图6-28　确认恢复状态

6.4 典型实例——创建机械制图图层

魔法师：学习这么久了，现在该考考你了，就根据前面讲过的知识，创建一个机械绘图图层吧，其设置参数如图6-29所示。

小魔女：简单看了一下，我认为可以先把图层建立出来，然后在分别设置各个图层的各个特性，这样创建的速度应该要快一些。

魔法师：看来你已经领悟了图层的设置技巧，那现在就开始做吧！

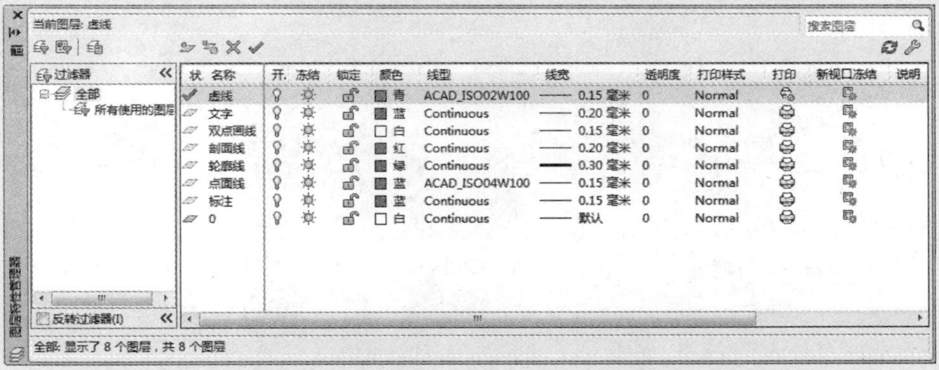

图6-29　最终效果

其具体操作如下：

步骤 01 启动AutoCAD 2012，选择“常用”/“图层”组，单击“图层特性”按钮，打开“图层特性管理器”选项板。

步骤 02 连续单击“新建图层”按钮，创建7个新图层，如图6-30所示。

步骤 03 选择“图层1”，单击名称“图层1”使其处于可编辑状态时，输入“虚线”，将图层命名为“虚线”图层。

步骤 04 用相同的方法将其余几个图层分别命名为“点面线”、“轮廓线”、“剖面线”、“双点画线”、“标注”和“文字”，如图6-31所示。

图6-30　创建新图层

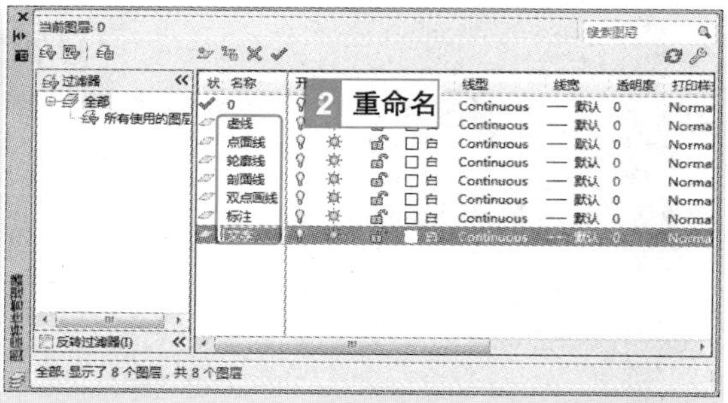

图6-31　重命名图层

步骤 05 选择“虚线”图层，单击其“颜色”特性图标，在打开的“选择颜色”对话框中选择青色，单击 确定 按钮，设置虚线层的颜色特性为青色。

步骤 06 在“虚线”图层中单击“线型”特性图标，打开“选择线型”对话框，再在该对话框中单击 加载(L)... 按钮，打开“加载或重载线型”对话框，在该对话框中选择“ACAD_ISOO02W100”线型，单击 确定 按钮，如图6-32所示。

步骤 07 返回“选择线型”对话框，在该对话框中选择“ACAD_ISOO2W100”线型，单击 确定 按钮，完成“虚线”层线型设置。

步骤 08 返回到“图层特性管理器”选项板，在“虚线”图层中单击“线宽”特性图标，打开“线宽”对话框，选择“0.15mm”线宽值，单击 确定 按钮，如图6-33所示。

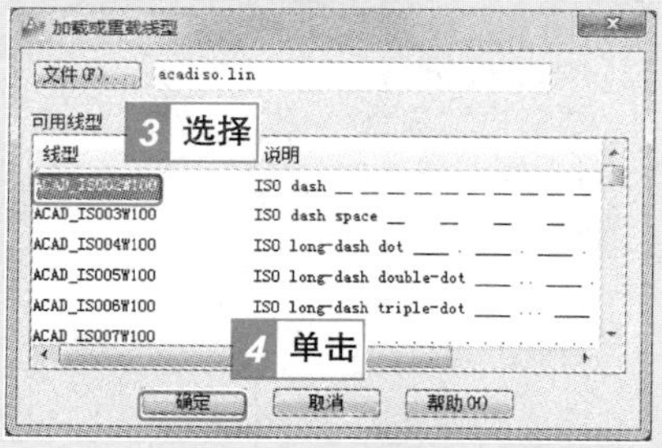

图6-32　选择线型

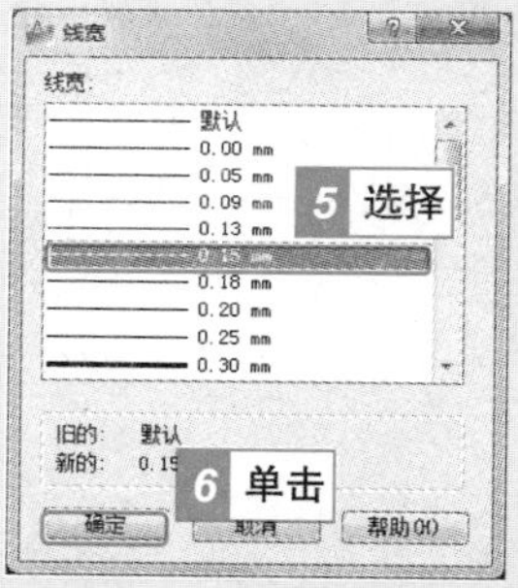

图6-33　重命名图层

步骤 09 使用相同的方法，设置其他图层的特性，完成后，双击“虚线”层，使其成为当前图层，然后单击“虚线”层的“打印”图标，使其呈状态，即不打印该图层上的对象，如图6-34所示。

步骤 10 单击“图层状态管理器”按钮，打开“图层状态管理器”对话框，单击 新建(N)... 按钮，打开“要保存的新图层状态”对话框，然后在“新图层状态名”文本框中输入“机械制图”，在“说明”文本框中输入“简单机械制图”，设置完成后单击 确定 按钮，如图6-35所示。

步骤 11 返回到“图层状态管理器”对话框，单击 输出(X)... 按钮，打开“输出图层状态”对话框，将其保存到电脑中（光盘:/效果/第6章/机械制图.las）。

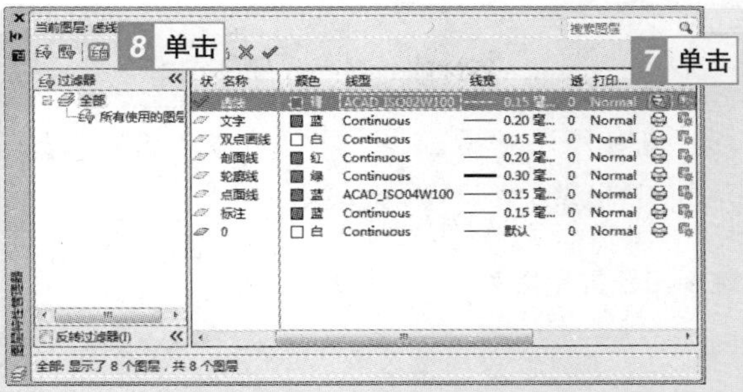

图6-34　图层特性设置完成后

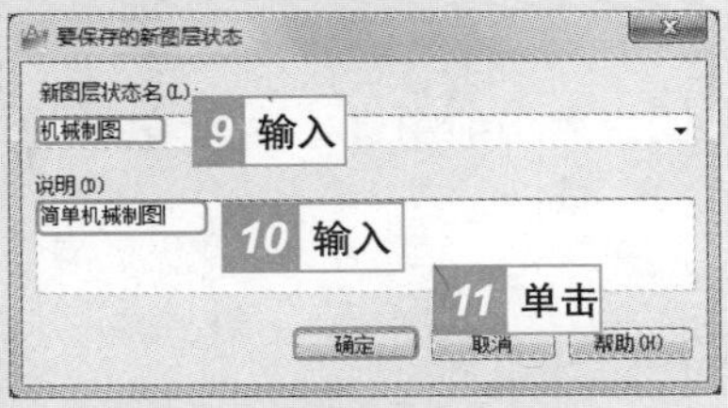

图6-35　保存新图层状态

步骤 12 返回到“图层状态管理器”对话框，单击 关闭(C) 按钮，再返回到“图层特性管理器”选项板，单击“关闭”按钮✖，完成图层状态的保存。

6.5 本章小结——图层的管理技巧

魔法师：虽然你前面的练习做得很不错，但是学无止境，希望你能在学习后多多总结。

小魔女：魔法师，瞧瞧你又开始教育我了，我知道学习要虚心，这不又想让你再教我几招呢。

魔法师：呵呵，我可不是教育你，我是在提醒你，既然你想学，那我就再教你几招吧！

第1招：如何让设置特性后的效果显示完整

在“图层特性管理器”选项板中由于默认各栏的距离太小，有时设置了特性后显示不完全，此时可通过拖动的方式来调整其间距。若“线宽”栏太窄无法显示设置后的效果，可将鼠标移动到栏边处，待鼠标光标变成⟺形状时，按住鼠标左键不放，向右拖动到合适位置释放鼠标即可扩大栏宽。

第2招：无法设置打印样式怎么办

在默认情况下，用户并不能直接在“图层特性管理器”选项板中进行打印样式的设置，若需使用设置的打印样式打印图形，需先在“选项”对话框中选择“打印和发布”选项卡，再单击对话框中的 打印样式表设置(S)... 按钮，在打开的“打印样式表设置”对话框的“新图形的默认打印样式”栏中，选中 ◉ 使用命名打印样式(N) 单选按钮，并单击 确定 按钮，如图6-36所示。返回到“选项”对话框中单击 确定 按钮完成设置。设置完成后，需退出AutoCAD 2012软件，再重新启动它，这样才能使设置生效。此时在“图层特性管理器”选项板中的“打印样式”栏下就能对图层进行打印样式的设置了。

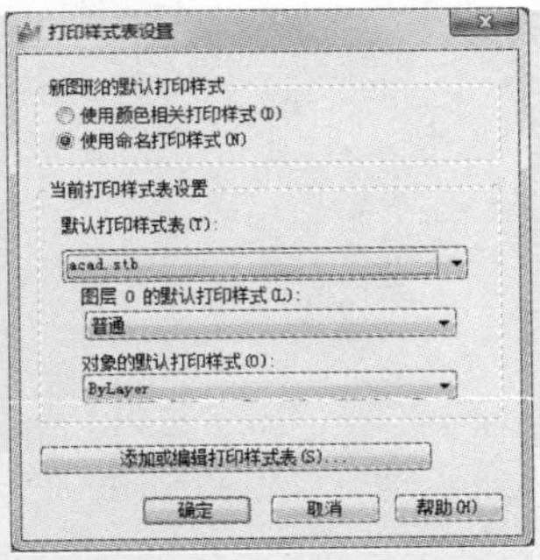

图6-36　设置打印样式

6.6 过关练习

（1）根据本章所学知识，按照表6-1所述新建图层并设置各图层的特性，最后设置“墙线”图层为当前图层，设置辅助线图层为不可打印状态。

表6-1　建筑制图图层参数列表

图层名称	颜　色	线　型	线宽/mm
辅助线	蓝色	CENTER	0.15
墙线	红色	Continuous	0.30
门窗	黄色	Continuous	0.25
中心线	红色	CENTER	0.15
设施	蓝色	Continuous	0.30
文字	绿色	Continuous	0.25
标注	绿色	Continuous	0.25

（2）在上面的练习的基础上将设置的图层状态进行保存，然后再调用其图层状态。

Chapter 7

第7章

图块和图案的使用

小魔女：魔法师，我想把以前绘制好了的一些单个的图形对象直接弄到我现在的图纸中，除了复制还有其他方法吗？每次去找那些图形对象都要浪费好长的时间。

魔法师：当然有方法呀！你可以把以前绘制好的图形对象创建为图块或外部参照等，这样以后就方便你随时使用了。

小魔女：不会改变源图形的大小和属性吧？

魔法师：不改变源图形的大小，至于属性就要看你在创建时有没有进行单独的设置了。好了，言归正传，下面我们就开始学习吧！

学习要点：

- 图块的应用
- 编辑图块
- 外部参照
- 图案的使用

7.1 图块的应用

魔法师：小魔女，你可以将已经绘制的图形组合到一起，完成一幅比较复杂的图形吗？

小魔女：我可以将已经绘制的图形对象，通过复制、移动的方法移动到指定的位置，将其组合在一起。若是位于不同文件的图形，首先要打开图形，再进行复制，还有更快捷、方便的方法？

魔法师：可以将图形以图块的方式进行保存，在使用时插入相应的图块，可以快速地将分散的图形组合在一起，以便快速完成复杂图形的绘制。

7.1.1 图块概述

在绘图过程中有时需要重复绘制一些相同或相似的图形符号，在同一图纸上操作就相对简单些，在不同的图纸上则麻烦一些。为了避免重复的工作占用大量的时间，用户可以将图形定义为图块，以便在绘图过程中随时调用。

图块是一个或多个对象形成的对象集合，多用于绘制重复、复杂的图形。将几个需要的对象组合成图块后，就可以根据作图的需要将这组对象插入到绘图区中，并可以对图块进行不同比例和角度的旋转等操作了。图块是一个整体，如图7-1所示为选择非图块的效果，如图7-2所示为选择图块的效果。

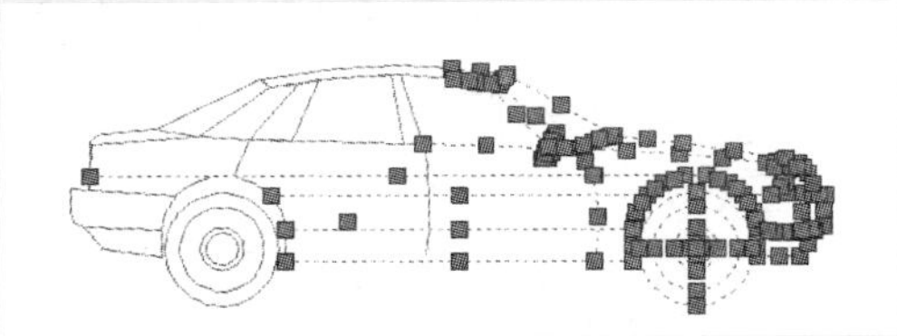

图7-1　选择非图块图形

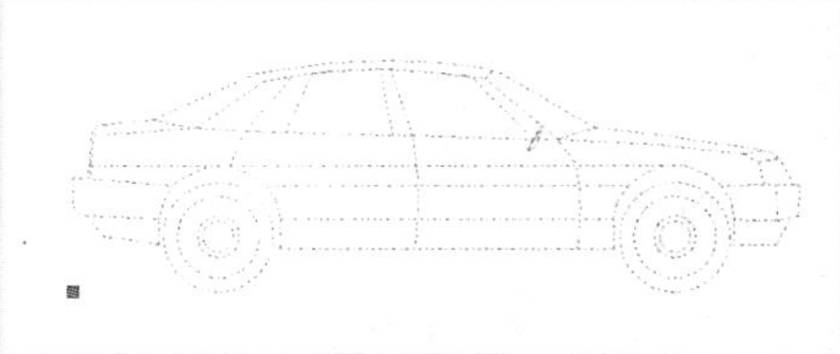

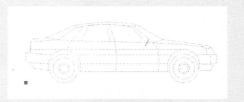

图7-2　选择图块图形

7.1.2 创建内部图块

调用创建块命令的方法主要有如下几种：

- 选择“插入”/“块定义”组，单击“创建块”按钮。
- 在命令行中执行“BLOCK/B”命令。

执行上述任一操作后，都将打开“块定义”对话框，其具体操作如下：

步骤 01 在“名称”下拉列表框中输入要定义的图块名称。单击“对象”栏中的“选择对象”按钮返回绘图区，选择需要定义块的图形对象。

步骤 02 按【Enter】键返回“块定义”对话框，此时在“名称”下拉列表框右侧将显示系统为该图块创建的图标。

步骤03 单击“基点”栏中的“拾取点”按钮返回绘图区，指定一点作为图块的基点。指定基点后，自动返回“块定义”对话框，并在“基点”栏的“X：”、“Y：”和“Z：”文本框中显示基点的坐标。

步骤04 在“块单位”下拉列表框中选择通过设计中心拖放块到绘图区时的缩放单位，一般保持默认“毫米”选项。在“说明”文本区中输入该图块的说明文字，也可不输入。单击 确定 按钮，如图7-3所示，即完成该图块的定义。

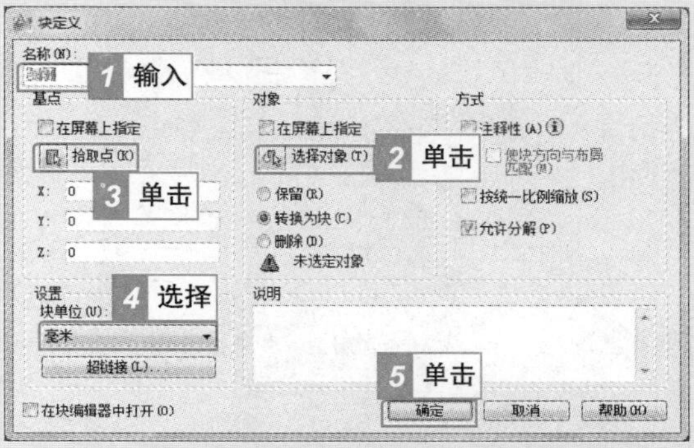

图7-3　“块定义”对话框

魔法档案——选择源图形对象的处理

若选中“对象”栏中 保留(R) 单选按钮，则被定义为图块的源对象仍然以原格式保留在绘图区中；若选中 转换为块(C) 单选按钮，则在定义内部块后，绘图区中被定义为图块的源对象同时被转换为图块；若选中 删除(D) 单选按钮，则在定义内部块后，将删除绘图区中被定义为图块的源对象。

7.1.3 创建外部图块

调用写块命令的方法主要有以下几种：

- 选择“插入”/“块定义”组，单击“写块”按钮。
- 在命令行中执行“WBLOCK/W”命令。

执行写块命令后，将打开“写块”对话框，创建外部图块的操作即在该对话框中完成，其具体操作如下：

步骤01 在“源”栏中指定要定义为外部图块的对象。选中 整个图形(E) 单选按钮，表示将当前绘图区中的所有图形都作为图块输出到计算机中；选中 对象(O) 单选按钮，则可在绘图区中选择要定义为外部图块的对象。

步骤02 在“对象”栏中指定要定义为外部图块的对象。单击“选择对象”按钮，返回绘图区中选择需定义为块的图形，按【Enter】键返回“写块”对话框中。其下的3个单选按钮与定义内部图块时相应的选项含义相同。

步骤 03 在“基点”栏中单击“拾取点”按钮，返回绘图区指定外部块的插入基点。在“目标”栏中的“文件名和路径”下拉列表框中指定外部块需要保存到计算机中的名称及位置。

步骤 04 在“插入单位”下拉列表框中指定外部图块插入到图形中的单位，一般保持默认设置。单击 确定 按钮，如图7-4所示，即完成该外部图块的定义。

图7-4 “写块”对话框

7.1.4 创建带属性的图块

用户可将一些AutoCAD 2012没有直接提供且又常用的图形对象定义为块并加上图块属性，方便以后随时使用。调用属性定义命令的方法主要有如下几种：

- 选择“绘图”/“块定义”组，单击“属性定义”按钮。
- 在命令行执行“ATTDEF/ATT”命令。

下面以定义“浴霸.dwg”图形文件（光盘:\素材\第7章\浴霸.dwg）的图块属性为例进行讲解，完成后的效果如图7-5所示（光盘:\效果\第7章\浴霸.dwg），其具体操作如下：

步骤 01 打开“浴霸.dwg”图形文件，如图7-6所示。

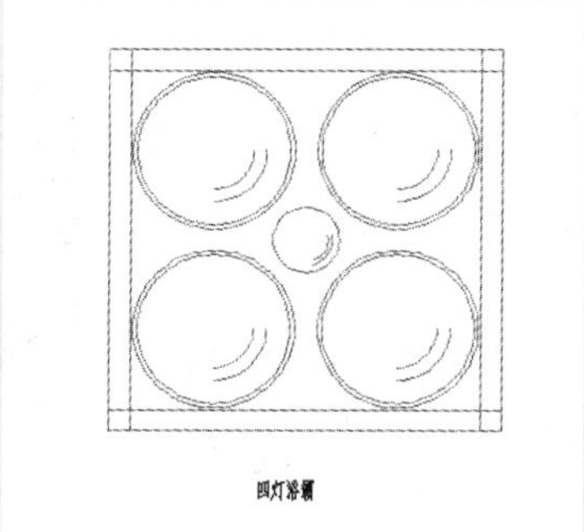

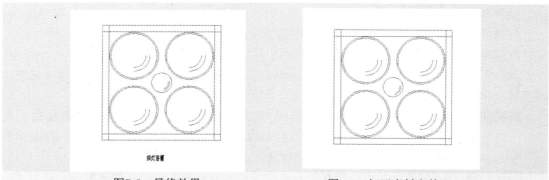

图7-5 最终效果

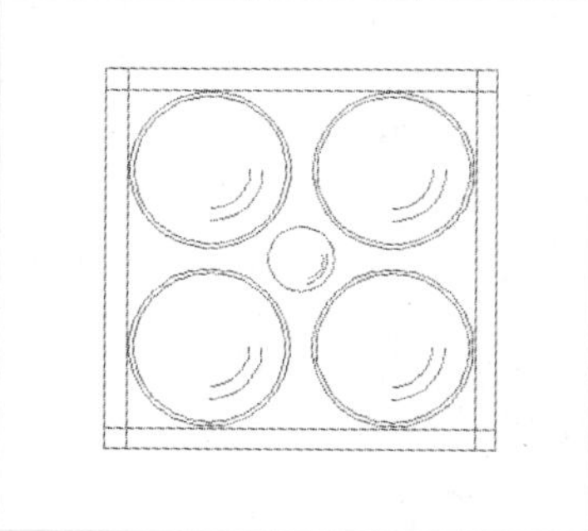

图7-6 打开素材文件

步骤 02 在命令行中输入“ATTDEF”命令，打开“属性定义”对话框，按照如图7-7所示进行设置。

步骤 03 单击 确定 按钮，在绘图区图形的下方中间处捕捉一点使其最后的效果如图7-8所示。

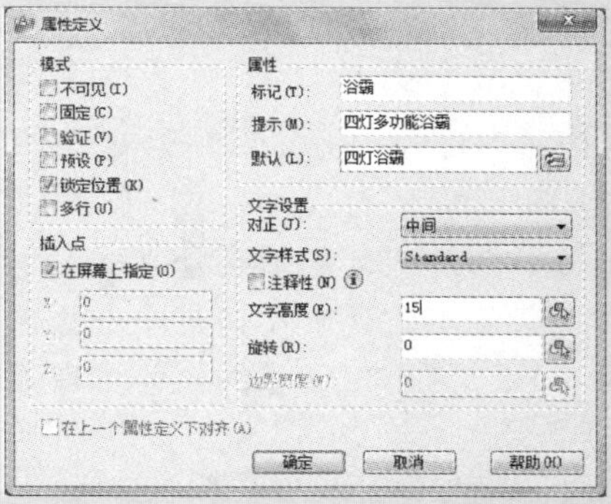

图7-7　“属性定义”对话框

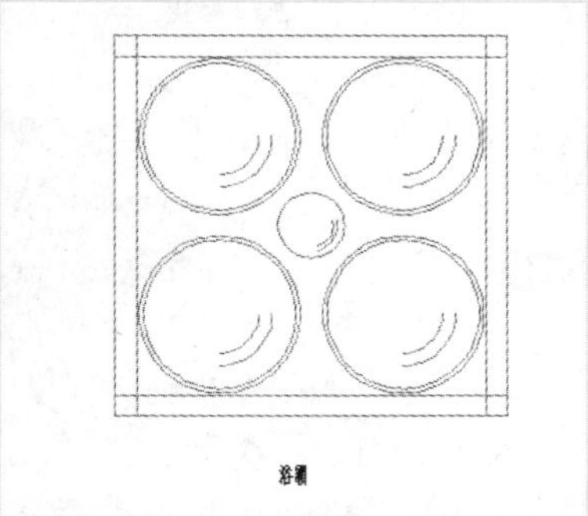

图7-8　设置后的效果

步骤 04 在命令行输入“B”，执行定义内部块命令，打开“块定义”对话框，将属性与图块重新定义为一个新的图块，图块名为“四灯浴霸”，如图7-9所示。

步骤 05 单击 确定 按钮，打开“编辑属性”对话框，再次单击 确定 按钮，如图7-10所示，即可创建出包含属性的图块。

图7-9　“属性定义”对话框

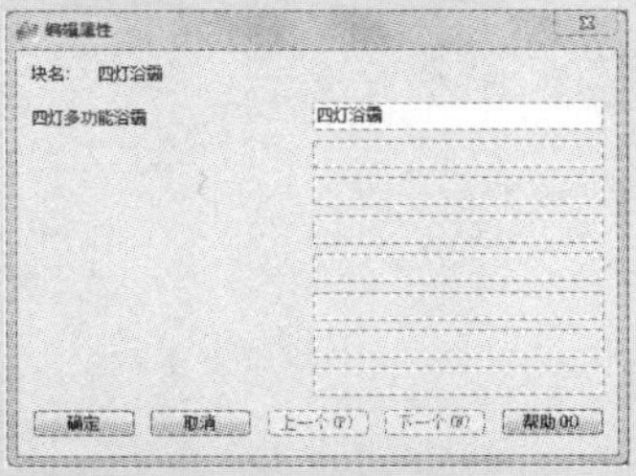

图7-10　“编辑属性”对话框

“属性定义”对话框的“模式”栏用于设置属性的模式，选中各复选框后的含义介绍如下：

- ☑不可见(I)复选框：插入图块并输入图块的属性值后，该属性值不在图中显示出来。
- ☑固定(C)复选框：定义的属性值将是常量，在插入图块时，属性值将保持不变。
- ☑验证(V)复选框：在插入图块时系统将对用户输入的属性值给出校验提示，以确认输入的属性值是否正确。
- ☑预设(P)复选框：在插入图块时将直接以图块默认的属性值插入。

7.1.5 插入图块

创建成功的图块，可以在实际绘图时根据需要被用户插入到图形中。在AutoCAD 2012中可依次插入单个图块，还可连续插入多个相同的图块。

1. 插入单个图块

插入单个内部图块与外部图块的方法完全一样，调用插入命令的方法主要有如下几种：

- 选择“插入”/“块”组，单击“插入”按钮。
- 在命令行中执行“INSERT/I”命令。

执行上述操作后，将打开“插入”对话框，通过该对话框即可将图块插入到图形中。其具体操作如下：

步骤 01 在“名称”下拉列表框中选择要插入的内部图块或单击“名称”下拉列表框右侧的浏览(B)...按钮，在打开的“选择图形文件”对话框中选择保存于计算机中的外部块，单击打开(O)按钮，在“名称”下拉列表框中即显示需插入的图块名称。

步骤 02 在“插入点”栏中指定图块要插入到当前图形中的位置，选中☑在屏幕上指定(S)复选框，在对话框中完成参数设置并返回绘图区中，命令行会提示用户指定图块插入位置。

步骤 03 在“缩放比例”栏中输入图块的缩放比例。若选中☑在屏幕上指定(E)复选框，则完成参数设置返回绘图区中，命令行会提示用户指定图块的缩放比例。选中☑统一比例(U)复选框，则在X、Y、Z方向上的比例均相同。

步骤 04 在“旋转”栏中指定图块的旋转角度，若选中☑在屏幕上指定(C)复选框，则完成参数设置返回绘图区中，命令行会提示用户指定图块的旋转角度。选中☑分解(D)复选框，可将插入的图块直接分解，便于对其编辑。

步骤 05 完成设置后，单击确定按钮返回绘图区中，如图7-11所示，此时，命令行提示“指定插入点或 [基点(B)/比例(S)/X/Y/Z/旋转(R)]:”，在该提示下指定图块的插入点即完成图块的插入操作，也可选择相应选项，设置其他参数。

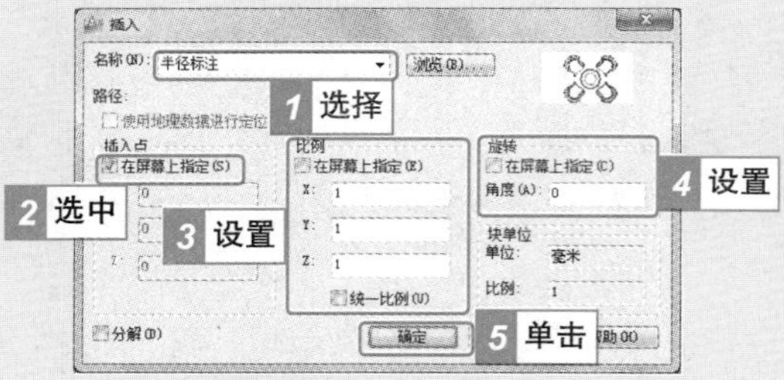

图7-11 “插入”对话框

2. 阵列方式插入图块

在命令行中执行“MINSERT”命令可进行阵列插入图块操作，该命令是结合插入图块命令“INSERT”和阵列命令“ARRAY”而形成的。需要插入多个相同图块时，就可使用“MINSERT”命令进行操作，这样不仅能节省绘图时间，还可减少占用的磁盘空间，但该命令只能以矩形阵列方式插入图块。下面以阵列方式插入块为例（光盘:\素材\第7章\茶桌.dwg），介绍阵列方式插入图块的方法，效果如图7-12所示（光盘:\效果\第7章\茶桌.dwg），其命令行及操作如下：

命令:MINSERT	//执行“MINSERT”命令
输入块名或 [?] <dcclpdata>:	//输入要插入的外部块名称及路径
单位:毫米转换:1.0000	
指定插入点或 [基点(B)/比例(S)/X/Y/Z/旋转(R)/预览比例(PS)/PX/PY/PZ/预览旋转(PR)]:	//在绘图区中拾取一点作为第一个图块插入点
输入 X 比例因子，指定对角点，或 [角点(C)/XYZ] <1>:	//输入X方向上的缩放比例
输入 Y 比例因子或 <使用 X 比例因子>:	//输入Y方向上的缩放比例
指定旋转角度 <0>:	//输入希望图块旋转的角度
输入行数 (---) <1>:3	//指定阵列的行数
输入列数 (|||) <1>:2	//指定阵列的列数
输入行间距或指定单位单元 (---):2000	//指定阵列的行间距
指定列间距 (|||):4000	//指定阵列的列间距

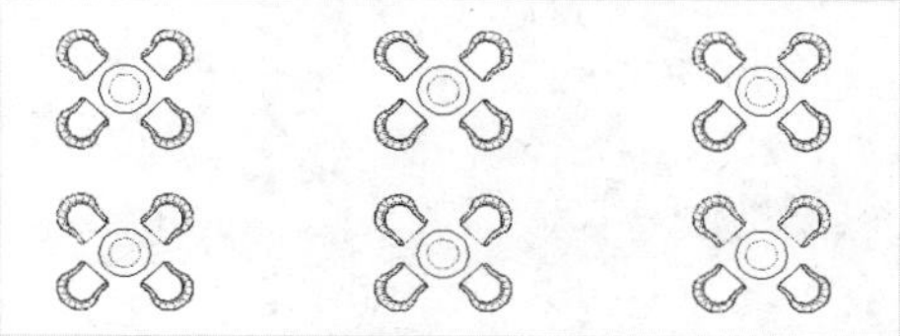

图7-12　阵列插入图块

7.1.6 通过设计中心插入图块

设计中心是AutoCAD 2012绘图的一个特色，设计中心中包含了多种图块，通过它可方便地将这些图块应用到图形中。调用设计中心命令的方法主要有如下几种：

- 选择“视图”/“选项板”组，单击“设计中心”按钮。
- 按【Ctrl+2】组合键。

执行上述任一操作后，都将打开“设计中心”选项板，可以将设计中心的图块添加到当前绘图区中，其方法介绍如下：

- 将图块直接拖动到绘图区中，按照默认设置将其插入。
- 在内容区域中的某个项目上单击鼠标右键，在弹出的快捷菜单中选择相应命令，也可将图块插入到绘图区中。
- 双击相应的图块打开“插入”对话框，若双击填充图案将打开“边界图案填充”对话框，通过这两个对话框也可将图块插入到绘图区中。

下面将位于“\Sample\DesignCenter\House Designer.dwg”文件下的“马桶-（俯视）”图块，插入到绘图区中，其具体操作如下：

步骤 01 选择“工具”/“选项板”组，单击“设计中心”按钮，打开“设计中心”窗口。

步骤 02 在该选项板左侧目录中找到“\Sample\DesignCenter\House Designer.dwg”文件，单击House Designer.dwg文件，展开其下级菜单，选择“块”选项，在

选项板右侧将显示该文件所包含的图块，如图7-13所示。

步骤 03 在右侧列表框中单击“马桶-（俯视）”图块，按住鼠标不放直接将图块拖动到绘图区中即可，如图7-14所示。

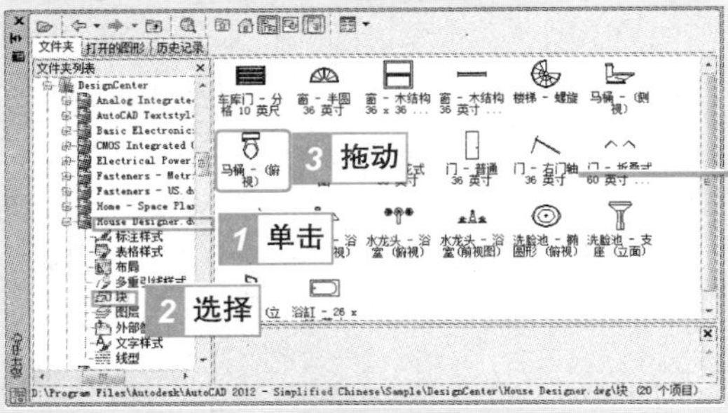

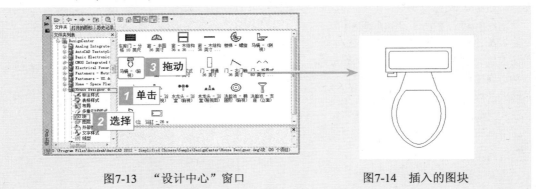

图7-13　“设计中心”窗口

图7-14　插入的图块

7.2 编辑图块

魔法师： 小魔女，使用图块将图形组合在一起是不是非常快？而且可以将不同文件中的图形对象进行组合。

小魔女： 对，通过图块来组合图形是比较快，但是一些图块中的图形对象有时不符合绘图操作，有什么方法可以对图块进行编辑操作吗？

魔法师： 使用AutoCAD 2012定义的图块可以对其进行各种编辑操作，如对图块进行分解、编辑和重命名等。

7.2.1 重命名图块

重命名图块的方法根据图块的性质不同，其操作方法也有所不同。如果是外部图块文件，可以直接在保存目录中对该图块文件进行重命名；若是内部图块，则可使用重命名命令来更改图块的名称。调用重命名命令的方法主要有如下几种：

- 在“AutoCAD经典”空间中，选择“格式”/“重命名”命令。
- 在命令行中执行“RENAME/REN”命令。

执行上述任一操作后，将打开“重命名”对话框，对图块的重命名操作便在此对话框中完成，其具体操作如下：

步骤 01 在左侧的“命名对象”列表框中选择“块”选项，在右侧的“项目”列表框中将显示出当前图形文件中的所有内部块。

步骤 02 在“项目”列表框中选择需要重命名的图块，然后在 重命名为(R): 按钮后面的文本框中输入新的名称。

步骤 03 单击 重命名为(R): 按钮即可修改选择图块的名称，修改完毕，单击 确定 按钮即可，如图7-15所示。

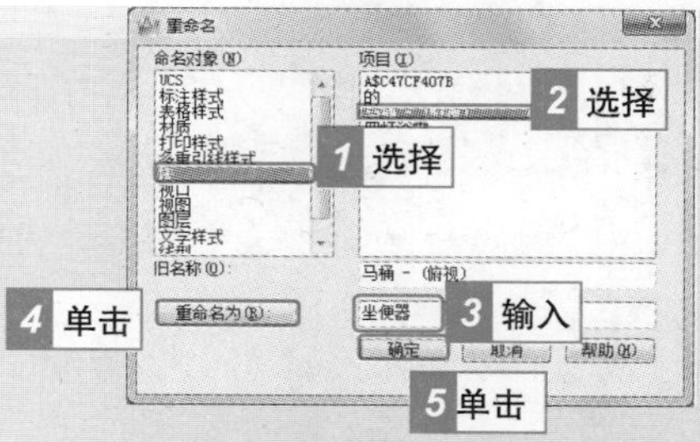

图7-15 “重命名”对话框

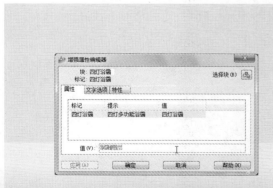

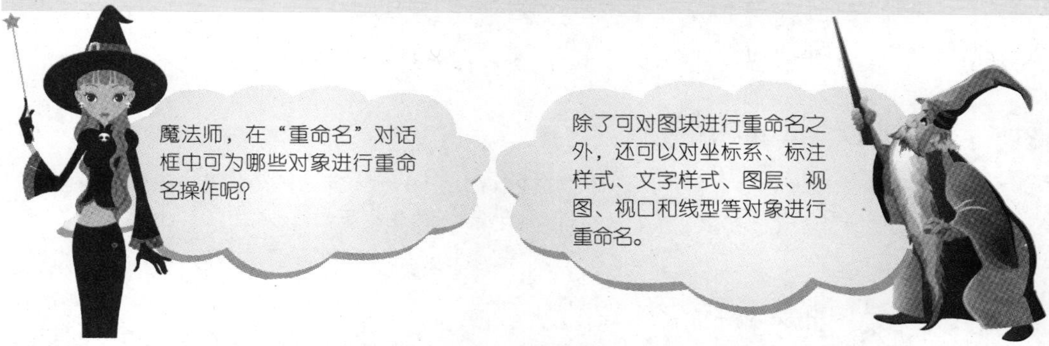

魔法师，在“重命名”对话框中可为哪些对象进行重命名操作呢?
除了可对图块进行重命名之外，还可以对坐标系、标注样式、文字样式、图层、视图、视口和线型等对象进行重命名。

7.2.2 编辑图块属性

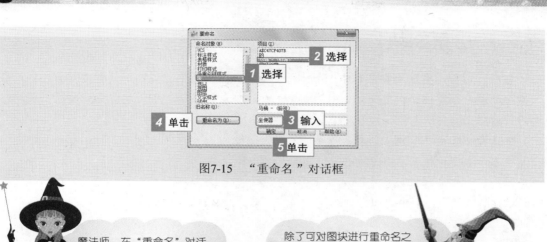

插入属性块后，如觉得属性值不符合自己的要求，是可以进行修改的。调用编辑属性命令的方法主要有如下几种:

- 选择“插入”/“块”组，单击“编辑属性”按钮。
- 在命令行中执行“DDATTE/ATE”命令。

执行上述任一操作将打开“增强属性编辑器”对话框，在该对话框中可以方便地编辑该属性块的值、文字选项或特性等，如图7-16所示。

若在命令行中执行“DDATTE”命令来修改图块属性值，则在选择定义了属性的图块后，将打开“编辑属性”对话框，如图7-17所示，在该对话框中可为属性块指定新的属性值，但是不能编辑文字选项或其他特性。

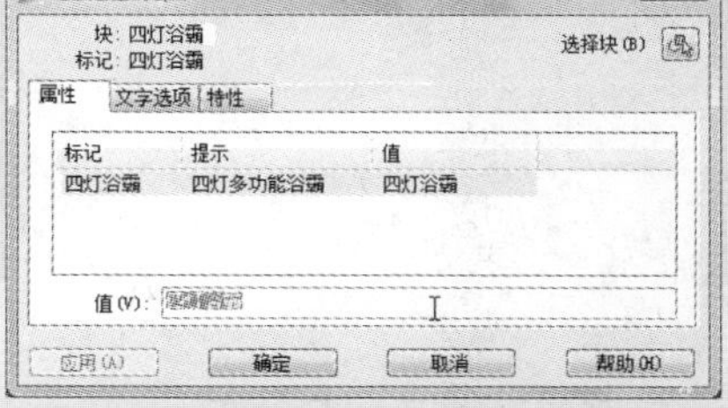

图7-16 “增强属性编辑器”对话框

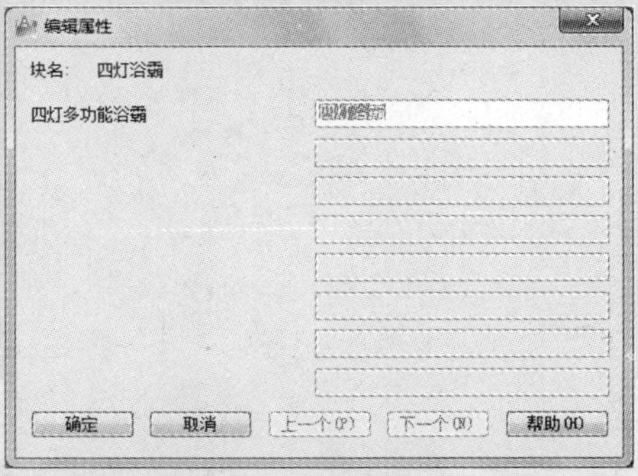

图7-17 “编辑属性”对话框

7.2.3 分解图块

在绘图过程中有时只需要其中一部分图形对象，或需要更改其中部分图形对象，但是插入的图块是一个整体，因此必须对其进行分解，这样才能使用各种编辑命令对其进行编辑。调用分解命令的方法主要有如下几种：

- 选择“常用”/“修改”组，单击“分解”按钮。
- 在命令行中执行“EXPLODE/X”命令。

执行上述任一操作后按【Enter】键即可分解图块。图块被分解后，它的各个组成元素将变为单独的对象，之后便可以单独对各个组成元素进行编辑。

魔法档案——分解其他图形对象

矩形、多边形和填充图案等对象也可以使用“EXPLODE”命令进行分解，但直线、样条曲线、圆、圆弧和单行文字等对象不能被分解，使用阵列命令插入的块也不能被分解。

7.2.4 编辑图块

除了将图块进行分解和对其进行重新命名等操作外，还可以直接更改图块内容，如更改图块的大小、拉伸图块以及修改图块的线条等。调用块编辑命令的方法主要有如下几种：

- 选择“插入”/“块定义”组，单击“块编辑器”按钮。
- 在命令行中执行“BEDIT/BE”命令。

执行块编辑命令后，将打开“编辑块定义”对话框，在该对话框中即可选择要进行编辑的图块，在打开的窗口的“块编辑器”选项卡中修改图块的图形对象。例如，将“浴霸图块.dwg”图块文件（光盘:\素材\第7章\浴霸图块.dwg）的线条进行编辑处理（光盘:\效果\第7章\浴霸图块.dwg），其具体操作如下：

步骤 01 打开“浴霸图块.dwg”图形文件，在命令行输入“BE”，执行编辑图块命令，打开“编辑块定义”对话框，如图7-18所示。

步骤 02 在“要创建或编辑的块”列表框中选择“四灯浴霸”，单击 确定 按钮，打开图块编辑窗口对图块进行编辑操作，如图7-19所示。

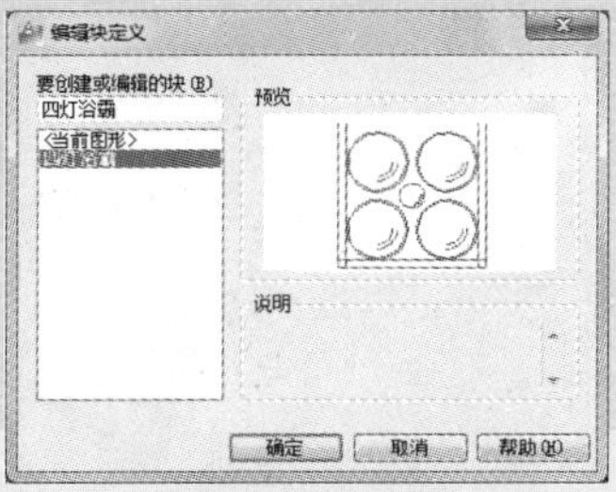

图7-18 “编辑块定义”对话框

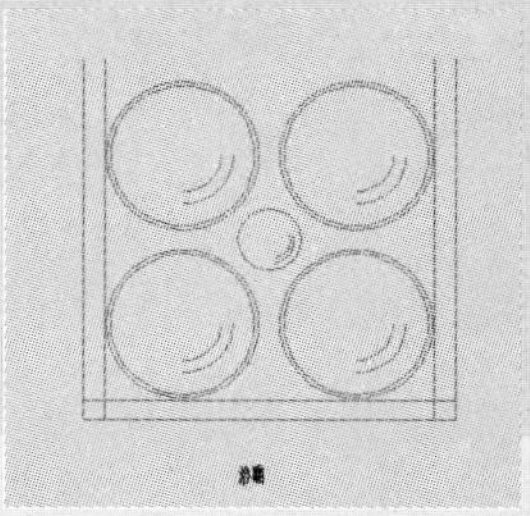

图7-19 打开块编辑窗口

步骤 03 在命令行执行镜像命令，对浴霸底端的两条水平直线进行镜像复制操作，效果如图7-20所示，其命令行及操作如下：

```
命令: MIRROR                                        //执行“MIRROR”命令
选择对象:                                           //选择底端两条水平线
选择对象:                                           //按【Enter】键确认对象选择
指定镜像线的第一点:                                 //捕捉左端垂直线中点
指定镜像线的第二点:                                 //捕捉右端垂直线中点
要删除源对象吗? [是(Y)/否(N)] <N>:N                 //选择“否”选项
```

步骤 04 在块编辑窗口上方单击关闭块编辑器(C)按钮，打开“块-未保存更改”对话框，选择“将更改保存到 四灯浴霸”选项，完成图块编辑操作，如图7-21所示。

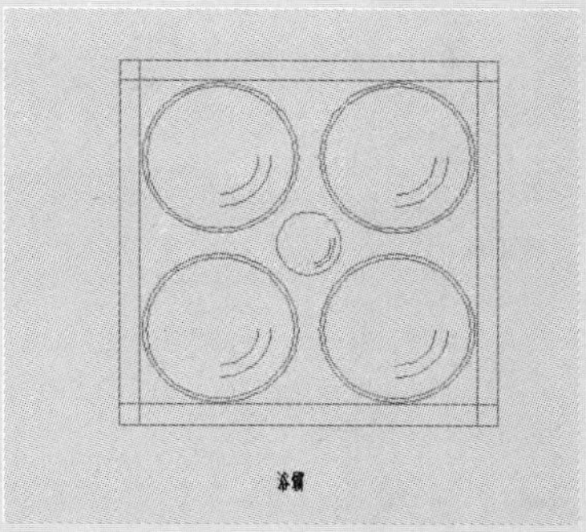

图7-20　编辑图块对象

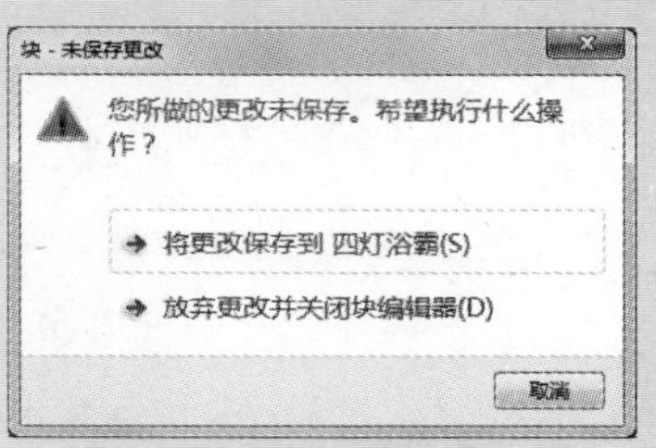

图7-21　保存图块的更改

7.3 外部参照

魔法师： 小魔女，学习了编辑图块的方法，你应该能够完成对已经定义图块的编辑操作，并且绘制的准确率也提高了不少吧。

小魔女： 当然了，通过编辑图块，可以对图块进行修改，对错误的图形进行改正，只是当插入多个图块后，却发现图块有错，单独进行更改有点麻烦。

魔法师： 在AutoCAD 2012中，除了可以插入图块外，还可以通过外部参照的方式来绘制图，更改源图形，进行外部参照的图形同时也会被更改。

7.3.1 附着外部参照

附着外部参照是将存储在外部媒介上的外部参照链接到当前图形中的操作。调用附着外部参照命令的方法主要有如下几种：

- 选择“插入”/“参照”组，单击“附着”按钮。
- 在命令行中执行“XATTACH”命令。

下面以将“半圆头螺钉.dwg”图形文件（光盘:\素材\第7章\半圆头螺钉.dwg）附着到当前

图形文件中为例，介绍附着外部参照命令的使用方法，其具体操作如下：

步骤 01 单击“参照”工具栏中的按钮，将打开“选择参照文件”对话框，在该对话框中选择附着的文件，单击[打开(O)]按钮，如图7-22所示。

步骤 02 打开“附着外部参照”对话框，在“参照类型”栏中选中⊙附着型(A)单选按钮，然后按照插入图块的方法指定外部参照的插入点、缩放比例和旋转角度，单击[确定]按钮，如图7-23所示。

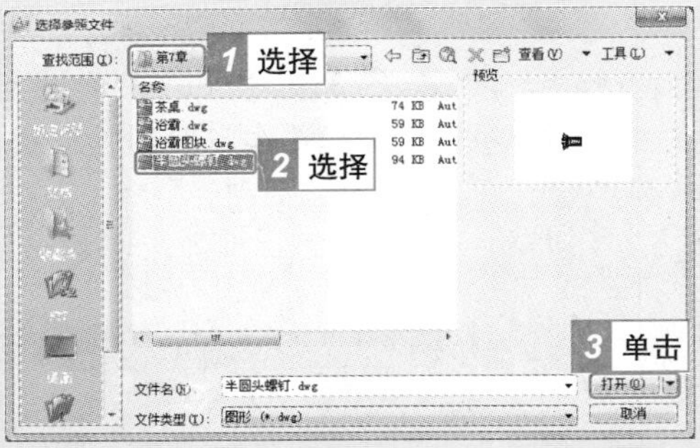

图7-22　选择参照文件

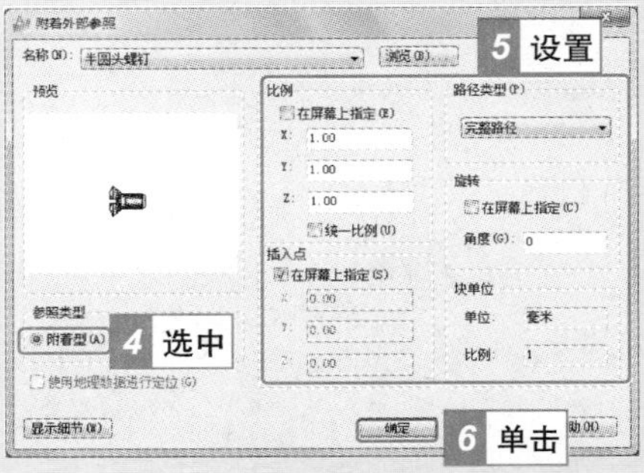

图7-23　附着外部参照

在“附着外部参照”对话框中包含了如下几个选项，其含义介绍如下：

- ⊙附着型(A)单选按钮：表示指定外部参照将被附着而非覆盖。附着外部参照后，每次打开外部参照源图形时，对外部参照文件所做的修改都将反映在插入的外部参照图形中。
- ⊙覆盖型(O)单选按钮：表示指定外部参照为覆盖型，当图形作为外部参照被覆盖或附着到另一个图形时，任何附着到该外部参照的嵌套覆盖图都将被忽略。

7.3.2 剪裁外部参照

外部参照被插入到当前图形后，虽然不能对其组成元素进行编辑，但可对外部参照进行剪裁。剪裁外部参照的方法介绍如下：

- 选择“插入”/“参照”组，单击“剪裁”按钮。
- 在命令行中执行“XCLIP”命令。

其命令行及操作如下：

```
命令: _xclip                                                 //执行“XCLIP”命令
选择对象:                                                    //选择需要剪裁的整个外部参照图形
选择对象:                                                    //按【Enter】键确定选择对象
输入剪裁选项[开(ON)/关(OFF)/剪裁深度(C)/删除(D)/
生成多段线(P)/新建边界(N)] <新建边界>: N                     //按【Enter】键新建剪裁边界
指定剪裁边界或选择反向选项:
[选择多段线(S)/多边形(P)/矩形(R)/反向剪裁(I)] <矩形>: R      //选择“矩形”选项
指定第一个角点:                                              //指定剪裁的第一个角点
指定对角点:                                                  //指定剪裁的对角点
```

7.3.3 绑定外部参照

绑定外部参照是将外部参照定义转换为标准内部图块。如果将外部参照绑定到当前图形，则外部参照及其依赖命名对象将成为当前图形的一部分。绑定外部参照的方法介绍如下：

- 在“AutoCAD经典”工作空间中，选择“修改”/“对象”/“外部参照”/“绑定”命令。
- 在命令行中执行“XBIND”命令。

执行上述任一操作后，都将打开如图7-24所示的“外部参照绑定”对话框，在该对话框的“外部参照”列表框中，选择需要绑定的选项，单击添加(A)->按钮，将其添加到“绑定定义”列表框中，单击确定按钮即可绑定相应的外部参照。

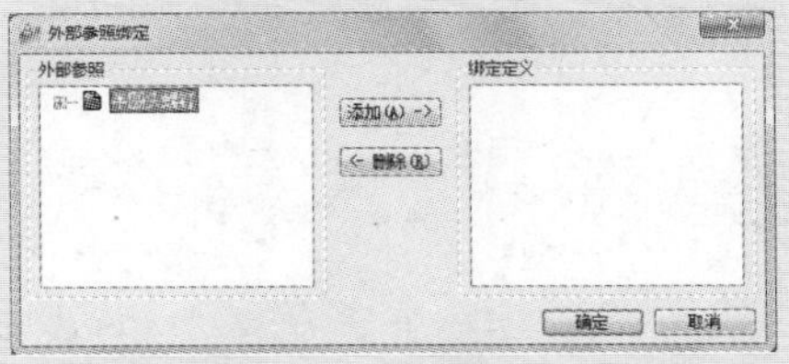

图7-24　“外部参照绑定”对话框

7.4 图案的使用

魔法师：小魔女，使用图块、外部参照功能可以使绘图的速度加快不少吧，在绘制图形的过程中，还有什么问题吗？

小魔女：当然有了，比如，为什么人家绘制的图形看起来很丰富，而我的却这么单调呢？

魔法师：那是因为你只是简单地绘制了图形的外观，没对图形进行仔细“刻画”，比如，可以使用各种填充图案，表示使用不同的材料等。

7.4.1 创建图案填充

AutoCAD 2012为用户提供了多种图案来进行图案填充操作，调用图案填充命令的方法主要有如下几种：

- 选择“常用”/“绘图”组，单击“图案填充”按钮。
- 在命令行中执行“BHATCH/HATCH/H”命令。

下面将使用图案填充命令对“端盖剖面图.dwg”图形对象（光盘:\素材\第7章\端盖剖面图.dwg）进行图案填充操作，完成后的效果如图7-25所示（光盘:\效果\第7章\端盖剖面图.dwg），其具体操作如下：

步骤 01 在命令行中执行“BHATCH”命令，打开“图案填充创建”选项卡，在“边界”面板中单击“拾取点”按钮，指定以何种方式指定图案填充边界。

步骤 02 在绘图区中单击要进行图案填充的区域，如图7-26所示。

步骤 03 单击“图案”面板的“ANSI31”按钮，更改图案的填充图案。

步骤 04 单击“关闭”面板的“关闭图案填充创建”按钮，结束图案填充操作。

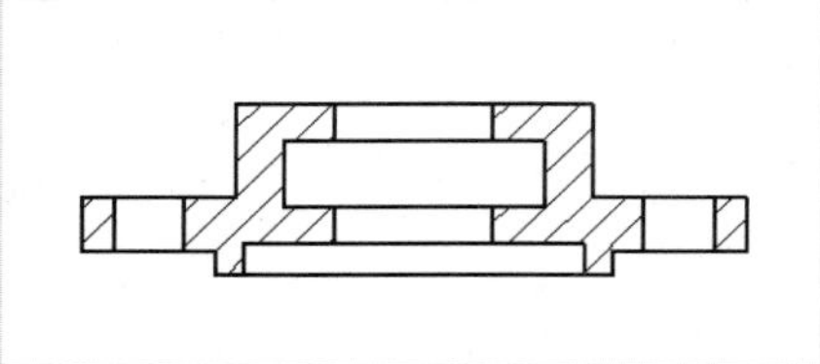

图7-25　图案填充效果

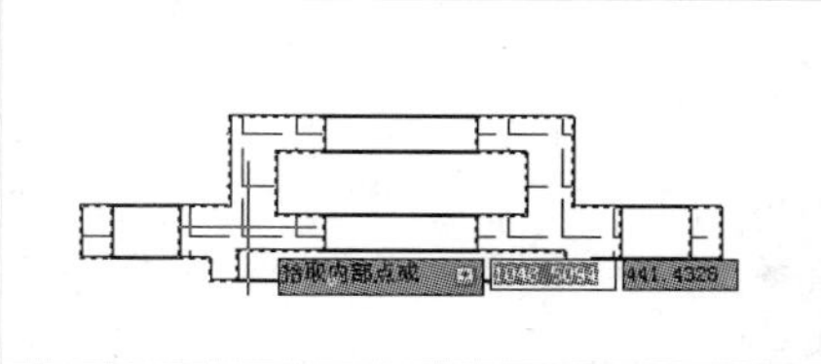

图7-26　指定填充边界

7.4.2 创建渐变色填充

图案填充是用各种线条组合而成的图案来填充图形区域，渐变色填充可以使用单一颜色或多种颜色的变化来填充图形区域。调用渐变色填充命令的方法主要有如下几种：

- 选择“常用”/“绘图”组，单击“渐变色”按钮。
- 在命令行中执行“GRADIENT”命令。

下面将使用渐变色命令对“手柄.dwg”图形对象（光盘:\素材\第7章\手柄.dwg）进行渐变色填充操作，完成后的效果如图7-27所示（光盘:\效果\第7章\手柄.dwg），其具体操作如下：

步骤 01 在命令行中执行“GRADIENT”命令，在“边界”面板中单击“拾取点”按钮。

步骤 02 在绘图区中单击要进行渐变色填充的区域，如图7-28所示。

步骤 03 单击“关闭”面板的“关闭图案填充创建”按钮，结束渐变色填充操作。

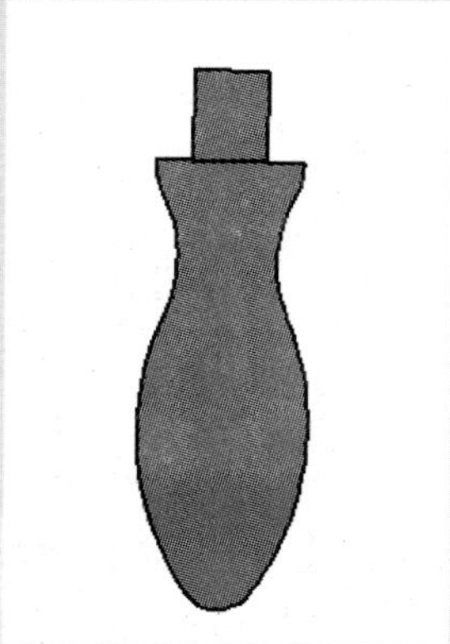

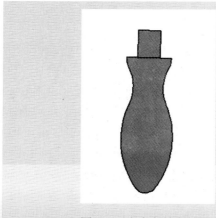

图7-27　渐变色填充效果

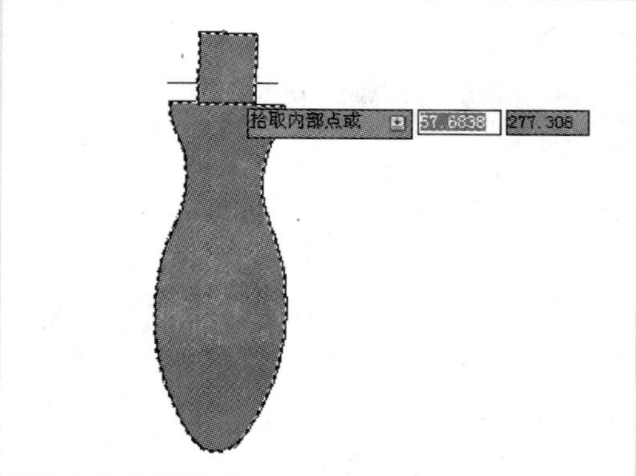

图7-28　指定填充边界

魔法档案——设置渐变色角度

在进行图案填充和渐变色填充操作时，在“特性”面板中可以对图案填充和渐变色填充的角度进行设置。在进行图案填充时，可对填充比例进行相应设置；在使用渐变色进行填充操作时，可对渐变色的颜色进行设置。

7.4.3 编辑图案填充

若为图形填充图案后发现填充的图案不满意，用户可以对填充的图案进行编辑，编辑图案填充的操作包括编辑、分解、设置可见性和修剪等，下面逐个进行讲解。

1. 编辑图案填充

在AutoCAD 2012中，可以编辑现有图案的填充特性，如比例、填充角度等，或者为它选择一个新图案，还可以将填充图案分解为它的组成对象。调用编辑图案填充命令的方法主要有如下几种：

- 选择“常用”/“修改”组，单击“编辑图案填充”按钮。
- 在命令行中执行“HATCHEDIT”命令。

执行“HATCHEDIT”命令后，将提示选择要编辑的图案填充对象，在打开的“图案填充编辑”对话框中对填充的图案进行编辑，其具体操作如下：

步骤 01 执行“HATCHEDIT”命令，在出现的命令行提示“选择图案填充对象:”后选择要进行编辑的图案，打开“图案填充编辑”对话框，如图7-29所示。

步骤 02 在该对话框的“类型”下拉列表框中设定图案填充类型。

步骤 03 单击“图案”下拉列表框右侧的按钮，打开“填充图案选项板”对话框，在该对话框中有4个选项卡供用户选择填充的图案，选择所需选项后，单击确定按钮，如图7-30所示。

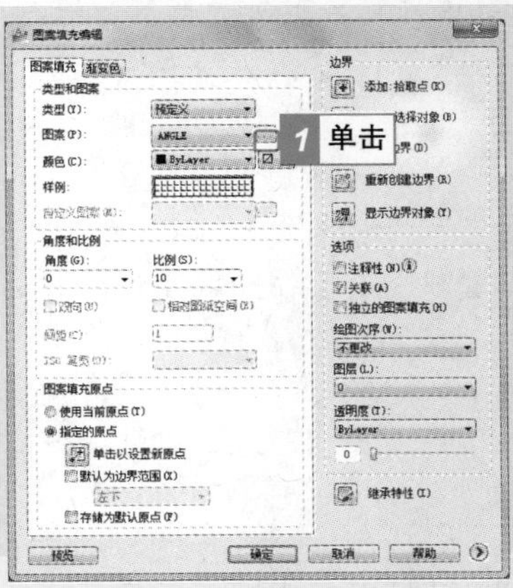

图7-29 “图案填充编辑”对话框

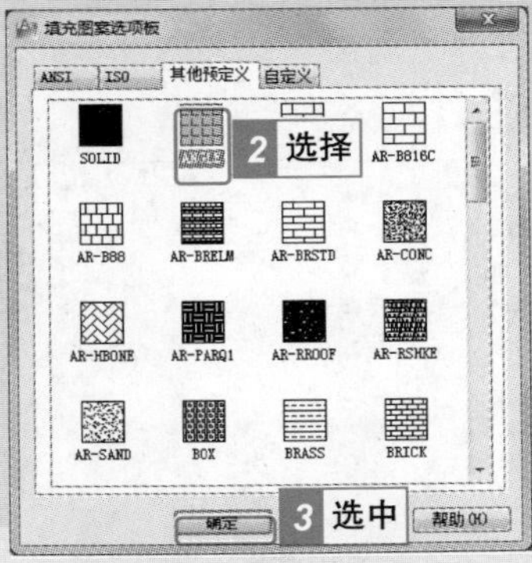

图7-30 “填充图案选项板”对话框

步骤 04 返回“图案填充编辑”对话框，在“角度”下拉列表框中选择填充图案的倾斜角度，在“比例”下拉列表框中指定填充图案的放大比例，该比例根据用户绘图的大小而定。

步骤 05 单击对话框“边界”栏中的按钮选择填充区域，然后按【Enter】键返回对话框中。单击 预览 按钮，返回绘图区预览填充图案后效果，如果效果不满意，可以返回对话框中修改相应参数。

步骤 06 通过修改填充参数，对填充效果满意后，单击 确定 按钮即可完成填充。

2. 设置填充图案的可见性

较大的图形在显示时就需花较长的时间，此时可以通过设置填充图案的可见性来有效地控制显示时间，从而提高绘图速度。使用“FILL”命令可以控制填充图案的可见性，但执行该命令后需重生成视图才可将填充的图案关闭。其命令行及操作如下：

```
命令: FILL                                  //执行“FILL”命令
输入模式[开(ON)/关 (OFF)] <开>:off           //选择“关”选项，即不显示填充图案
命令: REGEN                                 //执行视图重生成命令
正在重生成模型                               //重生成模型
```

魔法档案——分解与修剪填充图案

对图形进行图案填充之后，除了可对填充图案进行编辑及控制填充图案的可见性之外，还可以通过分解命令对填充图案进行分解，以及使用修剪命令对填充的图案进行修剪等操作。

7.5 典型实例——绘制停车场

魔法师：小魔女，使用图块可快速、标准地完成图形的绘制，需要用到的命令不多，但也需要熟练掌握图块的定义，以及插入图块时设置参数的方法。

小魔女：嗯，我知道，我刚使用本章学习过的定义图块、插入图块和图块属性等知识绘制了一个停车场，效果如图7-31所示，你看看怎么样？

魔法师：看上去还是很不错的，给我详细讲讲你绘制的思路和具体过程吧！顺便再练习一遍。

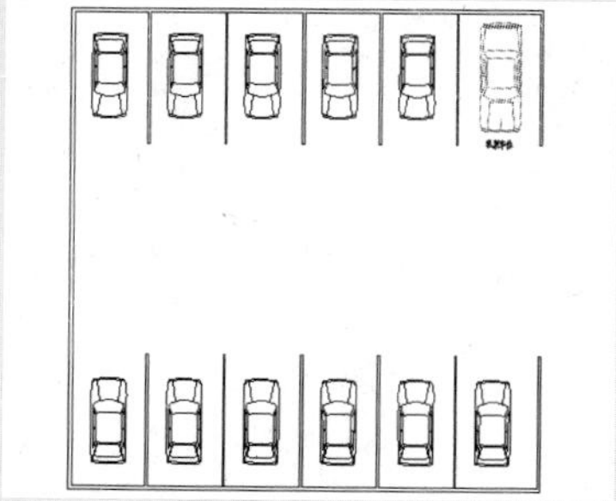

图7-31 最终效果

其具体操作如下：

步骤 01 打开“停车场.dwg”图形文件（光盘:\素材\第7章\停车场.dwg）。

步骤 02 在命令行输入“B”，执行定义块命令，打开如图7-32所示的“块定义”对话框。

步骤 03 在“基点”栏中单击“拾取点”按钮，进入绘图区中捕捉车图形中圆弧的中点，指定图块的基点，如图7-33所示。

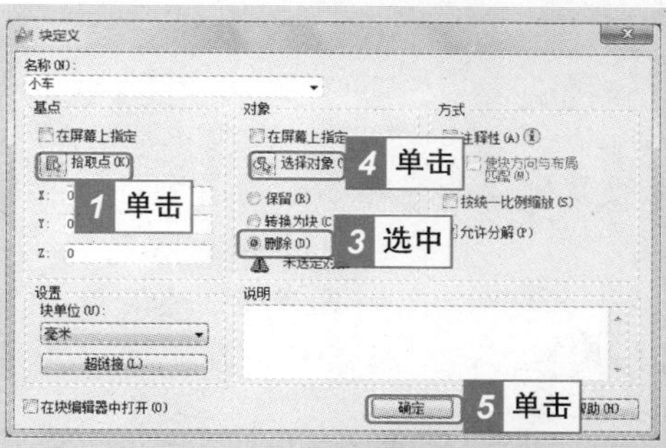

图7-32 “块定义”对话框

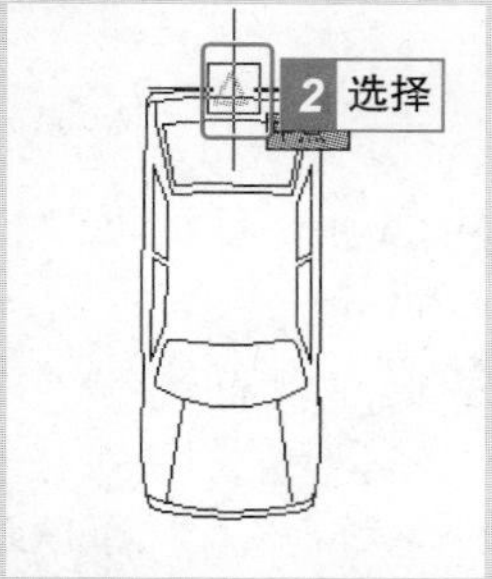

图7-33 指定基点

步骤 04 返回“块定义”对话框，选中“对象”栏中的⊙删除(D)单选按钮，单击“选择对象”按钮，进入绘图区选择汽车图形，按【Enter】键返回“块定义”对话框，单击 确定 按钮。

步骤 05 在命令行输入“I”，执行插入命令，打开“插入”对话框，如图7-34所示，在“名称”下拉列表框中选择“小车”选项，其余参数保持不变，单击 确定 按钮。

步骤 06 返回绘图区，在命令行提示“指定插入点或[基点(B)/比例(S)/X/Y/Z/旋转(R)]:”后指定图块的插入基点，如图7-35所示。

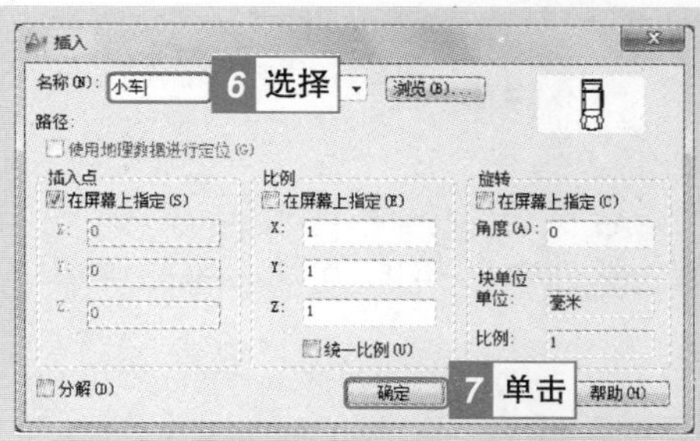

图7-34 “插入”对话框

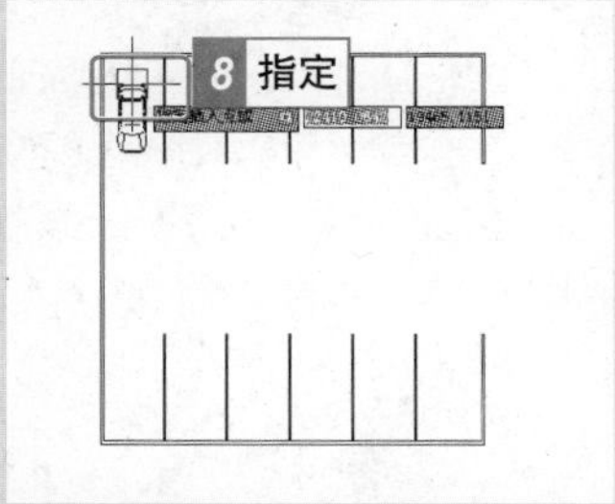

图7-35 指定插入点

步骤 07 在命令行输入“I”，执行插入命令，打开“插入”对话框，如图7-36所示，在“名称”下拉列表框中选择“小车”选项，在“旋转”栏的“角度”文本框中输入“180”，指定插入图块时的旋转角度，其余参数保持不变，单击 确定 按钮。

步骤 08 返回绘图区，在命令行提示“指定插入点或[基点(B)/比例(S)/X/Y/Z/旋转(R)]:”后指定图块的插入基点，如图7-37所示。

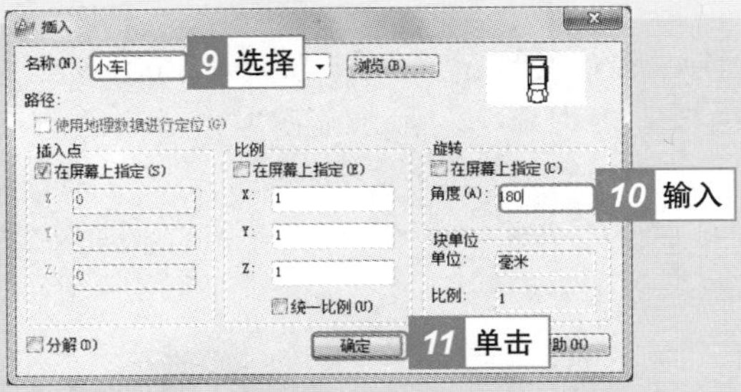

图7-36 “插入”对话框

图7-37 指定插入点

步骤 09 在命令行输入“CO”，执行复制命令，将插入的图块进行复制，如图7-38所示。

步骤 10 在命令行输入“I”，执行插入命令，打开“插入”对话框，在对话框中单击 浏览(B)... 按钮，打开“选择图形文件”对话框，在文件列表中选择“长型轿车.dwg”图形文件，如图7-39所示。

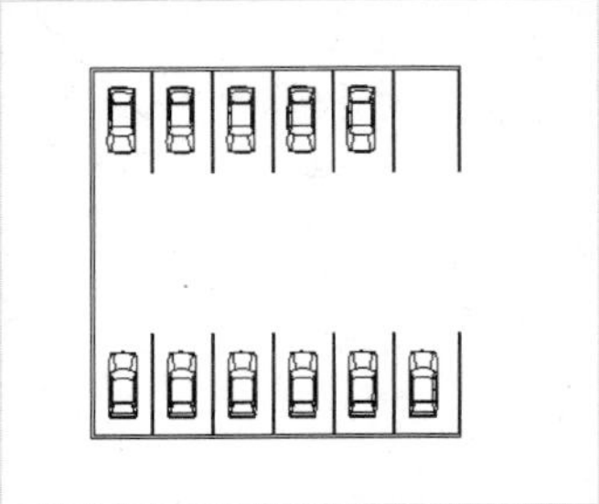

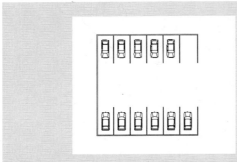

图7-38 复制图块

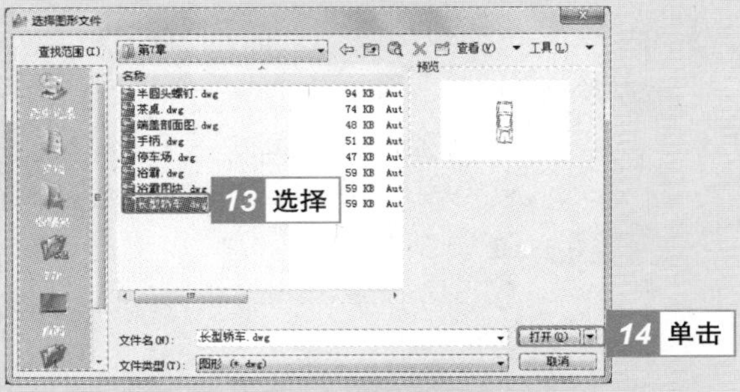

图7-39 选择外部图块

步骤 11 单击 打开(O) 按钮，返回“插入”对话框，单击 确定 按钮，返回绘图区，并指定外部图块的插入点，插入图块。

步骤 12 在命令行输入“ATT”，执行属性定义命令，打开“属性定义”对话框，在该对话框中进行属性定义，其具体参数如图7-40所示。

步骤 13 单击 确定 按钮，在插入的外部图块下指定属性定义的位置，如图7-41所示。

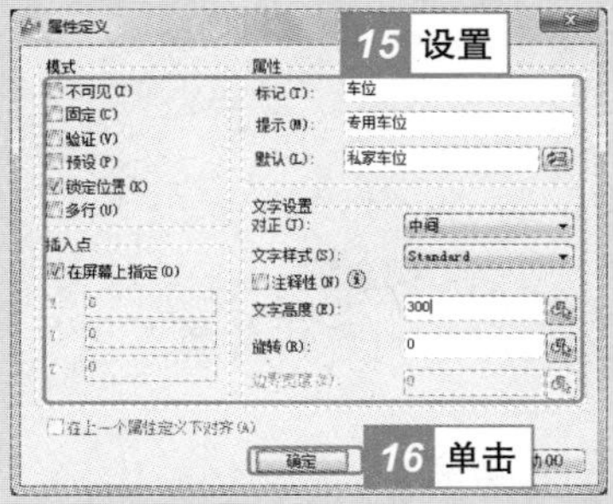

图7-40 属性定义

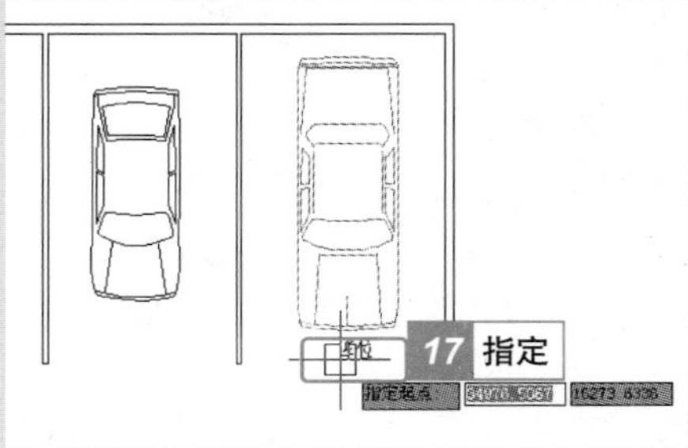

图7-41 指定插入点

步骤 14 在命令行输入“B”，执行定义块命令，打开“块定义”对话框，在“名称”选项下的文本框中输入“车位”，在“对象”栏中选中⊙转换为块(C)单选按钮，并单击“选择对象”按钮，进入绘图区选择插入的长型轿车和属性定义文字，按【Enter】键返回“块定义”对话框，如图7-42所示。

步骤 15 单击［确定］按钮，打开“编辑属性”对话框，如图7-43所示，在该对话框中不做任何操作，单击［确定］按钮即可（光盘:\效果\第7章\停车场.dwg）。

图7-42　定义属性块

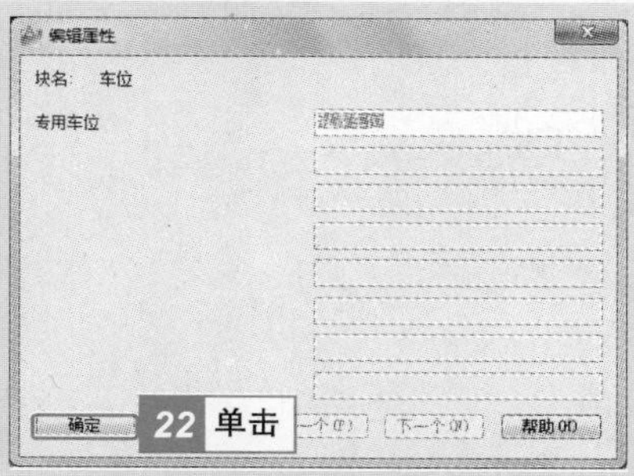

图7-43　编辑属性

7.6 本章小结——图块的编辑技巧

魔法师： 小魔女，怎么样？图块和图案的使用方法已经熟练了吧！不过“业精于勤而荒于嬉”，下来还是要多加练习才可以哦！

小魔女： 嗯，我知道，对了，魔法师，你还有什么经验和技巧可以传授给我吗？不要藏私哦！

魔法师： 经验谈不上，不过可以再给你补充几个小知识点。

第1招：创建能分解的图块

使用定义块命令定义内部图块时，在“方式”栏中选中☑允许分解(P)复选框，定义的图块可以使用分解命令进行分解处理；如果取消选中该复选框，则定义的图块不能使用分解命令进行分解操作。

第2招：指定插入图块比例

使用“插入”对话框插入图块时，在“比例”栏中选中☑统一比例(U)复选框，则只有X选项的文本框为可用状态，在其中输入比例值，可插入指定比例的图块；取消选中该复选框，在X、Y和Z轴选项后的文本框中都可以输入图块的比例，可以插入不同方向上不同比例的图块。

第3招：插入图块时分解图块

在“插入”对话框中选中☑分解(D)复选框，可以在插入图块时将图块分解为单独的图形对象。

7.7 过关练习

（1）打开“玄关立面图.dwg”图形文件（光盘:\素材\第7章\玄关立面图.dwg），为墙面设置填充图案，设置完成后效果如图7-44所示（光盘:\效果\第7章\玄关立面图.dwg）。

（2）通过设计中心插入名为“变压器”的图块，然后对整个图块进行分解，效果如图7-45所示（光盘:\效果\第7章\分解后的变压器.dwg）。

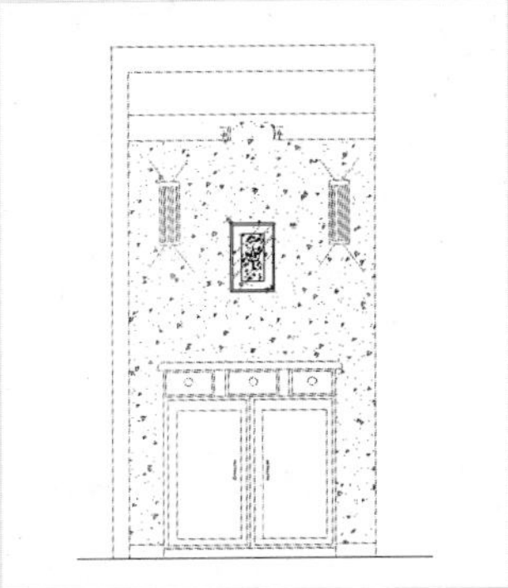

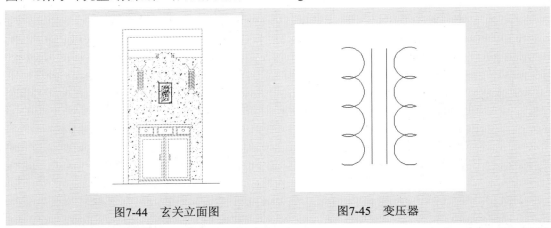

图7-44　玄关立面图

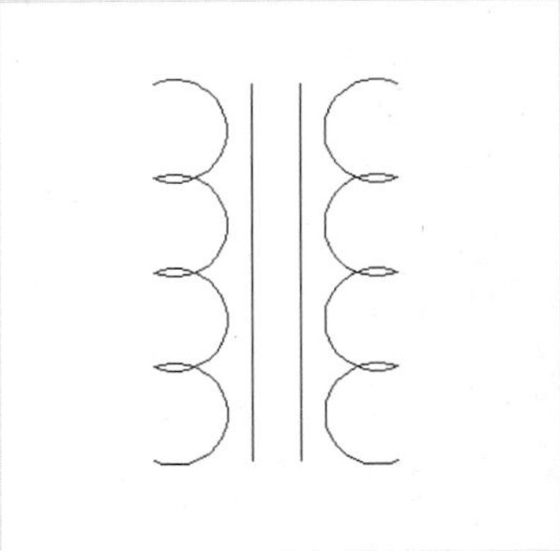

图7-45　变压器

（3）根据本章所学的剪裁外部参照的方法，将如图7-46所示（光盘:\素材\第7章\沙发.dwg）的图形对象剪裁为如图7-47所示的图形效果（光盘:\效果\第7章\沙发.dwg）。

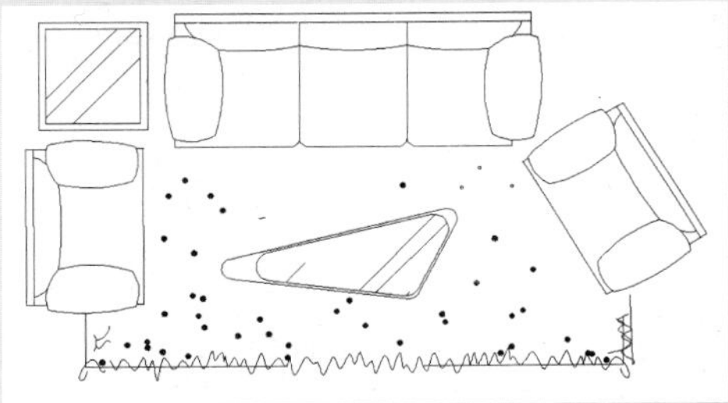

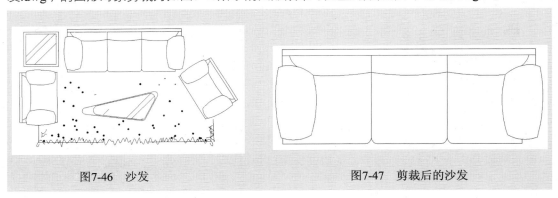

图7-46　沙发

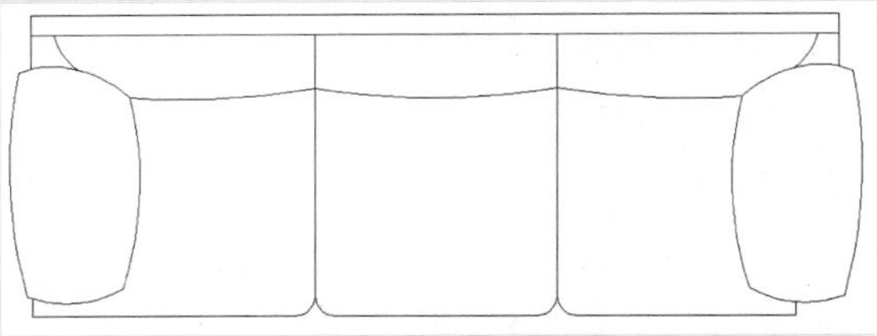

图7-47　剪裁后的沙发

（4）打开“粗糙度.dwg”图形文件（光盘:\素材\第7章\粗糙度.dwg），如图7-48所示，为该图形创建属性定义，并将其定义为图块，效果如图7-49所示（光盘:\效果\第7章\粗糙度.dwg）。

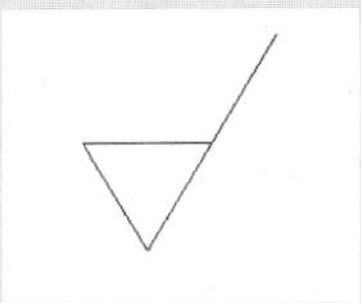

图7-48　粗糙度

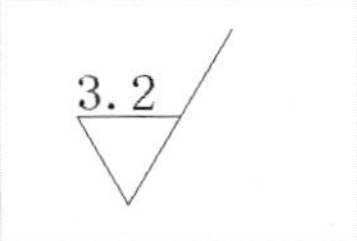

图7-49　属性定义

Chapter 8

第8章

标注图形尺寸

小魔女：图形绘制完成后，我想把我所绘制的图形的大小，以及图形对象与图形对象间的距离关系表现出来，这样施工或生产人员就能按照图纸上的尺寸更加精确地完成工作，在AutoCAD中可以操作吗？

魔法师：小魔女，真的是越来越专业了，嗯，是有这样的操作，我们称它为标注图形尺寸，图形对象不同，标注图形尺寸的方法也会不同。

小魔女：哟！还有这么多规定呀！

魔法师：呵呵！那当然。小魔女，你可要好好学习哟，这可是图纸绘制者与施工者或生产者的沟通手段之一哟。

学习要点：

- 认识尺寸标注
- 设置尺寸标注样式
- 标注图形尺寸
- 公差标注
- 编辑尺寸标注

8.1 认识尺寸标注

魔法师：小魔女，你已经可以完成各种图形的绘制了，但是你知道，拿给别人看，除了图形的形状外的图形还要进行尺寸标注吗？

小魔女：尺寸标注？那是要将绘制的图形以数字形式来表示图形的大小吗？那要怎么进行标注呢？

魔法师：对图形进行尺寸标注之前，让我们先来了解尺寸标注的相关知识吧。

8.1.1 尺寸标注的组成

尺寸标注是制图中的一个重要环节，尺寸标注主要由尺寸界线、尺寸线、标注文字、箭头和圆心标记等几部分组成，如图 8-1 所示。

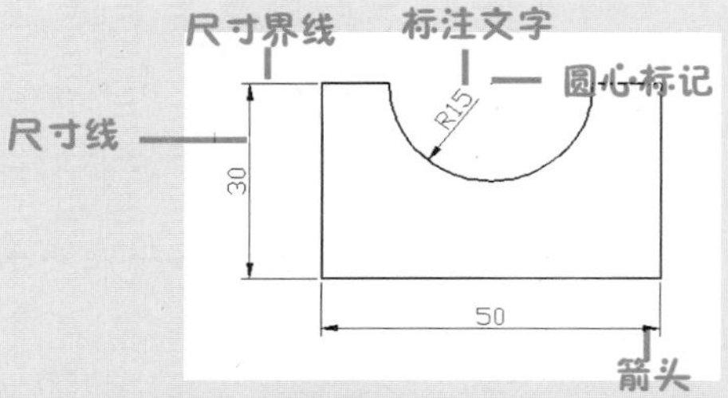

图 8-1　尺寸标注的组成元素

各组成部分的作用与含义介绍如下：

- 尺寸界线：也称为投影线，用于标注尺寸的界线，由图样中的轮廓线、轴线或对称中心线引出。标注时，尺寸界线从所标注的对象上自动延伸出来，它的端点与所标注的对象接近但并未连接到对象上。
- 尺寸线：通常与所标注对象平行，放在两条尺寸界线之间用于指示标注的方向和范围。通常尺寸线为直线，与标注的线段平行，而角度标注尺寸线则为一段圆弧。
- 标注文字：通常位于尺寸线上方或中断处，用以表示所选标注对象的具体尺寸大小。在进行尺寸标注时，AutoCAD 会自动生成所标注对象的尺寸数值，用户也可对标注文字进行修改和添加等编辑操作。
- 箭头：在尺寸线两端，用以表明尺寸线的起始位置，用户可为标注箭头指定不同的尺寸大小和样式。
- 圆心标记：标记圆或圆弧的中心点。

8.1.2 建筑标注的有关规定

对建筑制图进行尺寸标注时，应遵循的规定介绍如下：

- 当图形中的尺寸以毫米为单位时，不需要标注计量单位。否则必须注明所采用的单位代号或名称，如cm（厘米）和m（米）等。
- 图形的真实大小应以图样上标注的尺寸数值为依据，与所绘制图形的大小比例及准确性无关。
- 尺寸数字一般写在尺寸线上方，也可以在尺寸线中断处。尺寸数字的字高必须相同。
- 标注文字中的字体必须按照国家标准规定进行书写，即汉字必须使用仿宋体，数字使用阿拉伯数字或罗马数字，字母使用希腊字母或拉丁字母。各种字体的具体大小可以从2.5、3.5、5、7、10、14以及20等7种规格中选取。
- 图形中每个部分的尺寸应只标注一次，并且应标注在最能反映其形体特征的视图上。
- 图形中所标注的尺寸应为该构件完工后的标准尺寸，否则须另加说明。

8.1.3 机械标注的有关规定

对机械制图进行尺寸标注时，应遵循的规定介绍如下：

- 符合国家标准的有关规定，标注制造零件所需要的全部尺寸，不重复，不遗漏，尺寸排列整齐并符合设计和工艺的要求。
- 每个尺寸一般只标注一次，尺寸数值为零件的真实大小，与所绘图形的比例及准确性无关。尺寸标注以毫米为单位，若采用其他单位，则必须注明单位名称。
- 标注文字中的字体按照国家标准规定书写，图样中的字体为仿宋体，字号分1.8、2.5、3.5、5、7、10、14和20等8种，其字体高度应按$\sqrt{2}$的比率递增。
- 字母和数字分A型和B型，A型字体的笔画宽度（d）与字体高度（h）符合d=h/14，B型字体的笔画宽度与字体高度符合d=h/10。在同一张图样上，只允许选用一种形式的字体。
- 字母和数字分直体和斜体两种，同一张图样上只能采用一种书写形式，常用斜体。

8.2 设置尺寸标注样式

魔法师：小魔女，你是不是已经了解尺寸标注的组成，以及它在建筑和机械制图中的相关规定了呢？

小魔女：是的，听了魔法师的介绍，我已经对尺寸标注的相关知识有所了解了，那么是不是就可以直接对图形进行尺寸标注了呢？

魔法师：在进行尺寸标注之前，还应该对尺寸标注的样式进行设置，以便更规范地进行尺寸标注，下面我给你介绍一下尺寸标注样式的设置方法吧！

8.2.1 创建标注样式

AutoCAD默认有一个ISO-25的标注样式，若用户对该标注样式不满意可以对其中的参数进行设置，若想拥有一个自己专用的标注样式，可以使用创建标注样式的方法创建自己的标注样式。创建新的尺寸标注样式，是在“标注样式管理器”对话框中进行的。调用标注样式命令的方法主要有如下几种：

- 选择“常用”/“注释”组，单击“标注样式”按钮。
- 在命令行中执行“DDIM/D/DIMSTYLE/DIMSTY”命令。

执行上述任一操作后，都将打开“标注样式管理器”对话框。下面将在该对话框中创建名为“建筑”的尺寸标注样式，介绍尺寸标注样式的创建，其具体操作如下：

步骤 01 在命令行中执行“DIMSTYLE”命令，打开“标注样式管理器”对话框，如图8-2所示。

步骤 02 单击新建(N)...按钮，打开“创建新标注样式”对话框，在“新样式名”文本框中输入标注样式的名称，这里输入“建筑”，单击继续按钮，如图8-3所示。

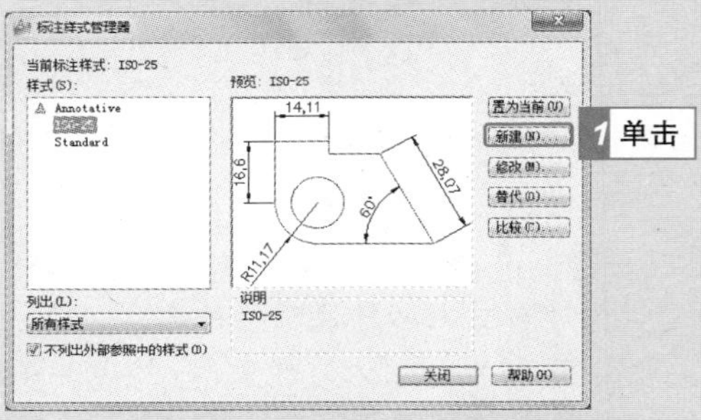

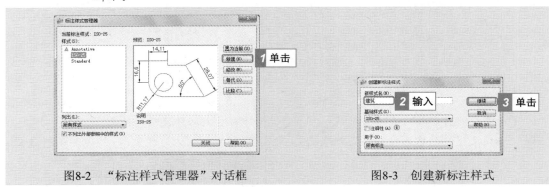

图8-2 “标注样式管理器”对话框

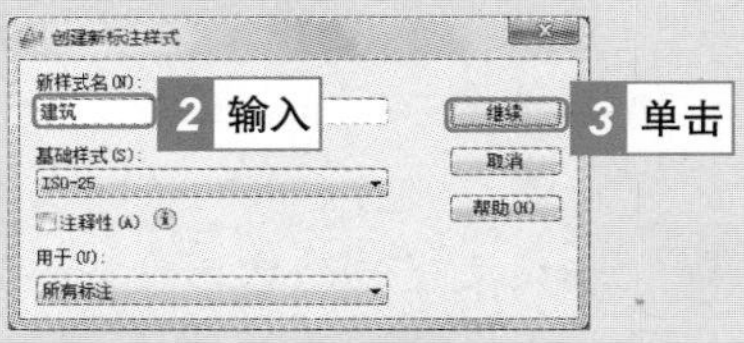

图8-3 创建新标注样式

步骤 03 打开“新建标注样式：建筑”对话框，选择“线”选项卡，在“尺寸线”栏的“颜色”下拉列表框中选择“洋红”选项，在“尺寸界线”栏的“颜色”下拉列表框中选择“洋红”选项，如图8-4所示。

步骤 04 选择“符号和箭头”选项卡，在“箭头”栏的“第一个”下拉列表框中选择“建筑标记”选项，在“箭头大小”数值框中输入“3”，如图8-5所示。

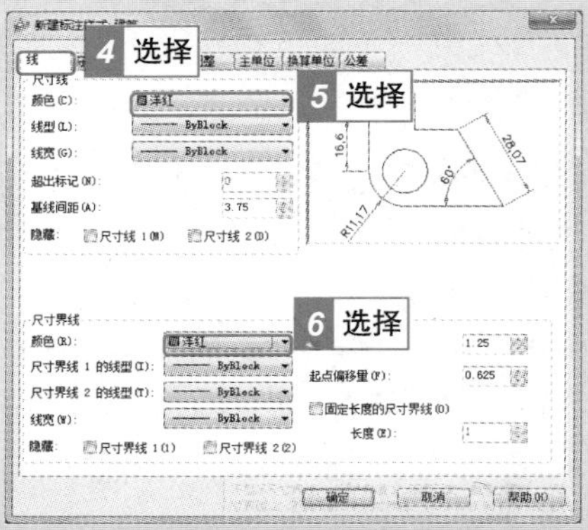

图8-4 设置“线”选项

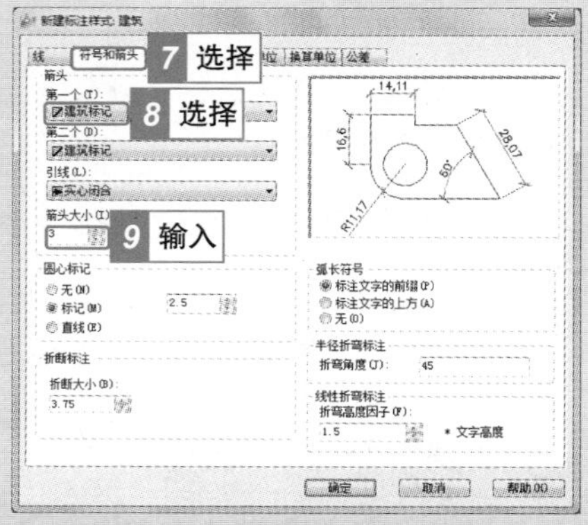

图8-5 设置“符号和箭头”选项

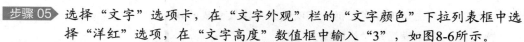

步骤 05　选择"文字"选项卡，在"文字外观"栏的"文字颜色"下拉列表框中选择"洋红"选项，在"文字高度"数值框中输入"3"，如图8-6所示。

步骤 06　单击[确定]按钮完成设置，返回"标注样式管理器"对话框，在"样式"列表框中选择创建的"建筑"样式，单击[置为当前(U)]按钮，将选择的标注样式设置为当前标注样式，如图8-7所示（光盘:\效果\第8章\创建标注样式.dwg）。

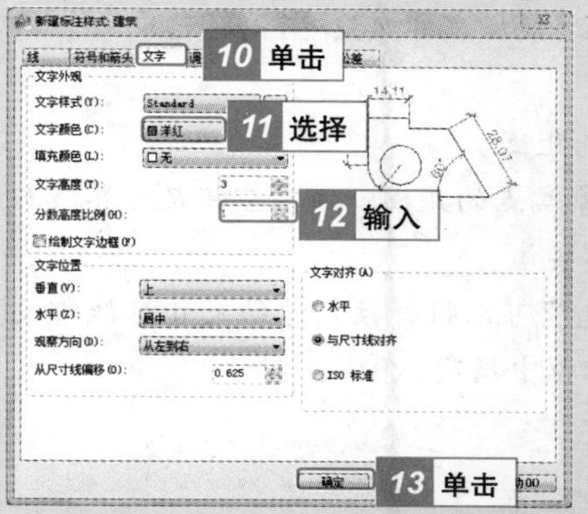

图8-6　"文字"选项卡

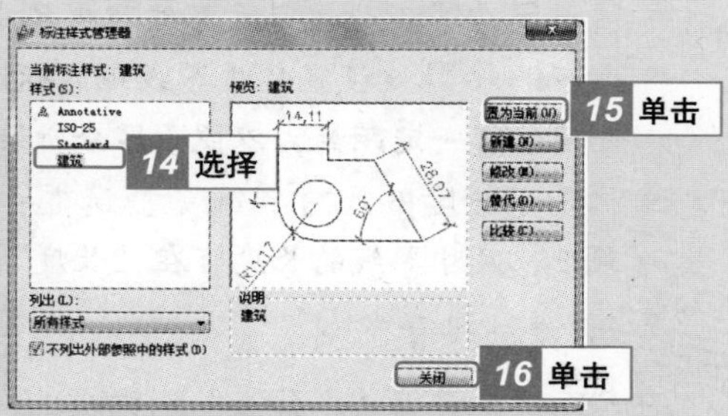

图8-7　设置当前标注样式

步骤 07　单击[关闭]按钮，关闭"标注样式管理器"对话框。

8.2.2 修改标注样式

标注样式可以在创建的时候进行设置，也可以在"标注样式管理器"对话框的"样式"列表框中选择已有的标注样式后，单击[修改(M)...]按钮，对标注样式进行设置。对标注样式进行设置时，主要是对"线"、"符号和箭头"、"文字"、"调整"、"主单位"、"换算单位"和"公差"选项卡中的内容进行设置。

1. 修改标注线条

尺寸标注的线条主要是指尺寸线和尺寸界线，对尺寸标注的线条进行调整的方法是在"标注样式管理器"对话框中选择要进行修改的标注样式，然后单击[修改(M)...]按钮，在打开的"新建标注样式：建筑"对话框中选择"线"选项卡，如图8-8所示，其中"尺寸界线"栏中的"颜色"、"线宽"等选项含义及设置方法与"尺寸线"栏相似，这里只介绍"尺寸线"栏中相同的选项，其中主要选项的含义如下：

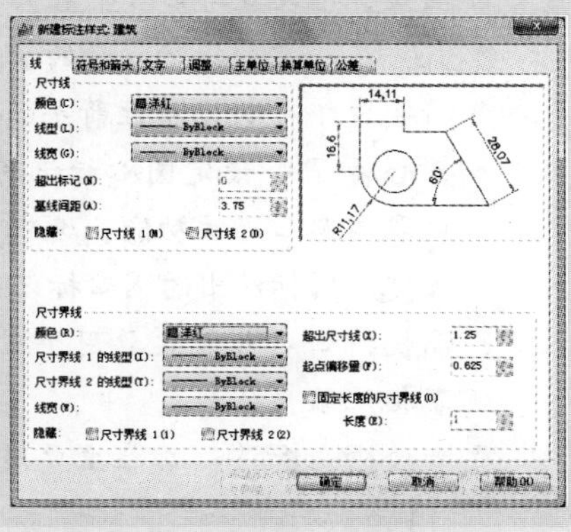

图8-8　"线"选项卡

- **颜色**：在"尺寸线"栏中的"颜色"下拉列表框中可以设置标注尺寸线的颜色；"尺寸界线"栏的"颜色"下拉列表框可以设置尺寸界线的颜色。

- **线型**：单击该下拉列表框，可以设置标注尺寸线的线型。
- **线宽**：用于设置尺寸线的线条宽度。
- **超出标记**：设置尺寸线超出尺寸界线的长度。若设置的标注箭头是箭头形式，则该选项不可用；若箭头形式为“倾斜”样式或取消尺寸箭头，则该选项可用。
- **基线间距**：设定基线尺寸标注中尺寸线之间的间距。
- **隐藏**：控制尺寸线的可见性。若选中“尺寸线1”复选框，则在标注对象时，会隐藏尺寸线1；选中“尺寸线2”复选框，则标注时隐藏尺寸线2；若同时选中两个复选框，则在标注时不显示尺寸线。
- **超出尺寸线**：设置尺寸界线超出尺寸线的距离。
- **起点偏移量**：设置尺寸界线距离标注对象端点的距离，通常应将尺寸界线与标注对象之间保留一定距离，以便于区分所绘图形实体。
- **“固定长度的尺寸界线”复选框**：该选项可以将标注尺寸的尺寸界线都设置成相同长度，尺寸界线的长度可在“长度”文本框中指定。

2. 设置符号和箭头

在“新建标注样式：建筑”对话框的“符号和箭头”选项卡中，可以设置标注尺寸中箭头样式、箭头大小、圆心标记以及弧长符号等，如图8-9所示。“符号和箭头”选项卡中主要选项的含义介绍如下：

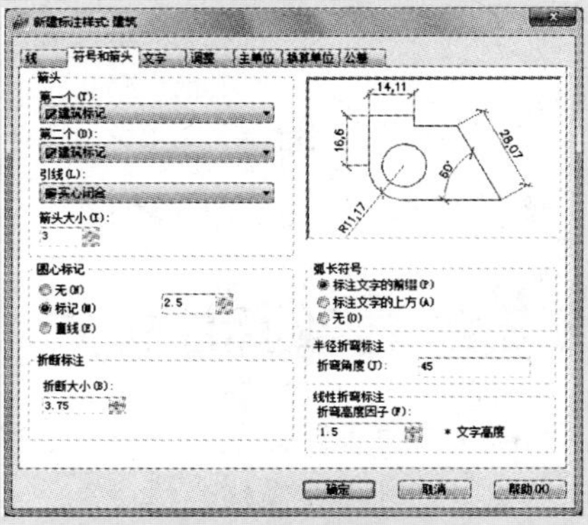

图8-9　“符号和箭头”选项卡

- **第一个**：在AutoCAD中系统默认尺寸标注箭头为两个“实心闭合”的箭头，在“第一个”选项的下拉列表框中设置第一条尺寸线的箭头类型，当改变第一个箭头类型时，第二个箭头类型自动变成与第一个箭头相同的类型。
- **第二个**：在该下拉列表框中设置第二个箭头的类型，可设置与第一个箭头不同的箭头类型。
- **引线**：设定引线标注时的箭头类型。
- **箭头大小**：设定标注箭头的显示大小。
- **圆心标记**：设定圆心标记的类型。当选中 无(N) 单选按钮，在标注圆弧类的图形时，则取消圆心标注功能；选中 标记(M) 单选按钮，则标注出的圆心标记为选中 直线(E) 单选按钮，则标注出的圆心标记为中心线。
- **弧长符号**：该栏主要用于在选择标注弧长时，其弧长符号是标注文字上方、前缀还是不标注弧长符号。
- **半径折弯标注**：该栏主要用于设置进行半径折弯标注时的折弯角度。

3. 设置标注文字

对图形尺寸进行标注时，标注文字的大小非常重要，如果标注文字太小，则无法看清标注的具体尺寸；如果标注文字太大，则会使图形画面杂乱，甚至无法完整地显示标注文字。

标注文字主要是在“新建标注样式：建筑”对话框的“文字”选项卡中进行设置，如图8-10所示，“文字”选项卡中各选项含义如下：

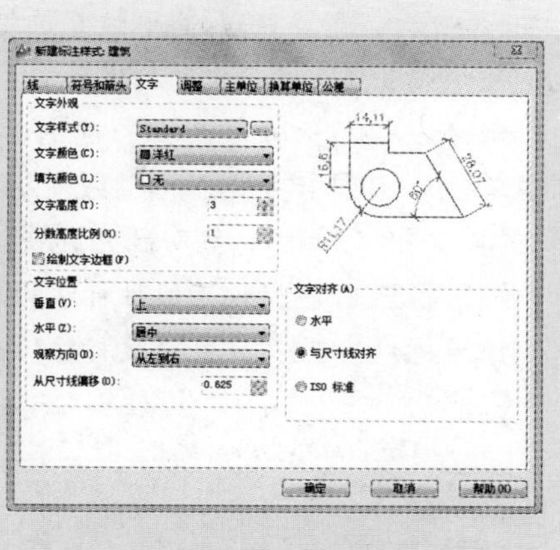

图8-10　“文字”选项卡

- **文字样式**：单击该下拉列表框，可以选择文字样式，系统默认为Standard。若需创建一个新的文字样式，可单击该下拉列表框右侧的按钮，在打开的“文字样式”对话框中进行文字样式的设置。
- **文字颜色**：该选项用于设置标注文字的颜色。
- **填充颜色**：在该下拉列表框中可以选择文字的背景颜色。
- **文字高度**：设置标注文字的高度。若已在文字样式中设置了文字高度，则该数值框中的值无效。
- **分数高度比例**：设定分数形式字符与其他字符的比例。当在“主单位”选项卡选择“分数”作为“单位格式”时，此选项才可用。
- 绘制文字边框(F)**复选框**：选中该复选框后，在进行尺寸标注时，可为标注文本添加边框。
- **垂直**：控制标注文字相对于尺寸线的垂直对齐位置。
- **水平**：控制标注文字在尺寸线方向上相对于尺寸界线的水平位置。
- **从尺寸线偏移**：该选项用于指定尺寸线到标注文字间的距离。
- **水平**：将所有标注文字水平放置。
- **与尺寸线对齐**：将所有标注文字与尺寸线对齐，文字倾斜度与尺寸线倾斜度相同。
- **ISO标准**：当标注文字在尺寸界线内部时，文字与尺寸线平行；当标注文字在尺寸线外部时，文字水平排列。

4. 修改其他参数

修改标注样式，除了设置“线”、“符号和箭头”、“文字”选项卡之外，还可以对“调整”、“主单位”、“换算单位”和“公差”选项卡进行设置，“调整”选项卡包括“调整选项”、“文字位置”、“标注特征比例”和“优化”4个栏，如图8-11所示，其中部分选项功能介绍如下：

- **“调整选项”栏**：用于设置基于尺寸界线之间可用空间的文字和箭头位置。当两条尺寸界线间的距离足够大时，则把文字和箭头放在尺寸界线之间；当距离不足时，则按“调整选项”栏中的设置放置文字和箭头。
- **“文字位置”栏**：用于设置标注文字的显示位置。
- 使用全局比例(S):**单选按钮**：选中该单选按钮，并在其右侧数值框中输入比值，从而所有以该标注样式为基础的尺寸标注都将按该比例放大相应的倍数。
- 将标注缩放到布局**单选按钮**：选中该单选按钮，则可根据模型空间视口比例设置标注比例。

- ☑手动放置文字(P) **复选框**：选中该复选框，则将忽略所有水平对正设置，并将文字放置在“尺寸线位置”提示中的指定位置。
- ☑在尺寸界线之间绘制尺寸线(D) **复选框**：选中该复选框，则将始终在尺寸界线之间绘制尺寸线。

“主单位”选项卡主要包括“线性标注”、“测量单位比例”、“角度标注”和“消零”4个栏，如图8-12所示，其中部分选项功能介绍如下：

- **“线性标注”栏**：设置线性标注的单位格式、精度及标注文字的前缀和后缀等。
- **“角度标注”栏**：设置角度标注的当前单位格式和精度等。

图8-11 “调整”选项卡

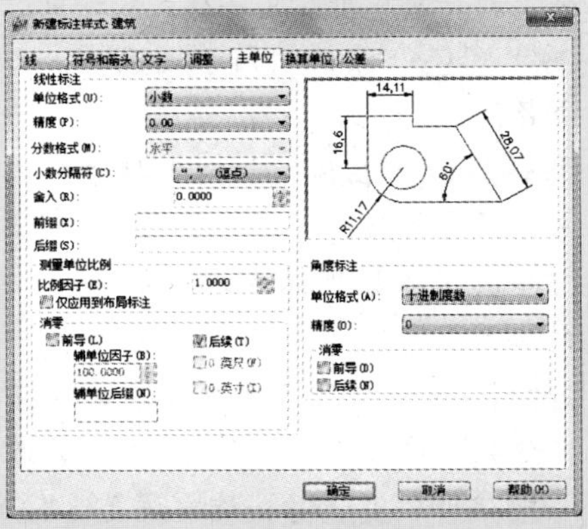

图8-12 “主单位”选项卡

在“换算单位”选项卡中，只有选中☑显示换算单位(D)复选框后，该选项卡中的其他选项才能被激活，如图8-13所示，其中部分选项功能介绍如下：

- **“换算单位”栏**：用于设置除角度之外标注的换算单位格式、精度和前后缀。
- **“消零”栏**：用于设置换算单位的消零规则。
- **“位置”栏**：用于设置换算单位的位置。

在“公差”选项卡的“公差格式”栏中设置公差的方式、精度和放置位置等内容，该部分参数一般用于机械制图，“换算单位公差”栏用于设置换算公差单位的精度和消零规则，如图8-14所示。

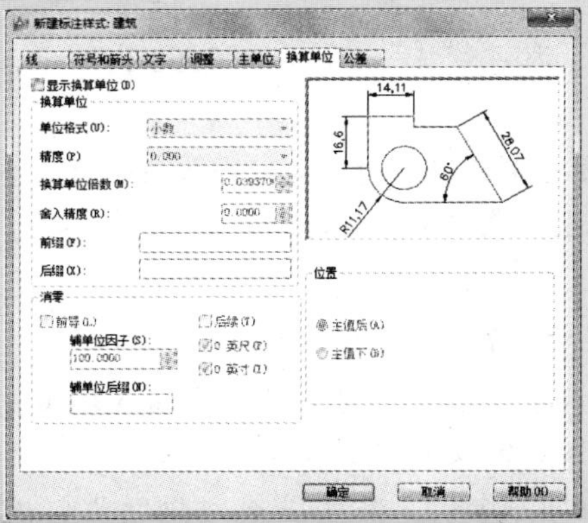

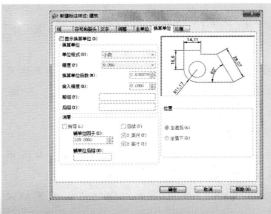

图8-13 “换算单位”选项卡

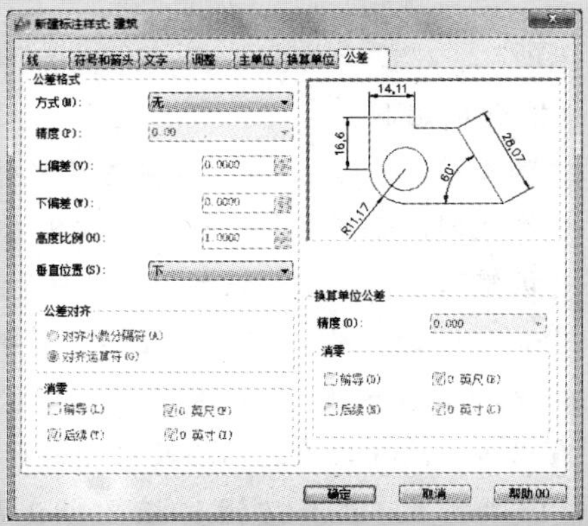

图8-14 “公差”选项卡

8.2.3 删除尺寸标注样式

如果不再需要某个标注样式，可以将其删除，其具体操作如下：

步骤 01 选择“格式”/“标注样式”命令，打开“标注样式管理器”对话框。

步骤 02 在“样式”列表框中需删除的标注样式名称上单击鼠标右键，在弹出的快捷菜单中选择“删除”命令，如图8-15所示。

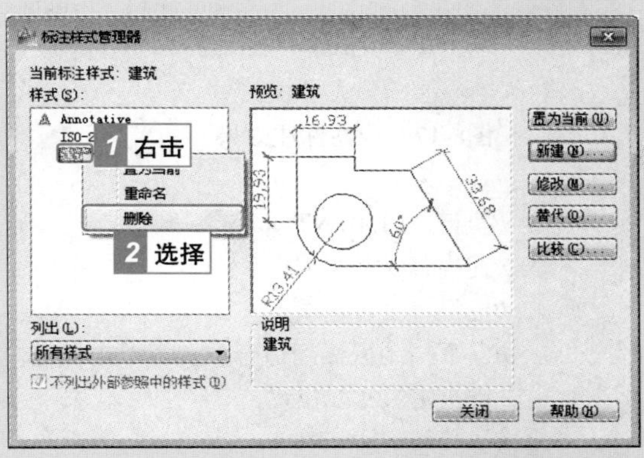

删除标注样式时，不能删除ISO-25标注样式，以及当前图形中正在使用的标注样式，而且在弹出的快捷菜单中也可以将标注样式重命名。

图8-15　删除标注样式

8.3 标注图形尺寸

魔法师：小魔女，掌握了尺寸标注样式的创建、修改及删除等操作，就可以利用尺寸标注命令对图形进行尺寸标注了。

小魔女：真的吗？使用尺寸标注命令对图形进行标注时，需要注意些什么问题呢？

魔法师：使用尺寸标注命令对图形进行标注，主要分为长度型、圆弧型等几类，对图形进行标注时，首先应了解所标注图形对象的形状，再对其进行标注操作。

8.3.1 线性标注

线性标注用于标注水平或垂直方向上的尺寸，调用线性命令的方法主要有如下几种：

- 选择“注释”/“标注”组，单击“线性”按钮。
- 在命令行中执行“DIMLINEAR/DIMLIN”命令。

下面将使用线性尺寸标注对象的方法对如图8-16所示的“连杆.dwg”图形文件（光盘:\素材\第8章\连杆.dwg）中的底端水平直线的长度进行标注，标注完成后的效果如图8-17所示（光盘:\效果\第8章\线性标注.dwg），其命令行及操作如下：

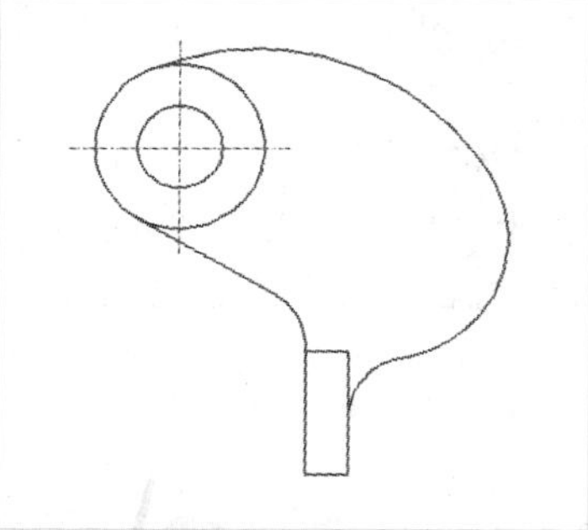

图8-16　待标注图形

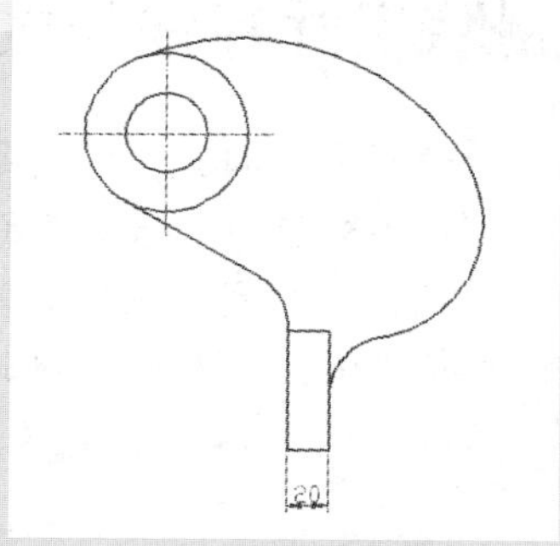

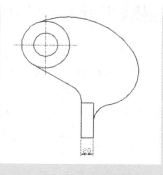

图8-17　线性标注效果

命令：DIMLIN	//执行“DIMLIN”命令
指定第一条尺寸界线原点或 <选择对象>:	//捕捉直线左端端点
指定第二条尺寸界线原点:	//捕捉直线右端端点
指定尺寸线位置或[多行文字(M)/文字(T)/角度(A)/水平(H)/垂直(V)/旋转(R)]:	//向下拖动鼠标到适合位置，单击鼠标左键指定尺寸线位置
标注文字 =20	//系统提示标注尺寸

在执行线性命令的过程中关键选项的含义介绍如下：

- 多行文字：通过输入多行文字的方式输入多行标注文字。
- 文字：通过输入单行文字的方式输入单行标注文字。
- 角度：输入设置标注文字方向与标注端点连线之间的夹角，默认为0°，即保持平行。
- 水平：表示只标注两点之间的水平距离。
- 垂直：表示只标注两点之间的垂直距离。
- 旋转：在标注过程中设置尺寸线的旋转角度。

8.3.2 连续标注

连续标注命令是以已有尺寸标注为基准标注，然后快速创建出与其相邻的对象的尺寸。调用连续标注命令的方法主要有如下几种：

- 选择“注释”/“标注”组，单击“连续”按钮。
- 在命令行中执行“DIMCONTINUE/DIMCONT”命令。

下面将使用连续标注命令对“连杆.dwg”图形文件（光盘:\素材\第8章\连杆.dwg）进行连续标注（光盘:\效果\第8章\连续标注.dwg），其具体操作如下：

步骤 01 执行线性标注命令，对图形进行线性标注处理，如图8-18所示。

步骤 02 执行连续标注命令，对图形进行连续标注操作，效果如图8-19所示，其命令行及操作如下：

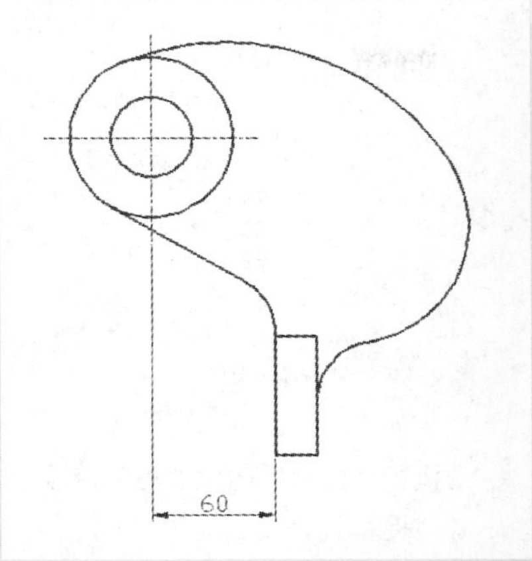

图8-18　线性标注

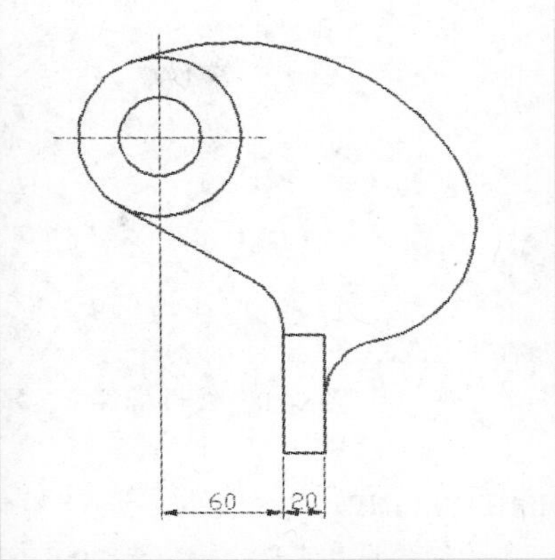

图8-19　连续标注图形

命令: DIMCONTINUE	//执行“DIMCONTINUE”命令
指定第二条尺寸界线原点或 [放弃(U)/选择(S)] <选择>:	//捕捉水平直线右端端点
标注文字 = 20	//系统提示标注尺寸
指定第二条尺寸界线原点或 [放弃(U)/选择(S)] <选择>:	//按【Enter】键选择“选择”选项
选择连续标注:	//按【Enter】键退出命令

魔法档案——选择连续标注

使用连续标注命令对图形进行连续标注时，如果第一次进行线性标注等尺寸标注，则直接要求指定第二条尺寸界线的原点，也可以选择“选择”选项，指定作为基点的尺寸标注。

8.3.3 基线标注

使用基线标注命令可以从同一基线处测量多个标注，调用基线标注命令的方法主要有如下几种：

- 选择“注释”/“标注”组，单击“基线”按钮。
- 在命令行中执行“DIMBASELINE”命令。

下面将使用基线标注命令对“连杆.dwg”图形文件（光盘:\素材\第8章\连杆.dwg）进行基线标注（光盘:\效果\第8章\基线标注.dwg），其具体操作如下：

步骤 01 执行线性标注命令，对图形进行线性标注处理，如图8-20所示。

步骤 02 执行基线标注命令，对图形进行基线标注操作，效果如图8-21所示，其命令行及操作如下：

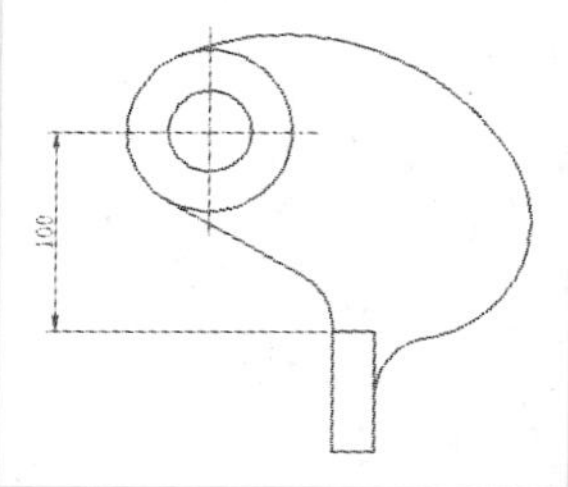

图8-20　线性标注

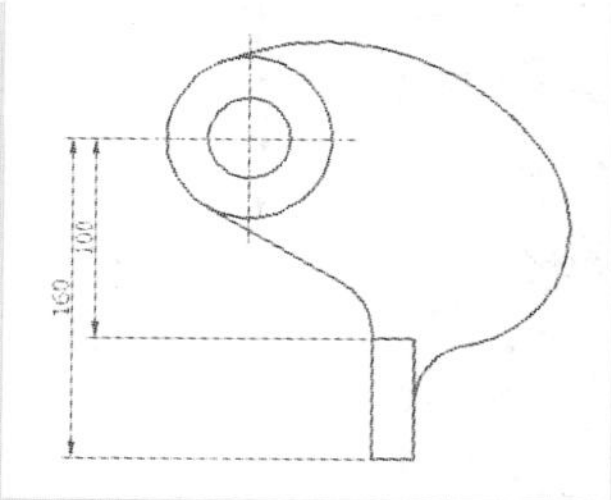

图8-21　基线标注图形

```
命令: DIMBASELINE                                        //执行“DIMBASELINE”命令
指定第二条延伸线原点或 [放弃(U)/选择(S)] <选择>:          //捕捉垂直直线底端端点
标注文字 = 160                                           //系统提示标注尺寸
指定第二条延伸线原点或 [放弃(U)/选择(S)] <选择>:          //按【Enter】键选择“选择”选项
选择基准标注:                                            //按【Enter】键退出命令
```

8.3.4 角度标注

角度标注命令可以精确测量并标注被测对象之间的夹角度数，调用角度标注命令的方法主要有如下几种：

- 选择“注释”/“标注”组，单击“角度”按钮。
- 在命令行中执行“DIMANGULAR/DIMANG”命令。

下面将使用角度标注命令对“连杆.dwg”图形文件（光盘:\素材\第8章\连杆.dwg）中的倾斜直线与垂直线的角度进行标注，标注角度的效果如图8-22所示（光盘:\效果\第8章\角度标注.dwg），其命令行及操作如下：

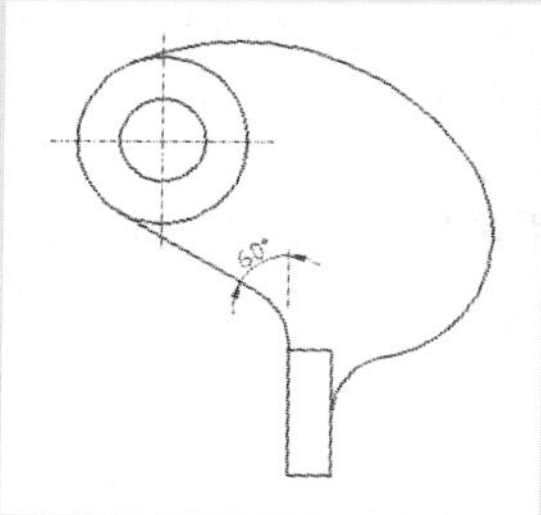

图8-22　角度标注效果

在标注对象角度的过程中，除了以选择组成角度的线性对象的方式来创建角度标注外，还可通过以指定角的顶点，以及组成边的方式来进行。

```
命令: DIMANGULAR                                   //执行“DIMANGULAR”命令
选择圆弧、圆、直线或 <指定顶点>:                     //选择倾斜直线，指定第一条边
选择第二条直线:                                     //选择左端的垂直线，指定第二条边
指定标注弧线位置或 [多行文字(M)/文字(T)/角度(A)]:    //指定标注弧线位置
标注文字 =60                                        //系统提示标注结果
```

8.3.5 直径标注

在AutoCAD中标注直径尺寸是使用“DIMDIAMETER”命令来完成的，调用直径标注命令的方法主要有如下几种：

- 选择“注释”/“标注”组，单击“直径”按钮。
- 在命令行中执行“DIMDIAMETER/DIMDIA”命令。

下面将使用直径标注对象的方法对“连杆.dwg”图形文件（光盘:\素材\第8章\连杆.dwg）中的两个圆进行标注（光盘:\效果\第8章\直径标注.dwg），其命令行及操作如下：

```
命令: DIMDIAMETER                              //执行“DIMDIAMETER”命令
选择圆弧或圆:                                   //选择大的一个圆
标注文字 = 80                                   //系统提示标注文字
指定尺寸线位置或 [多行文字(M)/文字(T)/角度(A)]:     //指定尺寸线位置，如图8-23所示
命令: DIMDIAMETER                              //执行“DIMDIAMETER”命令
选择圆弧或圆:                                   //选择小的一个圆
标注文字 = 40                                   //系统提示标注文字
指定尺寸线位置或 [多行文字(M)/文字(T)/角度(A)]:     //指定尺寸线位置，如图8-24所示
```

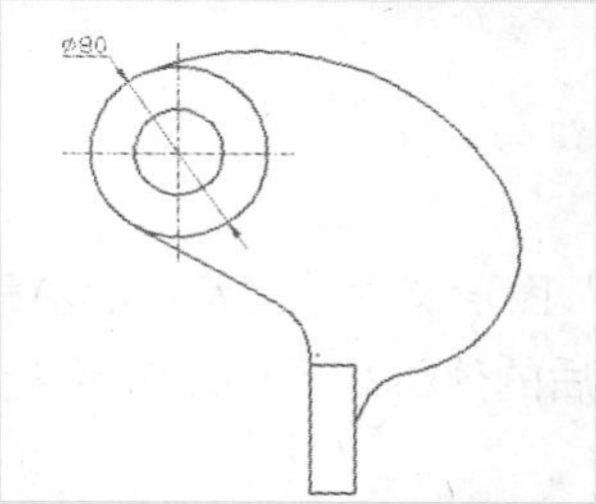

图8-23 标注直径为80的圆

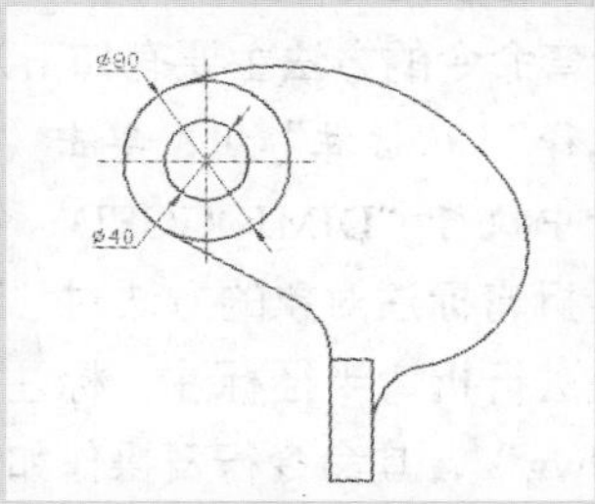

图8-24 标注圆效果

8.3.6 半径标注

圆和圆弧一般使用半径标注方法进行标注，调用半径标注命令的方法主要有如下几种：

- 选择“注释”/“标注”组，单击“半径”按钮。
- 在命令行中执行“DIMRADIUS/DIMRAD”命令。

下面将使用半径标注对象的方法对“连杆.dwg”图形文件（光盘:\素材\第8章\连杆.dwg）的底端两个圆弧进行标注（光盘:\效果\第8章\半径标注.dwg），其命令行及操作如下：

```
命令: DIMRAD                                   //执行 “DIMRAD”命令
选择圆弧或圆:                                   //选择左端的圆弧
标注文字 = 30                                   //系统提示标注文字
指定尺寸线位置或 [多行文字(M)/文字(T)/角度(A)]:     //指定尺寸线位置，如图8-25所示
命令: DIMRAD                                   //执行“DIMRAD”命令
```

```
选择圆弧或圆:                                    //选择右下角的圆弧
标注文字 = 30                                    //系统提示标注文字
指定尺寸线位置或 [多行文字(M)/文字(T)/角度(A)]:    //指定尺寸线位置，如图8-26所示
```

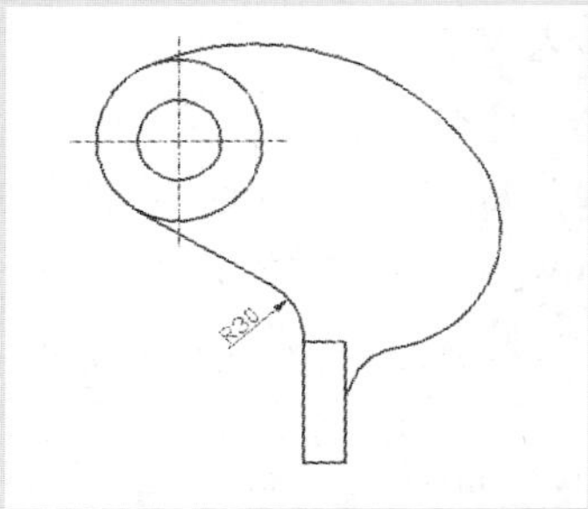

图8-25　标注左下角圆弧半径

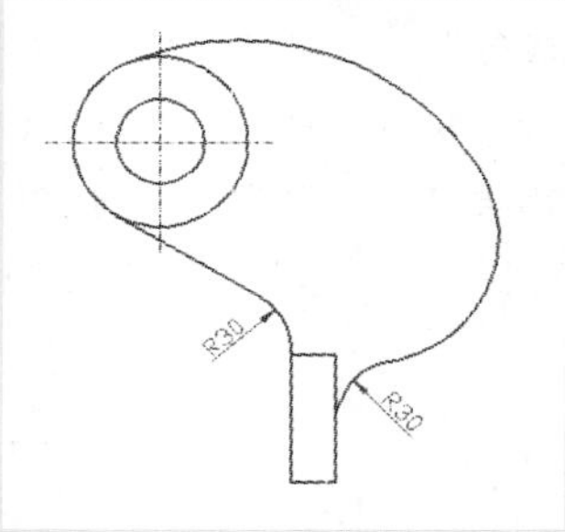

图8-26　标注圆弧半径效果

8.3.7 折弯半径

当圆弧的中心位置位于布局外，并且无法在其实际位置显示时，可以使用折弯半径命令来标注，调用折弯命令的方法主要有如下几种：

- 选择“注释”/“标注”组，单击“折弯”按钮。
- 在命令行中执行“DIMJOGGED”命令。

下面将使用折弯标注对象的方法对“连杆.dwg”图形文件（光盘:\素材\第8章\连杆.dwg）的右上角的圆弧进行折弯半径标注，标注折弯半径后的效果如图8-27所示（光盘:\效果\第8章\折弯半径标注.dwg），其命令行及操作如下：

```
命令: DIMJOGGED                                  //执行“DIMJOGGED”命令
选择圆弧或圆:                                    //选择右上角的圆弧对象
指定图示中心位置:                                //指定图示中心位置，如图8-28所示
标注文字 = 130                                   //系统提示标注文字
指定尺寸线位置或 [多行文字(M)/文字(T)/角度(A)]:    //指定尺寸线位置，如图8-29所示
指定折弯位置:                                    //指定折弯位置，如图8-30所示
```

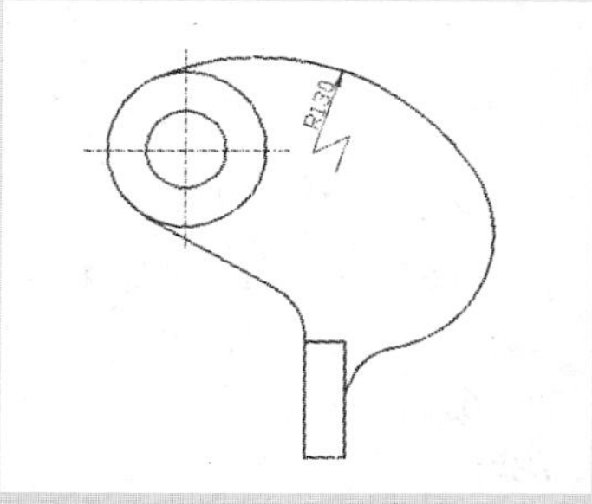

图8-27　标注折弯半径效果

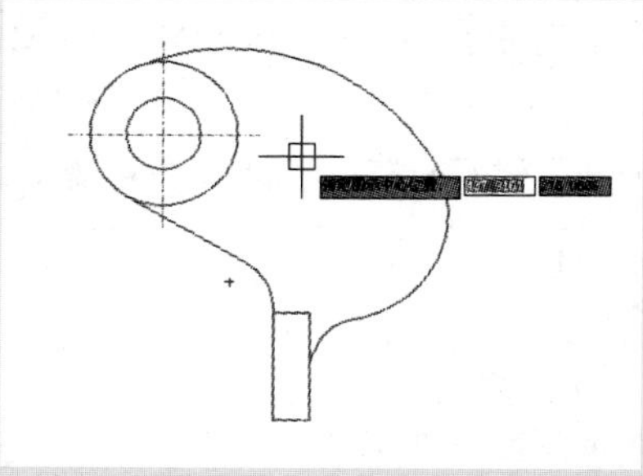

图8-28　指定图示中心位置

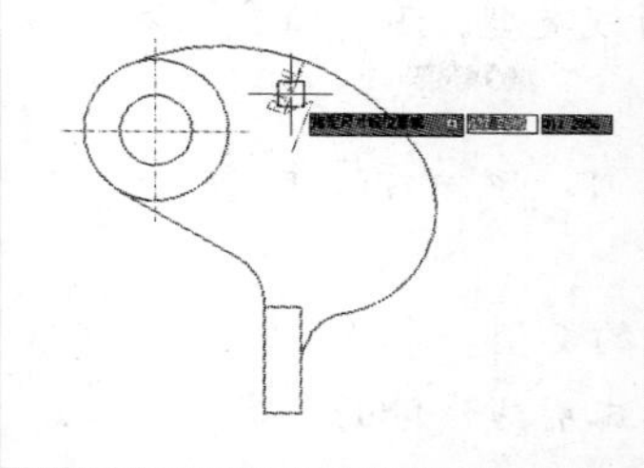

图8-29 指定尺寸线位置

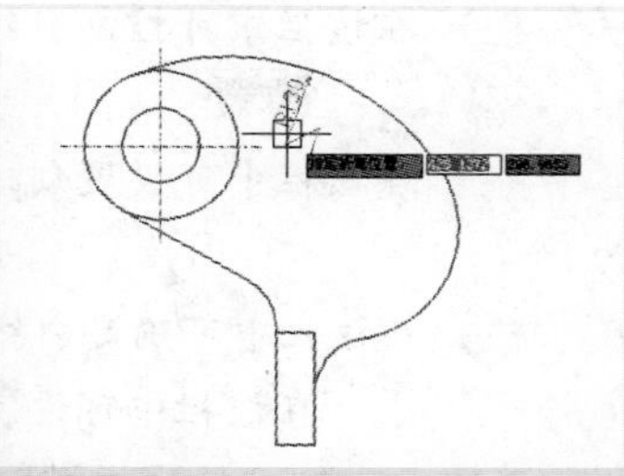

图8-30 指定折弯位置

8.3.8 引线标注

引线标注常用于标注某对象的说明信息，即在使用引线标注命令标注对象时，通常情况下不标注尺寸等数字信息，而只标注文字信息。使用“QLEADER”命令可以创建引线和引线注释，其命令行及操作如下：

```
命令:QLEADER                                  //执行“QLEADER”命令
指定第一个引线点或 [设置(S)] <设置>:          //在该提示信息下按【Enter】键，
                                               对引线标注的参数进行设置
```

在命令行提示“指定第一个引线点或[设置(S)] <设置>:”时，选择“设置”选项，系统打开如图8-31所示的“引线设置”对话框，在“注释”选项卡中，各选项的含义介绍如下：

- **“注释类型”栏**：设置引线注释文本的类型。如设置引线标注内容的类型为多行文字、复制对象、公差和图块等。
- **“多行文字选项”栏**：在该栏中对引线注释类型为多行文字时的部分参数进行设置。主要包括在进行引线标注时，提示用户指定文字宽度、引线标注的内容始终左对齐以及自动在标注文本上加一个边框等。
- **“重复使用注释”栏**：在该栏中设置重复使用引线注释的选项。主要包括是否重复使用注释内容、将本次创建的文字注释复制到下一个引线标注中，以及是否将上一次创建的文字注释复制到当前引线标注中。

选择“引线和箭头”选项卡，打开如图8-32所示的对话框，其中各选项含义介绍如下：

图8-31 “注释”选项卡

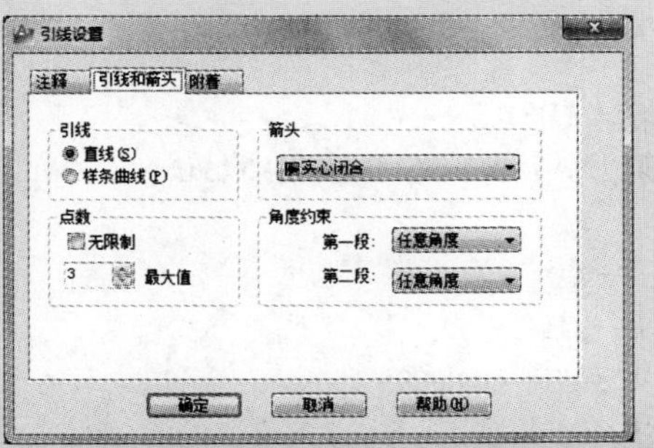

图8-32 “引线和箭头”选项卡

- “引线”栏：在该栏中可控制引线标注的引线类型，有“直线”和“样条曲线”两种类型。
- “点数”栏：在该栏中可设置创建引线标注时，命令行提示的指定引线控制点个数，默认为3个。
- “箭头”栏：在该栏中可确定引线标注箭头的类型。
- “角度约束”栏：在该栏中可设定第一和第二引线线段的角度。

在“注释”选项卡中的“注释类型”栏中选中◉多行文字(M)单选按钮时，“附着”选项卡才会显示。选择该选项卡，会打开如图8-33所示的对话框，通过该对话框可设定多行文字与引线之间的位置关系，其中各选项的含义介绍如下：

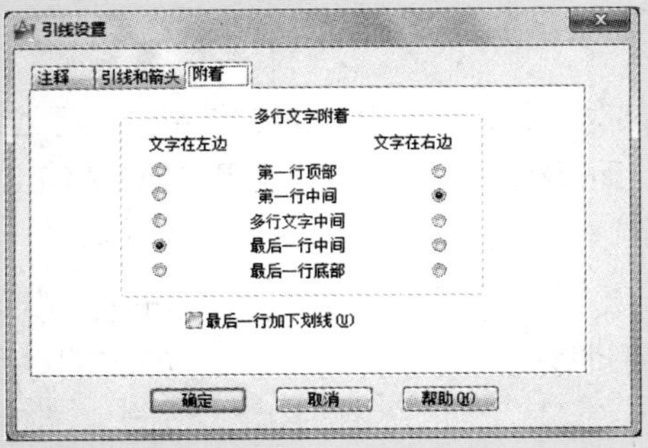

图8-33 “附着”选项卡

- 文字在左边/文字在右边：设置多行文字在引线的左端或右端。
- 第一行顶部：引线末端在多行文本最上面一排文本的上端。
- 第一行中间：引线末端在多行文本最上面一排文本的中间。
- 多行文字中间：引线末端在多行文本的中间位置。
- 最后一行中间：引线末端在多行文本最下面一排文本的中间。
- 最后一行底部：引线末端在多行文本最下面一排文本的下端。
- ☑最后一行加下划线(U)复选框：选中该复选框表示在进行引线标注时，在多行文字的最后一行加上下划线。

下面将“书柜.dwg”图形文件（光盘:\素材\第8章\书柜.dwg）中所使用的材料，使用引线标注功能进行标注，标注完成后的效果如图8-34所示（光盘:\效果\第8章\书柜.dwg），其命令行及操作如下：

命令:QLEADER	//执行“QLEADER”命令
指定第一个引线点或 [设置(S)] <设置>:	//在绘图区中拾取一点，如图8-35所示A点
指定下一点:	//在水平方向拾取B点
指定下一点:	//在左上方拾取一点，如C点
指定文字宽度 <0.0000>:150	//输入文字宽度
输入注释文字的第一行 <多行文字(M)>: 裂纹玻璃	//输入文字内容
输入注释文字的下一行:	//按【Enter】键结束命令

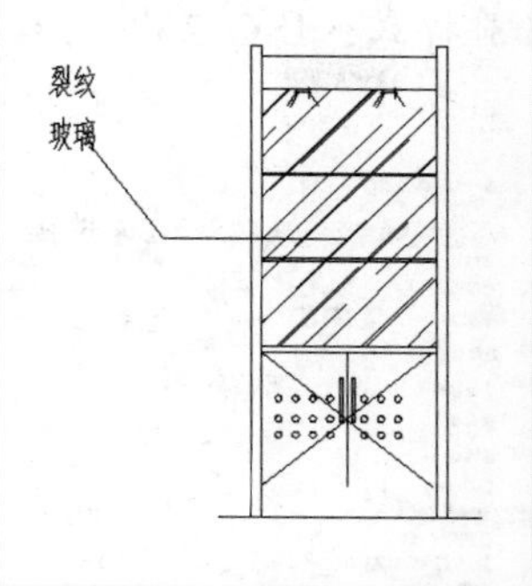

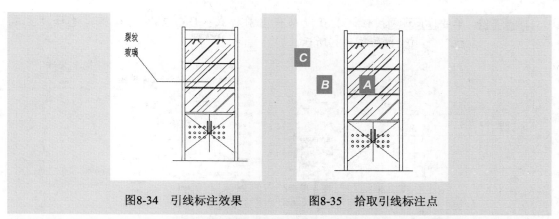

图8-34　引线标注效果

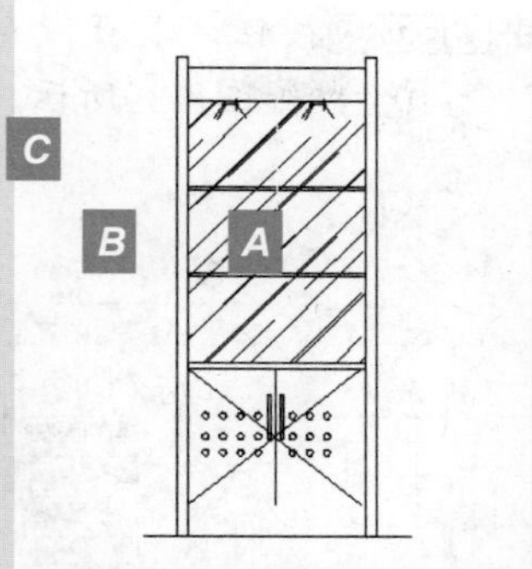

图8-35　拾取引线标注点

8.4 公差标注

魔法师：小魔女，通过前面的学习，应该能对图形的尺寸进行标注了吧，你知道在机械图形中还可以对图形进行公差标注吗？

小魔女：是的，通过前面的学习，我已经能够对图形进行尺寸标注了。你说的公差标注是什么标注？

魔法师：公差就是实际参数值允许的变动量，在制造生产中只要在规定的公差范围内就行，接下来我们还是来进一步学习公差标注的实际应用吧。

8.4.1 尺寸公差标注

公差在机械制图中一般用来说明机械零件允许的尺寸误差范围，是生产加工和装配零件必须具备的要求，也是保证零件具有通用性的手段之一。下面对如图8-36所示的“螺栓.dwg”图形文件（光盘:\素材\第8章\螺栓.dwg）进行尺寸公差标注，标注效果如图8-37所示（光盘:\效果\第8章\螺栓.dwg），其具体操作如下：

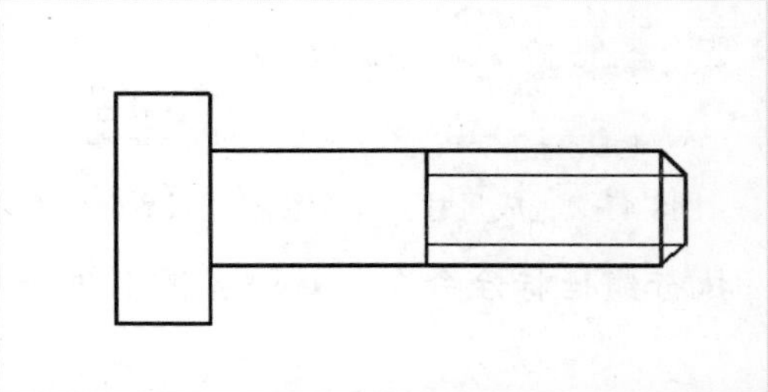

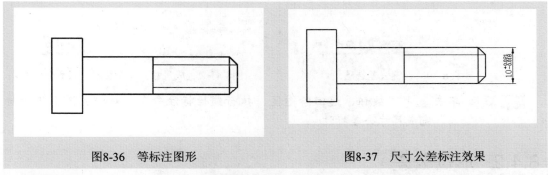

图8-36　等标注图形

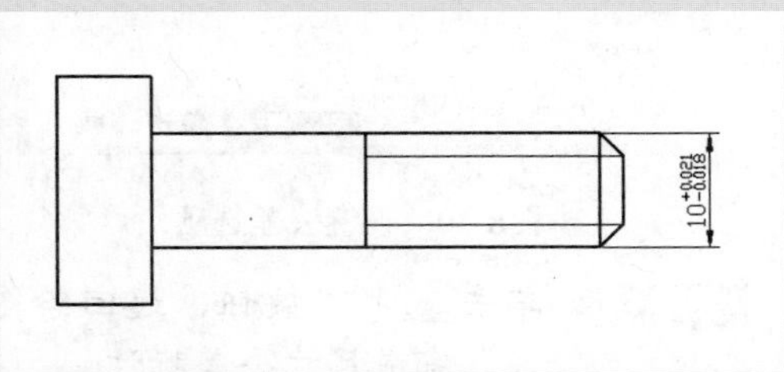

图8-37　尺寸公差标注效果

步骤 01 在命令行中执行“DIMSTYLE”命令，打开“标注样式管理器”对话框，如 图8-38所示。

步骤 02 单击替代(O)...按钮，打开“替代当前样式：ISO-25”对话框，选择“主单位”选项卡，如图8-39所示。

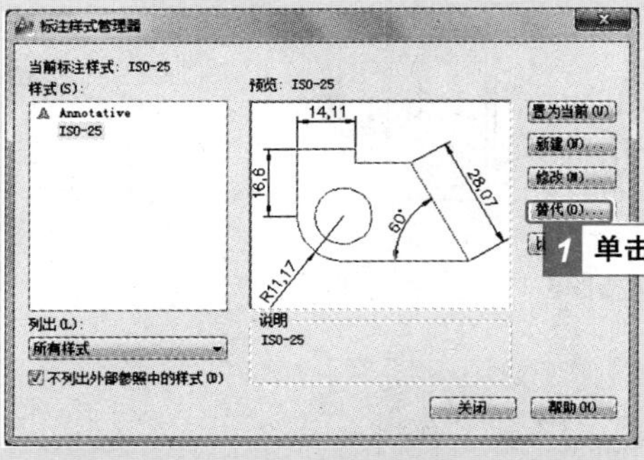

图8-38 “标注样式管理器”对话框

图8-39 设置标注精度

步骤 03 在“线性标注”栏的“精度”下拉列表框中，将精度选项设置为“0.000”。

步骤 04 选择“公差”选项卡，在“公差格式”栏的“方式”下拉列表框中选择“极限偏差”选项，将“上偏差”设置为“0.021”，将“下偏差”设置为“0.018”，将“高度比例”设置为“0.6”，如图8-40所示。

步骤 05 单击确定按钮，返回“标注样式管理器”对话框，如图8-41所示。

图8-40 设置公差选项

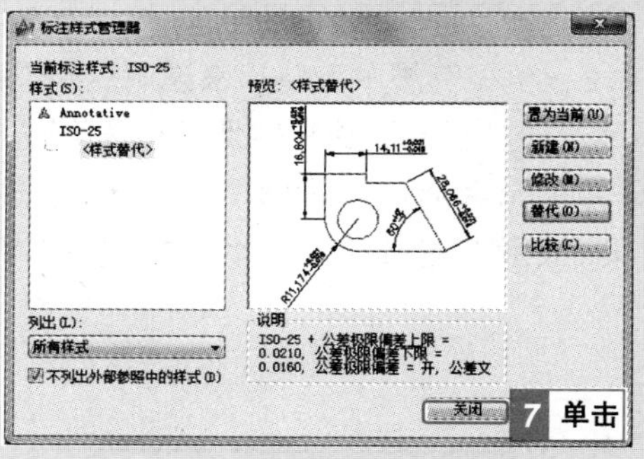

图8-41 完成尺寸公差标注样式设置

步骤 06 单击关闭按钮，返回绘图区，执行线性标注命令，对螺栓图形进行标注，完成尺寸公差标注。

8.4.2 形位公差

形位公差是指机械零件的表面形状和相对位置允许变动的一个范围，是指导生产、检验产品和控制质量的技术依据。调用形位公差标注命令的方法主要有如下几种：

- 选择“注释”/“标注”组，单击“公差”按钮。
- 在命令行中执行“TOLERANCE”命令。

下面对“轴.dwg”图形文件（光盘:\素材\第8章\轴.dwg）进行形位公差标注，标注完成后效果如图8-42所示（光盘:\效果\第8章\轴.dwg），其具体操作如下：

步骤 01 选择“注释”/“标注”组，单击“公差”按钮，打开“形位公差”对话框，如图8-43所示。

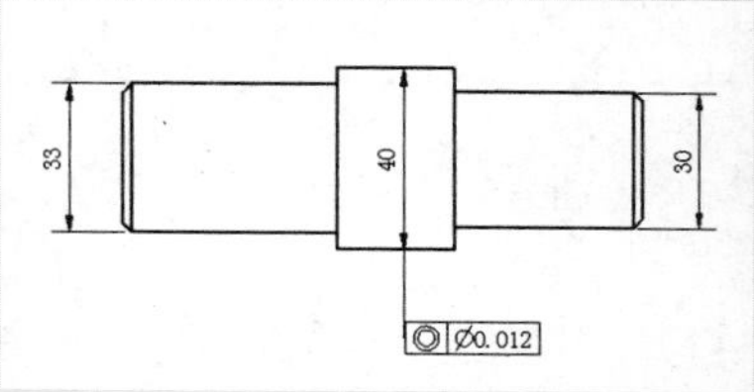

图8-42　形位公差标注

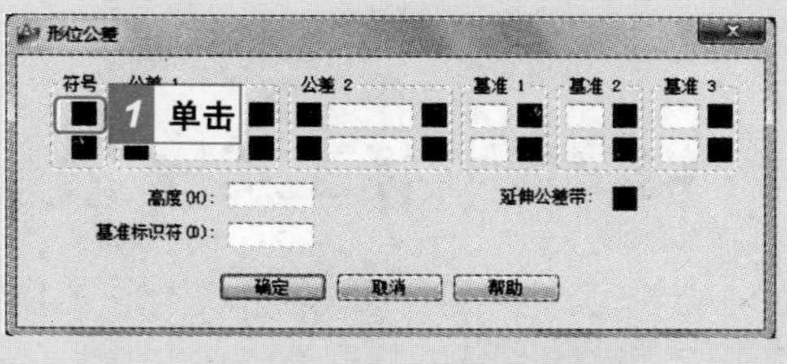

图8-43　“形位公差”对话框

步骤 02 单击“符号”栏下面的“黑色框”图标■，打开“特征符号”对话框，如图8-44所示。

步骤 03 在“特征符号”对话框中单击“同轴度”图标，返回“形位公差”对话框，在“公差1”栏中单击“黑色框”图标■，出现直径符号，然后在其后的文本框中输入“0.012”，并单击 确定 按钮，关闭“形位公差”对话框并返回绘图区，如图8-45所示。

图8-44　选择特征符号

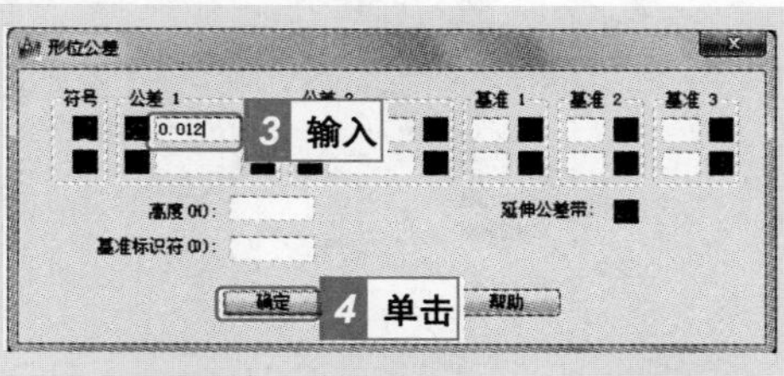

图8-45　设置“公差1”选项

步骤 04 当命令行提示“输入公差位置:”后，在绘图区中捕捉直线的端点，指定形位公差插入的位置，完成形位公差标注。

“形位公差”对话框中其他选项的含义如下：

- “基准”栏：可分别在“基准1”、“基准2”和“基准3”栏中设置参数，用于表达基准的相关参数。
- “高度”文本框：在特征控制框中创建投影公差带的值。投影公差带控制固定垂直部分延伸区的高度变化，并以位置公差控制公差精度。
- “基准标识符”文本框：创建由参照字母组成的基准标识符号。基准是理论上精确的几何参照，用于建立其他特征的位置和公差带。点、直线、平面、圆柱或其他几何图形都能作为基准。
- “延伸公差带”栏：在延伸公差带值的后面插入延伸公差带符号 。

8.5 编辑尺寸标注

魔法师： 小魔女，在使用尺寸标注命令对图形进行尺寸标注或对图形进行公差标注后还需对已经标注的尺寸标注进行编辑处理。

小魔女： 真的吗？那赶快给我介绍一下编辑尺寸标注的方法吧，运用这些方法可以更快、更标准地对图形进行标注吗？

魔法师： 是的，下面我就给你介绍编辑尺寸标注命令的相关知识。

8.5.1 编辑尺寸标注属性

通过“特性”选项板可以编辑尺寸标注的属性。打开“特性”选项板的方法已在前面讲解过，这里不再赘述。修改标注属性的方法与修改具体的图形对象属性相同，在选项板中，对其中的各个参数进行修改即可改变尺寸标注的属性。选择某种标注线型，其选项板左上角下拉列表框中就会显示其名称，选择的标注线型不同，其下的选项也会有所不同，如图8-46所示左边为折弯标注的属性，右边为直径标注的属性。

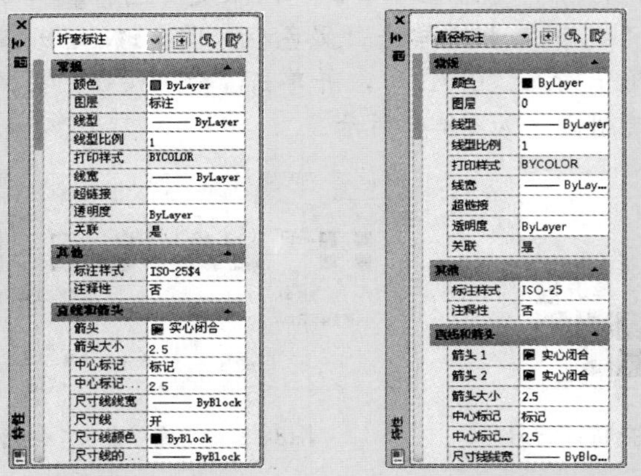

图8-46　修改标注属性

8.5.2 修改尺寸标注文字的内容及位置

尺寸标注完成以后，有时尺寸值和位置与要求的情况有一定的误差，因此需要及时对其进行修改。

1. 编辑标注

调用编辑标注命令的方法主要有如下几种：

- 单击“标注”工具栏中的“编辑标注”按钮。
- 在命令行中执行“DIMEDIT”命令。

其命令行及操作如下：

命令: DIMEDIT	//执行“DIMEDIT”命令
输入标注编辑类型 [默认(H)/新建(N)/旋转(R)/倾斜(O)] <默认>:N	//选择“新建”选项，打开“文字格式”工具栏和文字输入窗口，输入文字内容
选择对象:	//选择需要修改的尺寸标注
选择对象:	//按【Enter】键结束命令

2. 修改标注文字的位置

调用修改标注文字命令的方法主要有如下几种：

- 单击“标注”工具栏中的“编辑标注文字”按钮。
- 在命令行中执行“DIMTEDIT”命令。

其命令行及操作如下：

命令: DIMTEDIT	//执行“DIMTEDIT”命令
选择标注:	//选择要修改的标注
指定标注文字的新位置或 [左(L)/右(R)/中心(C)/默认(H)/角度(A)]:	//选择标注文字的位置选项并完成标注文字的修改

8.5.3 调整标注间距

使用调整间距命令可以将平行尺寸线之间的距离设置为相等，以便更好地观看图形，调用调整间距命令的方法主要有如下几种方法：

- 选择“注释”/“标注”组，单击“调整间距”按钮。
- 在命令行中执行“DIMSPACE”命令。

下面将使用调整间距命令对如图8-47所示的“调整间距.dwg”图形文件（光盘:\素材\第8章\调整间距.dwg）底端的标注进行调整，调整间距后的效果如图8-48所示（光盘:\效果\第8章\调整间距.dwg），其命令行及操作如下：

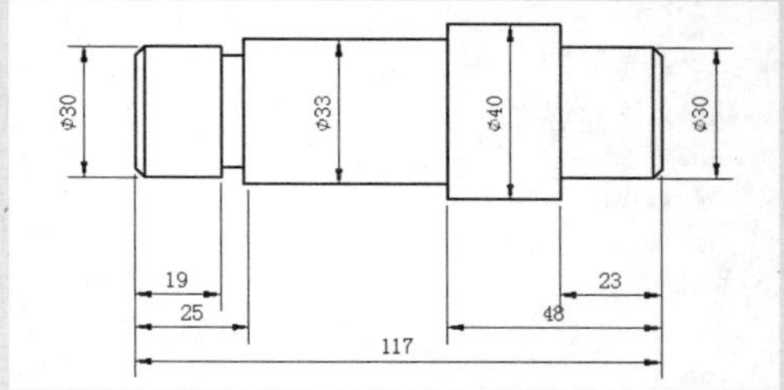

图8-47　待调整间距图形

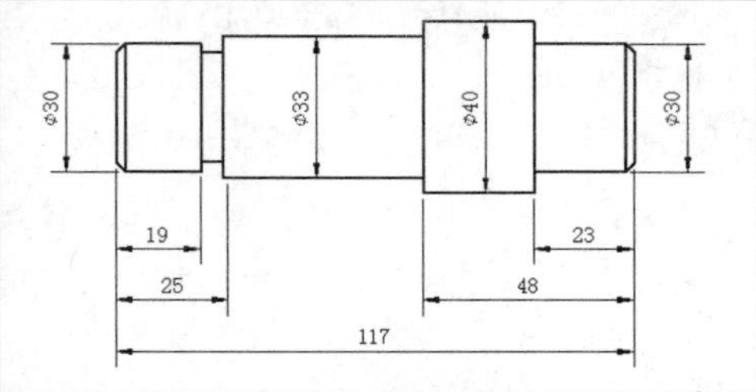

图8-48　调整间距的效果

命令: DIMSPACE	//执行“DIMSPACE”命令
选择基准标注:	//选择基准标注，如图8-49所示
选择要产生间距的标注:	//选择其余几个标注，如图8-50所示

选择要产生间距的标注:	//按【Enter】键确认标注的选择
输入值或 [自动(A)] <自动>: 12	//输入间距值

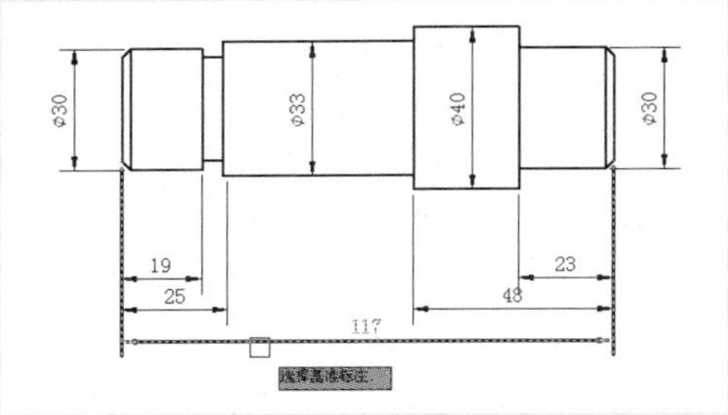

图8-49 选择基准标注

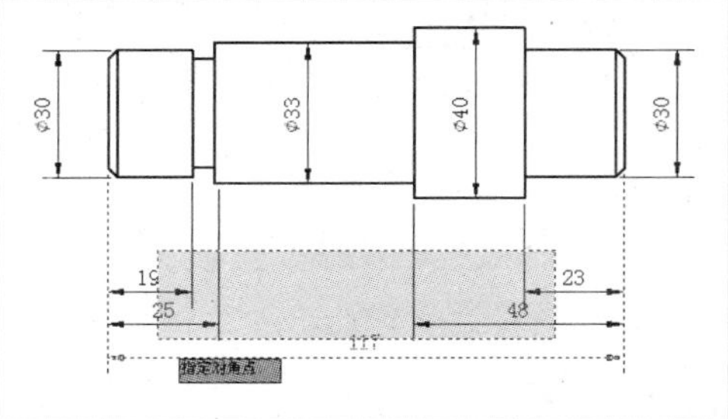

图8-50 选择产生间距的标注

8.5.4 更新标注

在创建尺寸标注的过程中，若发现某个尺寸标注不符合要求，可采用替代标注样式的方式修改尺寸标注的相关变量，然后通过“标注更新”按钮使要修改的尺寸标注按所设置的尺寸样式进行更新。调用更新标注命令的方法主要有如下几种：

- 选择“注释”/“标注”组，单击“更新”按钮。
- 在命令行中执行“DIMSTYLE”命令。

使用“DIMSTYLE”命令更新标注的具体操作如下：

步骤 01 打开“标注样式管理器”对话框，单击 替代(O)... 按钮，打开“替代当前样式”对话框，在该对话框中修改标注样式参数。

步骤 02 完成设置后，单击 确定 按钮，再单击 关闭 按钮，返回绘图区。执行“DIMSTYLE”命令，其命令行及操作如下：

命令:DIMSTYLE	//执行“DIMSTYLE”命令
当前标注样式: Standard 注释性: 否	//提示当前标注样式
输入标注样式选项 [保存(S)/恢复(R)/状态(ST)/变量(V)/应用(A)/?] <恢复>:a	//选择“应用”选项
选择对象:	//选择要更新的标注，按【Enter】键确认

在执行标注更新命令的过程中各关键选项的含义介绍如下：

- 保存：将标注系统变量的当前设置保存到标注样式。
- 恢复：将尺寸标注系统变量设置恢复为选择标注样式设置。
- 状态：显示所有标注系统变量的当前值并自动结束“DIMSTYLE”命令
- 变量：列出某个标注样式或设置选定标注的系统变量，但不能修改当前设置。
- 应用：将当前尺寸标注系统变量设置应用到选定标注对象，永久替代应用于这些对象的任何现有标注样式。选择该选项后，系统提示选择标注对象，选择标注对象后，所选择的标注对象将自动被更新为当前标注格式。

8.5.5 关联标注

关联标注指将尺寸标注与绘制的图形进行链接，使得修改图形时标注将根据图形的变化自动进行修改。调用重新关联标注命令的方法主要有如下几种：

- 在“AutoCAD经典”空间中，选择“标注”/“重新关联标注”命令。
- 在命令行中执行“DIMREASSOCIATE”命令。

使用“DIMREASSOCIATE”命令执行关联标注时，选择的尺寸标注不同，命令行中的提示内容也会有所不同。下面以关联线型标注为例，其命令行及操作如下：

```
命令:DIMREASSOCIATE                              //执行“DIMREASSOCIATE”命令
选择要重新关联的标注...                           //提示当前标注样式
选择对象或 [解除关联(D)]:                         //选择要进行关联的线型标注
选择对象或 [解除关联(D)]:                         //按【Enter】键确认
指定第一个尺寸界线原点或[选择对象(S)]<下一个>:    //按【Enter】键默认指定的尺寸界线原点
指定第二个尺寸界线原点 <下一个>:                  //按【Enter】键默认指定的尺寸界线原点
```

8.6 典型实例——绘制活动钳身

魔法师：小魔女，使用尺寸标注命令可以将图形的尺寸清楚表达出来，以便更好地为施工及制造人员提供数据信息等。

小魔女：我知道了，你看，我对活动钳身图形进行了尺寸标注，效果如图8-51所示，在这个图形中我主要用到线性、公差标注等尺寸标注。

魔法师：这个图形的尺寸标注看上去还可以，你是如何运用尺寸标注命令对图形进行标注的呢？给我讲讲！

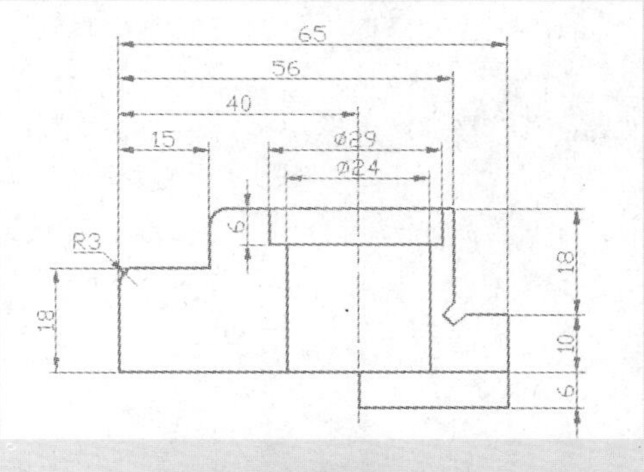

图8-51 最终效果

其具体操作如下：

步骤01 打开“活动钳身.dwg”图形文件（光盘:\素材\第8章\活动钳身.dwg）。

步骤02 选择“注释”/“标注”组，单击“线性”按钮，执行线性标注命令，对图形进行线性标注，如图8-52所示，其命令行及操作如下：

```
命令: DIMLIN                                          //执行“DIMLIN”命令
指定第一条尺寸界线原点或 <选择对象>:                  //捕捉直线底端端点，如图8-53所示
指定第二条尺寸界线原点:                               //捕捉直线顶端端点，如图8-54所示
指定尺寸线位置或[多行文字(M)/文字(T)/角度(A)/         //向右拖动鼠标到适合位置，单击鼠标左
水平(H)/垂直(V)/旋转(R)]:                              键指定尺寸线位置，如图8-55所示
标注文字 =6                                           //系统提示标注尺寸
```

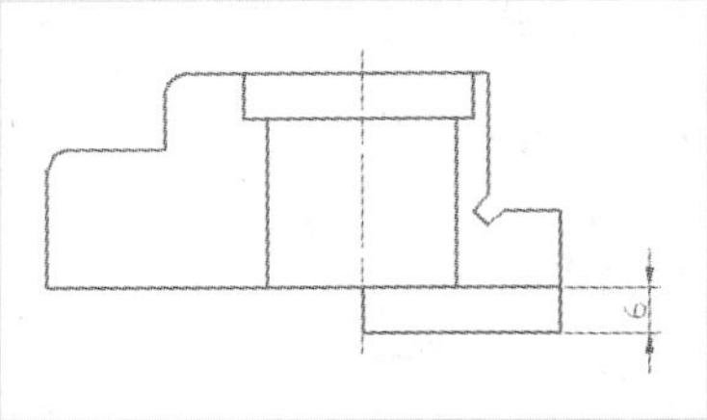

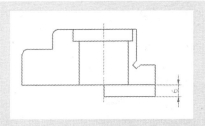

图8-52　线性标注

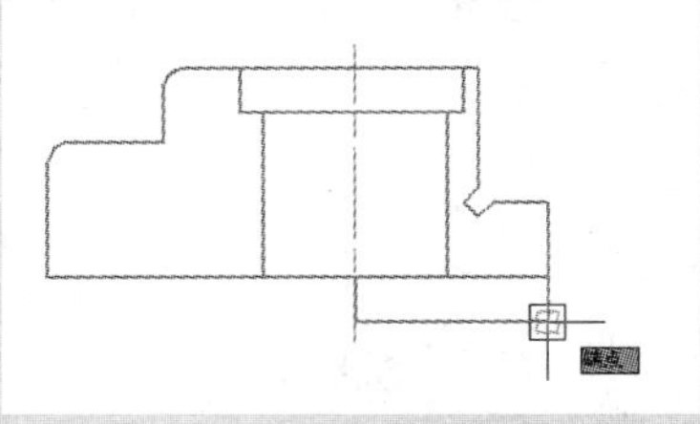

图8-53　指定第一条尺寸界线原点

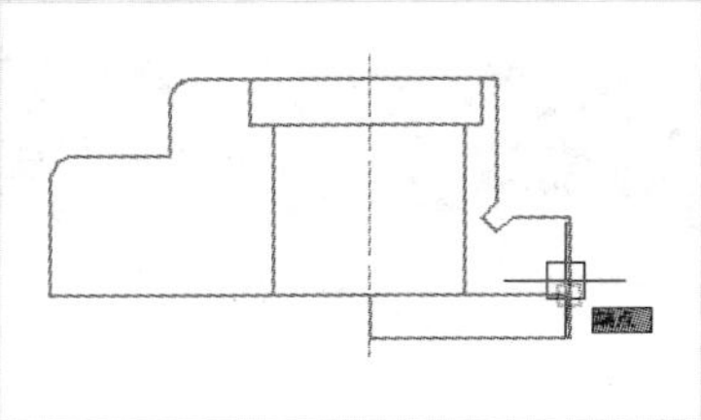

图8-54　指定第二条尺寸界线原点

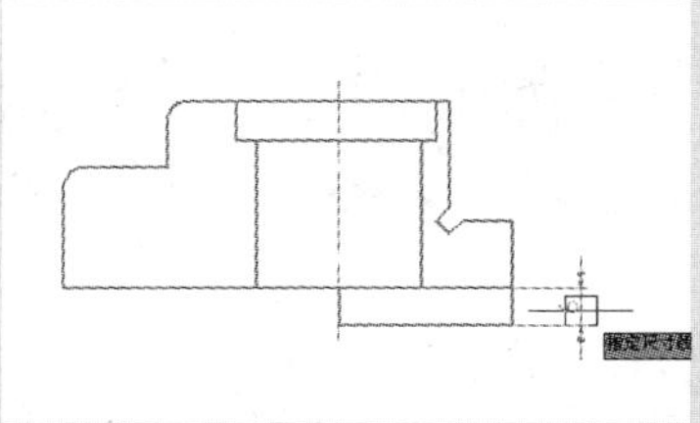

图8-55　指定尺寸线位置

步骤 03 选择“注释”/“标注”组，单击“连续”按钮，执行连续标注命令，对图形进行连续标注，效果如图8-56所示，其命令行及操作如下：

```
命令: DIMCONTINUE                                     //执行“DIMCONTINUE”命令
指定第二条尺寸界线原点或 [放弃(U)/选择(S)] <选择>:    //捕捉垂直线顶端端点，如图8-57所示
标注文字 = 10                                         //系统提示标注尺寸
指定第二条尺寸界线原点或 [放弃(U)/选择(S)] <选择>:    //捕捉垂直线顶端端点，如图8-58所示
标注文字 = 18                                         //系统提示标注尺寸
指定第二条尺寸界线原点或 [放弃(U)/选择(S)] <选择>:    //按【Enter】键选择“选择”选项
选择连续标注:                                         //按【Enter】键退出命令
```

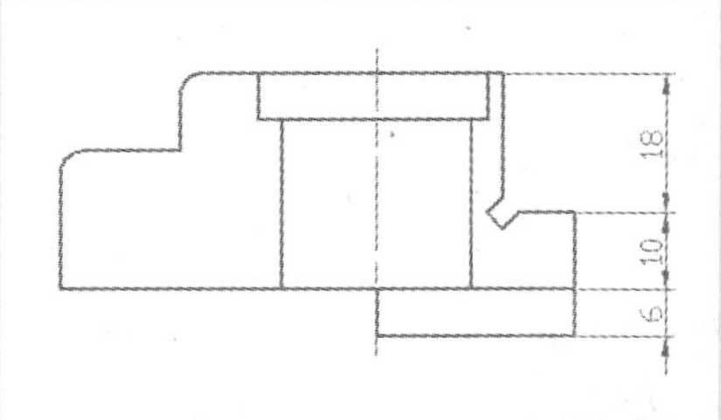

图8-56　连续标注

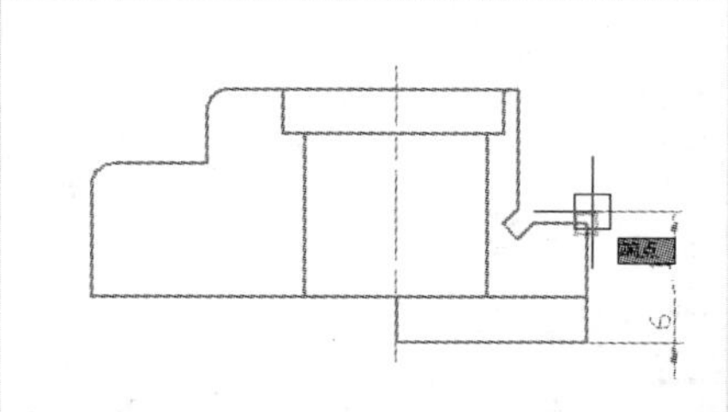

图8-57　指定第二条尺寸界线原点

步骤 04　选择“注释”/“标注”组，单击“线性”按钮，执行线性标注命令，标注如图8-59所示的其余线性尺寸。

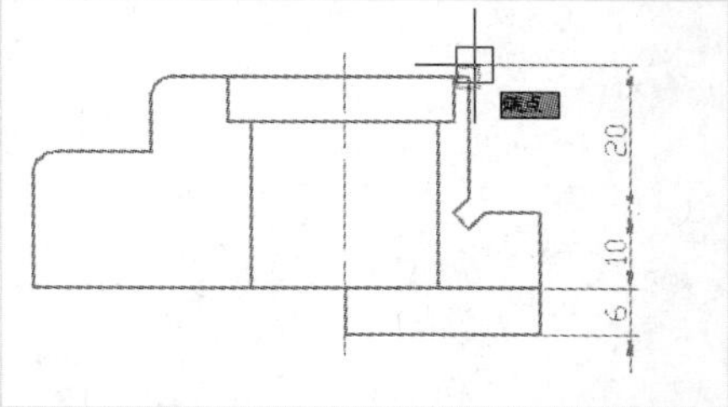

图8-58　指定第二条尺寸界线原点

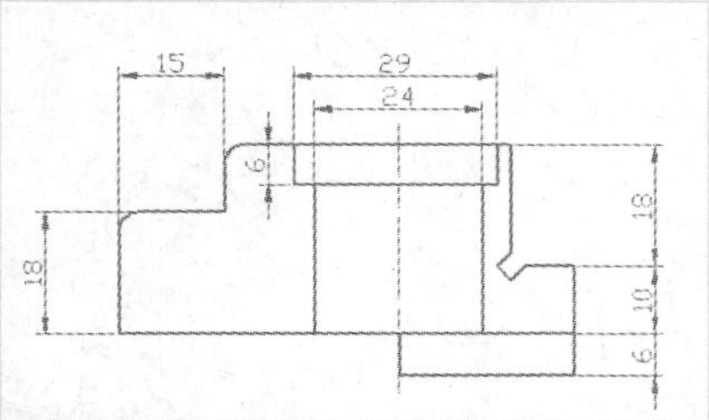

图8-59　标注其余线性尺寸

步骤 05　选择“注释”/“标注”组，单击“基线”按钮，执行基线标注命令，对图形进行基线标注操作，效果如图8-60所示，其命令行及操作如下：

命令: DIMBASELINE	//执行“DIMBASELINE”命令
选择基准标注:	//选择基准标注，如图8–61所示
指定第二条延伸线原点或 [放弃(U)/选择(S)] <选择>:	//捕捉垂直线顶端端点，如图8–62所示
标注文字 = 40	//系统提示标注尺寸
指定第二条延伸线原点或 [放弃(U)/选择(S)] <选择>:	//捕捉垂直线顶端端点，如图8–63所示
标注文字 = 56	//系统提示标注尺寸
指定第二条延伸线原点或 [放弃(U)/选择(S)] <选择>:	//捕捉垂直线顶端端点，如图8–64所示
标注文字 = 65	//系统提示标注尺寸
指定第二条延伸线原点或 [放弃(U)/选择(S)] <选择>:	//按【Enter】键选择“选择”选项
选择基准标注:	//按【Enter】键退出命令

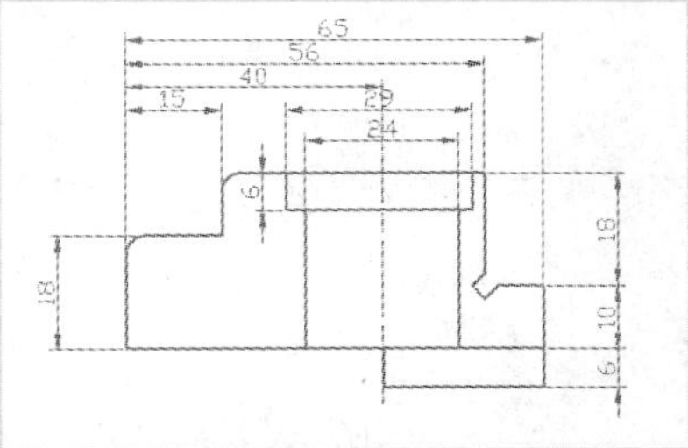

图8-60　基线标注图形

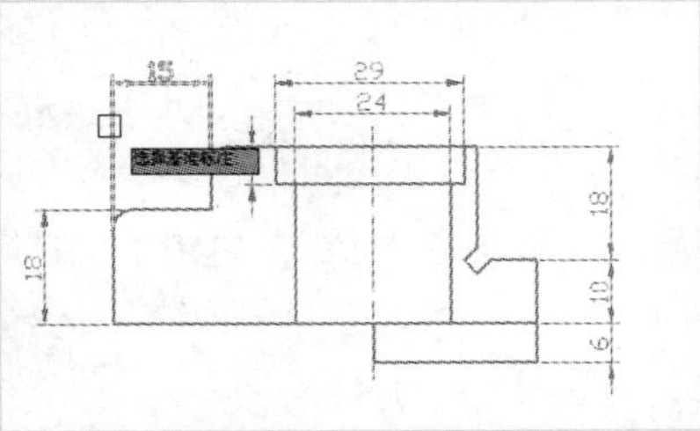

图8-61　选择基准标注

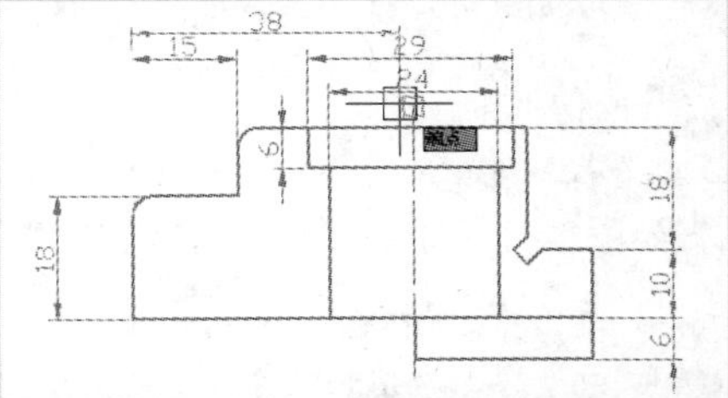

图8-62　指定第二条延伸线原点

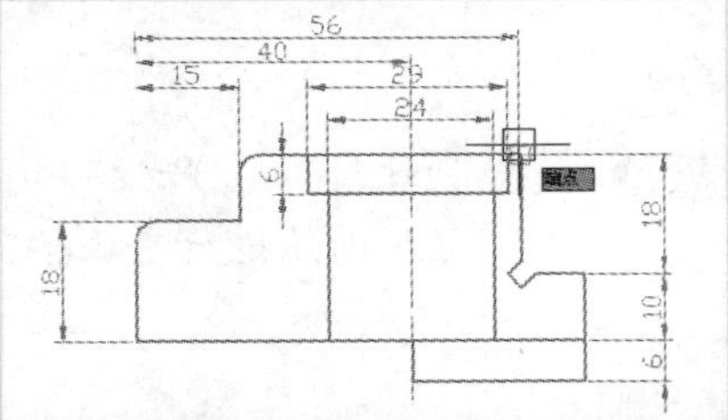

图8-63　指定第二条延伸线原点

步骤 06 选择“注释”/“标注”组，单击“调整间距”按钮，执行调整间距命令，对标注的基线标注的间距进行调整，效果如图8-65所示，其命令行及操作如下：

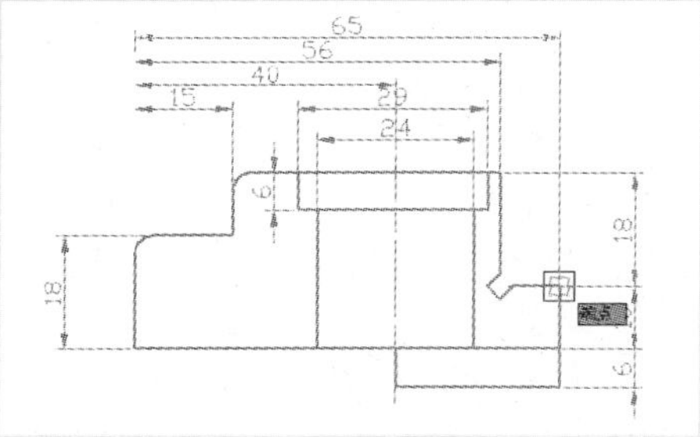

图8-64　指定第二条延伸线原点

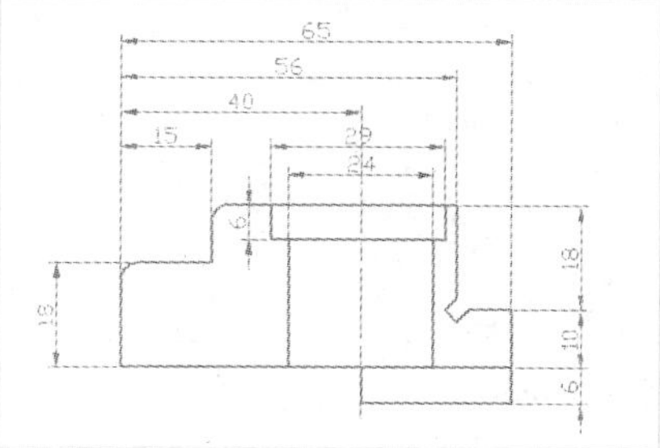

图8-65　调整间距效果

命令: DIMSPACE	//执行“DIMSPACE”命令
选择基准标注:	//选择基准标注，如图8-66所示
选择要产生间距的标注:	//选择其余几个标注，如图8-67所示
选择要产生间距的标注:	//按【Enter】键确认标注的选择
输入值或 [自动(A)] <自动>: 6	//输入间距值

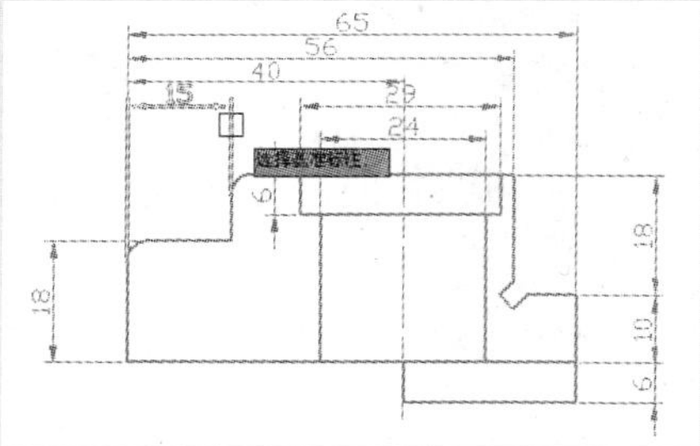

图8-66　选择基准标注

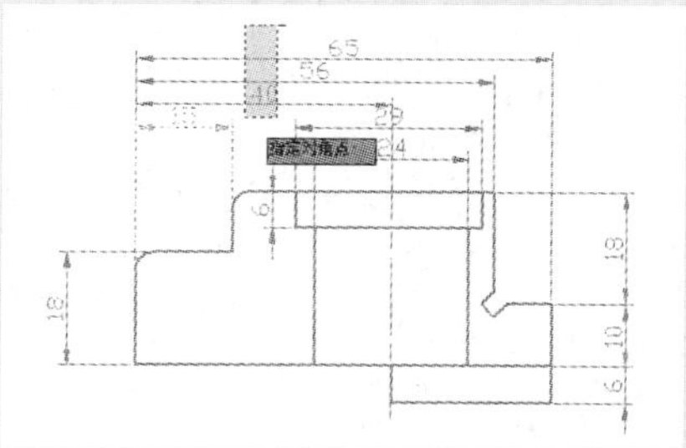

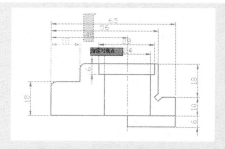

图8-67　选择要产生间距的标注

步骤 07 在命令行中执行“DIMEDIT”命令，在标注文字为“24”和“29”的线性尺寸的标注文字前添加直径符号，效果如图8-68所示，其命令行及操作如下：

命令: DIMEDIT	//执行“DIMEDIT”命令
输入标注编辑类型 [默认(H)/新建(N)/旋转(R)/倾斜(O)] <默认>:N	//选择“新建”选项，在尺寸标注文字0前输入直径符号%%C，如图8-69所示
选择对象:	//选择尺寸标注，如图8-70所示
选择对象:	//按【Enter】键结束命令

步骤 08 选择“注释”/“标注”组，单击“半径”按钮，执行半径标注命令，对左下角的圆弧进行半径标注，效果如图8-71所示，其命令行及操作如下：

命令: DIMRAD	//执行“DIMRAD”命令
选择圆弧或圆:	//选择左下角的圆弧
标注文字 = 3	//系统提示标注文字

指定尺寸线位置或 [多行文字(M)/文字(T)/角度(A)]:　　　　　//指定尺寸线位置

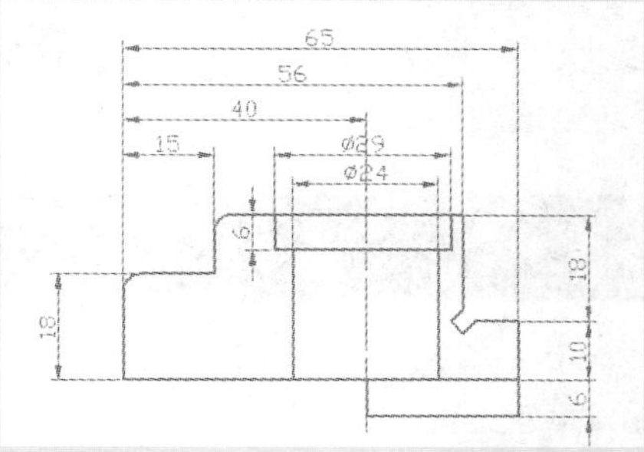

图8-68　更改标注文字效果

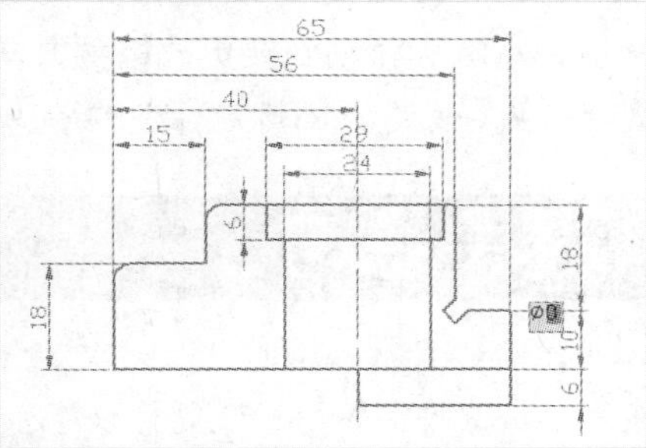

图8-69　输入直径符号

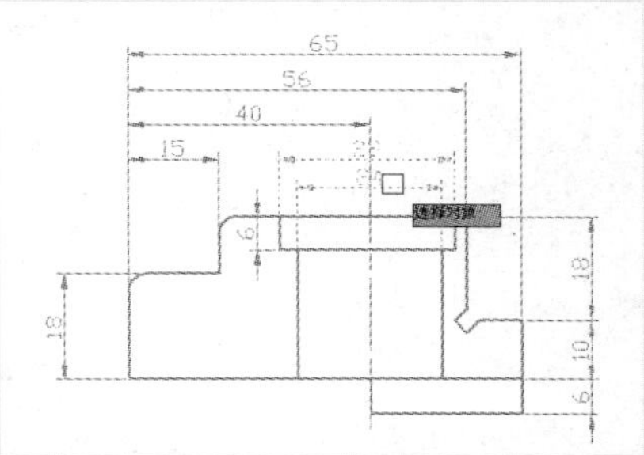

图8-70　选择标注对象

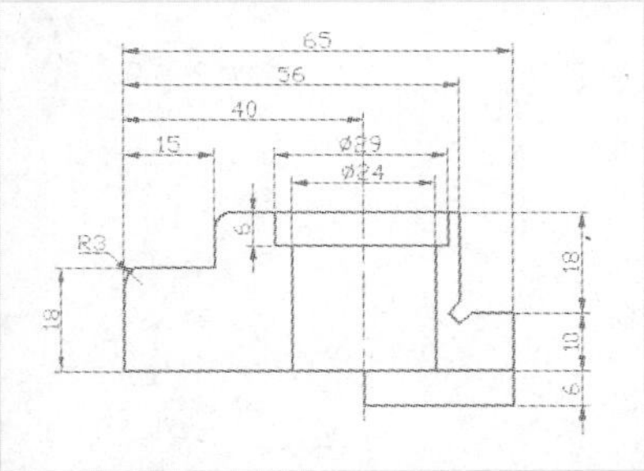

图8-71　半径标注效果

8.7 本章小结——尺寸标注的技巧

魔法师：小魔女，通过综合实例的练习，我觉得你已经基本上掌握了使用尺寸标注命令来标注图形对象的方法。

小魔女：是吗？听魔法师的语气，是不是还有什么可以提高尺寸标注效率的技巧？

魔法师：不错，还有一些关于使用尺寸标注命令标注图形的技巧，如果掌握了这些技巧，使用尺寸标注命令对图形进行标注，将会很大程度地提高效率。

第1招：标注带转折的直径或半径尺寸

默认情况下，使用直径或半径标注命令对圆或圆弧进行标注时，其标注文字将与尺寸线对齐，如果要标注带转折的直径或半径，可对标注样式进行修改，即在“修改标注样式”对话框中选择“文字”选项卡，在“文字对齐”栏中选中 ◉水平 单选按钮，标注的尺寸标注便为水平转折的直径标注。

第2招：控制标注箭头方向

在AutoCAD 2012中，可以轻松地对尺寸标注的箭头进行控制，即先选择要改变箭头方向的尺寸标注，将鼠标移动到要更改箭头方向的夹点上，单击鼠标右键，在打开的快捷菜单中选择“翻转箭头”命令，即可对标注的箭头进行翻转处理。

8.8 过关练习

（1）打开“坐便器.dwg”图形对象（光盘:\素材\第8章\坐便器.dwg），为该图形标注尺寸，标注完成后的效果如图8-72所示（光盘:\效果\第8章\坐便器.dwg）。

（2）打开“燃气灶.dwg”图形对象（光盘:\素材\第8章\燃气灶.dwg），为该图形标注尺寸，标注完成后的效果如图8-73所示（光盘:\效果\第8章\燃气灶.dwg）。

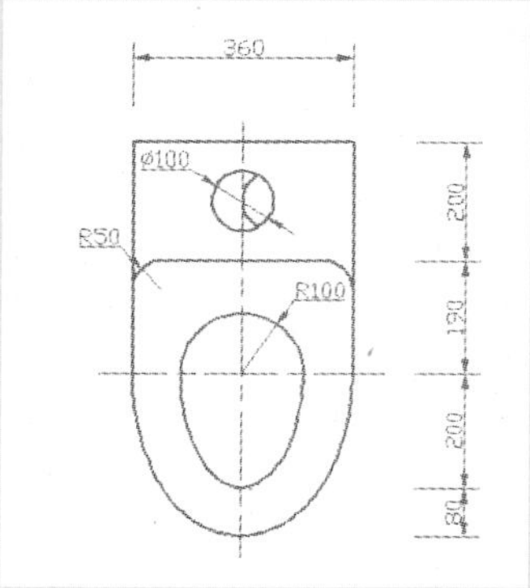

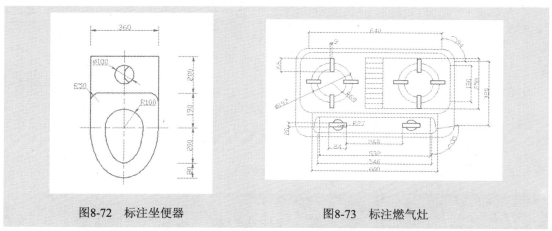

图8-72　标注坐便器

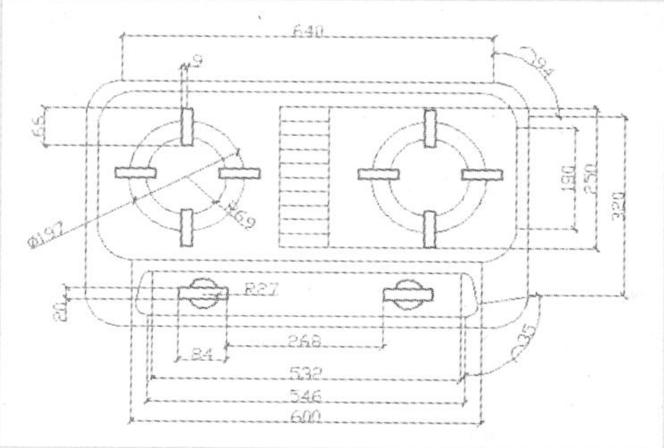

图8-73　标注燃气灶

（3）为“叉架类零件.dwg”图形对象（光盘:\素材\第8章\叉架类零件.dwg）标注尺寸，标注完成后的效果如图8-74所示（光盘:\效果\第8章\叉架类零件.dwg）。

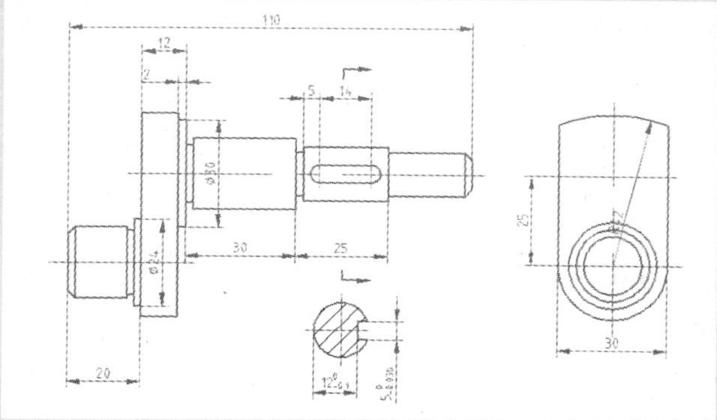

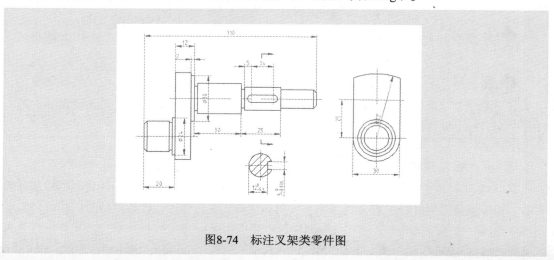

图8-74　标注叉架类零件图

Chapter 9

第9章

使用文本与表格说明图形

小魔女：魔法师，我想在每次绘制完成的图形中都留下我的名字、时间以及注意事项等内容，以便以后翻阅的时候可以根据时间的先后看到我绘图的进步。

魔法师：你还真细心！你的意思是不是在AutoCAD 2012中输入文本信息，对图形起一个辅助性的说明作用？

小魔女：对！我就是这个意思，但是随意地写一堆字在上面，又觉得杂乱无章，还会影响整个图形的效果。

魔法师：哦，那可以使用表格让文字内容更有条理性。

学习要点：

- 文字标注的规定
- 设置文字样式
- 创建文字
- 编辑文字说明
- 创建图纸标题栏

9.1 文字标注的规定

魔法师：小魔女，你知道除了使用尺寸标注对图形进行说明外，还可以使用什么方法对图形进行说明吗？

小魔女：这个嘛，我在看别人绘制的图纸时，经常看到除了尺寸数字外，还有文字和表格等。

魔法师：对，除了尺寸标注外，还可以通过文字来对图形进行说明，下面就来介绍一下文字标注的相关规定。

文字标注在图形中起辅助性的作用，不论是建筑制图还是机械制图，都必须按清楚、明了以及详细的要求对图形进行标注。文字标注很重要，不允许有错别字的出现，因此在对图形进行文字标注时一定要细心。

建筑制图中的文字标注一般用在制作材料、规格以及一些图纸说明的内容上，如图9-1所示。机械制图中的文字标注一般用于输入技术要求和标题栏等，技术要求的位置没有明确规定，只要不影响图纸整体效果即可。标题栏一般位于图纸的右下角，如图9-2所示。

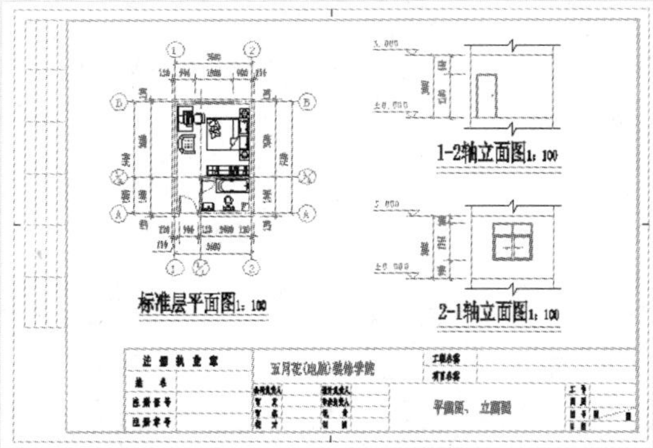

图9-1　建筑制图

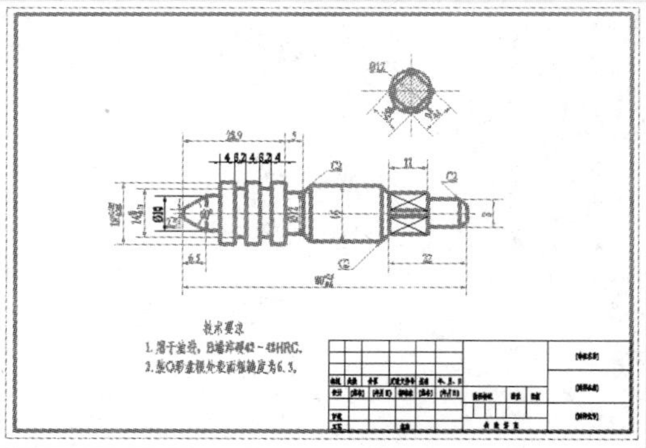

图9-2　机械制图

9.2 设置文字样式

魔法师：小魔女，使用文字命令对图形进行文字说明之前，为了能使书写的文字达到绘图要求，还应对文字样式进行设置。

小魔女：文字样式？设置了文字样式之后，是不是就可以规范地对文字进行书写了呢？主要是对什么内容进行设置呢？

魔法师：设置文字样式，主要是对文字样式的字体、高度、宽度比例等参数进行设置，下面我给你介绍一下设置文字样式的操作吧。

9.2.1 新建文字样式

新建文字样式的方法介绍如下：

● 选择"常用"/"注释"组，单击"文字样式"按钮 A。

● 在命令行中执行"STYLE"命令。

执行上述任一操作后都将打开"文字样式"对话框，在该对话框中即可新建文字样式，其具体操作如下：

步骤 01 单击 新建(N)... 按钮，打开"新建文字样式"对话框，在"样式名"文本框中输入需要创建的文字样式的名称，这里输入"建筑绘图"，然后单击 确定 按钮，返回"文字样式"对话框，如图9-3所示。

步骤 02 在"字体"栏中选择需要的字体，在"大小"栏的"高度"文本框中设置该样式的文字高度，一般设置为5mm左右，在"效果"栏设置文字的特殊效果。

步骤 03 设置完成后，单击 置为当前(C) 按钮，再单击 关闭(C) 按钮，关闭"文字样式"对话框，如图9-4所示。

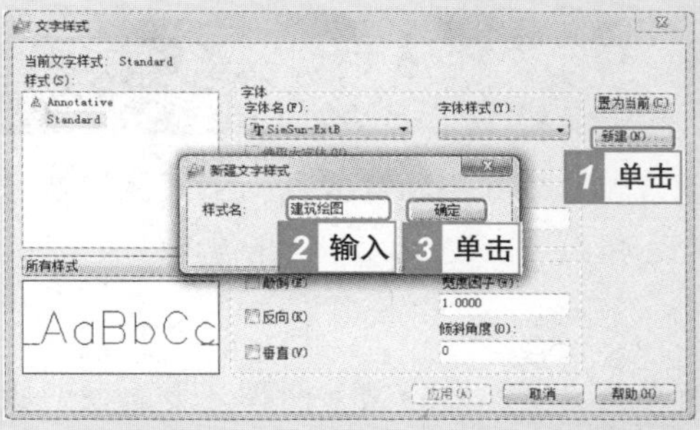

图9-3 新建文字样式

图9-4 设置文字样式

在"文字样式"对话框中，"效果"栏各选项的含义介绍如下。

● ☑颠倒(E)复选框：选中该复选框，使文字颠倒。

● ☑反向(K)复选框：选中该复选框，使文字反向显示。

● ☑垂直(V)复选框：选中该复选框，显示垂直对齐的字符，只有在选择的字体支持双向时该复选框才能被激活，其中TrueType字体的垂直定位不可用。

● "宽度因子"文本框：用于设置文字的宽度比例，其值小于1.0时将压缩文字，其值大于1.0时将扩张文字。

● "倾斜角度"文本框：用于设置该样式的倾斜角度。注意设置时不加"°"符号。

9.2.2 修改文字样式

文字样式设置完成后，如果对设置不满意，可对其进行更改，如果对名称不满意也可以将其重命名。其具体操作如下：

步骤 01 在命令行中执行“STYLE”命令，打开“文字样式”对话框。在“样式”列表框中选择要修改的文字样式，然后在该对话框中修改其他设置，设置方法与新建文字样式的方法相同，这里不再赘述。

步骤 02 在“样式”列表框中选择需要修改的文字样式名称，然后单击鼠标右键，在弹出的快捷菜单中选择“重命名”命令，输入新名称并按【Enter】键。

步骤 03 单击[应用(A)]按钮，再单击[关闭(C)]按钮即可完成文字样式的修改。

9.2.3 删除文字样式

当不再需要某个文字样式时，可以将其删除，但系统默认的“Standard”文字样式与当前图形文件中正在使用的样式不能删除，其具体操作如下：

步骤 01 在命令行中执行“STYLE”命令，打开“文字样式”对话框，在“样式”列表框中选择要删除的文字样式。

步骤 02 单击[删除(D)]按钮，在打开的提示对话框中单击[确定]按钮确认删除操作，返回“文字样式”对话框，单击[关闭(C)]按钮完成设置。

9.3 创建文字

魔法师：小魔女，掌握了文字样式的创建、修改和删除等操作，下面我们就可以使用文字命令对图形进行文字说明了。

小魔女：文字说明的命令是不是很多，很难掌握呢？

魔法师：文字标注的命令不多，主要有单行文字和多行文字两种，下面我们使用文字标注命令对图形进行文字说明吧。

9.3.1 创建单行文字

单行文字是指用户创建的文字信息中，每一段文字都是一个独立的对象，用户可分别对每一段文字进行编辑修改。调用单行文字命令的方法主要有如下几种：

- 选择“注释”/“文字”组，单击“单行文字”按钮A。
- 在命令行中执行“TEXT/DTEXT”命令。

下面利用单行文字命令，创建一行单行文字，如图9-5所示（光盘:\效果\第9章\单行文字.dwg），其命令行及操作如下：

```
命令: TEXT                                      //执行“TEXT”命令
当前文字样式: “Standard” 文字高度: 3 注释性: 否   //系统提示当前文字样式设置
指定高度<2.5000>:                               //输入单行文字高度值
指定文字的起点或 [对正(J)/样式(S)]:               //在绘图区的适当位置拾取一点
```

指定文字的旋转角度<0>:　　　　//要求指定文字旋转角度
底层平面图　　　　//输入文字内容，并按【Enter】键确定，如图9-6所示

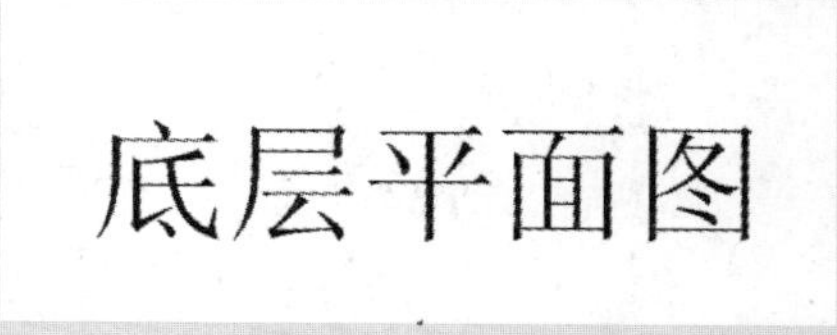

图9-5　单行文字

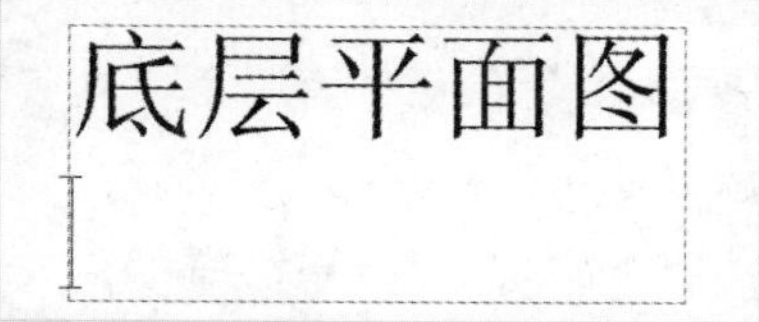

图9-6　输入单行文字

如果要连续输入多行说明文字，可以直接按【Enter】键换行，再输入下一行文字。在命令行提示“指定文字的起点或[对正(J)/样式(S)]：”后，若输入“J”选择“对正”选项，系统会出现“输入选项 [对齐(A)/调整(F)/中心(C)/中间(M)/右(R)/左上(TL)/中上(TC)/右上(TR)/左中(ML)/正中(MC)/右中(MR)/左下(BL)/中下(BC)/右下(BR)]：”提示信息，其中各选项的含义介绍如下。

- 对齐(A)：指定输入文本基线的起点和终点，使输入的文本在起点和终点之间重新按比例设置文本的字高并均匀地放置在两点之间。
- 调整(F)：指定输入文本基线的起点和终点，文本高度保持不变，使输入的文本在起点和终点之间均匀排列。
- 中心(C)：指定一个坐标点，确定文本的高度和文本的旋转角度，把输入的文本中心放在指定的坐标点。
- 中间(M)：指定一个坐标点，确定文本的高度和文本的旋转角度，把输入的文本中心和高度中心放在指定的坐标点。
- 右(R)：将文本右对齐，起始点在文本的右侧。
- 左上(TL)：指定标注文本左上角点。
- 中上(TC)：指定标注文本顶端中心点。
- 右上(TR)：指定标注文本右上角点。
- 左中(ML)：指定标注文本左端中心点。
- 正中(MC)：指定标注文本中央中心点。
- 右中(MR)：指定标注文本右端中心点。
- 左下(BL)：指定标注文本左下角点，确定与水平方向的夹角为文本的旋转角，则过该点的直线就是标注文本中最低字符的基线。
- 中下(BC)：指定标注文本底端的中心点。
- 右下(BR)：指定标注文本右下角点。

9.3.2 创建多行文字

多行文字是指创建的多行文字信息是一个整体对象，用户可对多行文字同时进行编辑。

调用多行文字命令的方法主要有如下几种：

- 选择“注释”/“文字”组，单击“多行文字”按钮A。
- 在命令行中执行“MTEXT/MT”命令。

下面在绘图区中输入一段多行文字，其具体操作如下：

步骤 01 在命令行中输入多行文字命令后，其命令行及操作如下：

命令:MTEXT	//执行“MTEXT”命令
当前文字样式:"Standard" 当前文字高度:2.5	//系统显示当前文字样式及文字高度
指定第一角点:	//在绘图区任意位置拾取一点
指定对角点或 [高度(H)/对正(J)/行距(L)/旋转(R)/样式(S)/宽度(W)]:	//再在绘图区中拾取一点，在以这两点为对角点的矩形区域输入多行文字

步骤 02 指定多行文字的输入区域后，自动打开“文字编辑器”选项卡，绘图区变成了文字输入区，在文本框中输入需要创建的文字。

步骤 03 在文字输入区中输入文本后，可按【Enter】键换行继续输入其他文字，完成后，单击“关闭”面板的按钮，完成多行文字的输入。

在执行创建多行文字命令的过程中，各关键选项的含义介绍如下。

- 高度：指定所要创建的多行文字的高度。
- 对正：指定多行文字的对齐方式，与创建单行文字时该选项的功能相同。
- 行距：当创建两行以上的多行文字时，可以设置多行文字的行间距。
- 旋转：设置多行文字的旋转角度。
- 样式：指定多行文字要采用的文字样式。
- 宽度：设置多行文字所能显示的单行文字的宽度。

9.4 编辑文字说明

魔法师：小魔女，使用单行文字和多行文字进行文字说明，是不是比较简单？

小魔女：对，这比前面讲的命令少多了，而且很容易懂，如果我进行文字说明时出错了，该怎么办呢？

魔法师：使用文字编辑命令，可对文字进行编辑处理，下面我给你介绍一下吧。

9.4.1 编辑文字内容

使用单行文字或多行文字对图形进行文字说明时难免会出现错误，出现错误时应及时对文字内容进行更改。调用编辑文字内容命令的方法主要有如下几种：

- 在“AutoCAD经典”空间中，选择“修改”/“对象”/“文字”/“编辑”命令。
- 单击“文字”工具栏中的“编辑”按钮。
- 在命令行中执行“DDEDIT/ED”命令。

执行上述任一命令后，命令行中将出现提示信息“选择注释对象或[放弃(U)]:”，这时选择的文字如果是单行文字，则可直接编辑；如果是多行文字，则将打开“文字格式”工具栏和文本输入窗口，编辑完成后单击“文字格式”工具栏中的确定按钮即可完成编辑。

魔法档案——在不同的工作空间编辑多行文字

使用编辑文字内容命令对多行文字进行编辑时，在“AutoCAD经典”工作空间中将打开“文字格式”工具栏和文本输入窗口；在“草图与注释”工作空间中编辑多行文字时，则将打开“文字编辑器”选项卡和文本输入窗口。

9.4.2 调整文字的整体比例

在输入文字后，文字偏小或偏大都会影响整个图纸的效果，此时可以调整整个文字的比例，又称缩放文字比例。调用缩放文字比例命令的方法主要有如下几种：

- 选择“注释”/“文字”组，单击“缩放”按钮。
- 在命令行中执行“SCALETEXT”命令。

在使用“SCALETEXT”命令缩放文字比例时，被缩放后的文字不会改变其实际位置，执行该命令后，其命令行及操作如下：

```
命令: SCALETEXT                                      //执行“SCALETEXT”命令
选择对象:                                            //选择需要改变整体比例的文字对象
选择对象:                                            //按【Enter】键结束选择对象
输入缩放的基点选项[现有(E)/左(L)/中心(C)/中间(M)/右(R)/
左上(TL)/中上(TC)/右上(TR)/左中(ML)/正中(MC)/右中(MR)/
左下(BL)/中下(BC)/右下(BR)] <左中>:                   //选择缩放的基点选项
指定新模型高度或 [图纸高度(P)/匹配对象(M)/
比例因子(S)] <3>:                                    //输入新高度，按【Enter】键结束
```

9.4.3 查找与替换

如果当前的文字内容较多，不便于查找和修改，可通过AutoCAD 2012的查找与替换功能来完成文字的查找与替换工作。调用查找与替换命令的方法主要有如下几种：

- 选择“注释”/“文字”组，在“查找文字”文本框中输入要查找的文字内容，单击按钮。
- 在命令行中执行“FIND”命令。

执行上述任一操作后，都将打开“查找和替换”对话框，查找与替换文字的操作就在该对话框中完成，其具体操作如下：

步骤 01 在“查找内容”下拉列表框中输入需查找的文字，在“替换为”下拉列表

框中输入用来替换的文字，在“查找位置”下拉列表框中选择搜索范围。

步骤 02 单击按钮，展开“搜索选项”和“文字类型”栏，在其中通过选中或取消选中相应复选框，对查找替换内容进行设置，如图9-7所示。

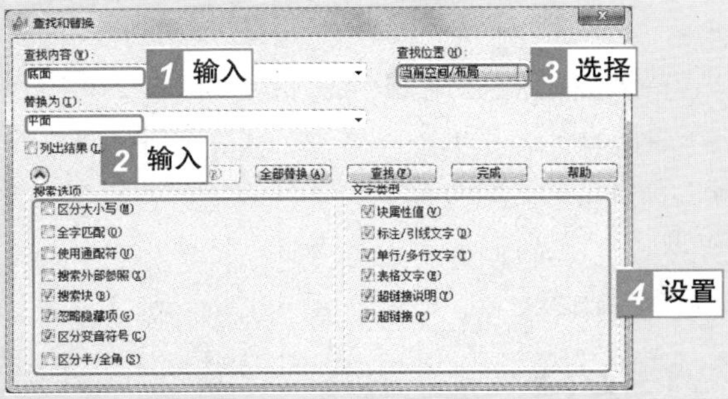

图9-7　查找和替换选项

步骤 03 单击全部替换(A)按钮，将当前图形中所有需查找文字全部替换为需替换的文字；单击替换(R)按钮，可以逐个进行替换操作。完成后单击完成按钮。

9.4.4 拼写检查

输入的文字过多，很难检查出文字的错误，可以使用AutoCAD提供的拼写检查功能来检查，发现错误后接受系统的建议对其进行修改。调用拼写检查命令的方法主要有如下几种：

- 选择“注释”/“文字”组，单击“拼写检查”按钮。
- 在命令行中执行“SPELL”命令。

执行拼写检查操作后，若文字的拼写完全正确，将打开如图9-8所示的对话框，提示“拼写检查完成”。若文字的拼写有误，将打开如图9-9所示的“拼写检查”对话框，通过该对话框可对错误的字符进行更改。

图9-8　完成检查

图9-9　检查到错误信息

“拼写检查”对话框中各选项的含义介绍如下。

- **“不在词典中”文本框：**显示查找到的拼写有误的单词。
- **“建议”文本框：**显示当前词典中建议的替换词列表，可从中选择一个替换词或输入一个替换词。

- [忽略(I)]按钮：单击该按钮，将不更改当前查找到的词语。
- [全部忽略(A)]按钮：单击该按钮，将跳过所有与“当前词语”相同的词语。
- [修改(C)]按钮：单击该按钮，将以“建议”文本框中的词语替换拼写有误的词语。
- [全部修改(L)]按钮：单击该按钮，将以“建议”文本框中的词语替换所有与“当前词语”相同的词语。
- [词典(T)...]按钮：单击该按钮，可以在打开的“修改词典”对话框中修改词典，以便下次拼写检查时遇到与“当前词语”相同的词不再认为是错误的。

9.4.5 输入特殊符号

文字说明中除了可以有汉字和字母外，有时还需要输入一些键盘上不能直接输入的符号和数字，如立方、分数等。

1. 插入特殊符号

在“AutoCAD经典”工作空间中，使用多行文字命令或者对多行文字进行编辑操作时，单击“文字格式”工具栏中的“符号”按钮[@▾]，在打开的如图9-10所示的快捷菜单中选择需要的特殊符号即可。

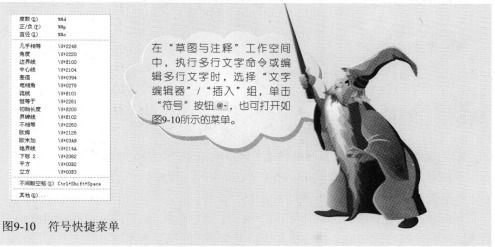

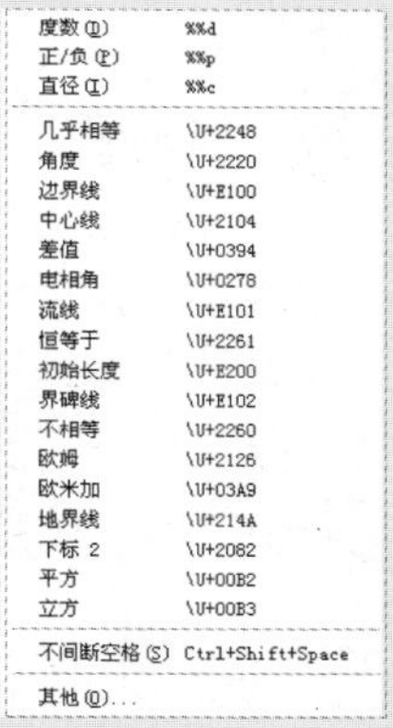

在“草图与注释”工作空间中，执行多行文字命令或编辑多行文字时，选择“文字编辑器”/“插入”组，单击“符号”按钮[@▾]，也可打开如图9-10所示的菜单。

图9-10 符号快捷菜单

2. 插入特殊字符

如要输入分数、配合公差以及尺寸公差等，可通过“文字格式”工具栏上的“堆叠”按钮[堆叠]来实现。该按钮只对包含“/”、“#”和“^”3种分隔符号的文本有效。这3种分隔符号的作用介绍如下。

- “/”符号：选中包含该符号的文字说明时，单击“堆叠”按钮[堆叠]可将该符号左边的内容设置为分子，右边的内容设置为分母，并以上下排列方式进行显示。例如，选中“H3/15”文本后单击“堆叠”按钮[堆叠]将创建出如图9-11所示的配合公差效果。
- “#”符号：选中包含该符号的文字说明，单击“堆叠”按钮[堆叠]可将该符号左边的内容设为分子，右边的内容设为分母，并以斜排方式进行显示。例如，选中“3#5”文字说明后单击“堆叠”按钮将创建出如图9-12所示的分数效果。

- **“^”符号**：选中包含该符号的文字说明，单击“堆叠”按钮可将该符号左边的内容设为上标，右边的内容设为下标。例如，选中10后的“+0.012^-0.008”文字说明后单击“堆叠”按钮将创建出如图9-13所示的尺寸公差效果。

图9-11　配合公差

图9-12　分数

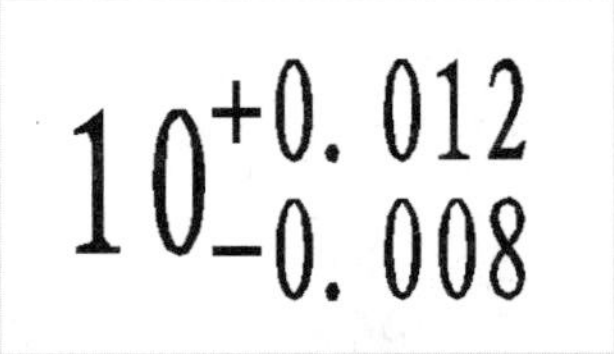

图9-13　尺寸公差

9.5 创建图纸标题栏

魔法师：小魔女，在AutoCAD 2012中，除了文字之外，还可以使用表格对图纸数据进行统计，表达设计的相关信息。

小魔女：哦，还可以使用表格进行文字说明？使用表格是不是更加方便和规范呢？

魔法师：当然了，通过表格来统计信息，可以让人一目了然，下面我们来学习使用表格的相关操作吧。

9.5.1 创建表格样式

绘制表格前，首先应设置表格样式，调用表格样式命令的方法主要有如下几种：

- 选择“常用”/“注释”组，单击“表格样式”按钮。
- 在命令行中执行“TABLESTYLE/TS”命令。

执行上述任一操作后，将打开“表格样式”对话框，在该对话框左侧列表框中显示了当前图形中的表格样式名称，在右侧列表框中则显示了所选表格样式的预览形式，如图9-14所示。AutoCAD 2012中默认创建了一个名为Standard的表格样式，用户可直接对该表格样式的参数进行修改，也可创建新的表格样式，其具体操作如下：

步骤 01 在“表格样式”对话框中单击新建(N)...按钮，打开“创建新的表格样式”对话框，在“新样式名”文本框中输入新的表格样式的名称，这里输入“标题栏”。

步骤 02 在“基础样式”下拉列表框中选择作为新表格样式的基础样式，系统默认选择“Standard”样式，单击继续按钮，如图9-15所示。

步骤 03 打开“新建表格样式：标题栏”对话框，在“常规”栏的“表格方向”下拉列表中选择表格标题的显示方式，在“单元样式”下拉列表中可以选择

“标题”、“表头”和“数据”3个选项，默认情况下选择的是“数据”选项，如图9-16所示。

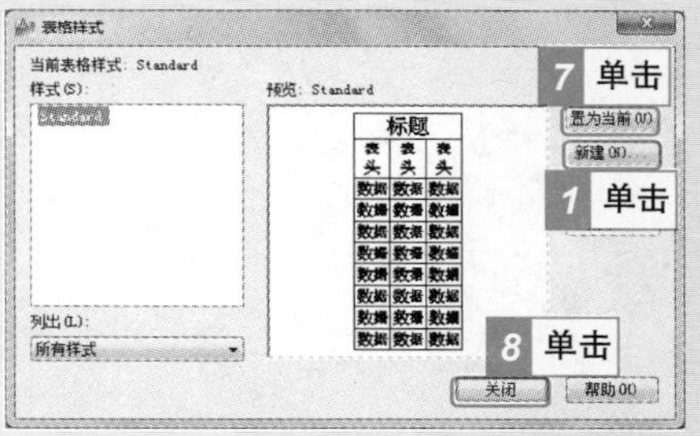

图9-14　“表格样式”对话框

图9-15　新建表格样式

步骤 04 选择需要的选项后，在其下的“常规”、“文字”和“边框”选项卡中可以设置所选选项的常规特性、文字特性和边框特性等，如图9-17所示为选择的“单元样式”下拉列表的“数据”选项的“边框”选项卡。

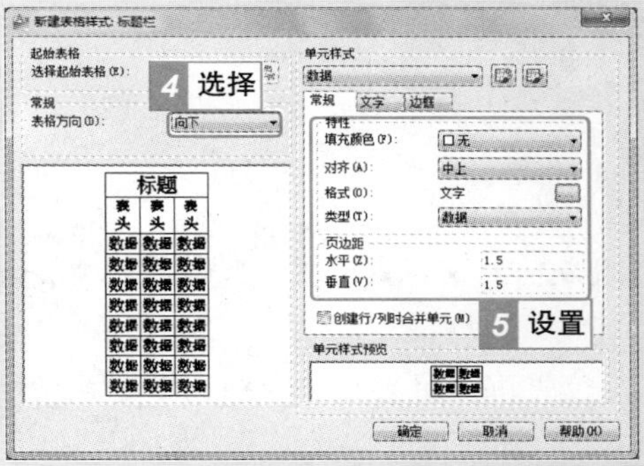

图9-16　“新建表格样式：标题栏”对话框

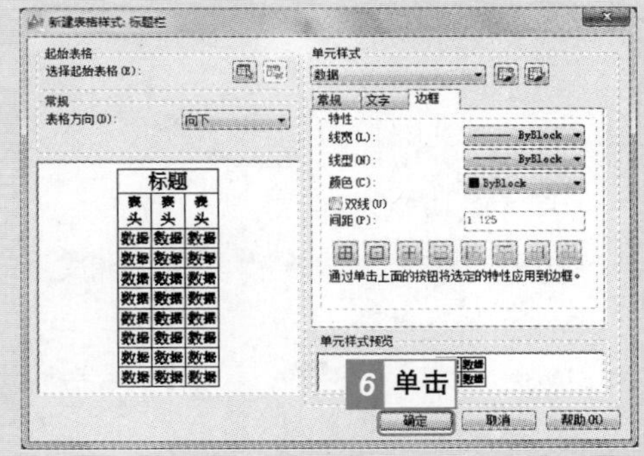

图9-17　“边框”选项卡

步骤 05 完成设置后，单击 确定 按钮，返回“表格样式”对话框，此时，在该对话框左侧的列表框中即显示了新创建的样式名称，单击 置为当前(U) 按钮，然后再单击 关闭(C) 按钮完成操作。

9.5.2 快速绘制表格

创建了所需的表格样式后，就可使用创建的表格样式创建表格并输入表格中的内容了，调用创建表格命令的方法主要有如下几种：

- 选择“常用”/“注释”组，单击“表格”按钮。
- 在命令行中执行“TABLE”命令。

执行上述任一操作后，将打开“插入表格”对话框。下面以快速创建一个8行6列的表格为例（光盘:\效果\第9章\绘制表格.dwg），介绍创建表格的方法，其具体操作如下：

步骤 01 在命令行中执行“TABLE”命令，打开如图9-18所示的“插入表格”对话框，在“表格样式”下拉列表框中选择需要使用的表格样式。

步骤 02 在“插入方式”栏中选中⊙指定插入点(I)单选按钮，在“列和行设置”栏中，将“列数”设置为“6”，将“数据行数”设置为“8”。

步骤 03 在“设置单元样式”栏的“第一行单元样式”和“第二行单元样式”下拉列表中选择“数据”选项，其余参数保持默认。

步骤 04 单击 确定 按钮，关闭“插入表格”对话框，在绘图区中拾取一点，插入表格，效果如图9-19所示。

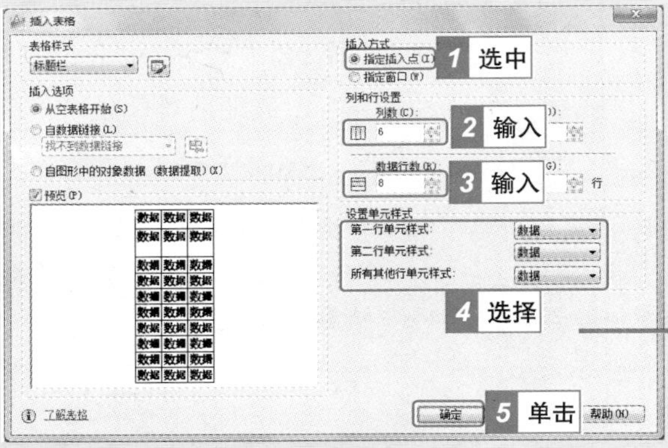

图9-18 “插入表格”对话框

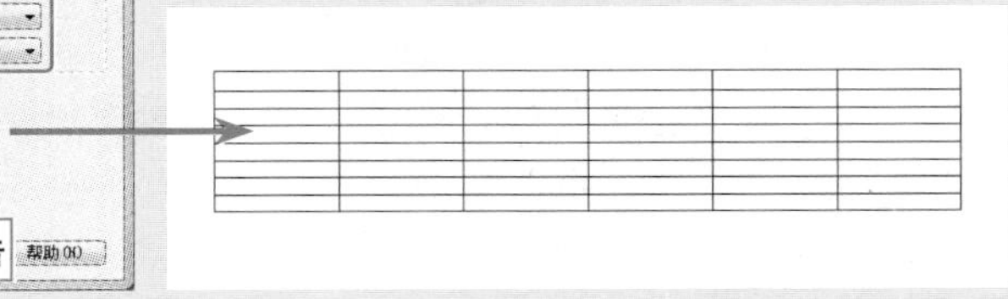

图9-19 插入表格

在“插入表格”对话框中，“插入方式”栏选项的含义介绍如下。

- **⊙指定插入点(I)单选按钮**：表示先指定行、列数及间距值，然后直接在绘图区中以指定的插入点插入表格。
- **⊙指定窗口(W)单选按钮**：表示先指定列数量及行间距，然后直接在绘图区中拖动一个窗口，从而绘制出表格。

魔法档案——控制表格行数

使用“插入表格”对话框插入表格时，在“列和行设置”栏中输入的行数是数据行的行数，而不包括标题行和表头行。在插入表格时，应算清要实际插入表格的行数，插入表格后，若要在其他单元格中输入内容，可按键盘上的方向键依次在各个单元格之间切换，并输入相应的内容。

9.5.3 编辑表格

在创建的表格不能满足实际绘图需要时，用户可以对表格进行编辑。通过表格的快捷菜单可以方便地编辑表格与单元格，使其到达绘图要求。

1. 编辑表格

选择整个表格，单击鼠标右键，在弹出的如图9-20所示的快捷菜单中可以对表格进行各项编辑，这里只讲解在AutoCAD 2012绘图中常用的几种编辑表格的方法。

- **删除**：选择该命令，即可删除表格。
- **移动**：选择该命令，命令行将提示指定基点，在表格上单击任意一点，再在目标位置单击即可移动表格。

- **缩放**：选择该命令，指定基点后输入比例因子可缩放表格。
- **旋转**：选择该命令，可选择表格的方向。
- **绘图次序**：在其子菜单中，可以选择表格的显示次序。
- **均匀调整列、行大小**：选择该命令后可返回绘图区手动调节表格列、行的大小。
- **表指示器颜色**：可以指定行标和列标的显示颜色。

2. 编辑单元格

选择一个或多个单元格，单击鼠标右键，在弹出的快捷菜单中可以方便地对单元格进行编辑，其中几个重要选项的含义介绍如下。

- **对齐**：选择其下级菜单中的命令可以设置单元格中内容的对齐方式，包括左上、中上、右上、左中、正中、右中、左下、中下、右下9种方式。
- **边框**：选择该命令将打开如图9-21所示“单元边框特性”对话框，在其中可以设置单元格边框的线宽、颜色等特性。
- **匹配单元**：选择该命令可以用当前选中的单元格格式（源对象）匹配其他单元格（目标对象），此时鼠标光标变为刷子形状，单击目标对象即可进行匹配，这与对图形的“特性匹配”操作的性质是相同的。
- **插入块**：选择该命令将打开如图9-22所示的“在表格单元中插入块”对话框，在其中可以选择需要插入到表格中的块，并可设置块在单元格中的对齐方式、插入比例以及旋转角度等参数。
- **合并**：当选择多个连续的单元格后，选择其下级菜单中的命令，可以全部合并单元格，或按行、列合并单元格。

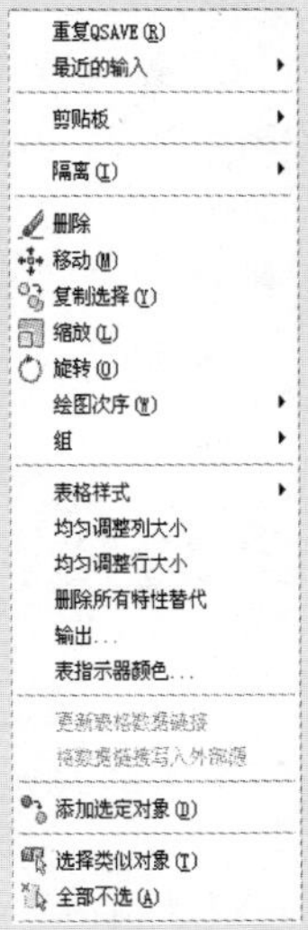

图9-20 编辑表格

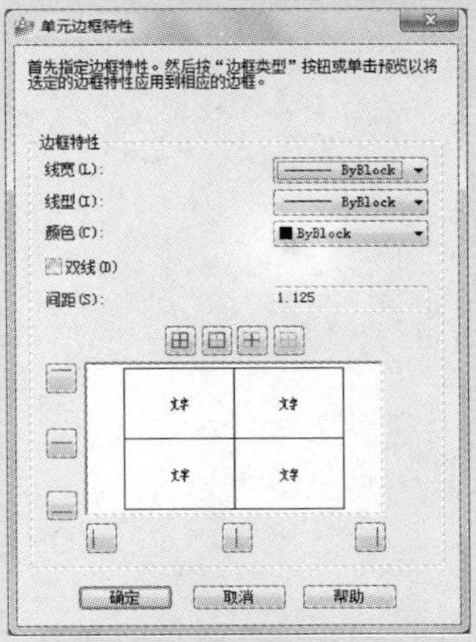

图9-21 设置边框

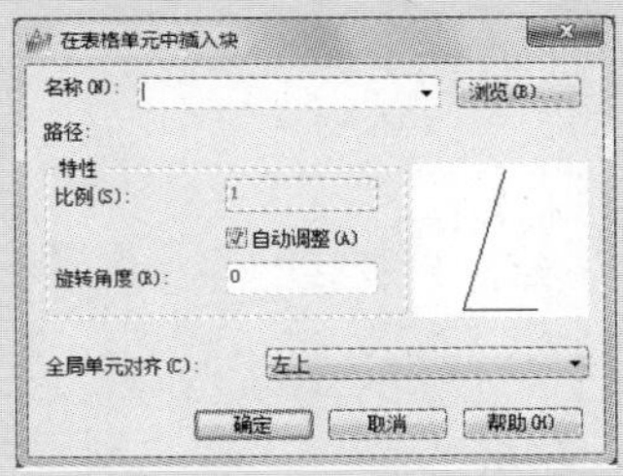

图9-22 插入块

9.6 典型实例——为机械图形添加文字说明

魔法师：小魔女，使用文字功能可以对图形进行文字说明，通过表格可以列出与设置图形相关的信息，如图纸单位、名称以及工艺等，这些知识你都掌握了吗？

小魔女：嗯，魔法师，你看我为一个机械图形添加了文字说明，效果如图9-23所示（光盘:\效果\第9章\机械图纸.dwg），主要用到了多行文字和表格功能。

魔法师：看上去还是很不错的，下面你就讲讲是如何运用多行文字命令和表格命令为机械图形添加文字说明的。

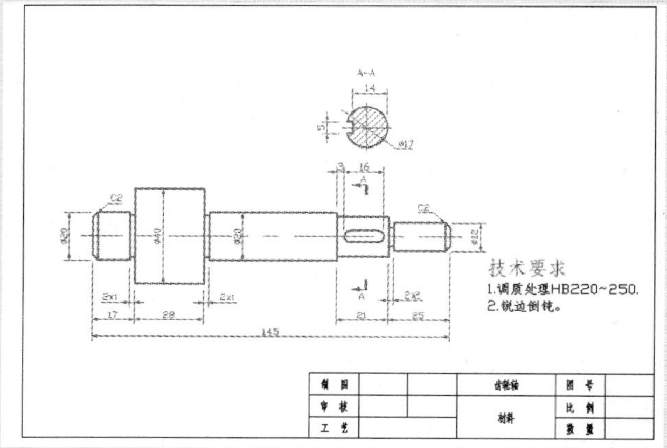

图9-23　最终效果

其具体操作如下：

步骤 01 打开“机械图纸.dwg”图形文件（光盘:\素材\第9章\机械图纸.dwg）。

步骤 02 在命令行输入“T”，执行多行文字命令，在绘图区的右下角单击鼠标左键，指定多行文字的起点位置，如图9-24所示。

步骤 03 将光标向右下角移动，并在如图9-25所示的位置单击鼠标左键，指定多行文字的对角点位置。

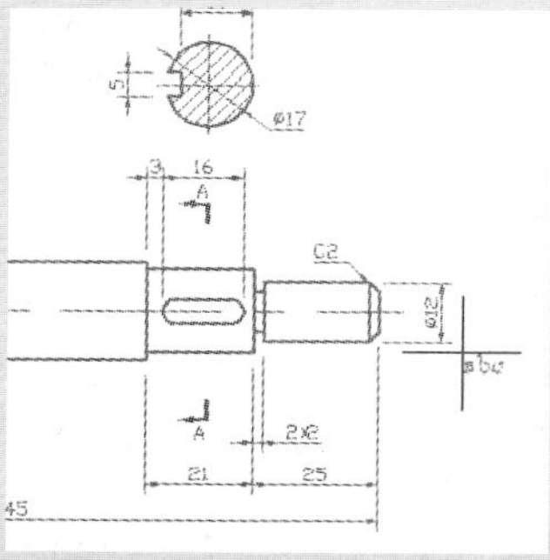

图9-24　指定多行文字起点

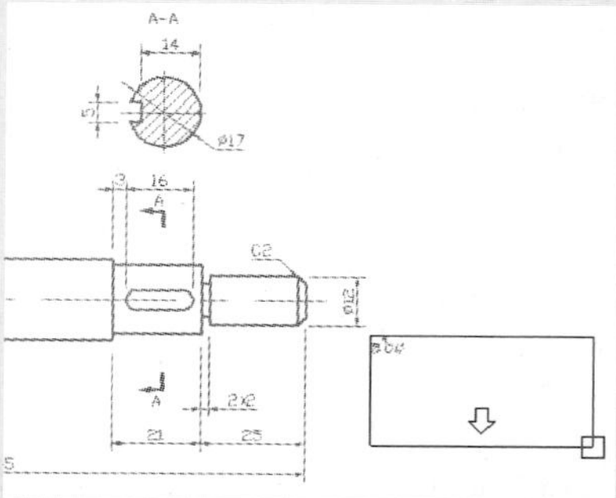

图9-25　指定多行文字对角点

步骤 04 在文本框中输入相应内容，选择“技术要求”文本内容，将字体高度设置为“6”，其余文本的字体高度设置为“4.5”，如图9-26所示。

步骤 05 单击关闭面板的“关闭”按钮，完成多行文字的编辑操作，效果如图9-27所示。

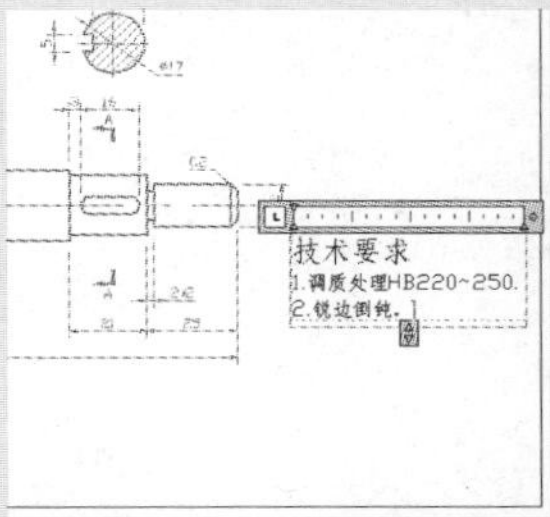

图9-26　输入并设置多行文字

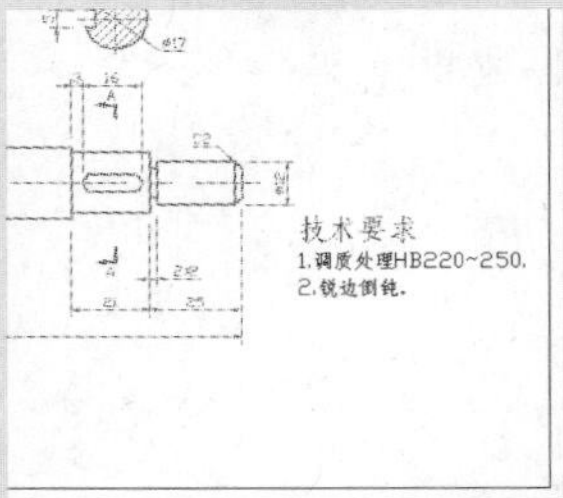

图9-27　书写多行文字的效果

步骤 06 在命令行中执行“TABLE”命令，打开“插入表格”对话框，如图9-28所示。

步骤 07 单击“表格样式”栏中的按钮，打开“表格样式”对话框，如图9-29所示。

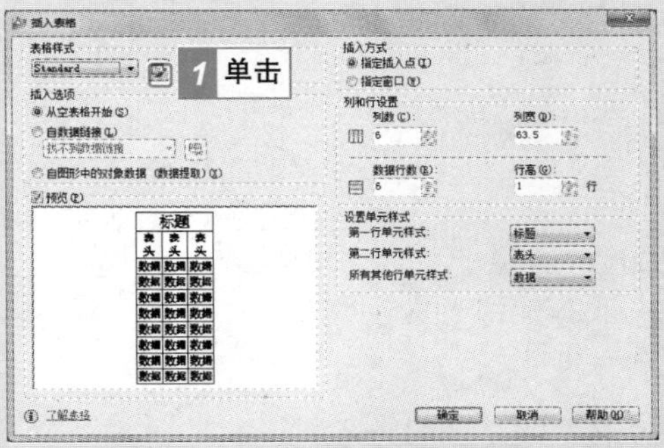

图9-28　“插入表格”对话框

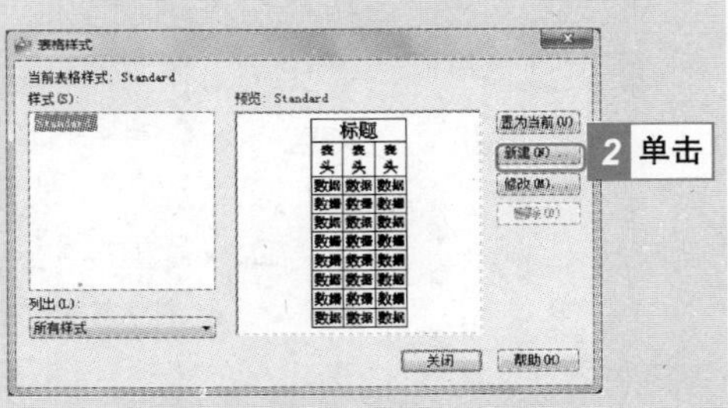

图9-29　“表格样式”对话框

步骤 08 单击 新建(N)... 按钮，打开“创建新的表格样式”对话框，在“新样式名”文本框中输入“标题栏”，如图9-30所示。

步骤 09 单击 继续 按钮，打开“新建表格样式:标题栏”对话框，如图9-31所示。

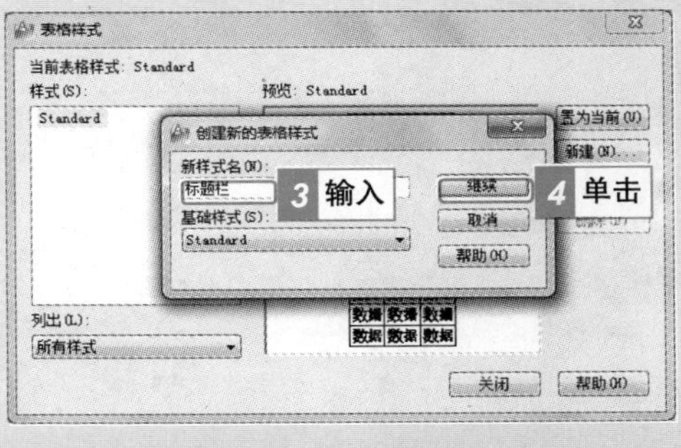

图9-30　创建表标样式

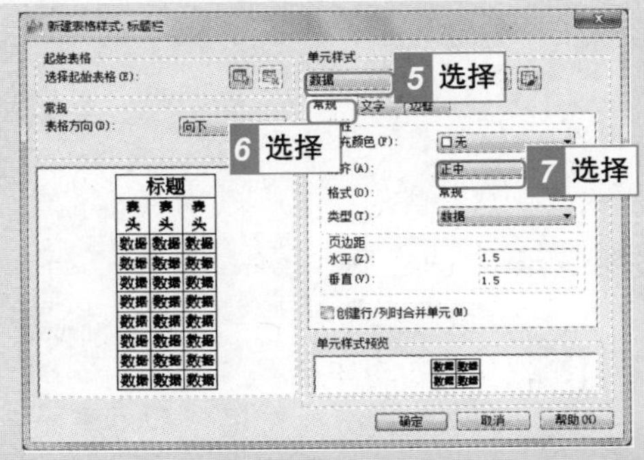

图9-31　设置表格样式

步骤 10 在“单元样式”下拉列表框中选择“数据”选项，选择“常规”选项卡，在“特性”栏的“对齐”下拉列表框中选择“正中”选项。

步骤 11 在“单元样式”下拉列表中选择“标题”选项，选择“文字”选项卡，在“特性”栏中，将“文字高度”设置为“4.5”，如图9-32所示。

步骤 12 选择“边框”选项卡，在“特性”栏中单击“所有边框”按钮田，设置表格的边框，如图9-33所示。

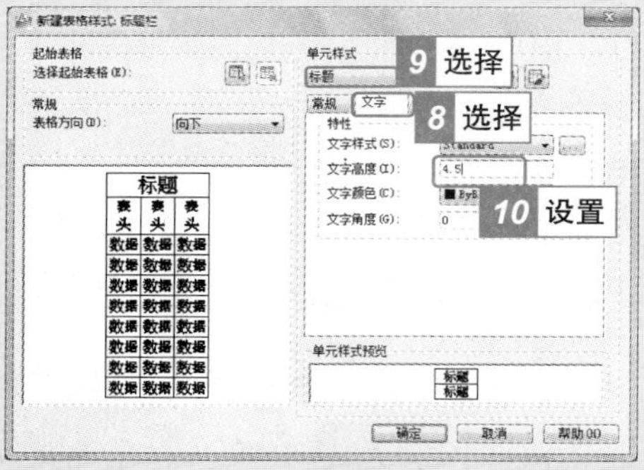

图9-32 设置文字高度

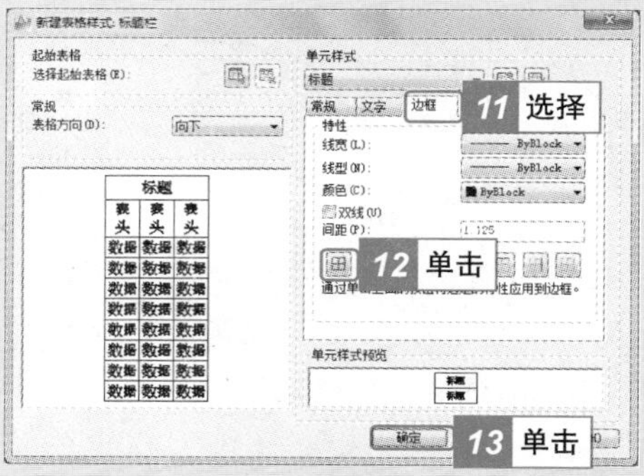

图9-33 设置表格边框

步骤 13 单击[确定]按钮，返回“表格样式”对话框，在“样式”列表框中选择“标题栏”表格样式，单击[置为当前(C)]按钮，如图9-34所示。

步骤 14 单击[关闭(C)]按钮，返回“插入表格”对话框，在“插入方式”栏中选中[指定插入点(I)]单选按钮，在“列和行设置”栏的“列数”数值框中输入“7”，将“列宽”设置为“20”，将“数据行数”和“行高”值设置为“1”，在“设置单元样式”栏中分别设置各选项为“标题”、“表头”和“数据”，如图9-35所示。

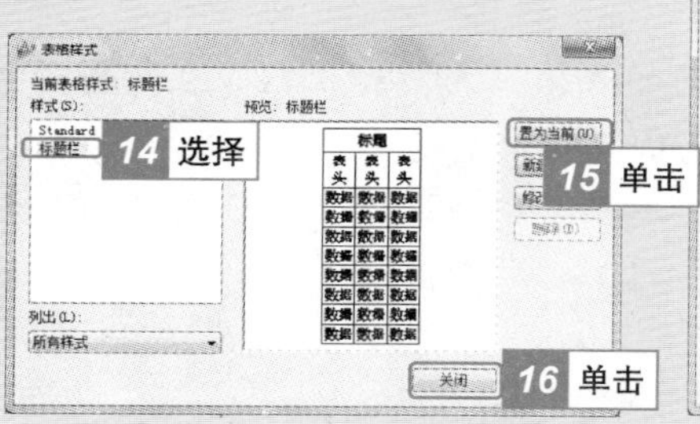

图9-34 设置当前样式

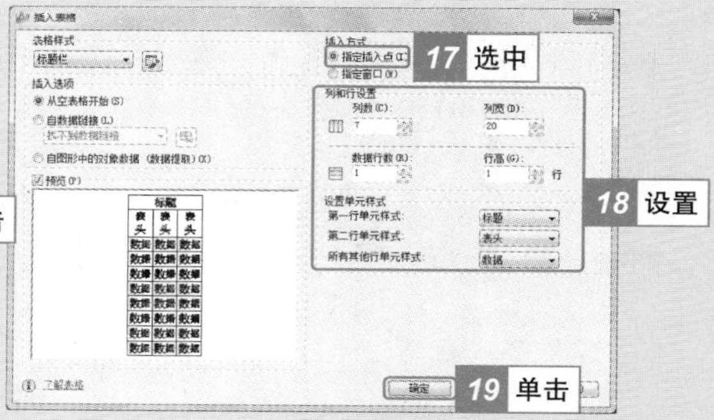

图9-35 设置表格参数

步骤 15 单击[确定]按钮，关闭“插入表格”对话框，在绘图区中单击鼠标左键，指定表格的插入位置，如图9-36所示。

步骤 16 在命令行输入“M”，执行移动命令，对表格进行移动，将表格右下角的端点移动到图框矩形右下角的端点处。

步骤 17 在表格中选择B3和C3两个单元格，在选择的单元格上单击鼠标右键，在弹出的快捷菜单中选择“合并”/“全部”命令，如图9-37所示。

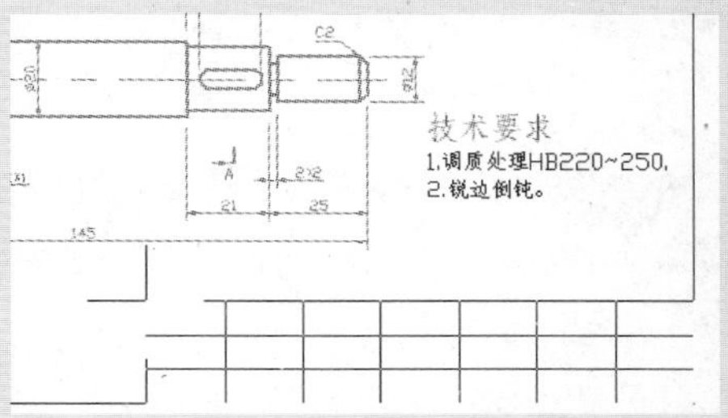

图9-36　插入表格

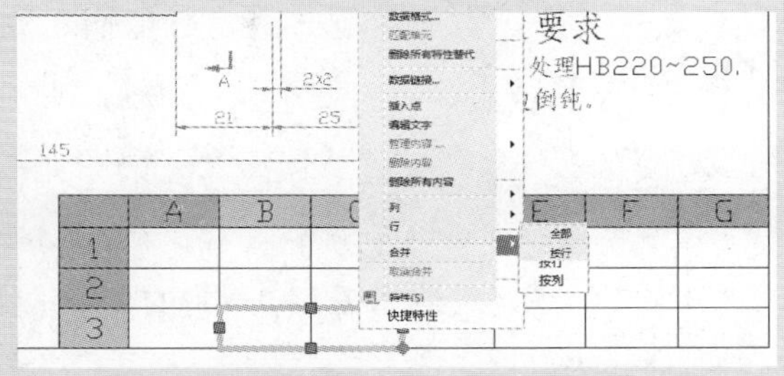

图9-37　合并单元格

步骤 18 在表格中选择D2和E3两个单元格，在选择的单元格上单击鼠标右键，在弹出的快捷菜单中选择“合并”/“全部”命令，如图9-38所示。

步骤 19 使用相同的方法，对D2和E2单元格进行合并操作，效果如图9-39所示。

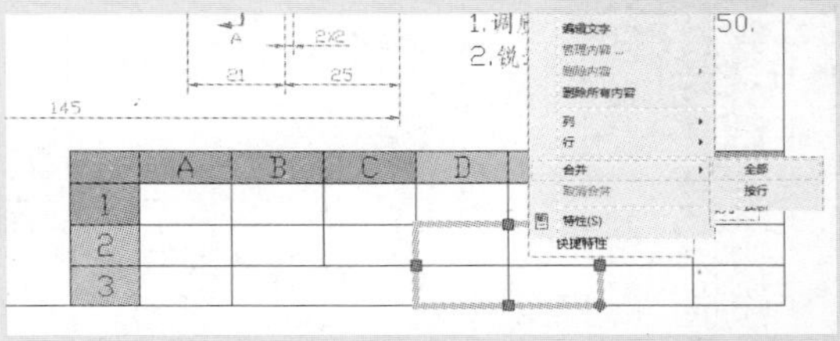

图9-38　合并单元格

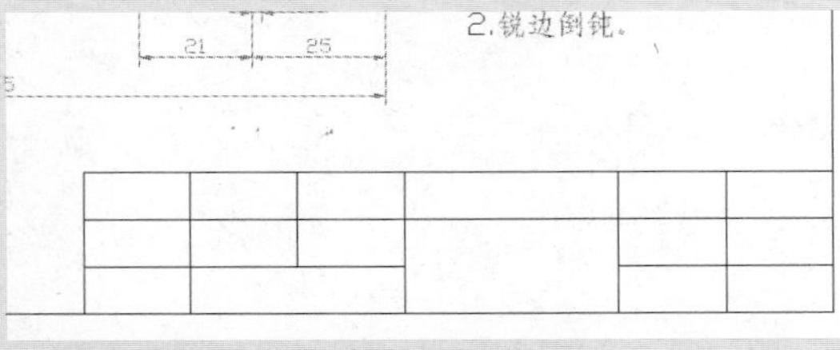

图9-39　标题栏表格

步骤 20 在表格中输入所需文字，完成操作。

9.7 本章小结——文字说明技巧

小魔女：魔法师，你觉得我这次的综合实例做得怎么样？

魔法师：还不错，看来你学得很用功嘛！

小魔女：可是我觉得某些操作还是不熟练，魔法师可不可以再教我一下呢？

魔法师：好吧！看在你这么好学的分儿上，我就再教你两个使用文字和表格命令的技巧吧！

第1招：利用夹点控制表格宽度

选择整个表格，表格的各个顶点即出现夹点，若要调整表格行宽，则可单击表格左下角的夹点，待夹点呈红色状态时，将绘图光标向下或向上移动即可调整行宽；若要调整表格列宽，可单击表格右侧的夹点，通过拖动该夹点来调整表格列宽。

第2招：解决字符显示不正常问题

在进行文字创建的过程中，有时使用%%c和%%d等特殊代码输入的字符显示的是一个方框，这主要是由插入特殊符号时设置的字体不匹配引起的，特殊符号要有特定的字体才能正确显示。使字符正常显示的方法是选择输入的特殊符号的代码，然后在字体下拉列表框中选择“txt.shx”字体。

9.8 过关练习

（1）在绘图区输入如图9-40所示的文本（光盘:\效果\第9章\技术要求.dwg），设置其字体为“仿宋-GB2312”，“技术要求”字号为“25”，其余文本字号为“22”。

（2）在绘图区创建一个如图9-41所示的表格，并输入相关内容（光盘:\效果\第9章\虎钳装配明细表.dwg）。

技术要求

1.未注明之铸造圆角Ø2-Ø5，铸造斜度1:30;

2.铸出后应进行人工时效处理;

3.锐角倒钝，去毛刺;

4.铸件不得有裂纹、松缩、砂眼等能降低铸件强度的缺陷;

5.未注公差等级按IT15;

6.未注精度等级按11级.

图9-40 技术要求

虎钳装配明细表					
序号	图 号	名 称	数量	材 料	备 注
1	0210712-2	固定钳身	1	HT150	
2	0210712-3	钳口板	2	45	
3	0210712-4	螺钉	1	45	
4	0210712-5	活动钳身	1	HT150	
5	0210712-6	垫圈	1	A3	
6	0210712-7	销	1	35	GB117-86
7	0210712-8	环	1	35	
8	0210712-9	螺杆	1	45	
9	0210712-9	螺母	1	HT150	
10	0210712-5	螺钉	4	A3	GB68-85
11	0210712-9	垫圈	1	A3	

图9-41 装配明细表

（3）根据本章所学的知识，绘制如图9-42所示的建筑图纸目录（光盘:\效果\第9章\图纸目录.dwg）。

（4）执行表格命令，插入表格，对表格进行合并操作，并输入标题栏中相应的文字内容，效果如图9-43所示（光盘:\效果\第9章\标题栏.dwg）。

装修图纸目录					
序号	图号	名称	页数	底图规格	备注
1	SJ-01	图纸目录	1	A4	
2	SJ-02	建筑设计说明	1	A4	
3	SJ-03	原始结构图	1	A4	
4	SJ-04	改装后的结构图	1	A4	
5	SJ-05	总平面图	1	A4	
6	SJ-06	地面布置图	1	A4	
7	SJ-07	顶棚布置图	1	A4	
8	SJ-08	电视墙立面图	1	A4	
9	SJ-09	卫生间和厨房布置图	1	A4	
10	SJ-10	主卧效果图	1	A4	卧室色调可根据要求更换

图9-42 图纸目录

			比例		
			数量		
制图			重量		共 张 第 张
描图					
审校					

图9-43 标题栏

Chapter 10

第10章

绘制三维图形

魔法师：小魔女，你想制作一些很有质感和立体感的图形对象吗？

小魔女：嗯，我正想请教你，我的一些朋友绘制的图形对象就比我制作的对象看上去有质感和立体感，他们是在AutoCAD中绘制的吗？

魔法师：嗯！AutoCAD不但可以制作二维的图形对象，也能制作一些三维的图形对象。

小魔女：AutoCAD的功能可真强大呀！那我们现在就开始学习如何绘制三维图形吧！

魔法师：好的，但是在学习绘制三维图形前必须学习一些绘制三维图形的准备知识，这样才能为以后绘制三维图形作铺垫呀！

学习要点：

- 三维绘图基础
- 布尔运算
- 绘制三维实体模型
- 由二维对象创建三维实体

10.1 三维绘图基础

魔法师：小魔女，绘制三维实体模型，可以使物体更加具有立体感，更容易了解物体的形状等特性。

小魔女：那绘制三维实体模型是不是要使用特殊的工具、命令等？绘制的环境与二维绘图时有什么大的变化吗？

魔法师：三维绘图的方法与二维绘图有一定的区别，但还是比较相似的，下面我们先来了解一下三维绘图的基础知识。

10.1.1 设置三维视图

在AutoCAD 2012中，系统为用户提供了几种工作空间，其中专门用于三维绘图的工作空间有两个，即“三维基础”和“三维建模”两个工作空间。绘制三维模型时，首先应将工作空间切换为“三维建模”或“三维基础”工作空间（下面未进行特殊说明时，均以“三维建模”工作空间进行介绍），在打开的选项卡和面板中包括了众多的三维绘图及编辑命令。

绘制三维模型时，由于模型有多个面，仅从一个角度不能观看到模型的其他面，因此，应根据情况选择相应的观察点。在AutoCAD 2012中不仅提供了6个正交视图（俯视、仰视、左视、右视、前视和后视），还提供了四个用于绘制三维模型的等轴测视图（西南、西北、东南和东北等轴测图）。更改三维视图的方法主要有如下几种：

- 在“AutoCAD经典”空间中选择“视图”/“三维视图”命令，在打开的菜单中选择相应的视图选项，即可切换到不同的视图，如图10-1所示。
- 在“三维建模”空间中选择“视图”选项卡，在“视图”面板中单击相应的按钮，即可切换到相应的视图，如图10-2所示。
- 在“AutoCAD经典”空间中选择“视图”/“命名视图”命令，或在命令行中执行“VIEW”或“V”命令，打开“视图管理器”对话框，在“查看”栏中选择相应的视图，单击确定按钮，即可切换到不同的视图，如图10-3所示。

图10-1 菜单选项

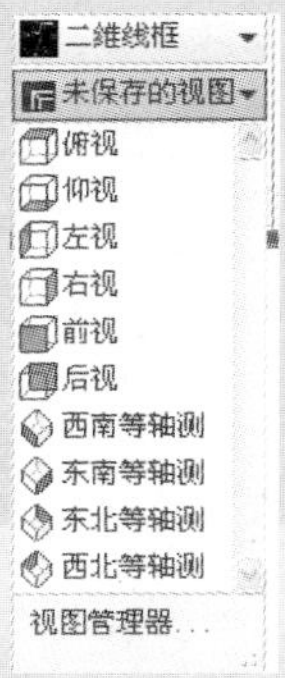

图10-2 视图面板

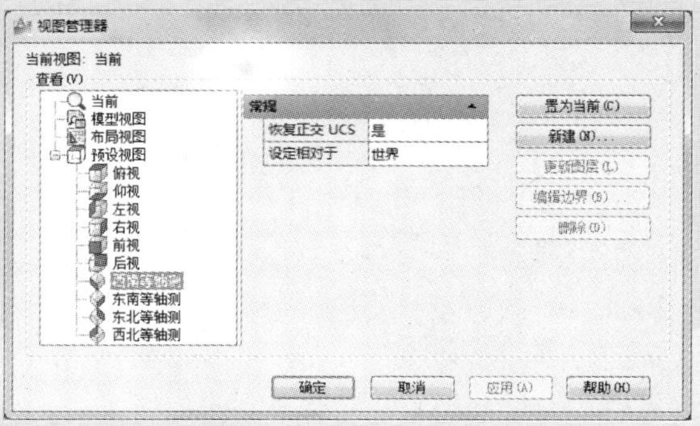

图10-3 “视图管理器”对话框

10.1.2 三维坐标系

在绘制三维模型之前，必须先创建三维坐标系，如图10-4所示。三维坐标系用于创建和观察三维图形。前面章节讲解了平面坐标系的使用方法，其所有变换和使用方法同样适用于三维坐标系。在三维坐标系下，除了可以使用直角坐标或极坐标方法来定义点之外，在绘制三维图形时，还可使用笛卡儿坐标系、柱坐标系和球坐标系来定义点。

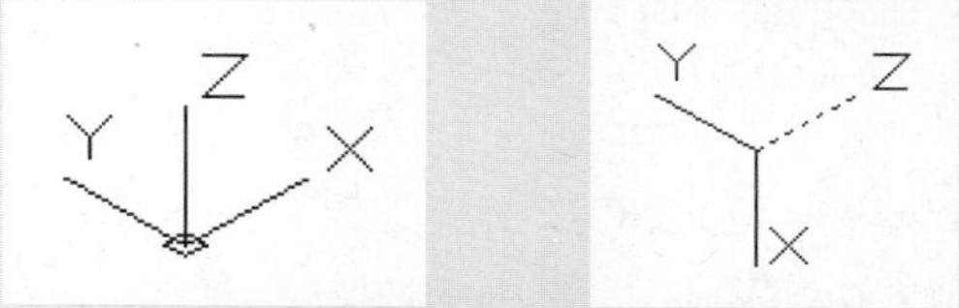

图10-4　三维坐标系

1. 笛卡儿坐标系

在AutoCAD中，系统默认使用笛卡儿坐标系来确定物体。在进入AutoCAD绘图区时，系统会自动进入笛卡儿坐标系（世界坐标系WCS）第一象限，AutoCAD就是采用这个坐标系统来确定图形的矢量的。在三维笛卡儿坐标系中，使用三个坐标值（X,Y,Z）来指定点的位置。其中X、Y和Z分别表示该点在三维坐标系中X轴、Y轴和Z轴上的坐标值。

2. 柱坐标系

柱坐标系主要用于对模型进行贴图，定位贴纸在模型中的位置。柱坐标使用XY平面的角和沿Z轴的距离来表示，其格式介绍如下：

- **绝对坐标：** XY平面距离<XY平面角度，Z坐标。
- **相对坐标：** @XY平面距离<XY平面角度，Z坐标。

3. 球坐标系

球坐标系与柱坐标系的功能一样，都是用于对模型进行定位贴图。球坐标系具有3个参数：点到原点的距离、XY平面的夹角和在XY平面上的角度。其格式介绍如下：

- **绝对坐标：** XYZ距离<XY平面角度<XY平面的夹角。
- **相对坐标：** @XYZ距离<XY平面角度<XY平面的夹角。

10.1.3 设置用户坐标系

在AutoCAD中用户可以自己定义自己的用户坐标系，如对世界坐标系进行旋转、移动等操作。使用“UCS”命令可以创建用户坐标系，调用UCS命令的方法主要有如下几种：

- 选择“视图”/“坐标”组，单击“原点”按钮。
- 在命令行提示后执行“UCS”命令。

其命令行及操作如下：

命令:UCS	//执行"UCS"命令
当前UCS名称:*世界*	//系统提示当前UCS名称
输入选项[新建(N)/移动(M)/正交(G)/上一个(P)/恢复(R)/	
保存(S)/删除(D)/应用(A)/?/世界(W)]<世界>: N	//选择"新建"选项
指定新UCS的原点或[Z轴(ZA)/三点(3)/对象(OB)/面(F)/	
视图(V)/X/Y/Z]<0,0,0>:	//选择执行其中任一方法

选择"新建"选项后，默认方式是通过指定新原点的方法来定义新的UCS，该方式将保持原来的X、Y和Z轴的方向不变，相当于移动坐标系。选择该选项后命令行中关键选项的含义介绍如下：

- Z轴：用特定的Z轴正半轴定义UCS。通过指定新原点和位于新建Z轴正半轴上的点来定义新坐标系的Z轴方向，从而定义新的UCS。
- 三点：通过指定3点的方式定义新的UCS，该方式可以指定任意可能的坐标系。选择该选项后，需指定新UCS的原点及X轴和Y轴的正方向。
- 对象：根据选定的三维对象定义新的坐标系。新UCS的拉伸方向为（即Z轴的正方向）选定对象的方向。但此选项不能用于三维实体、三维多段线、三维网格、视口、多线、面域、样条曲线、椭圆、射线、构造线、引线和多行文字等对象。
- 面：将UCS与三维对象的选定面对齐，UCS的X轴将与找到的第一个面上的最近的边对齐。选择实体的面后，将出现提示信息"输入选项 [下一个(N)/X轴反向(X)/Y轴反向(Y)] <接受>:"，选择其中的"下一个"选项将UCS定位于邻接的面或选定边的后向面；选择"X轴反向"选项则将UCS绕X轴旋转180°；选择"Y轴反向"选项则将UCS绕Y轴旋转180°，按【Enter】键将接受现在的位置。
- 视图：以平行于屏幕的平面为XY平面，建立新的坐标系，UCS原点保持不变。
- X/Y/Z：绕指定的轴旋转当前UCS。通过指定原点和一个或多个绕X、Y或Z轴的旋转，可以定义任意方向的UCS。

10.1.4 动态UCS

使用动态UCS功能，可以在创建对象时使UCS的XY平面自动与实体模型上的平面临时对齐。单击"状态栏"栏上的"允许/禁止动态UCS"按钮DUCS，即可打开或关闭动态UCS功能。

下面以如图10-5所示的"楔体.dwg"图形（光盘:\素材\第10章\楔体.dwg）斜面为底面，绘制半径为15的圆，效果如图10-6所示（光盘:\效果\第10章\楔体.dwg），其命令行及操作如下：

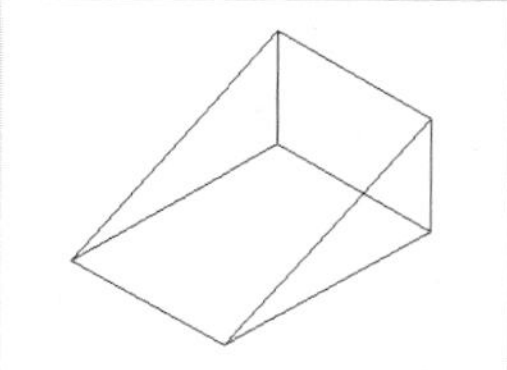

图10-5 楔体

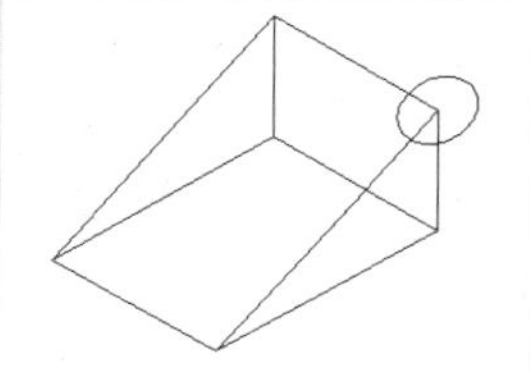

图10-6 绘制圆效果

命令：CIRCLE	//执行"CIRCLE"命令
指定圆的圆心或 [三点(3P)/两点(2P)/切点、切点、半径(T)]:	//打开动态UCS功能，将鼠标移动到斜面上，该面呈虚线显示，再捕捉直线端点，指定圆的圆心，如图10-7所示
指定圆的半径或 [直径(D)] <5.0000>: 15	//输入圆的半径，如图10-8所示

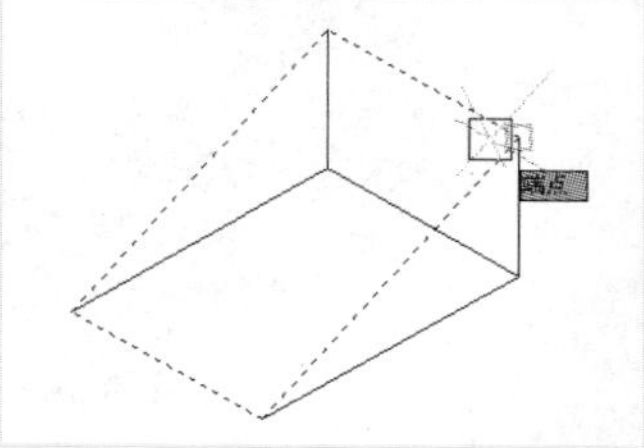

图10-7　使用动态UCS功能

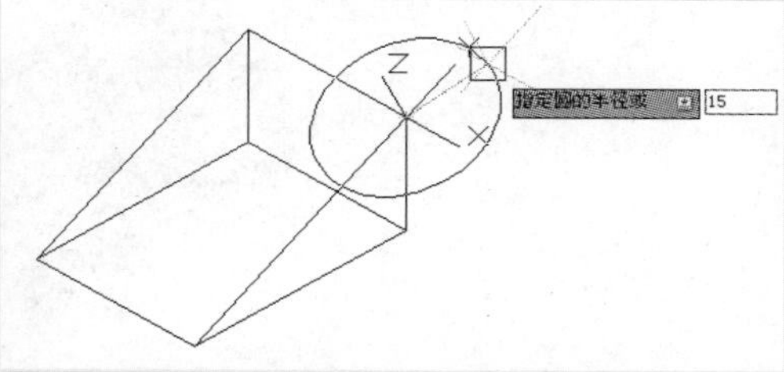

图10-8　指定圆的半径

10.1.5　视觉样式

在等轴测视图中绘制三维模型时，默认状态下是以线框方式进行显示的，为了获得直观的视觉效果，可通过更改视觉样式来改善显示效果。更改视觉样式主要有如下几种方法：

- 在"AutoCAD经典"空间中选择"视图"/"视觉样式"命令，在打开的菜单中选择相应的视觉样式选项。
- 选择"常用"选项卡，在"视图"面板的"视觉样式"下拉按钮中选择相应的视觉样式。

在AutoCAD 2012中提供了多种视觉样式，常用视觉样式的含义如下：

- **二维线框：**显示用直线和曲线表示边界的对象。光栅和OLE对象、线型和线宽均可见，如图10-9所示。
- **线框：**显示用直线和曲线表示边界的对象。在绘图区中显示一个已着色的三维UCS坐标系图标，如图10-10所示。

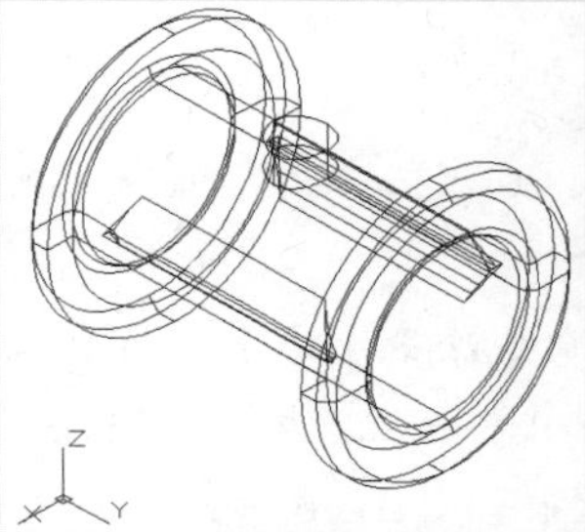

图10-9　二维线框

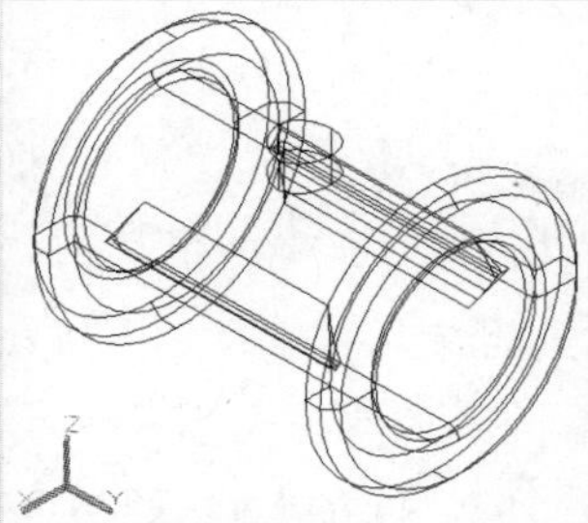

图10-10　线框

- **隐藏：**显示用三维线框表示的对象，并隐藏模型内部及背面等无法从当前视点直接看见的线条，如图10-11所示。

- **概念：** 着色多边形平面间的对象，并使对象的边平滑化。着色时使用古氏面样式，是一种冷色和暖色之间的过渡，如图10-12所示。
- **真实：** 着色多边形平面间的对象，并使对象的边平滑化，并且将显示已附着到对象的材质，如图10-13所示。

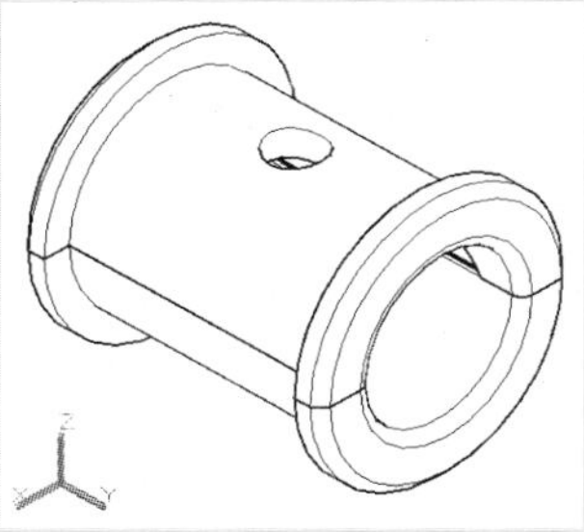

图10-11　隐藏

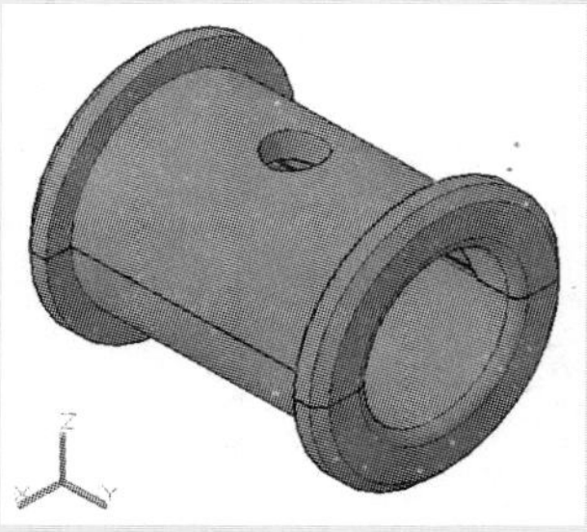

图10-12　概念

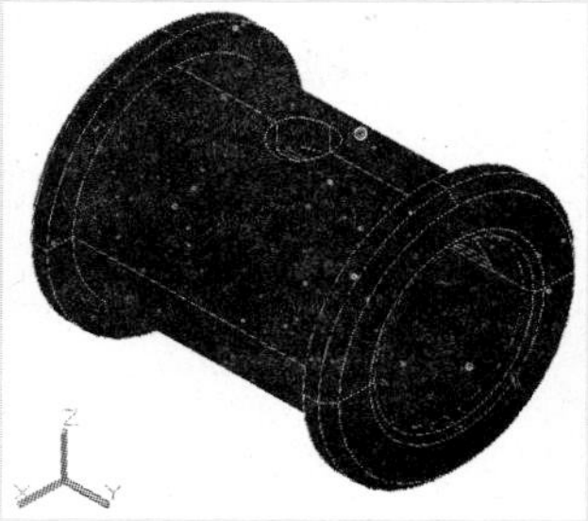

图10-13　真实

10.1.6 布尔运算

创建复杂实体的方法有多种，但通过布尔运算可以创建出不易绘制出的三维实体。布尔运算包括并集运算、差集运算和交集运算，其中各布尔运算含义如下：

- **并集：** 并集运算命令可对所选择的两个或两个以上的面域或实体进行求并运算，从而生成一个新的整体。其操作方法是在“常用”选项卡中，单击“实体编辑”面板中的“并集”按钮，然后选择要进行并集运算的实体模型。例如，对如图10-14所示的两个实体进行并集运算，其效果如图10-15所示。

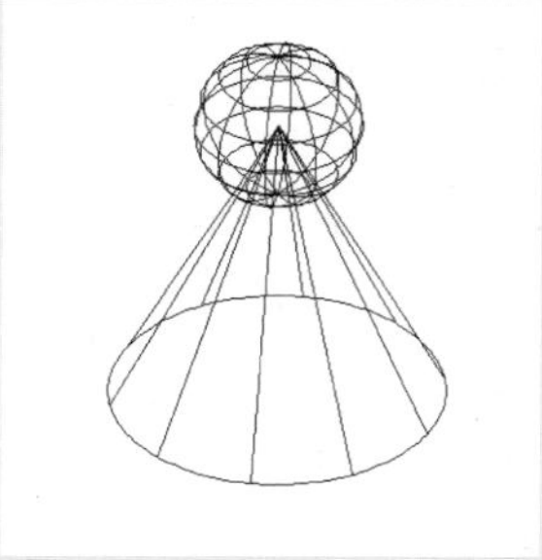

图10-14　球体和圆锥体

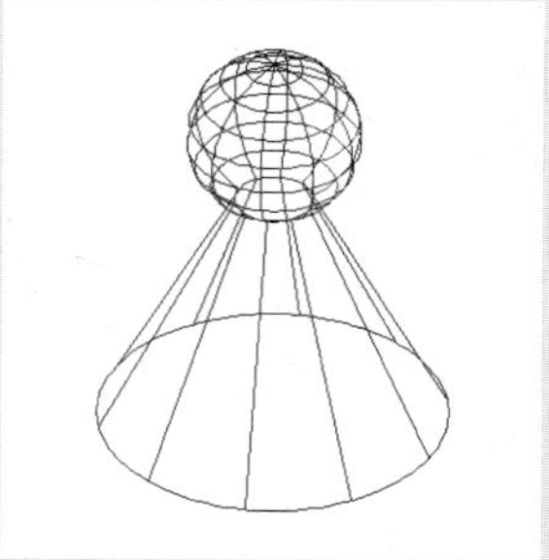

图10-15　并集运算

- **差集：** 差集是指从所选的实体组或面域组中删除一个或多个实体或面域，从而生成一个新的实体或面域。在“实体编辑”面板中单击“差集”按钮，即可执行差集命令。例如，将如图10-14所示的球体减去，效果如图10-16所示。
- **交集：** 交集运算用于将多个面域或实体之间的公共部分生成形体。单击“实体编辑”面板的“交集”按钮即可执行交集命令。例如，对如图10-14所示的球体和圆锥体进行交集运算，效果如图10-17所示。

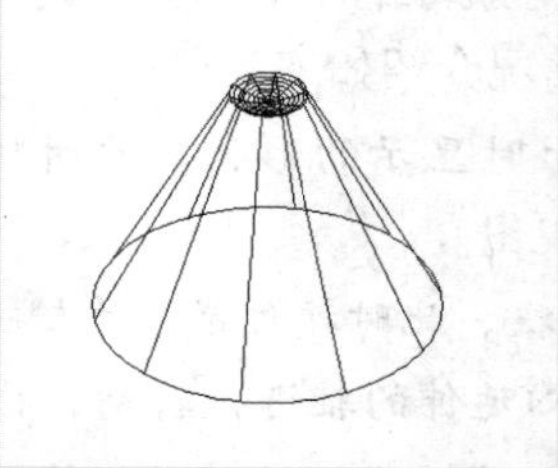

图10-16 差集运算

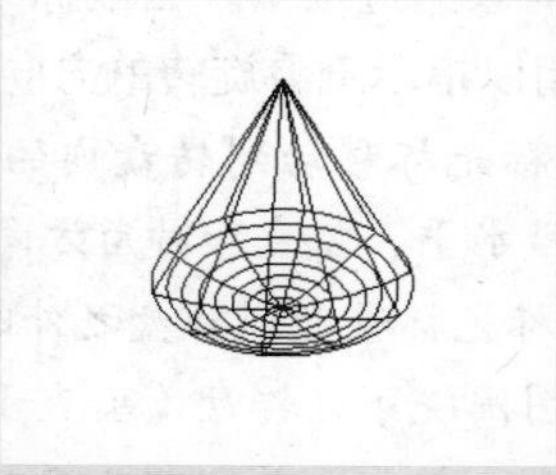

图10-17 交集运算

10.1.7 三维观察

在三维建模空间中，使用三维动态观察器可从不同的角度、距离和高度查看图形中的对象，从而实时地控制和改变当前视口中创建的三维视图。其中主要包括动态观察、自由动态观察和连续动态观察3种观察模式。

1. 动态观察

该动态观察是指沿XY平面或Z轴约束的三维动态观察，其方法介绍如下：

- 选择“视图”/“导航”组，单击“动态观察”按钮 动态观察 。
- 在命令行中执行“3DORBIT”命令。

执行上述任一命令后，绘图区中的鼠标光标将变为形状，按住鼠标左键不放并移动鼠标，即可动态地观察对象，如图10-18所示。

2. 自由动态观察

该动态观察是指不参照平面，在任意方向上进行动态观察，其方法介绍如下：

- 选择“视图”/“导航”组，单击“自由动态观察”按钮 自由动态观察 。
- 在命令行中执行“3DFORBIT”命令。

执行上述任一命令后，在绘图区中的鼠标光标将变为形状，同时将显示一个导航球，它被小圆分为4个区域，用户拖动这个导航球可以旋转视图，如图10-19所示。

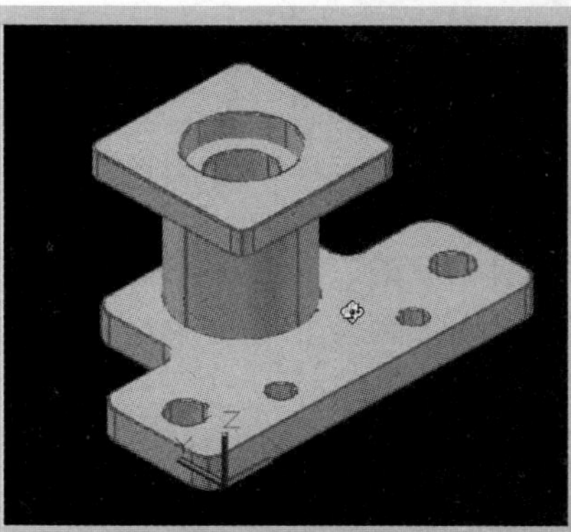

图10-18 动态观察

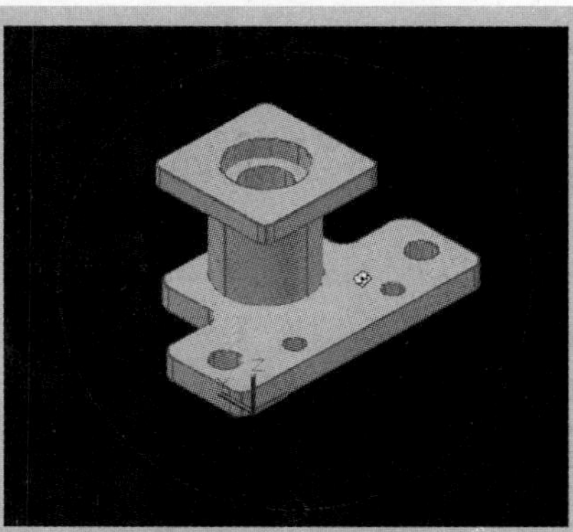

图10-19 自由动态观察

在观察三维对象的过程中，当鼠标光标移动到导航球的不同部分上时，鼠标光标的形状也会有所改变，用以指示查看旋转的方向，其各种情况介绍如下：

- ：当鼠标光标移动到转盘内的三维对象上时显示的形状。此时按住鼠标左键并拖动，可以沿水平、竖直和对角方向随意操作视图。
- ：当鼠标光标移动到转盘之外时显示的形状。此时按住鼠标左键并围绕转盘拖动，可以使视图围绕穿过转盘（垂直于屏幕）中心延伸的轴进行转动，称为滚动；将光标拖动到转盘内部时，它将变成形状，同时视图可以随意移动；将鼠标光标向后移动到转盘外时，又可以恢复滚动。
- ：当鼠标光标移动到转盘左侧或右侧的小圆上时显示的形状。此时按住鼠标左键并拖动，可以绕垂直轴通过转盘中心延伸的Y轴旋转视图。
- ：当鼠标光标移动到转盘顶部或底部的小圆上时显示的形状。此时按住鼠标左键并拖动，可以绕水平轴通过转盘中心延伸的X轴旋转视图。

3. 连续动态观察

该动态观察可以让系统自动进行连续动态观察，其方法主要有如下几种：

- 选择“视图”/“导航”组，单击“连续动态观察”按钮连续动态观察。
- 在命令行中执行“3DCORBIT”命令。

执行上述任一命令后，在绘图区中的鼠标光标将变为形状。在需要连续动态观察移动的方向上单击鼠标左键并拖动，使对象沿正在拖动的方向开始移动，然后释放鼠标，对象将在指定的方向上继续进行它的轨迹运动。

10.2 绘制三维实体模型

魔法师：小魔女，掌握了三维的绘图基础之后，便可以使用三维绘图命令来绘制三维模型了。

小魔女：真的吗？我是不是马上就可以开始学习三维绘图命令的使用了？

魔法师：嗯，三维实体模型是实心的物体，使用三维实体模型的绘图命令绘制的三维模型，可通过布尔运算对象进行操作，以便完成复杂模型的绘制。

10.2.1 绘制多段体

多段体可以看做带矩形轮廓的多段线，调用多段体命令的方法主要有如下几种：

- 选择“常用”/“建模”组，单击“多段体”按钮多段体。
- 在命令行中执行“POLYSOLID”命令。

多段体与多段线的绘制方法相似，不同的是使用多段线命令绘制的图形对象为一条多段线线条，而使用多段体命令绘制的图形对象则为一个实体对象。例如，使用多段体命令，绘制U型钢坯模型，如图10-20所示（光盘:\效果\第10章\U型钢坯.dwg），其命令行及操作如下：

命令: POLYSOLID	//执行“POLYSOLID”命令
高度 = 80.0000, 宽度 = 5.0000, 对正 = 居中	//系统提示
指定起点或 [对象(O)/高度(H)/宽度(W)/对正(J)] <对象>: h	//选择“高度”选项
指定高度 <80.0000>: 3	//指定高度
高度 = 3.0000, 宽度 = 5.0000, 对正 = 居中	//系统提示
指定起点或 [对象(O)/高度(H)/宽度(W)/对正(J)] <对象>: w	//选择“宽度”选项
指定宽度 <5.0000>: 1	//指定宽度
高度 = 3.0000, 宽度 = 1.0000, 对正 = 居中	//系统提示
指定起点或 [对象(O)/高度(H)/宽度(W)/对正(J)] <对象>:	//指定多段体起点
指定下一个点或 [圆弧(A)/放弃(U)]: <正交 开> 3	//打开“正交”功能，向右上方移动鼠标，并输入长度，如图10–21所示
指定下一个点或 [圆弧(A)/放弃(U)]: a	//选择“圆弧”选项
指定圆弧的端点或 [闭合(C)/方向(D)/直线(L)/第二个点(S)/放弃(U)]: 3	//向左上方移动鼠标，并输入圆弧端点，如图10–22所示
指定下一个点或 [圆弧(A)/闭合(C)/放弃(U)]: 指定圆弧的端点或 [闭合(C)/方向(D)/直线(L)/第二个点(S)/放弃(U)]: l	//指定圆弧端点
指定下一个点或 [圆弧(A)/闭合(C)/放弃(U)]: 3	//向左下方移动鼠标，并输入长度，如图10–23所示
指定下一个点或 [圆弧(A)/闭合(C)/放弃(U)]:	//按【Enter】键结束多段体命令

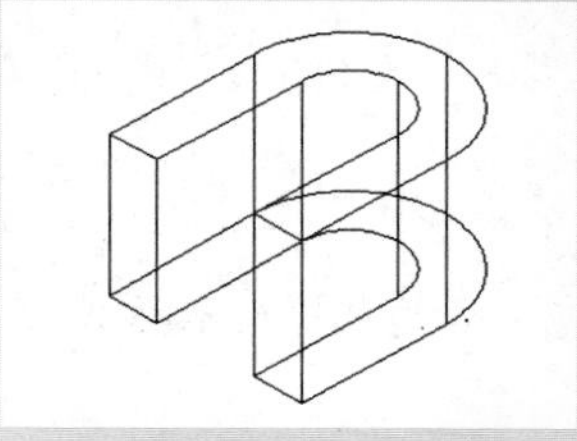

图10-20 多段体效果

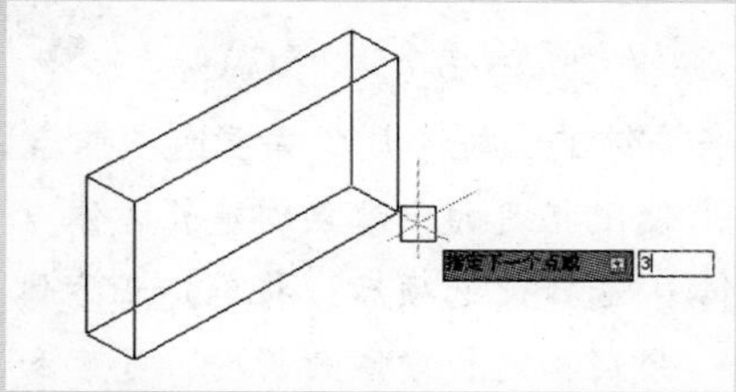

图10-21 指定多段体长度

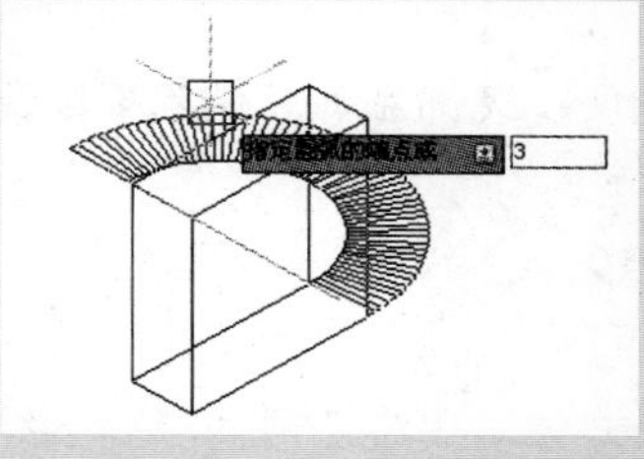

图10-22 指定圆弧段端点

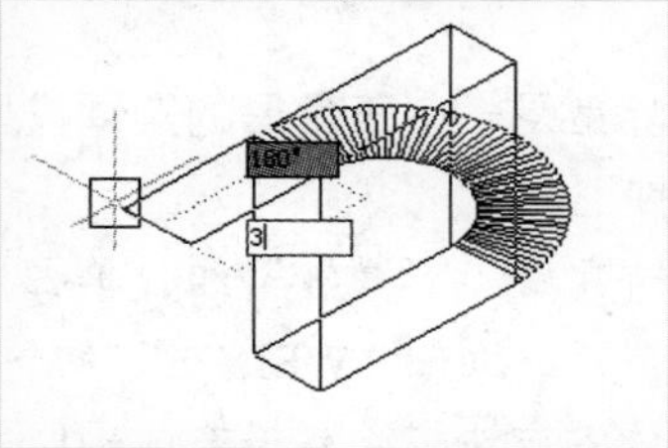

图10-23 指定多段体端点

10.2.2 绘制长方体

使用长方体命令，可以绘制实心长方体或立方体，调用长方体命令的方法主要有如下几种：

- 选择“常用”/“建模”组，单击“长方体”按钮。
- 在命令行中执行“BOX”命令。

执行长方体命令后，将提示指定长方体的第一个角点，然后指定长方体的其他角点来绘制长方体。例如，绘制长度为60，宽度为40，高度为20的长方体，如图10-24所示，其命令行及操作如下：

```
命令:BOX                                    //执行“BOX”命令
指定第一个角点或 [中心(C)]:                  //拾取一点作为长方体的角点
指定其他角点或 [立方体(C)/长度(L)]: l        //选择“长度”选项
指定长度: 50                                //指定长度
指定宽度:30                                 //指定宽度
指定高度或 [两点(2P)]:40                     //指定高度
```

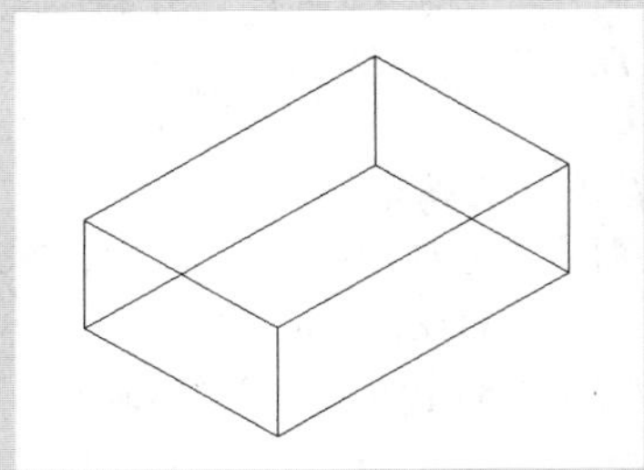

图10-24　长方体

如果长度、宽度和高度的值都相同，绘制出的图形就是正方体。

在绘制长方体的过程中几个关键选项的含义介绍如下：

- **中心：** 使用指定的中心点创建长方体。
- **立方体：** 选择此选项后，将创建正方体，即长、宽、高均相等的长方体。
- **长度：** 分别指定长方体的长度、宽度和高度值。

10.2.3 绘制楔体

楔体实际上是一个三角形的实体模型，常用作垫块、装饰品等。调用楔体命令的方法主要有如下几种：

- 选择“常用”/“建模”组，单击“楔体”按钮。
- 在命令行中执行“WEDGE”命令。

绘制楔体的方法与绘制长方体相似，楔体是沿长方体对角线切成两半后的结果，创建出来的形体是长方体的一半。例如，绘制长度为35，宽度为20，高度为15的楔体，如图10-25所示，其命令行及操作如下：

```
命令:WEDGE                                  //执行“WEDGE”命令
指定第一个角点或 [中心(C)]:                  //拾取一点作为楔体的角点
指定其他角点或 [立方体(C)/长度(L)]: l        //选择“长度”选项
指定长度: 35                                //指定长度，如图10-26所示
```

```
指定宽度:20                                //指定宽度，如图10-27所示
指定高度或 [两点(2P)]:15                   //指定高度，如图10-28所示
```

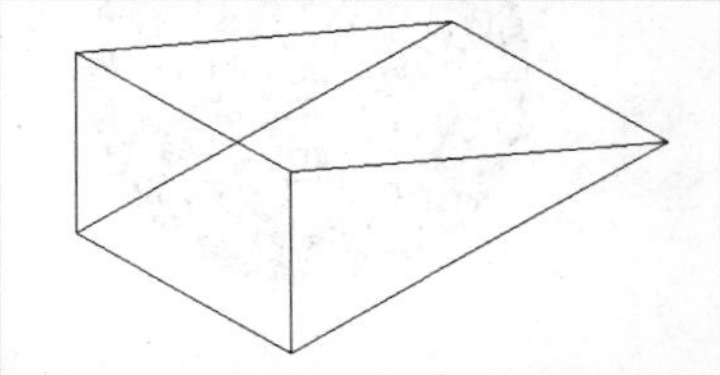

图10-25　楔体

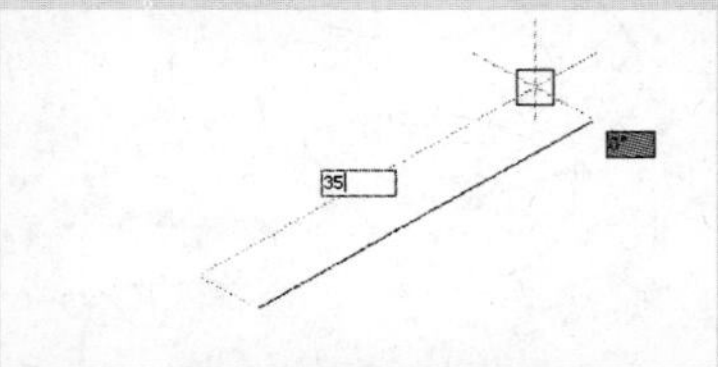

图10-26　指定楔体长度

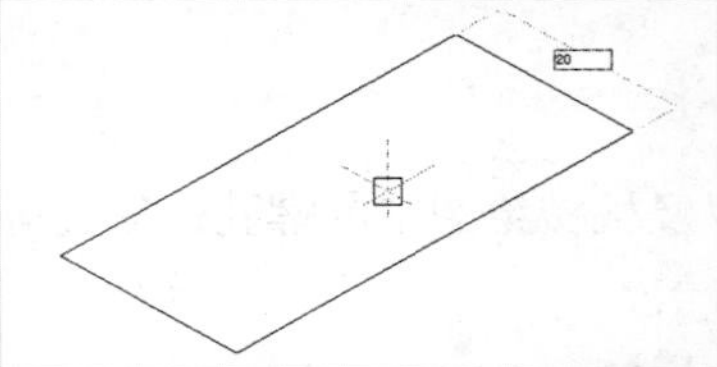

图10-27　指定楔体宽度

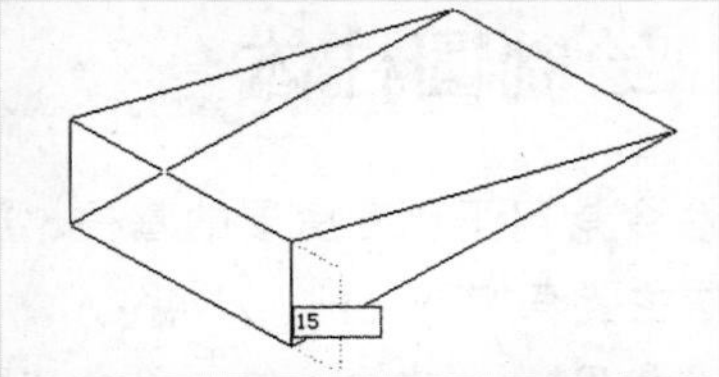

图10-28　指定楔体高度

在绘制楔体的过程中关键选项的含义介绍如下：

- **中心**：使用指定中心点创建楔体。
- **立方体**：创建长、宽、高相等的楔体。

10.2.4 绘制球体

球体命令常用来绘制球形门把手、球形建筑主体和轴承的钢珠等，调用球体命令的方法主要有如下几种：

- 选择“常用”/“建模”组，单击“球体”按钮。
- 在命令行中执行“SPHERE”命令。

执行球体命令，将提示指定球体的中心点，并输入球体的半径，从而完成球体的绘制。例如，绘制半径为20的球体，如图10-29所示，其命令行及操作如下：

```
命令: SPHERE                                          //执行“SPHERE”命令
指定中心点或 [三点(3P)/两点(2P)/切点、切点、半径(T)]:  //在绘图区拾取一点，指定球体中心点
指定半径或 [直径(D)] : 20                             //输入球体半径
```

执行“SPHERE”命令后，绘制出的实体看起来并不是球体，这是受系统变量ISOLINES值影响的结果。该命令可以控制当前密度，值越大，密度就越大，一般是设置ISOLINES值后再绘制球体（这时的球体如图10-30所示），其命令行及操作如下：

```
命令: ISOLINES                        //执行“ISOLINES”命令
输入 ISOLINES 的新值 <4>: 50          //指定ISOLINES值
```

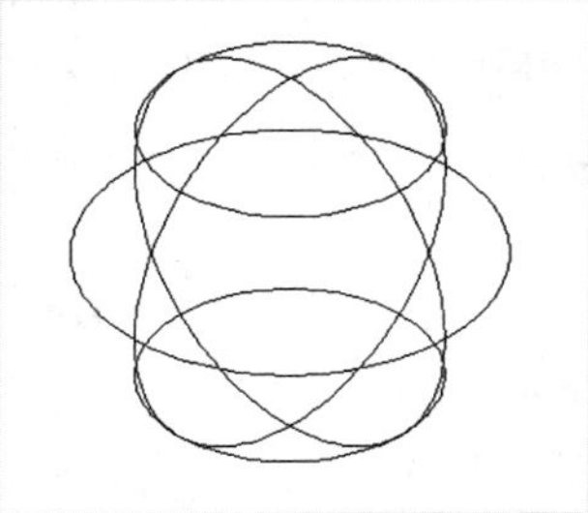

图10-29　绘制球体

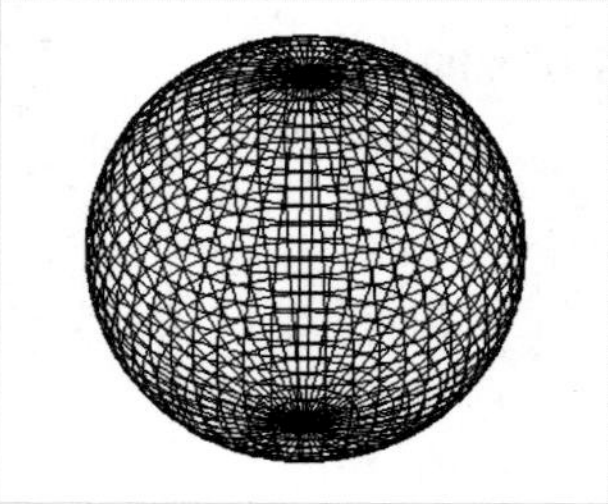

图10-30　设置ISOLINES值后的效果

10.2.5 绘制圆柱体

圆柱体命令常用于创建房屋的基柱、旗杆，以及机械绘图中的螺孔、轴孔等，调用圆柱体命令的方法主要有如下几种：

- 选择“常用”/“建模”组，单击“圆柱体”按钮。
- 在命令行中执行“CYLINDER”命令。

执行圆柱体命令后，将提示指定圆柱体底面圆心，然后指定圆柱体的底面半径及圆柱体的高度。例如，绘制底面半径为15，高度为50的圆柱体，如图10-31所示，其命令行及操作如下：

```
命令:CYLINDER                                        //执行“CYLINDER”命令
指定底面的中心点或 [三点(3P)/两点(2P)/切点、切点、半径
(T)/椭圆(E)]:                                        //在绘图区拾取一点，指定底面中心点
指定底面半径或 [直径(D)]: 15                          //指定底面半径
指定高度或 [两点(2P)/轴端点(A)]: 50                    //指定圆柱体高度
```

在绘制圆柱体的过程中选择“椭圆”选项，可以绘制椭圆形圆柱实体，如图10-32所示。选择该选项后，命令行会提示指定圆柱底面椭圆的轴端点、第二个轴端点和椭圆柱的高度等参数。

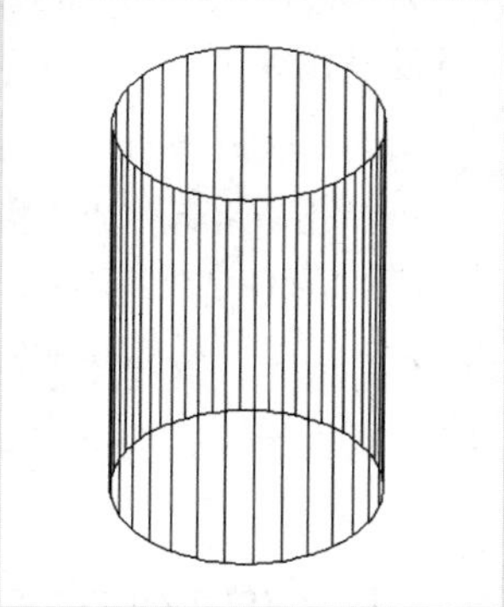

图10-31　圆柱体效果

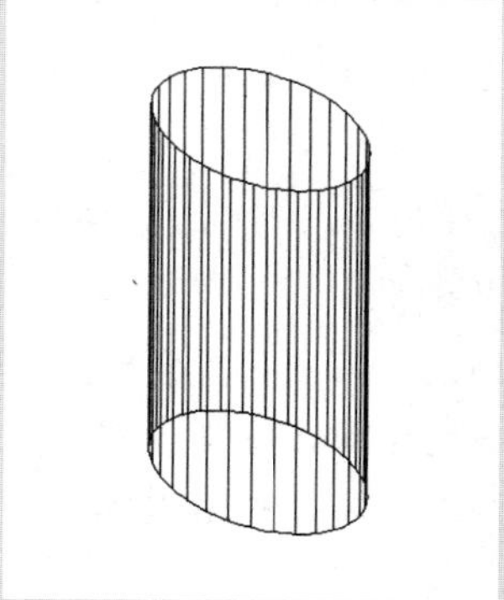

图10-32　椭圆形圆柱体效果

10.2.6 绘制圆锥体

圆锥体命令常用于创建圆锥形屋顶、锥形零件和装饰品等，调用圆锥体命令的方法主要有如下几种：

- 选择“常用”/“建模”组，单击“圆锥体”按钮。
- 在命令行中执行“CONE”命令。

绘制圆锥体的方法与绘制圆柱体相似，都需先指定底面中心点，并指定底面半径及高度来进行绘制，使用圆锥体命令还可以绘制上下半径不相同的圆台。例如，绘制底面半径为25，顶面半径为15，高度为30的圆台，如图10-33所示，其命令行及操作如下：

```
命令:CONE                                                    //执行“CONE”命令
指定底面的中心点或 [三点(3P)/两点(2P)/切点、切点、半径
(T)/椭圆(E)]:                                                //在绘图区拾取一点，指定底面中心点
指定底面半径或 [直径(D)] : 25                                 //指定底面半径，如图10-34所示
指定高度或 [两点(2P)/轴端点(A)/顶面半径(T)] : t               //指定圆柱体高度
指定顶面半径: 15                                             //指定顶面半径，如图10-35所示
指定高度或 [两点(2P)/轴端点(A)] : 30                          //指定高度，如图10-36所示
```

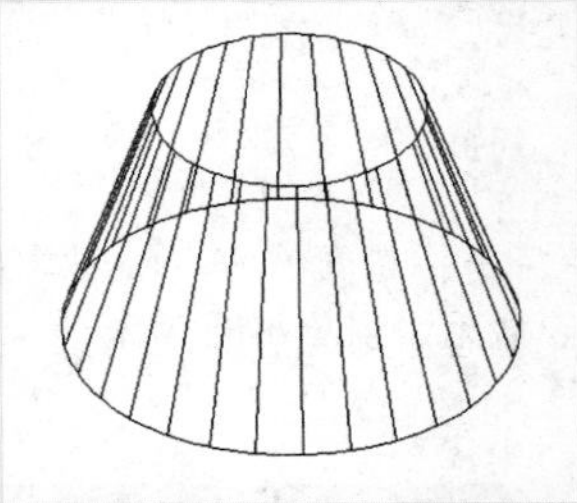

图10-33　圆台效果

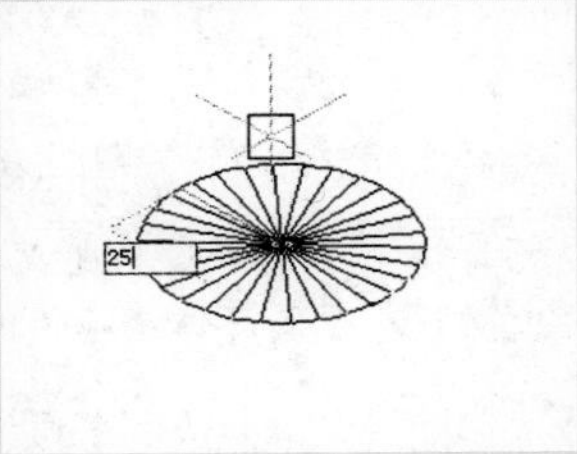

图10-34　指定底面半径

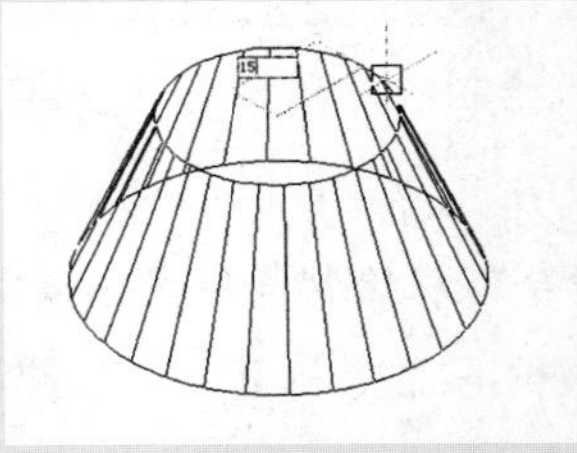

图10-35　指定顶面半径

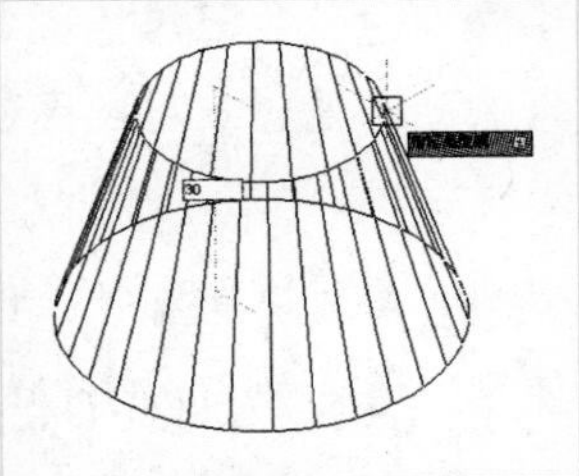

图10-36　指定高度

10.2.7 绘制圆环体

使用圆环体命令，可以绘制铁环、手镯，以及环形装饰品等实体，调用圆环体命令的方法主要有如下几种：

- 选择“常用”/“建模”组，单击“圆环体”按钮。
- 在命令行中执行“TORUS”或“TOR”命令。

执行圆环体命令后，将提示指定圆环体的中心点，以及圆环半径及圆管半径。例如，绘制圆环半径为30，圆管半径为5的圆环体，如图10-37所示，其命令行及操作如下：

```
命令:TORUS                                         //执行“TORUS”命令
指定中心点或 [三点(3P)/两点(2P)/切点、切点、半径(T)]:   //在绘图区拾取一点，指定中心点
指定半径或 [直径(D)] <25.0000>: 30                  //指定底面半径，如图10-38所示
指定圆管半径或 [两点(2P)/直径(D)]: 5                 //指定圆管半径
```

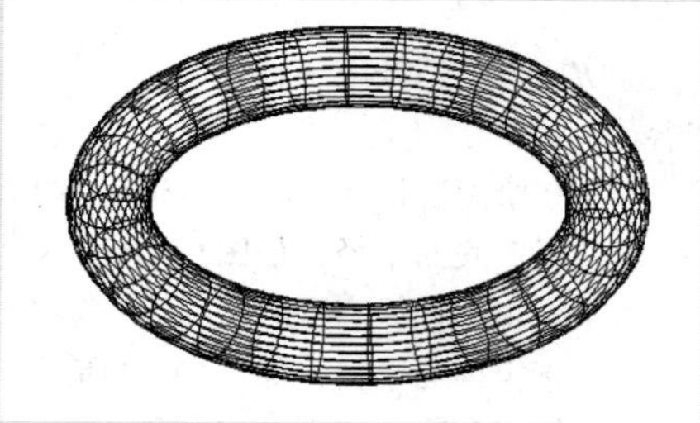
图10-37　圆环体

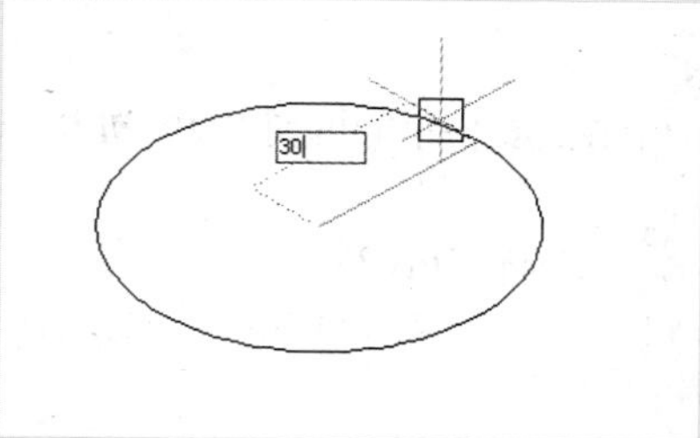

图10-38　指定半径

魔法档案——圆环体半径与圆管半径

圆环体半径是指从圆环中心到最外边的距离，圆管半径是指从圆管的中心到其最外边的距离，因此指定的圆管半径值必须小于圆环体半径值的50%，否则无法创建出圆环体。

10.3 由二维对象创建三维模型

魔法师：小魔女，使用三维绘图命令可以快速地绘制三维实体模型，但是一些复杂的图形通过三维绘图命令进行绘制的难度比较大，甚至有些实体无法进行绘制。

小魔女：是吗？那是不是有什么特殊的命令可以绘制复杂实体模型？

魔法师：使用二维对象可以通过旋转、拉伸等命令将其生成三维实体模型，下面我给你介绍一下由二维对象创建三维模型的方法吧。

10.3.1 通过拉伸创建实体

通过拉伸命令，可以将绘制的二维平面图形对象，沿指定的高度或路径进行拉伸，从而生成三维实体模型。调用拉伸命令的方法主要有如下几种：

- 选择“常用”/“建模”组，单击“拉伸”按钮。

- 在命令行中执行“EXTRUDE”命令。

执行拉伸命令后，将提示选择要进行拉伸的图形对象，然后指定要进行拉伸的高度或路径。例如，将如图10-39所示“工型钢.dwg”二维图形（光盘:\素材\第10章\工型钢.dwg）通过拉伸命令，拉伸其高度为15，将其生成三维模型图，如图10-40所示（光盘:\效果\第10章\工型钢.dwg），其命令行及操作如下：

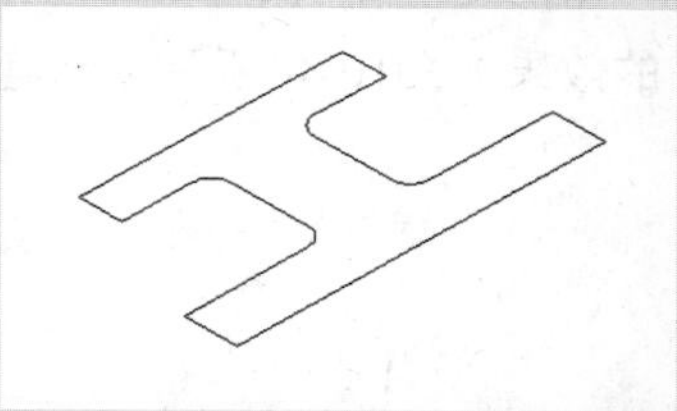

图10-39　工型钢

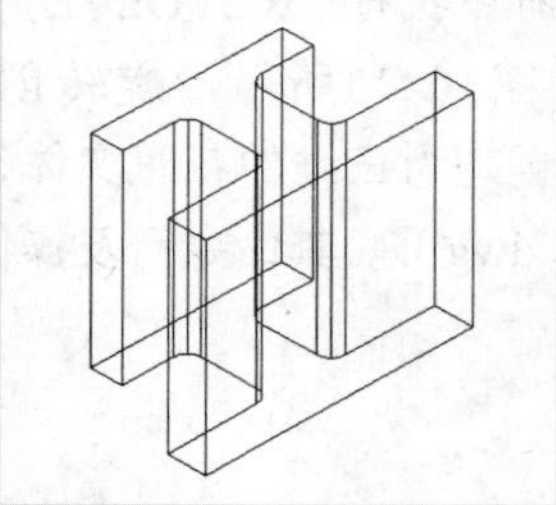

图10-40　拉伸为三维模型

命令:EXTRUDE	//执行“EXTRUDE”命令
当前线框密度: ISOLINES=4	//系统提示
选择要拉伸的对象:	//选择拉伸对象，如图10–41所示
选择要拉伸的对象:	//按【Enter】键确定选择
指定拉伸的高度或 [方向(D)/路径(P)/倾斜角(T)]: 15	//指定拉伸高度，如图10–42所示

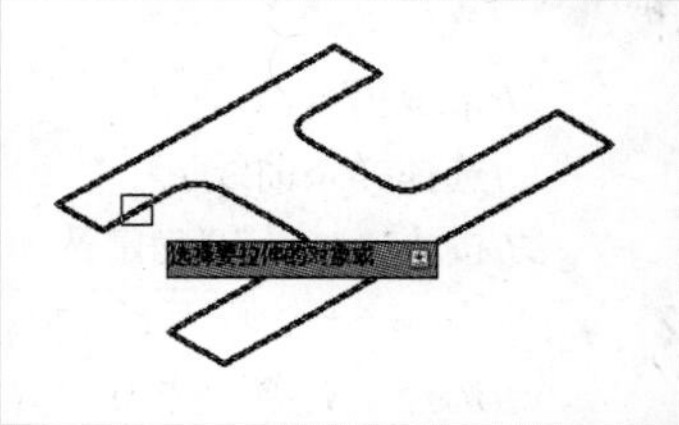

图10-41　选择拉伸对象

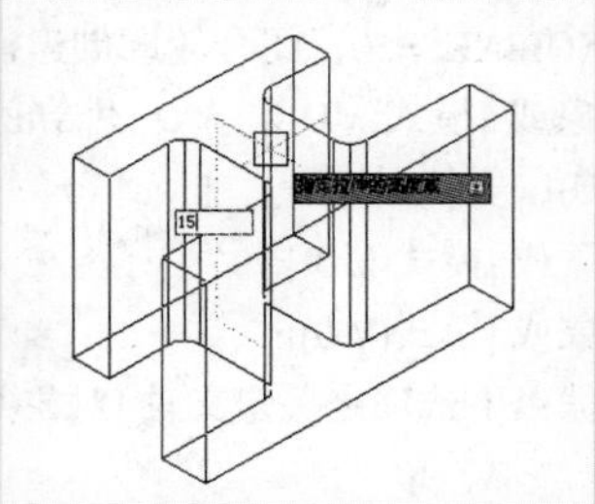

图10-42　输入拉伸高度

使用拉伸命令对二维图形进行拉伸的过程中，命令行提示中的各选项含义介绍如下：

- **方向**：默认情况下，对象可以沿Z轴方向拉伸，拉伸的高度可以为正值或负值，它们就表示了拉伸的方向。
- **路径**：通过指定拉伸路径将对象拉伸为三维实体，拉伸的路径可以是开放的，也可以是封闭的。
- **倾斜角**：通过指定的角度拉伸对象，拉伸的角度可以为正值或负值，其绝对值不大于90°。默认情况下，倾斜角为0°，表示创建的实体侧面垂直于XY平面并没有锥度。若倾斜角度为正，将产生内锥度，创建的侧面向里靠；若倾斜角度为负，将产生外锥度，创建的侧面则向外靠。

10.3.2 通过旋转创建实体

在AutoCAD 2012中，可以使用旋转命令，通过绕指定的轴旋转将对象生成三维实体。调用旋转命令的方法主要有如下几种：

- 选择“常用”/“建模”组，单击“旋转”按钮。
- 在命令行中执行“REVOLVE”或“REV”命令。

下面将如图10-43所示“旋转创建实体.dwg”图形（光盘:\素材\第10章\旋转创建实体.dwg）旋转创建为三维的花瓶实体，创建完成后的效果如图10-44所示（光盘:\效果\第10章\旋转创建实体.dwg）。其命令行及操作如下：

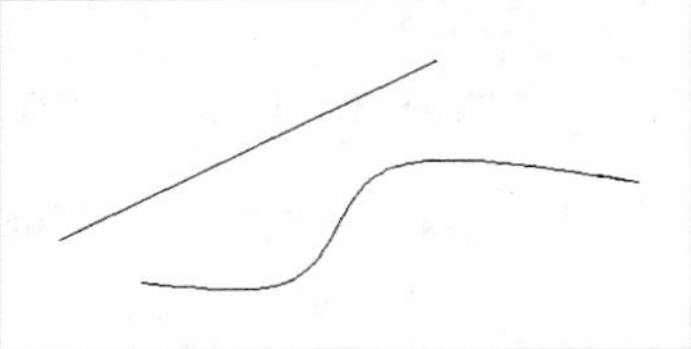

图10-43 待旋转图形

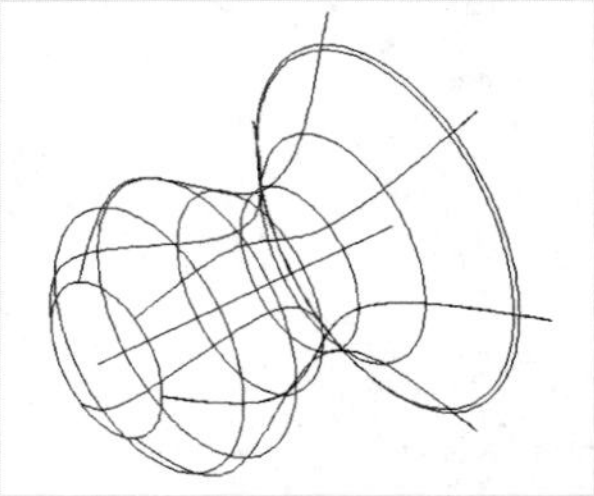

图10-44 旋转生成实体效果

命令:REVOLVE //执行“REVOLVE”命令
当前线框密度: ISOLINES=50，闭合轮廓创建模式 = 实体 //系统提示
选择要旋转的对象或 [模式(MO)]: _MO 闭合轮廓创建模式
[实体(SO)/曲面(SU)] <实体>: _SO //系统提示
选择要旋转的对象或 [模式(MO)]: //选择样条曲线
选择要旋转的对象或 [模式(MO)]: //按【Enter】键确定选择
指定轴起点或根据以下选项之一定义轴 [对象(O)/X/Y/Z]
<对象>: o //选择“对象”选项
选择对象: //选择直线
指定旋转角度或 [起点角度(ST)/反转(R)/表达式(EX)] <360>: //按【Enter】键选择“360”选项

10.3.3 通过扫掠创建实体

使用扫掠命令，可以通过沿开放或闭合的二维或三维路径，扫掠开放或闭合的平面曲线来创建新实体或曲面。调用扫掠命令的方法主要有以下几种：

- 选择“常用”/“建模”组，单击“扫掠”按钮。
- 在命令行中执行“SWEEP”命令。

下面将如图10-45所示“扫掠创建实体.dwg”图形（光盘:\素材\第10章\扫掠创建实体.dwg）扫掠创建实体，创建完成后的效果如图10-46所示（光盘:\效果\第10章\扫掠创建实体.dwg），其命令行及操作如下：

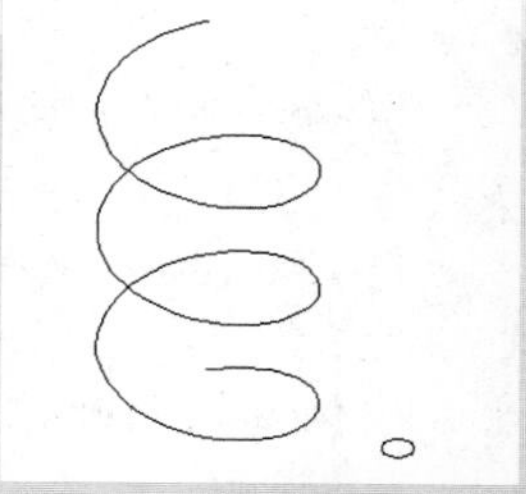

图10-45 待扫掠图形

图10-46 扫掠生成实体效果

命令:SWEEP	//执行“SWEEP”命令
当前线框密度: ISOLINES=50，闭合轮廓创建模式 = 实体	//系统提示
选择要扫掠的对象或 [模式(MO)]: _MO 闭合轮廓创建模式 [实体(SO)/曲面(SU)] <实体>: _SO	//系统提示
选择要扫掠的对象或 [模式(MO)]:	//选择圆
选择要扫掠的对象或 [模式(MO)]:	//按【Enter】键确定选择
选择扫掠路径或 [对齐(A)/基点(B)/比例(S)/扭曲(T)]:	//选择螺旋线图形

在执行命令的过程中各关键选项的含义介绍如下：

- **对齐**：用于设置扫掠前是否对齐垂直于路径的扫掠对象。
- **基点**：用于设置扫掠的基点。
- **比例**：用于设置扫掠的比例因子，当指定该参数后，扫掠效果与单击扫掠路径两点位置有关。
- **扭曲**：用于设置扭曲角度或允许非平面扫掠路径倾斜。

10.3.4 通过放样创建实体

使用放样命令，可以在包含两个或更多横截面轮廓的一组轮廓中，对轮廓进行放样来创建三维实体或曲面。调用放样命令的方法主要有如下几种：

- 选择“常用”/“建模”组，单击“放样”按钮。
- 在命令行中执行“LOFT”命令。

下面将对如图10-47所示“放样练习.dwg”图形（光盘:\素材\第10章\放样练习.dwg）中的图形对象进行放样以创建为实体，完成后效果如图10-48所示（光盘:\效果\第10章\放样练习.dwg），其命令行及操作如下：

命令:LOFT	//执行“LOFT”命令
当前线框密度: ISOLINES=4，闭合轮廓创建模式 = 实体	//系统提示
按放样次序选择横截面或 [点(PO)/合并多条边(J)/模式(MO)]: _MO 闭合轮廓创建模式 [实体(SO)/曲面(SU)] <实体>: _SO	//选择“实体”选项
按放样次序选择横截面或 [点(PO)/合并多条边(J)/模式(MO)]:	//选择底端圆，如图10–49所示

按放样次序选择横截面或 [点(PO)/合并多条边(J)/模式(MO)]: //选择中间圆，如图10–50所示
按放样次序选择横截面或 [点(PO)/合并多条边(J)/模式(MO)]: //选择顶端矩形，如图10–51所示
按放样次序选择横截面或 [点(PO)/合并多条边(J)/模式(MO)]: //按【Enter】键确定选择
选中了 3 个横截面 //系统提示
输入选项 [导向(G)/路径(P)/仅横截面(C)/设置(S)] <仅横截面>: C //选择“仅横截面”选项，如图10–52所示

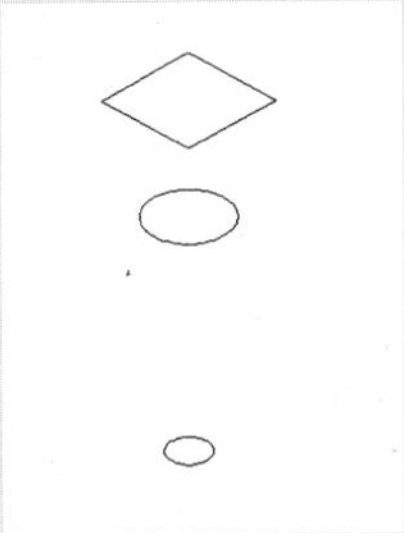
图10-47　待放样图形

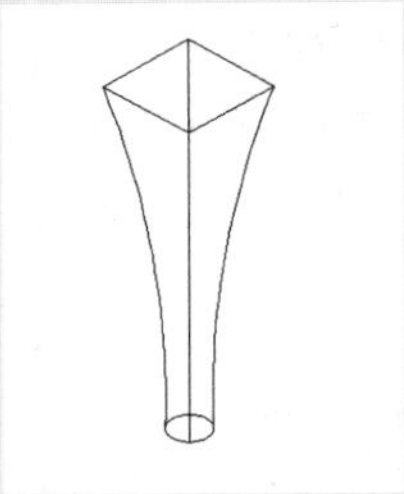
图10-48　放样效果

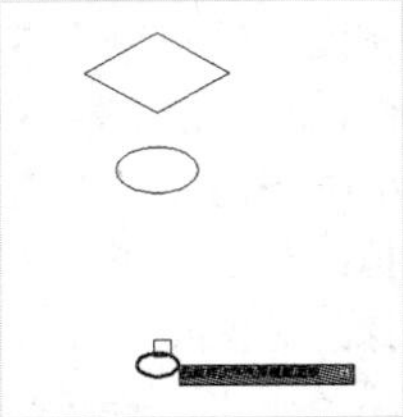
图10-49　选择圆

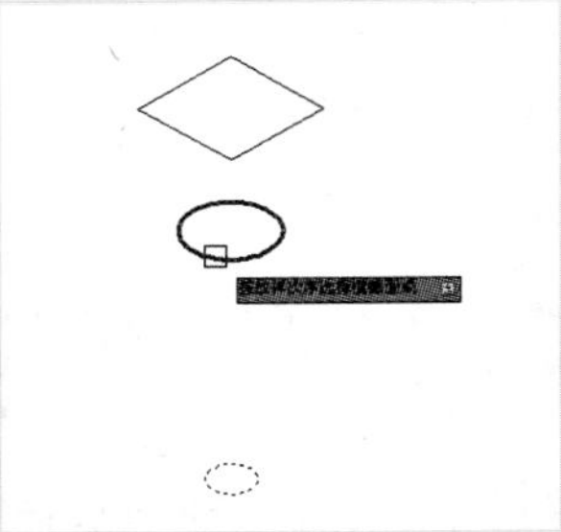
图10-50　选择中间圆

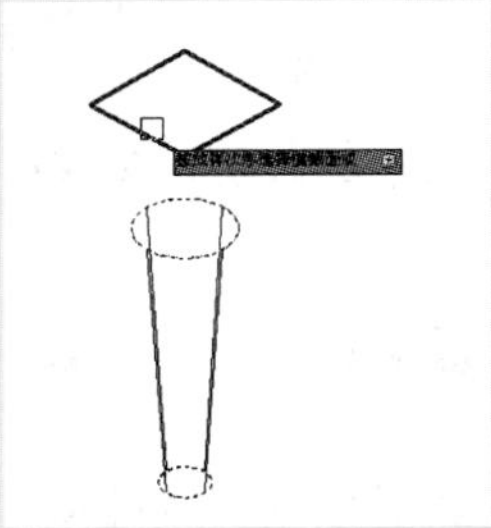
图10-51　选择矩形

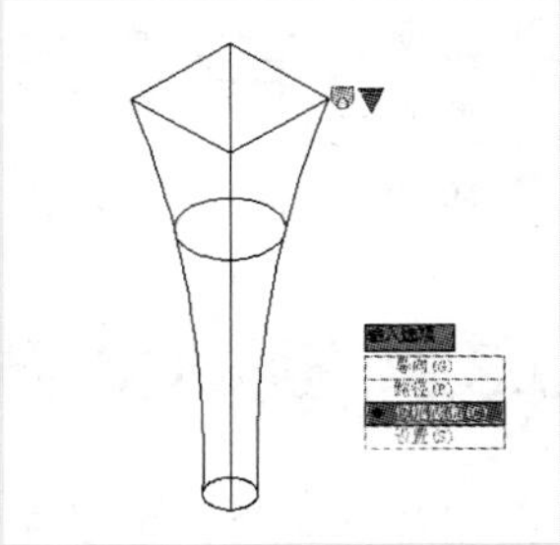
图10-52　选择“仅横截面”选项

10.4 典型实例——绘制轮盘模型

魔法师：小魔女，学习了三维绘图的基础知识和三维实体命令的使用后，是不是很想利用学到的知识绘制一个实体模型啊！

小魔女：对啊，我已经绘制了一种轮盘的实体模型图，效果如图10-53所示（光盘:\效果\第10章\轮盘.dwg），我主要用到了将二维图形转换为三维实体命令中的拉伸、圆柱体命令，以及布尔运算等命令。

魔法师：看上去还是很不错的，看来你对使用三维绘图的相关命令来绘制实体模型的操作方法已经掌握得很好了嘛！

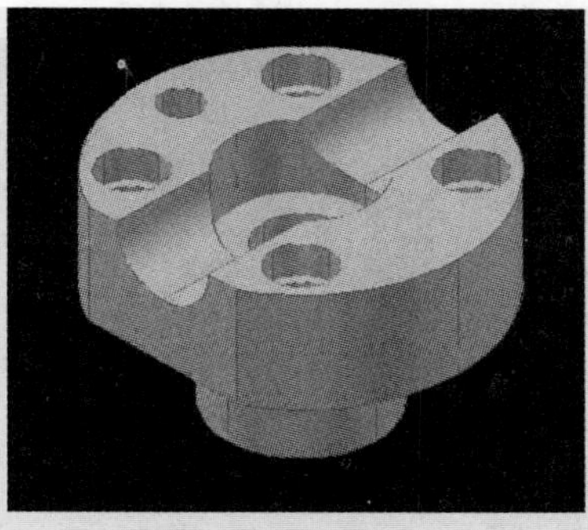

图10-53　轮盘模型

其具体操作如下：

步骤 01 打开“轮盘.dwg”图形文件（光盘:\素材\第10章\轮盘.dwg），如图10-54所示。

步骤 02 在命令行输入“E”，执行删除命令，将“轮盘.dwg”图形文件中剖视图及多余的辅助线和尺寸标注删除，结果如图10-55所示。

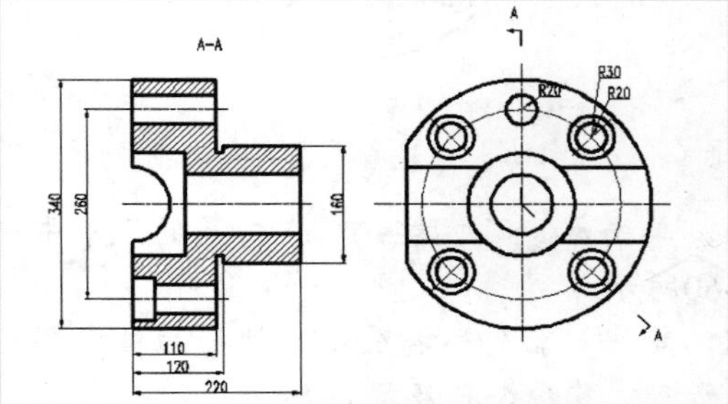

图10-54　“轮盘”图形

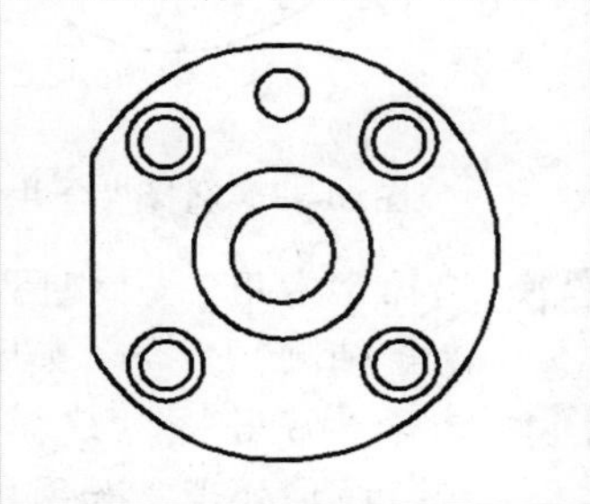

图10-55　删除多余图形

步骤 03 在命令行输入“PEDIT”，执行多段线编辑命令，将图形中的圆弧和左端直线合并为多段线，其命令行及操作如下：

```
命令: PEDIT                                              //执行“PEDIT”命令
选择多段线或 [多条(M)]:                                   //选择圆弧，如图10-56所示
选定的对象不是多段线                                      //系统提示
是否将其转换为多段线? <Y>                                 //按【Enter】键选择“Y”选项，如
                                                          图10-57所示
输入选项 [闭合(C)/合并(J)/宽度(W)/编辑顶点(E)/拟合(F)/样
条曲线(S)/非曲线化(D)/线型生成(L)/反转(R)/放弃(U)]: J      //选择“合并”选项，如图10-58所示
选择对象:                                                 //选择左端的直线及圆弧，如图10-59
                                                          所示
选择对象:                                                 //按【Enter】键确定选择
多段线已增加 2 条线段                                     //系统提示
输入选项 [闭合(C)/合并(J)/宽度(W)/编辑顶点(E)/拟合(F)/样
条曲线(S)/非曲线化(D)/线型生成(L)/反转(R)/放弃(U)]:        //按【Enter】键结束命令
```

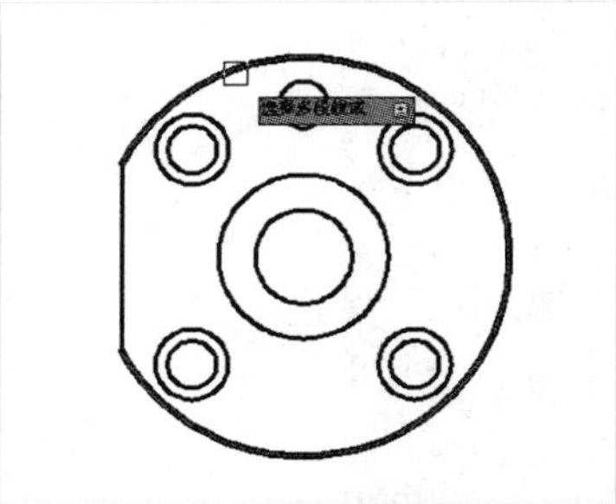

图10-56　选择圆弧

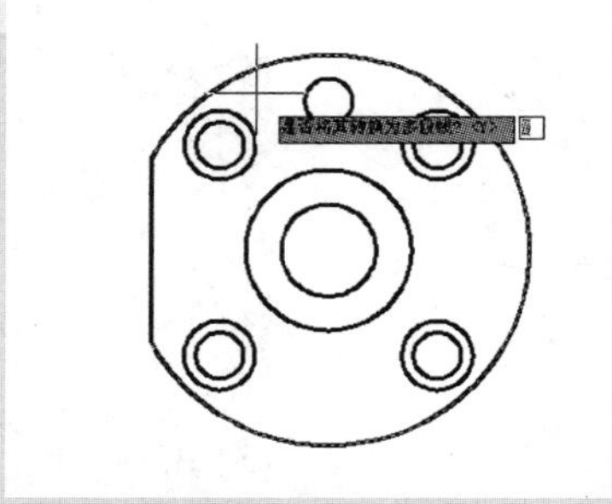

图10-57　选择“Y”选项

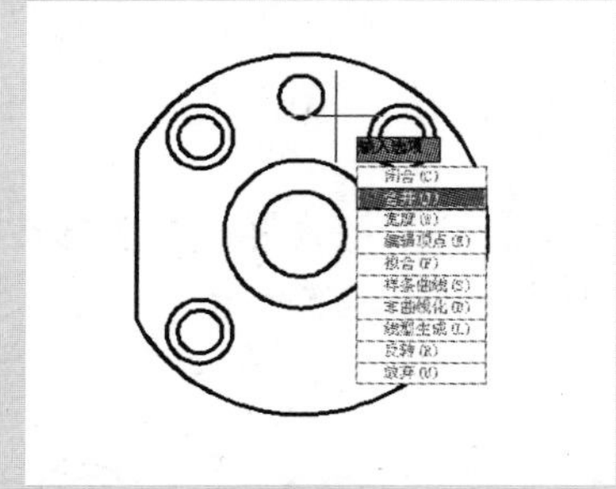

图10-58　选择“合并”选项

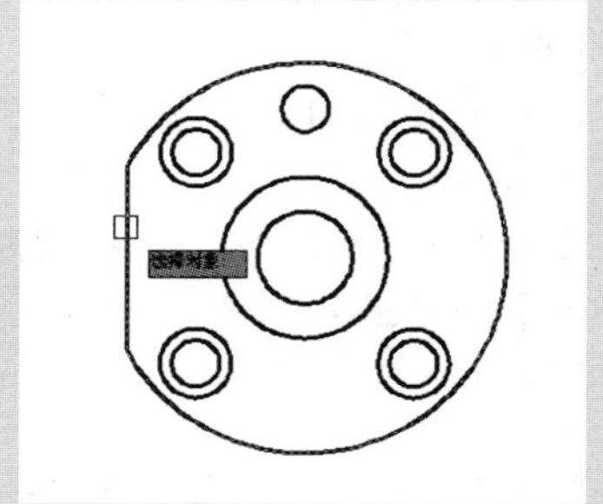

图10-59　选择要合并的对象

步骤 04 选择“常用”/“视图”组，单击未保存的视图按钮，在打开的菜单中选择“西南等轴测”命令，如图10-60所示。

步骤 05 选择“常用”/“建模”组，单击“拉伸”按钮，执行拉伸命令，将图形进行拉伸处理，如图10-61所示，其命令行及操作如下：

命令:EXTRUDE	//执行“EXTRUDE”命令
当前线框密度：ISOLINES=4	//系统提示
选择要拉伸的对象:	//选择要进行拉伸的图形对象，如图10–62所示
选择要拉伸的对象:	//按【Enter】键确定选择
指定拉伸的高度或 [方向(D)/路径(P)/倾斜角(T)]: 110	//将鼠标向下移动，并输入拉伸高度，如图10–63所示

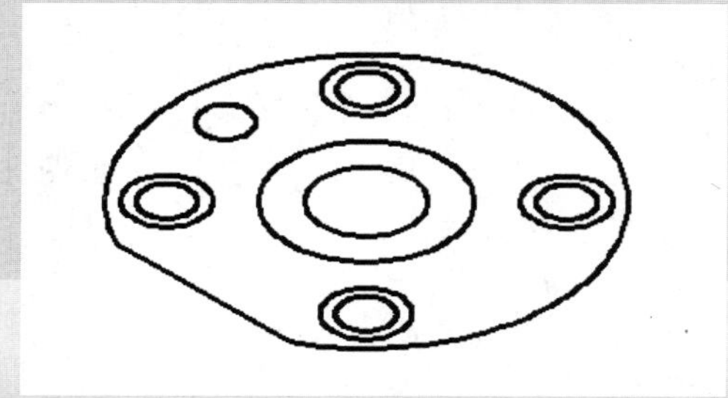

图10-60　切换视图显示

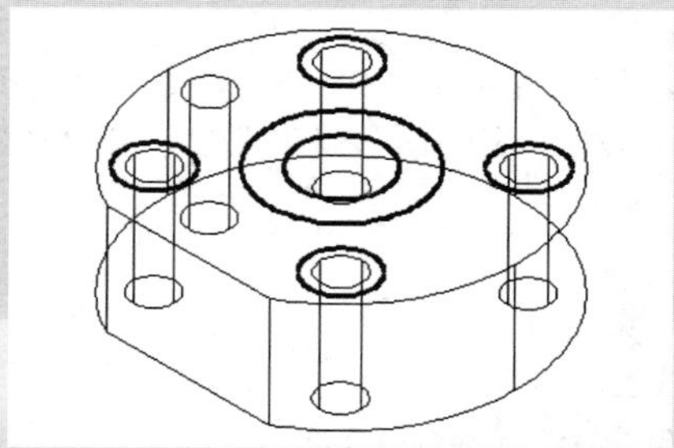

图10-61　拉伸图形效果

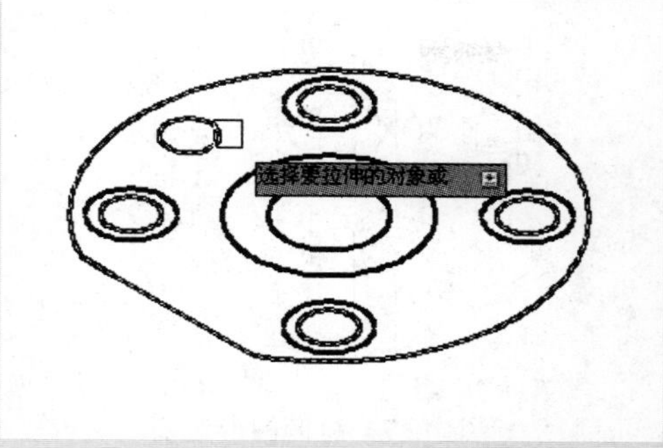

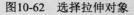

图10-62 选择拉伸对象

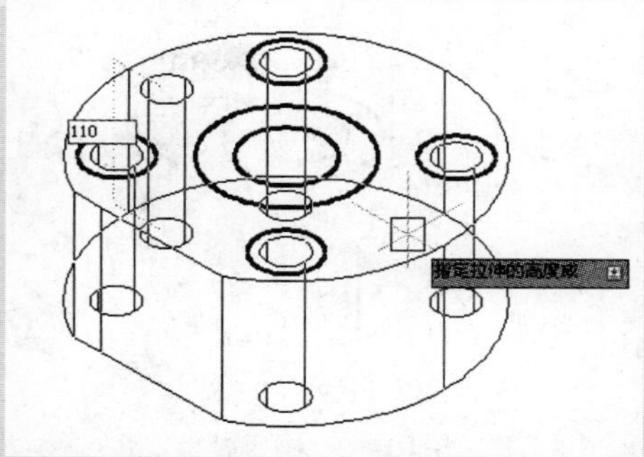

图10-63 指定拉伸高度

步骤 06 选择“常用”/“建模”组，单击“拉伸”按钮，执行拉伸命令，将图形进行拉伸处理，如图10-64所示，其命令行及操作如下：

命令:EXTRUDE	//执行“EXTRUDE”命令
当前线框密度: ISOLINES=4	//系统提示
选择要拉伸的对象:	//选择要进行拉伸的图形对象，如图10-65所示
选择要拉伸的对象:	//按【Enter】键确定选择
指定拉伸的高度或 [方向(D)/路径(P)/倾斜角(T)]: 30	//将鼠标向下移动，并输入拉伸高度，如图10-66所示

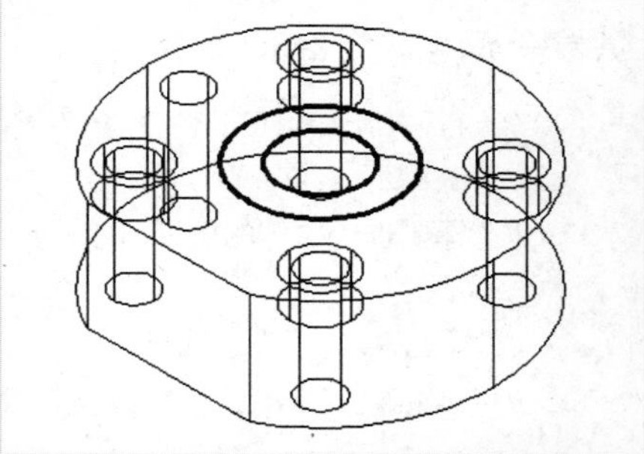

图10-64 拉伸图形效果

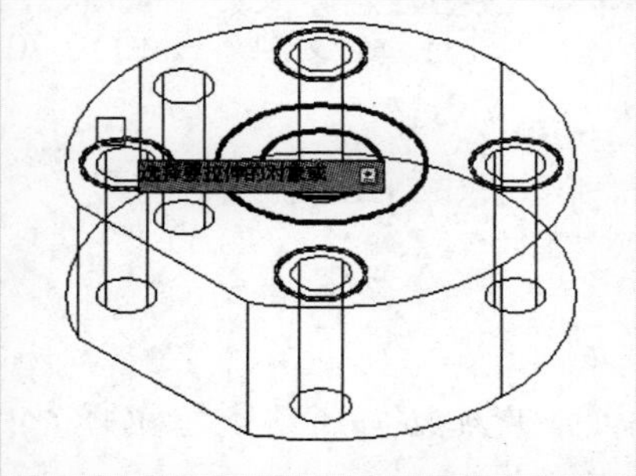

图10-65 选择拉伸对象

步骤 07 选择“常用”/“建模”组，单击“拉伸”按钮，执行拉伸命令，将图形进行拉伸处理，如图10-67所示，其命令行及操作如下：

命令:EXTRUDE	//执行“EXTRUDE”命令
当前线框密度: ISOLINES=4	//系统提示
选择要拉伸的对象:	//选择要进行拉伸的图形对象，如图10-68所示
选择要拉伸的对象:	//按【Enter】键确定选择
指定拉伸的高度或 [方向(D)/路径(P)/倾斜角(T)]: 70	//将鼠标向下移动，并输入拉伸高度，如图10-69所示

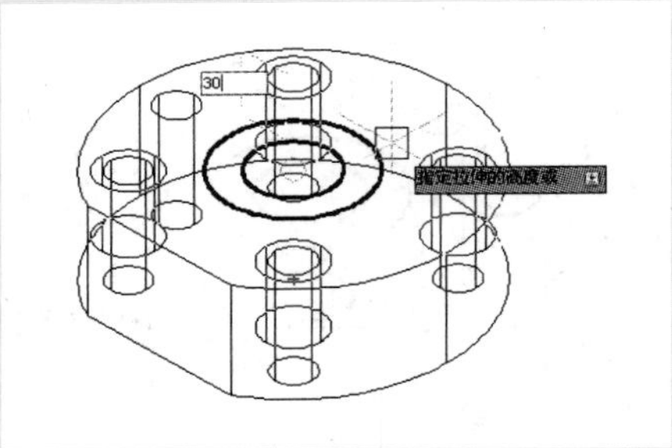

图10-66　指定拉伸高度

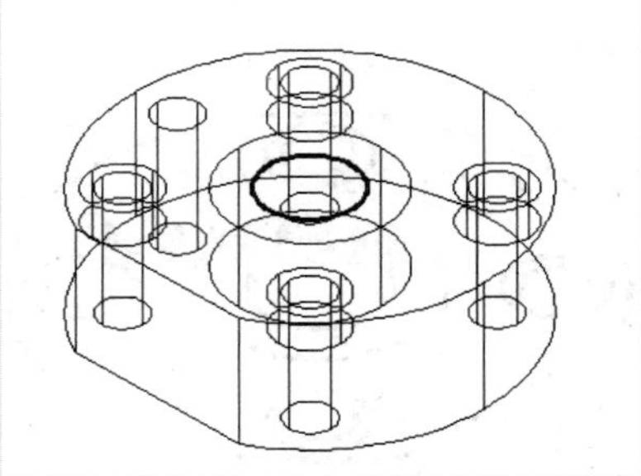

图10-67　拉伸图形效果

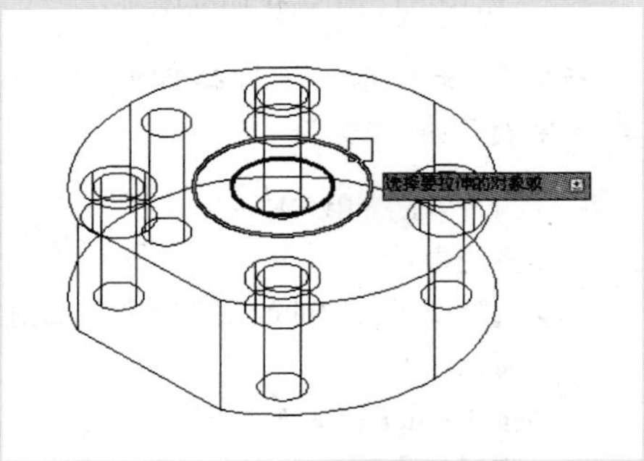

图10-68　选择拉伸对象

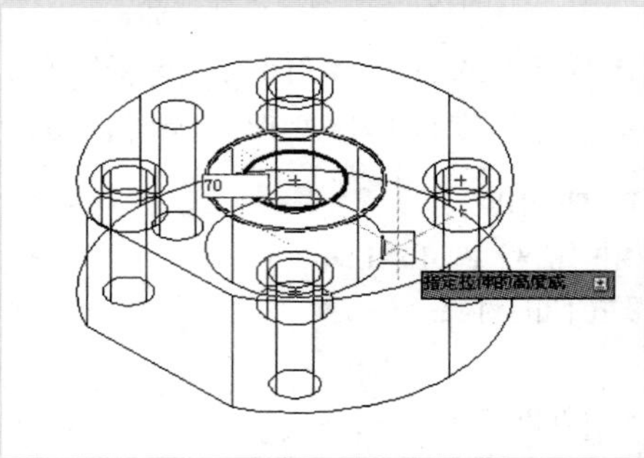

图10-69　输入拉伸高度

步骤 08 选择“常用”/“建模”组，单击“拉伸”按钮，执行拉伸命令，将图形进行拉伸处理，如图10-70所示，其命令行及操作如下：

命令:EXTRUDE	//执行“EXTRUDE”命令
当前线框密度: ISOLINES=4	//系统提示
选择要拉伸的对象:	//选择要进行拉伸的图形对象，如图10-71所示
选择要拉伸的对象:	//按【Enter】键确定选择
指定拉伸的高度或 [方向(D)/路径(P)/倾斜角(T)]: 220	//将鼠标向下移动，并输入拉伸高度，如图10-72所示

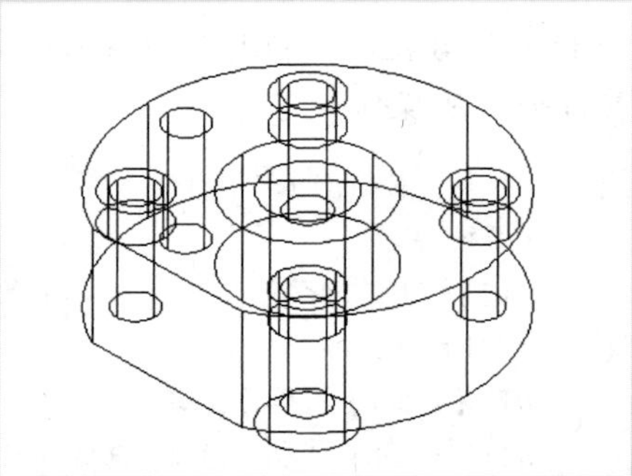

图10-70　拉伸图形效果

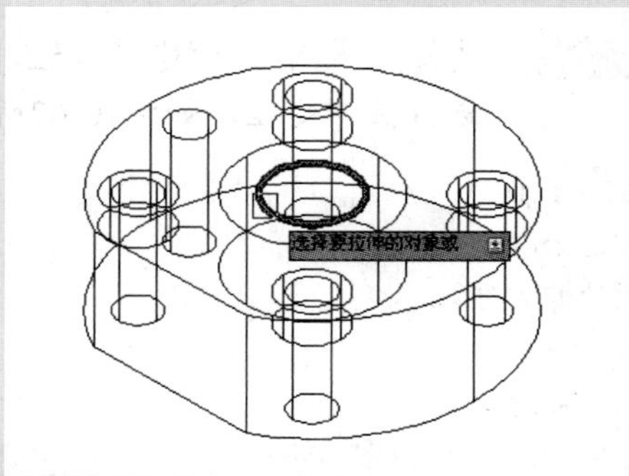

图10-71　选择拉伸对象

步骤 09 选择“常用”/“建模”组，单击“圆柱体”按钮，执行圆柱体命令，绘制底面半径为80的圆柱体，如图10-73所示，其命令行及操作如下：

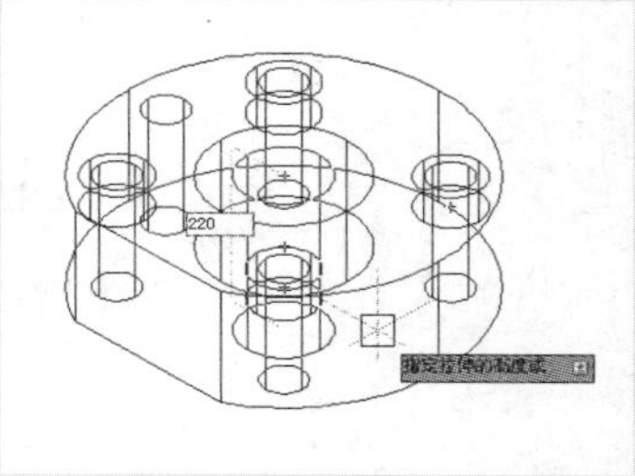

图10-72 输入拉伸高度

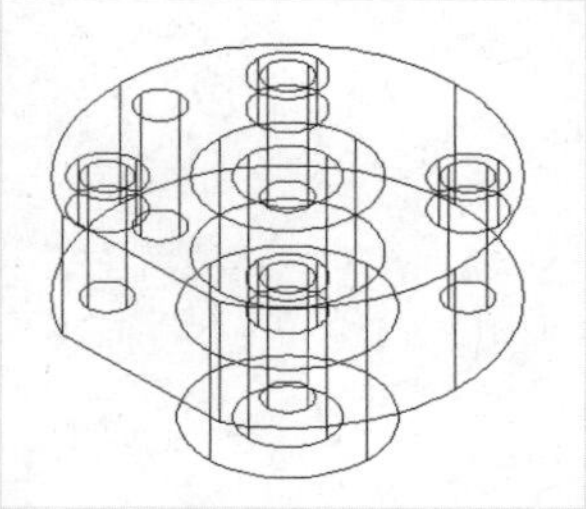
图10-73 绘制圆柱体

命令:CYLINDER //执行“CYLINDER”命令
指定底面的中心点或 [三点(3P)/两点(2P)/切点、切点、半径(T)/椭圆(E)]: //捕捉圆心，如图10–74所示
指定底面半径或 [直径(D)]: 80 //指定底面半径，如图10–75所示
指定高度或 [两点(2P)/轴端点(A)]: 100 //指定圆柱体高度，如图10–76所示

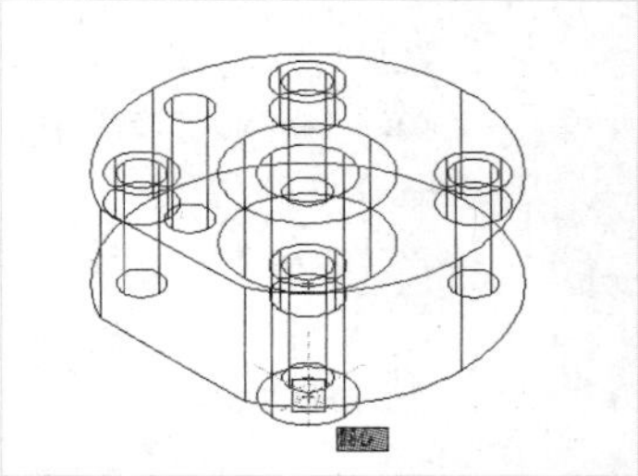
图10-74 指定底面中心点

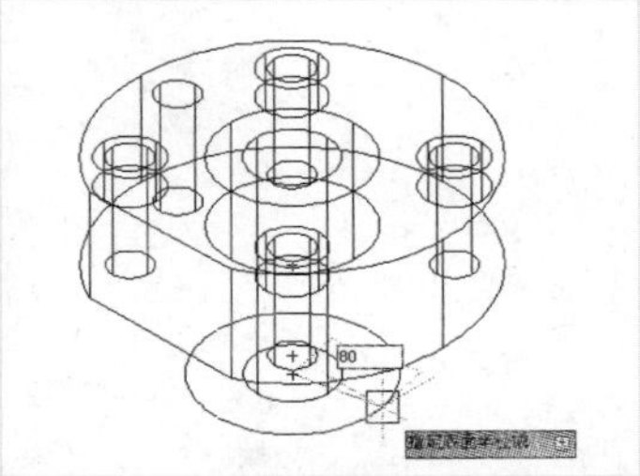

图10-75 输入底面半径

步骤 10 选择“常用”/“建模”组，单击“圆柱体”按钮，执行圆柱体命令，以圆柱体底面圆心为底面中心点，绘制底面半径为70，高度为110的圆柱体，效果如图10-77

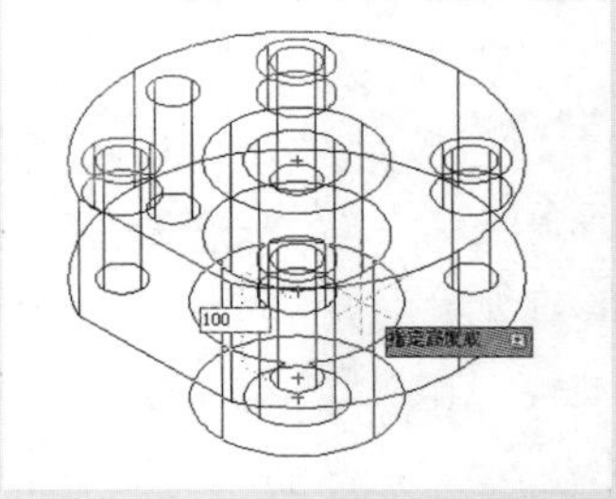

图10-76 输入圆柱体高度

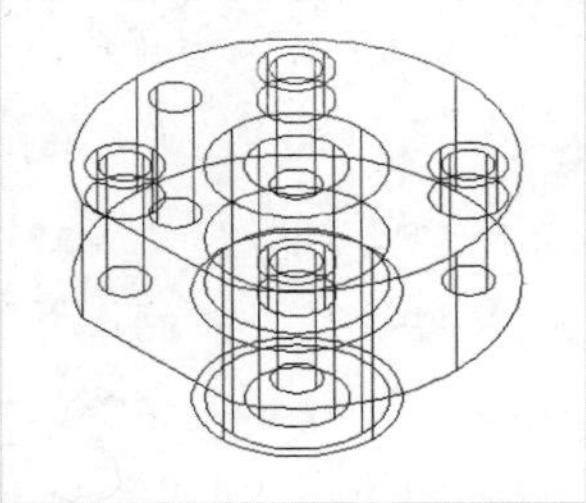
图10-77 绘制圆柱体

步骤 11 选择“常用”/“实体编辑”组，单击“并集”按钮，执行并集命令，将图形进行并集处理，如图10-78所示，其命令行及操作如下：

命令:UNION	//执行“UNION”命令
选择对象:	//选择实体对象，如图10-79所示
选择对象:	//按【Enter】键确定选择

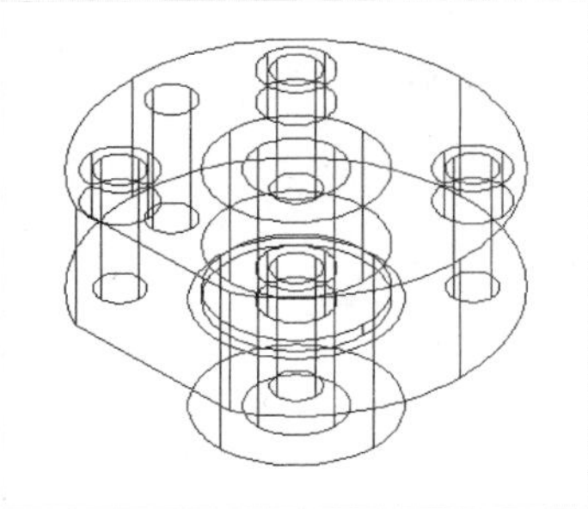

图10-78　并集图形效果

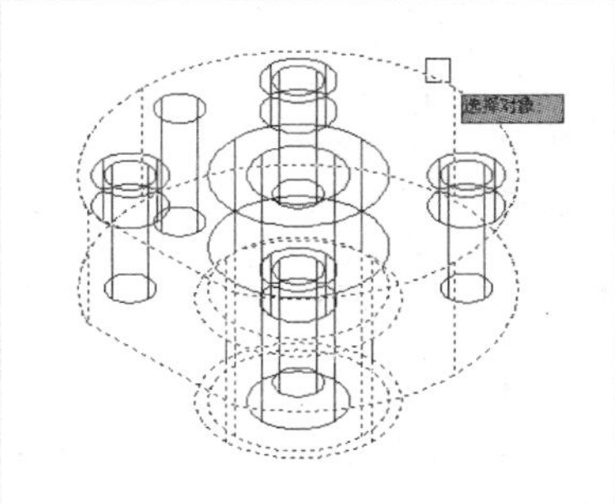

图10-79　选择图形对象

步骤 12 选择“常用”/“实体编辑”组，单击“差集”按钮，执行差集命令，将图形进行差集处理，如图10-80所示，其命令行及操作如下：

命令:SUBTRACT	//执行“SUBTRACT”命令
选择要从中减去的实体、曲面和面域...	//系统提示
选择对象:	//选择被减实体，如图10-81所示
选择对象:	//按【Enter】键确定选择
选择要减去的实体、曲面和面域...	//系统提示
选择对象:	//选择减去的实体，如图10-82所示
选择对象:	//按【Enter】键确定选择

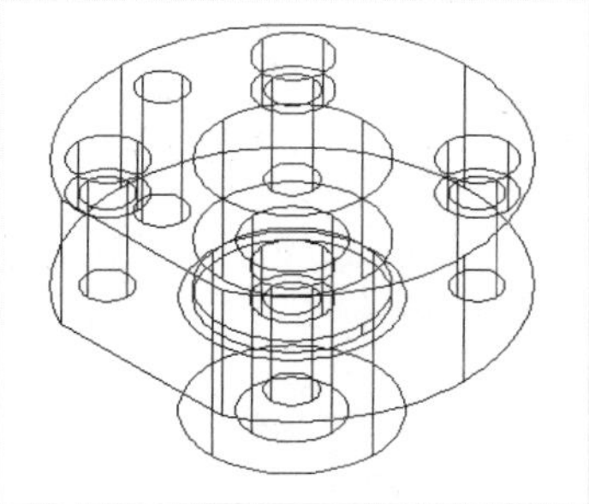

图10-80　差集效果

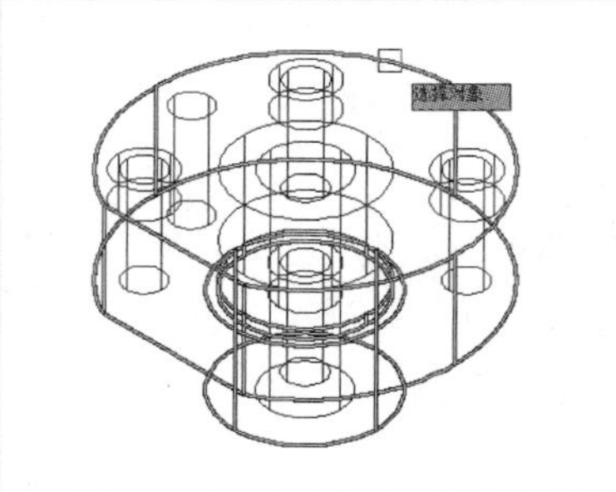

图10-81　选择被减实体

步骤 13 选择“常用”/“建模”组，单击“圆柱体”按钮，执行圆柱体命令，绘制底面半径为80的圆柱体，如图10-83所示，其命令行及操作如下：

命令:CYLINDER	//执行“CYLINDER”命令
指定底面的中心点或 [三点(3P)/两点(2P)/切点、切点、半径(T)/椭圆(E)]:	//打开动态UCS功能，指定动态UCS，并捕捉圆心，如图10-84所示
指定底面半径或 [直径(D)]: 80	//指定底面半径，如图10-85所示
指定高度或 [两点(2P)/轴端点(A)]: 100	//指定圆柱体高度，如图10-86所示

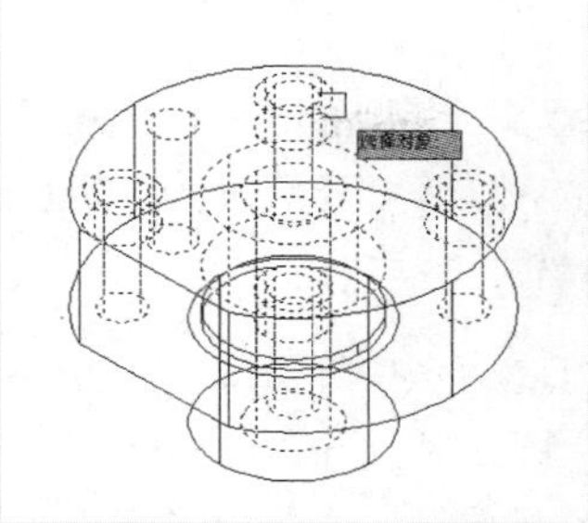

图10-82　选择要减去的实体

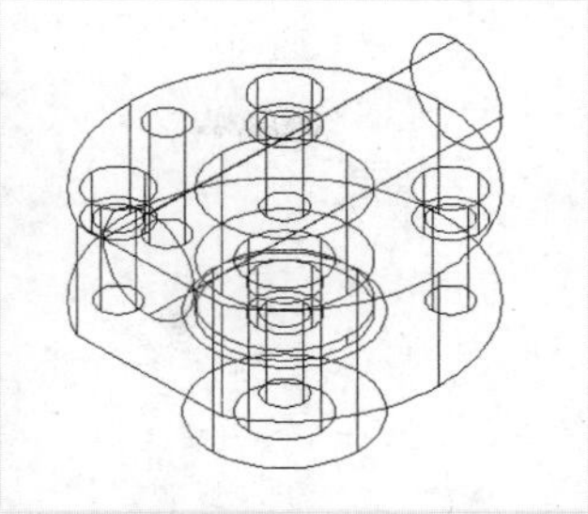

图10-83　绘制圆柱体

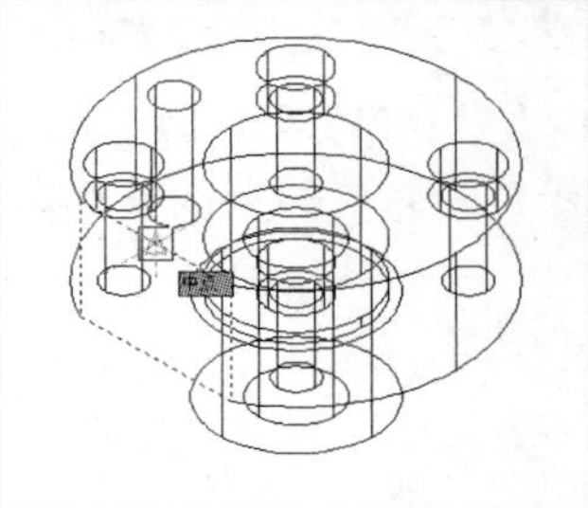

图10-84　指定底面中心点

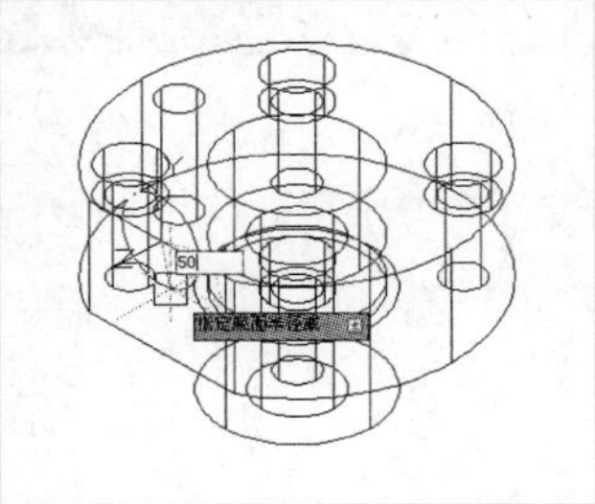

图10-85　输入底面半径

步骤 14　选择“常用”/“实体编辑”组，单击“差集”按钮，执行差集命令，将图形进行差集处理，如图10-87所示。

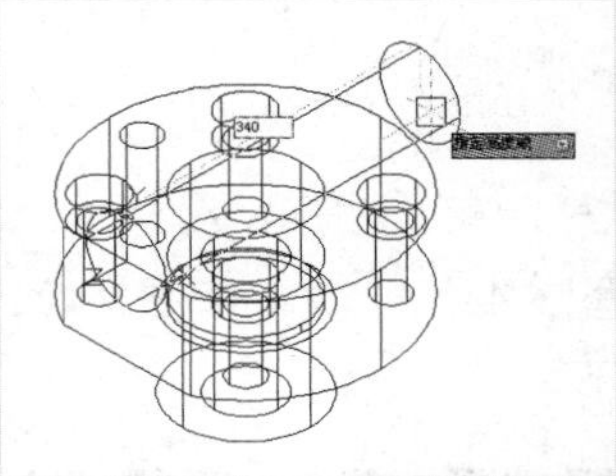

图10-86　指定圆柱体高度

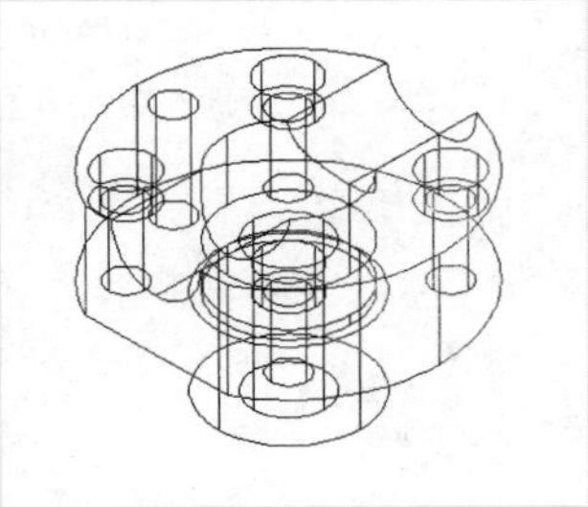

图10-87　轮盘模型

10.5 本章小结——三维实体绘制技巧

魔法师：小魔女，学习了三维图形的绘制后，是不是感觉对AutoCAD的认识又上升了一步？

小魔女：是的，我现在已经可以独立绘制出各种常用的三维模型了！

魔法师：那很好，其实利用三维绘图命令绘制三维模型时，可以结合一些技巧来绘制，这样可以更快、更好地绘制出规范的三维模型图形。

第1招：拉伸图形对象

使用拉伸命令沿指定路径拉伸时，拉伸方向取决于拉伸路径的对象与被拉伸对象的位置，在选择拉伸路径的对象时，拾取点靠近该对象的哪端，就会朝哪个方向进行拉伸。

第2招：二维命令的使用

虽然三维图形与二维图形有很大的差别，但它们的某些功能依然是可以共用的，如移动对象功能、复制功能以及相应的对象捕捉功能。在绘制三维图形时，使用与在二维视图中编辑对象相同的命令即可，唯一不同的是在对三维对象进行编辑时，选择的是三维对象而已。

10.6 过关练习

（1）打开“铆钉.dwg”图形文件（光盘:\素材\第10章\铆钉.dwg），如图10-88所示，通过三维旋转命令将其绘制成一个铆钉的三维模型，设置完成后的效果如图10-89所示（光盘:\效果\第10章\铆钉.dwg）。

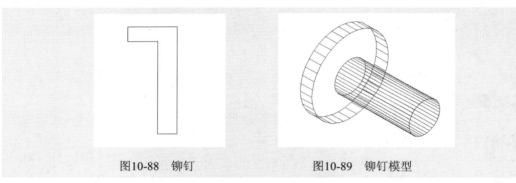

图10-88　铆钉

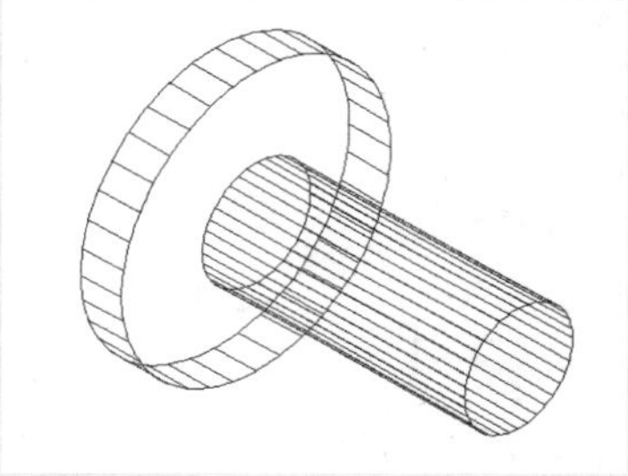

图10-89　铆钉模型

（2）打开“盘盖.dwg”图形文件（光盘:\素材\第10章\盘盖.dwg），如图10-90所示，通过将二维图形进行拉伸、差集等操作，完成实体模型的绘制，效果如图10-91所示（光盘:\效果\第10章\盘盖.dwg）。

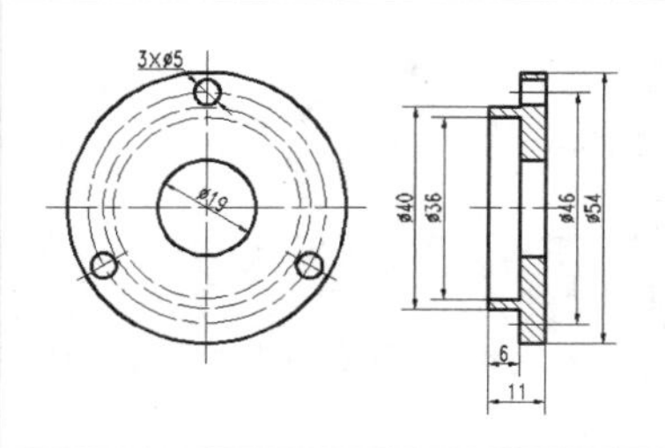

图10-90　盘盖零件图

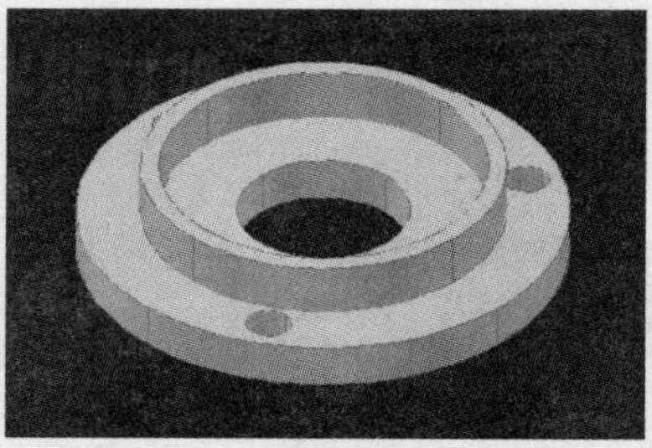

图10-91　盘盖模型

Chapter 11

第11章

编辑三维模型

小魔女：魔法师，上一章我们学习了三维实体的简单编辑，三维实体还有更高级的编辑方法的？

魔法师：那当然，本章我们就将学习三维实体模型的高级编辑操作。

小魔女：那应该很难吧？

魔法师：呵呵！肯定有一定的难度，但是也别有畏惧感，只要你一步一步跟着我所讲的思路走，一切就变得简单了。

小魔女：高级编辑在编辑三维实体时常用吗？

魔法师：当然常用，所以才希望你能掌握啊！

学习要点：

- 移动三维对象
- 阵列三维对象
- 编辑三维实体
- 编辑三维实体面

11.1 编辑三维对象

魔法师： 小魔女，你使用三维绘图命令绘制三维模型时，是否经常需要对实体进行编辑操作？

小魔女： 当然有了，在绘制时，有时想对图形进行旋转、移动和阵列操作，利用二维的编辑命令控制起来有些难度，是不是有什么更好的方法呢？

魔法师： 当然有了，在AutoCAD 2012中，专门提供了三维移动、三维旋转、三维镜像等命令来编辑三维实体模型，下面我们就来了解一下吧。

11.1.1 移动三维对象

移动三维模型，是指调整模型在三维空间中的位置，其操作方法与在二维空间移动对象的方法类似，区别在于前者是在三维空间中进行操作，而后者则是在二维空间中进行的。调用三维移动命令的方法主要有如下几种：

- 选择“常用”/“修改”组，单击“三维移动”按钮。
- 在命令行中执行“3DMOVE”命令。

下面将对如图11-1所示的“圆石桌.dwg”图形文件（光盘:\素材\第11章\圆石桌.dwg）中的圆柱体进行移动，完成圆石桌模型的绘制，效果如图11-2所示（光盘:\效果\第11章\圆石桌.dwg），其命令行及操作如下：

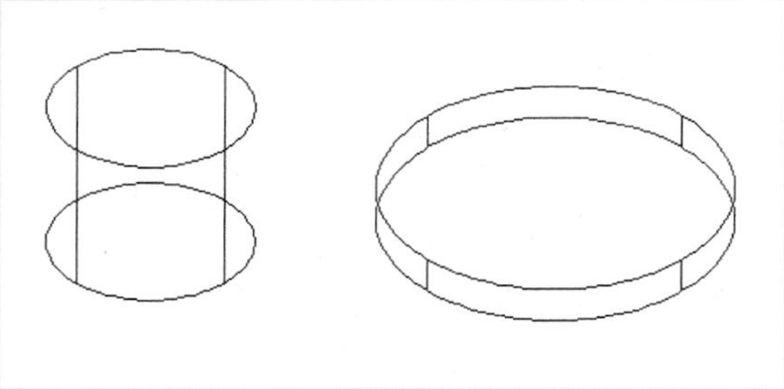

图11-1 待移动图形

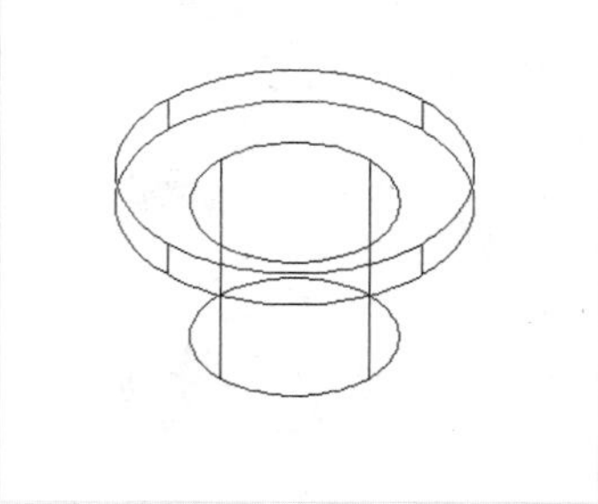

图11-2 移动后的效果

命令:3DMOVE	//执行“3DMOVE”命令
选择对象:	//选择右边的圆柱体，指定移动对象
选择对象:	//按【Enter】键确认对象选择
指定基点或 [位移(D)] <位移>:	//捕捉圆柱体底面圆心，指定移动的基点，如图11–3所示
指定第二个点或 <使用第一个点作为位移>:	//捕捉圆柱体顶面圆心，指定移动第二个点，如图11–4所示
正在重生成模型。	//系统提示

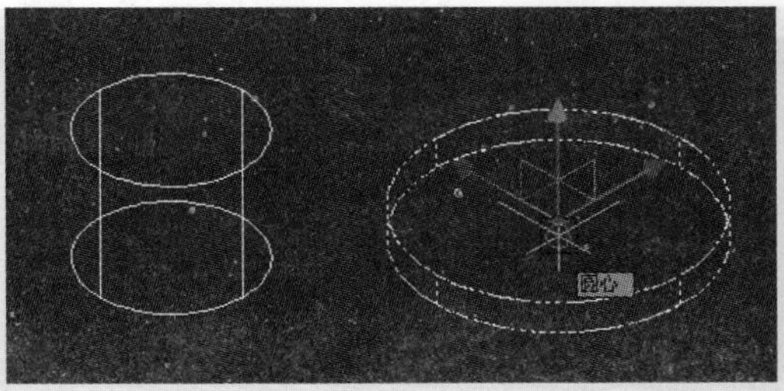

图11-3　指定移动基点

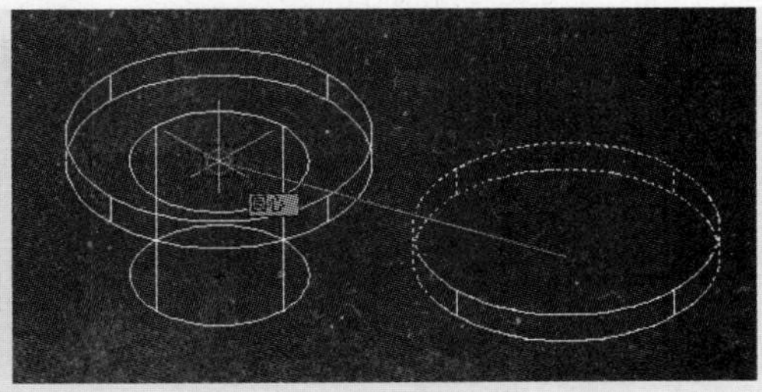

图11-4　指定移动第二点

魔法档案——控制移动范围

使用三维移动命令对三维对象进行移动时，在选择移动对象后，可通过鼠标将其移动到坐标位置，系统坐标将呈黄色显示，也可将移动约束到某个坐标轴或只在某个平面上进行移动。

11.1.2 旋转三维对象

在创建或编辑三维模型时，使用三维旋转命令可以自由地旋转三维对象，以及让实体模型绕坐标轴进行旋转。调用三维旋转命令的方法主要有以下几种：

- 选择“常用”/“修改”组，单击“三维旋转”按钮。
- 在命令行中执行“3DROTATE”命令。

下面将对如图11-5所示的“三维旋转.dwg”图形文件（光盘:\素材\第11章\三维旋转.dwg）进行三维旋转处理，效果如图11-6所示（光盘:\效果\第11章\三维旋转.dwg），其命令行及操作如下：

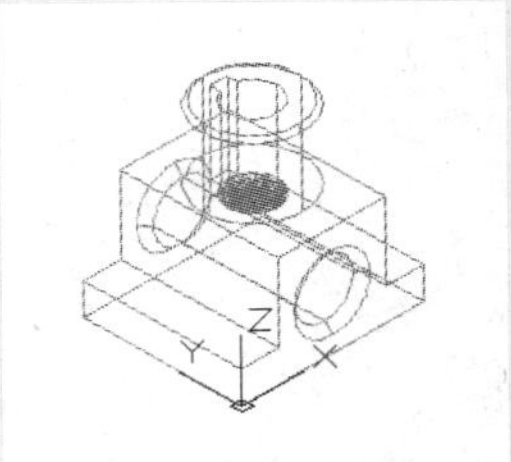

图11-5　待旋转模型

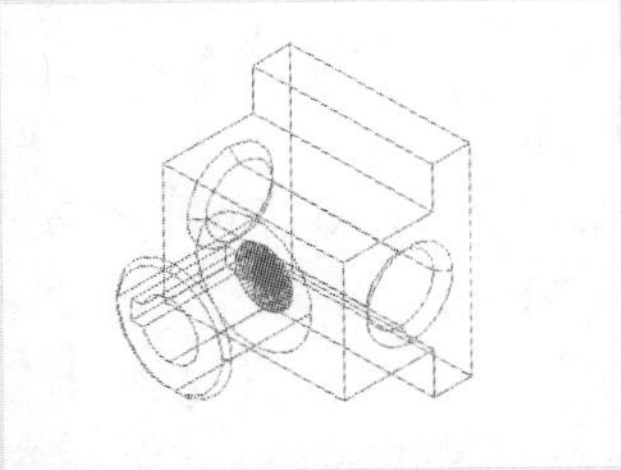

图11-6　旋转效果

```
命令: 3DROTATE                                          //执行“3DROTATE”命令
UCS 当前的正角方向: ANGDIR=逆时针  ANGBASE=0            //选择底端两条水平线
选择对象:                                               //选择旋转实体，如图11-7所示
选择对象:                                               //按【Enter】键确认对象选择
指定基点:                                               //捕捉实体圆心，如图11-8所示
拾取旋转轴:                                             //选择旋转轴，如图11-9所示
```

指定角的起点或键入角度: 90　　　　　　　　　　　　　　　//输入旋转角度，如图11-10所示
正在重生成模型。　　　　　　　　　　　　　　　　　　　　//捕捉右端垂直线中点

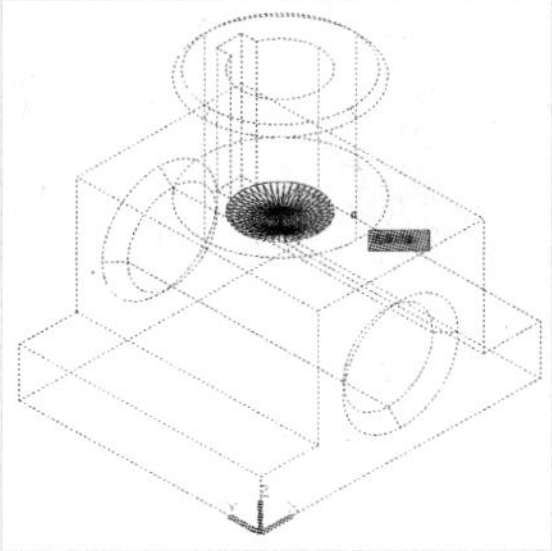

图11-7　选择旋转对象

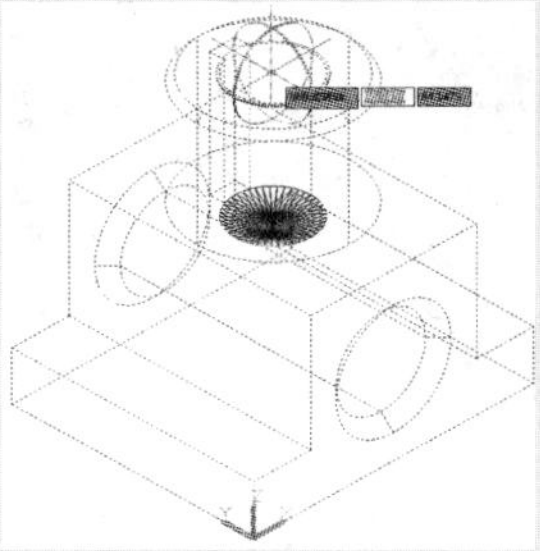

图11-8　指定旋转基点

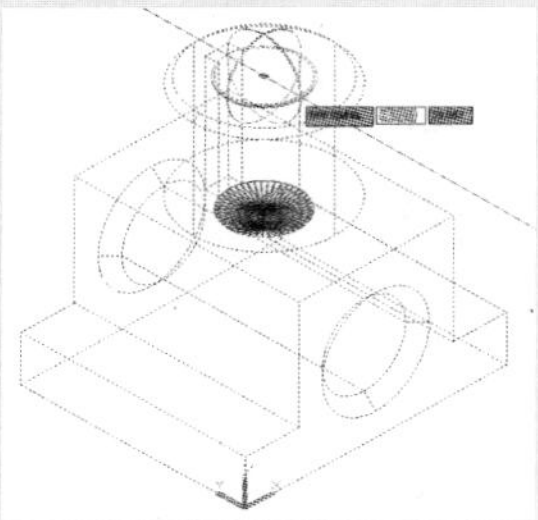

图11-9　选择旋转轴

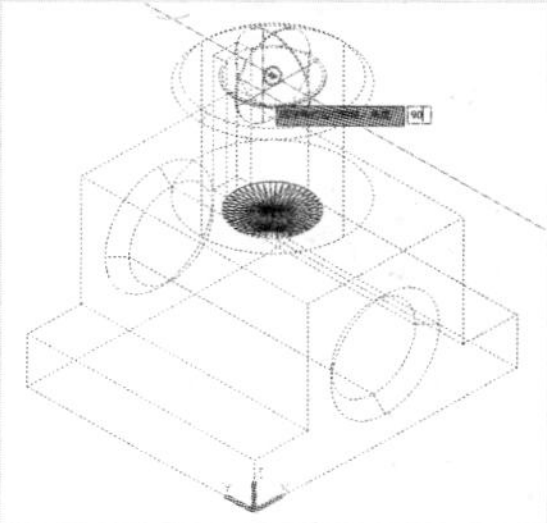

图11-10　输入旋转角度

11.1.3 对齐三维对象

若要将三维空间中的两个对象按指定的方式对齐，则可使用AutoCAD 2010的三维对齐功能。调用三维对齐命令的方法主要有如下几种：

- 选择“常用”/“修改”组，单击“三维对齐”按钮。
- 在命令行中执行“3DALIGN”命令。

下面将对如图11-11所示的“三维对齐.dwg”图形文件（光盘:\素材\第11章\三维对齐.dwg）中的对象进行三维对齐操作，完成圆石桌模型的绘制，效果如图11-12所示（光盘:\效果\第11章\三维对齐.dwg），其命令行及操作如下：

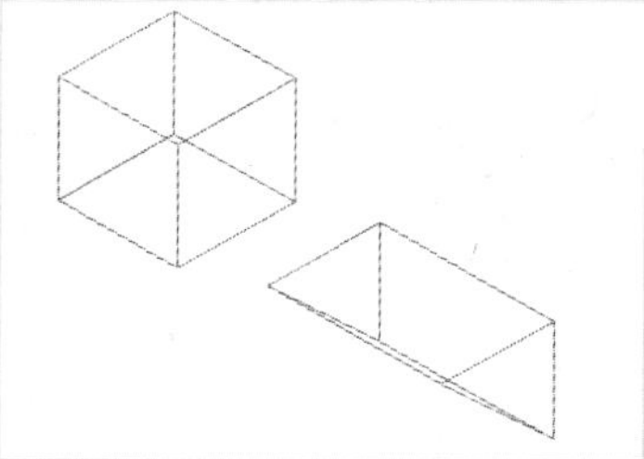

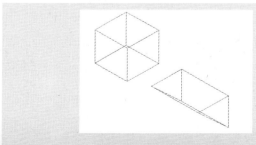

图11-11　待对齐图形

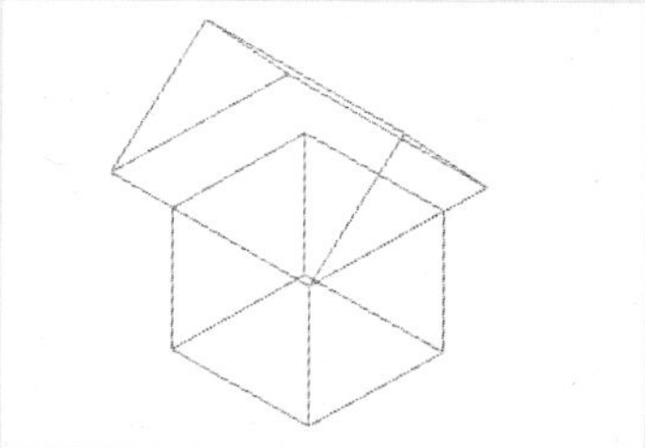

图11-12　对齐图形效果

命令: 3DALIGN	//执行“3DALIGN”命令
选择对象:	//选择选择楔体
选择对象:	//按【Enter】键确认对象选择
指定源平面和方向 ...	//系统提示
指定基点或 [复制(C)]:	//捕捉楔体端点，如图11-13所示
指定第二个点或 [继续(C)] <C>:	//捕捉楔体端点，如图11-14所示
指定第三个点或 [继续(C)] <C>:	//捕捉楔体端点，如图11-15所示
指定目标平面和方向 ...	//系统提示
指定第一个目标点:	//捕捉楔体端点，如图11-16所示
指定第二个目标点或 [退出(X)] <X>:	//捕捉楔体端点，如图11-17所示
指定第三个目标点或 [退出(X)] <X>:	//捕捉楔体端点，如图11-18所示

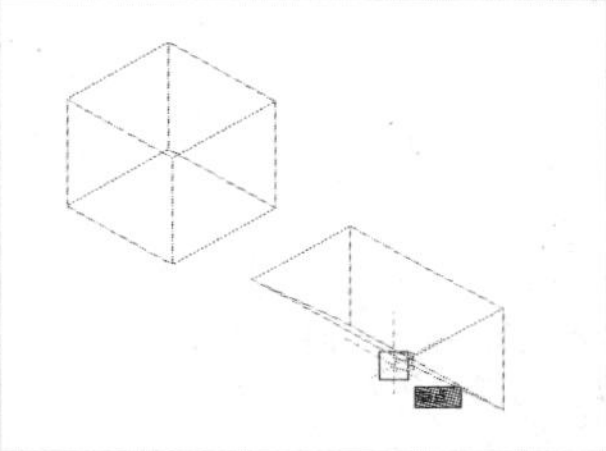

图11-13 指定基点

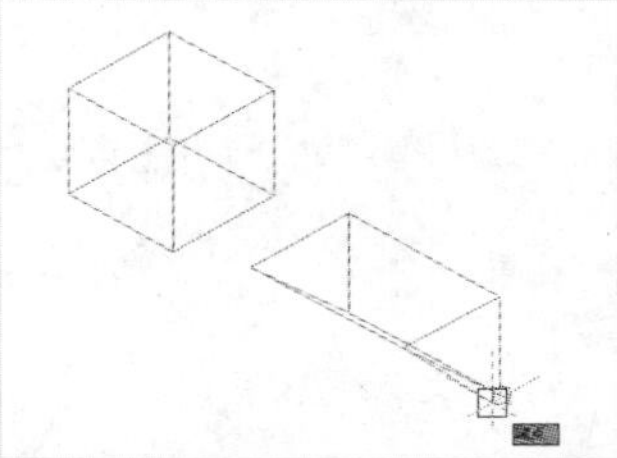

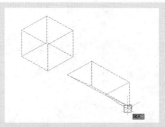

图11-14 指定第二个点

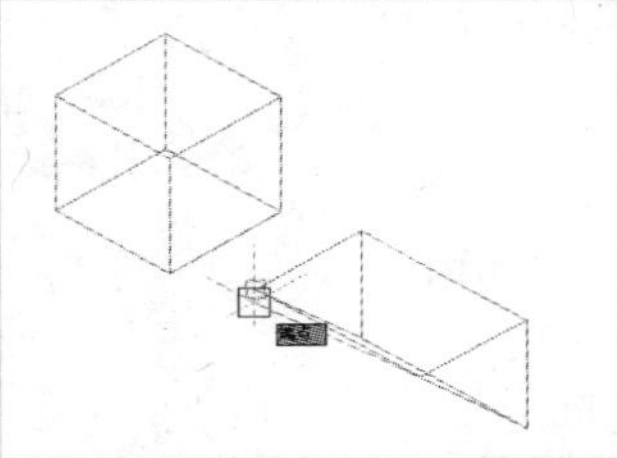

图11-15 指定第三个点

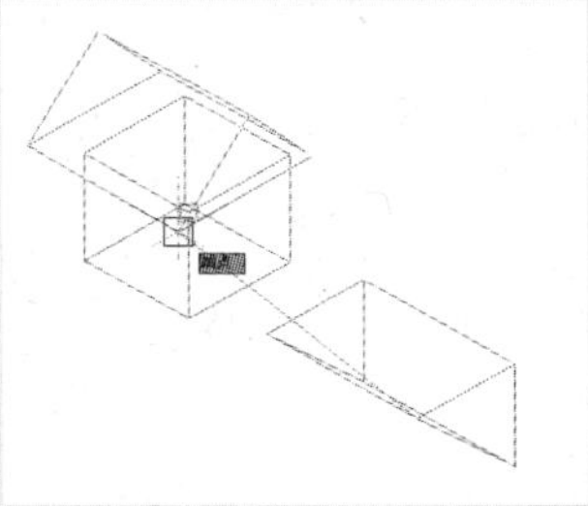

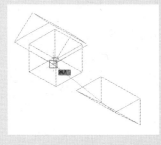

图11-16 指定第一个目标点

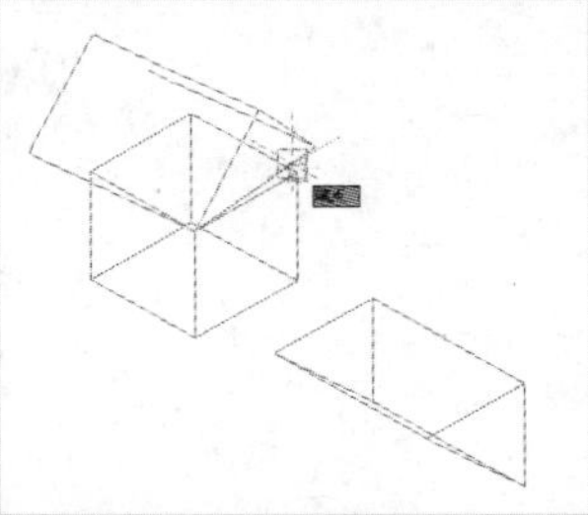

图11-17 指定第二个目标点

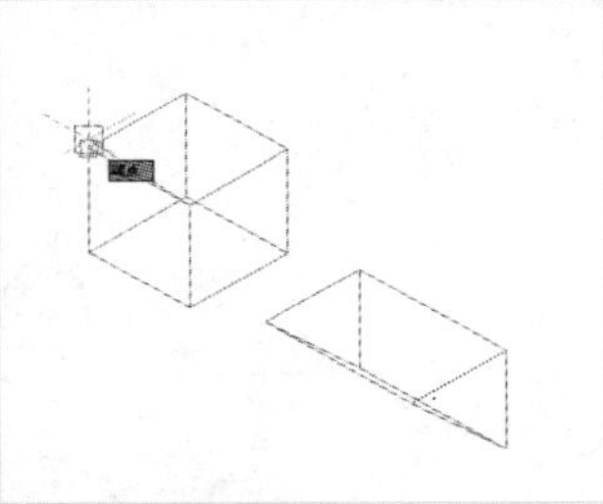

图11-18 指定第三个目标点

魔法档案——控制对齐方式

在执行三维对齐命令的过程中，如果指定一点后就按【Enter】键结束操作，则可将两个对象对齐到指定的点；指定两点后按【Enter】键结束操作，可将两个对象对齐到某条边，并且可以缩放对象；指定三点则可像上面一样将两个对象对齐到某个面。

11.1.4 镜像三维对象

镜像三维模型的方法与镜像二维平面图形的方法类似，通过指定的平面即可对选择的三维模型进行镜像。调用三维镜像命令的方法主要有如下几种:

- 选择“常用”/“修改”组，单击“三维镜像”按钮。
- 在命令行中执行“MIRROR3D”命令。

下面将对如图11-19所示的“螺钉.dwg”图形文件（光盘:\素材\第11章\螺钉.dwg）中的螺钉进行镜像操作，完成后的效果如图11-20所示（光盘:\效果\第11章\螺钉.dwg），其命令行及操作如下：

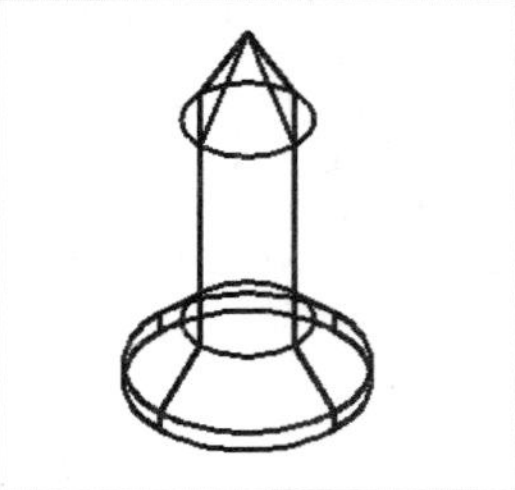

图11-19　待镜像图形

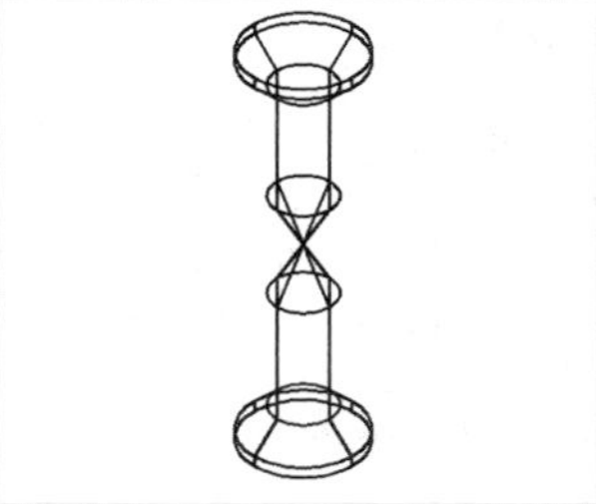

图11-20　镜像图形效果

```
命令: MIRROR3D                                              //执“MIRROR3D”命令
选择对象:                                                   //选择镜像对象，如图11–21所示
选择对象:                                                   //按【Enter】键确认对象选择
指定镜像平面 (三点) 的第一个点或 [对象(O)/最近的(L)/Z
轴(Z)/视图(V)/XY 平面(XY)/YZ 平面(YZ)/ZX 平面(ZX)/三点
(3)] <三点>: xy                                             //选择“XY”平面，如图11–22所示
指定 XY 平面上的点 <0,0,0>:                                  //捕捉端点，如图11–23所示
是否删除源对象？[是(Y)/否(N)] <否>: N                        //选择“否”选项，如图11–24所示
```

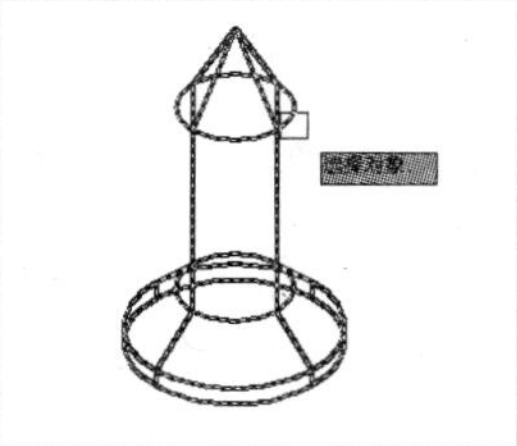

图11-21　选择镜像对象

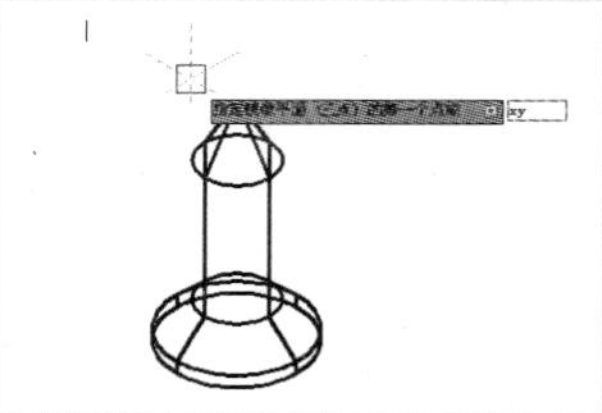

图11-22　指定镜像平面

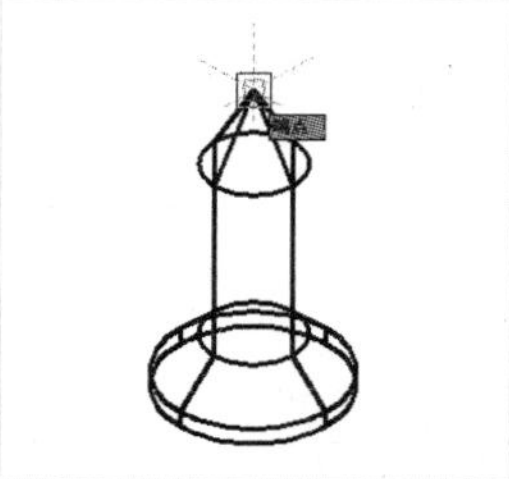

图11-23　指定平面通过的点

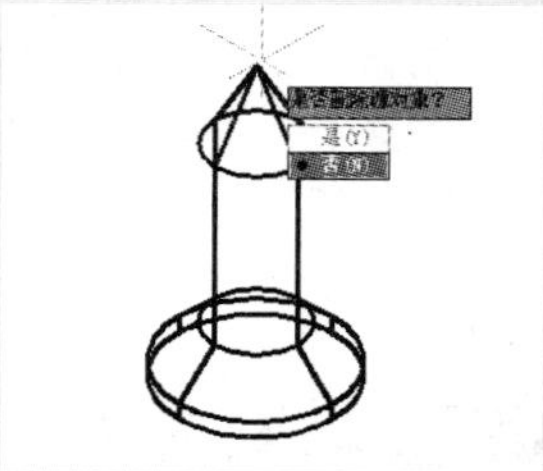

图11-24　选择“否”选项

在三维镜像命令执行过程中，几个关键选项的含义介绍如下：

- **对象**：选择已有的圆、弧或二维多段线等对象所在的平面作为镜像平面。
- **最近的**：将最后一次使用过的镜像平面定义为当前镜像平面。
- **Z轴**：镜像平面过指定点且与这一点和另一点的连线垂直。
- **视图**：使镜像平面平行于当前视图所观测的平面，并指定一个点确定镜像平面的位置。使用此选项镜像实体后，在当前视图看不见镜像后的实体（因为二者重合），要打开其他视图才能看到镜像后的实体。
- **XY平面**：以平行于XY平面的一个平面作为镜像平面，然后指定一个点来确定镜像平面的位置。
- **YZ平面**：以平行于YZ平面的一个平面作为镜像平面，然后指定一个点来确定镜像平面的位置。
- **ZX平面**：以平行于ZX平面的一个平面作为镜像平面，然后指定一个点来确定镜像平面的位置。
- **三点**：以所指定的3个点确定的平面作为镜像平面，这是系统默认的指定镜像平面的方式。

11.1.5 阵列三维对象

三维阵列命令与二维阵列命令相似，都可以对图形对象进行矩形阵列或环形阵列复制操作。使用三维阵列命令对图形对象进行阵列复制时，可以使用三维阵列命令在三维空间中快速创建指定对象的多个模型副本，并按指定的形式排列，通常用于大量通用性模型的复制。调用三维阵列命令的方法主要有如下几种：

- 在“三维基础”工作空间中，选择“常用”/“修改”组，单击“三维阵列”按钮。
- 在命令行中执行“3DARRAY”命令。

1. 三维矩形阵列

下面将对如图11-25所示的“底板.dwg”图形文件（光盘:\素材\第11章\底板.dwg）中的圆柱体进行三维阵列复制操作，完成后的效果如图11-26所示（光盘:\效果\第11章\底板.dwg），其命令行及操作如下：

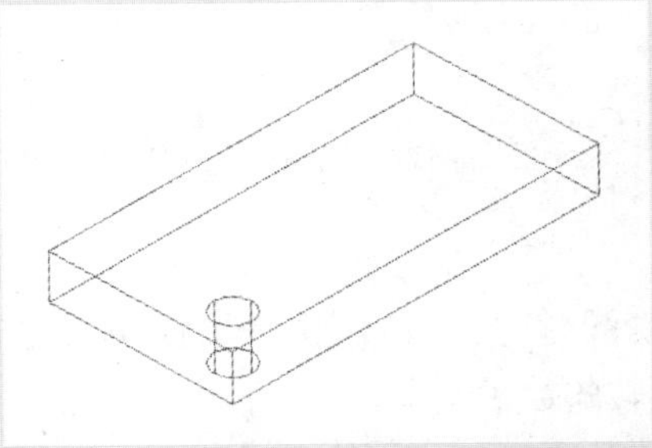

图11-25　待阵列复制图形

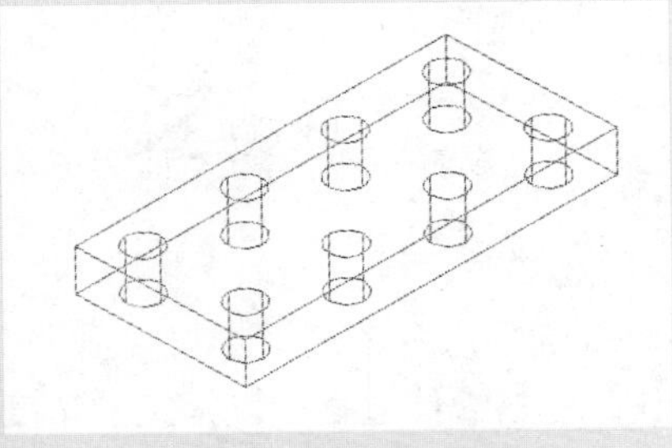

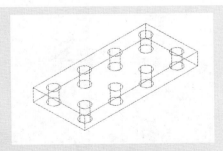

图11-26　阵列复制效果

命令: 3DARRAY	//执行“3DARRAY”命令
选择对象:	//选择圆柱体，指定阵列对象
选择对象:	//按【Enter】键确认对象选择
输入阵列类型 [矩形(R)/环形(P)] <矩形>:R	//选择“矩形”选项，如图11-27所示
输入行数 (---) <1>: 2	//输入阵列行数，如图11-28所示
输入列数 (|||) <1>: 4	//输入阵列列数，如图11-29所示
输入层数 (...) <1>: 1	//输入阵列层数，如图11-30所示
指定行间距 (---): 6	//输入行间距，如图11-31所示
指定列间距 (|||): 6	//输入列间距，如图11-32所示

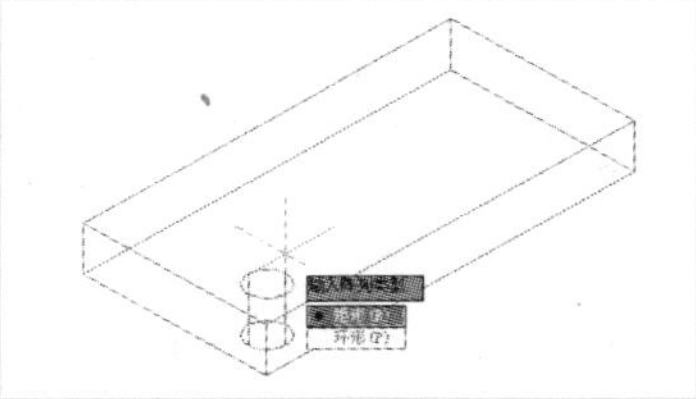

图11-27　选择“矩形”选项

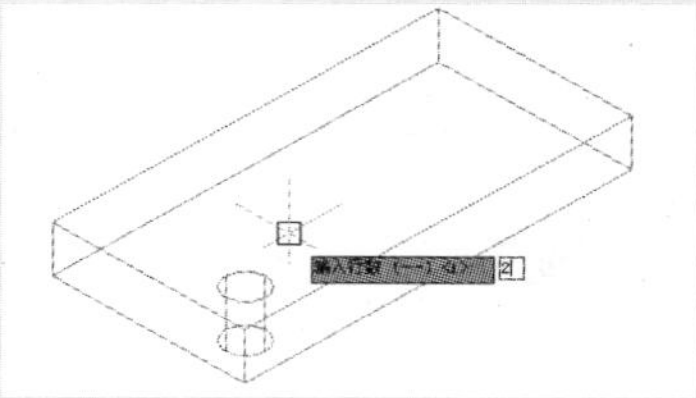

图11-28　输入行数

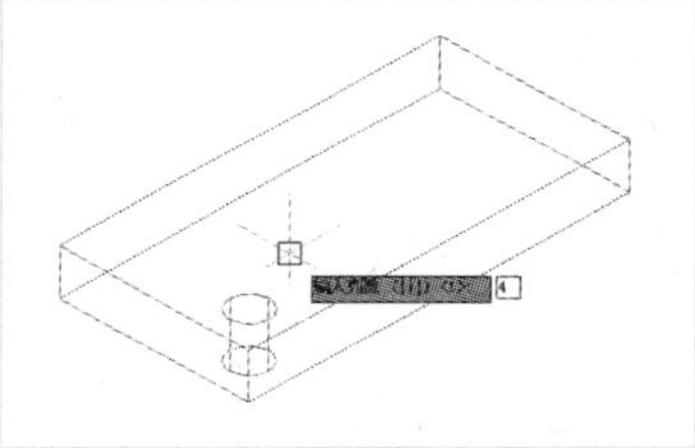

图11-29　输入列数

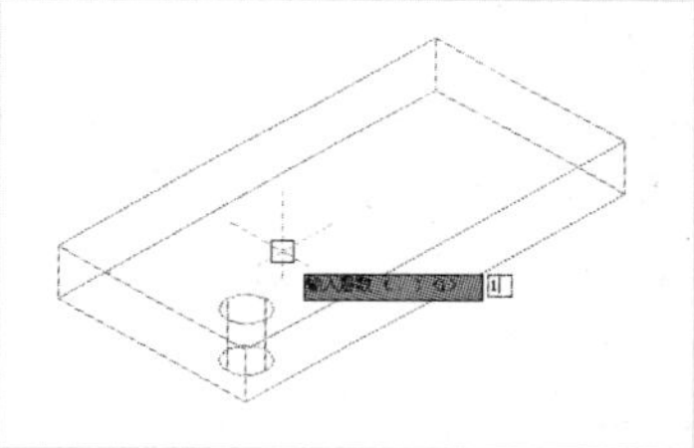

图11-30　输入层数

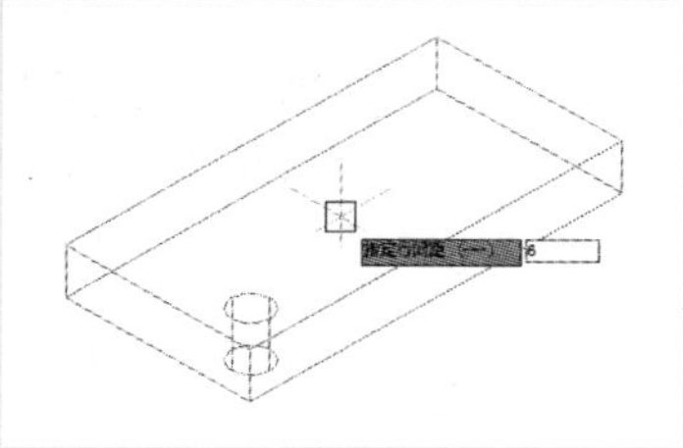

图11-31　指定行间距

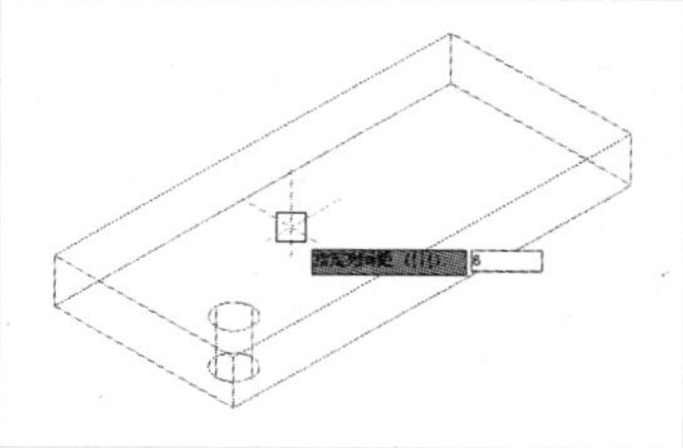

图11-32　指定列间距

2. 三维环形阵列

使用三维阵列命令的“环形”选项阵列复制图形时，需指定阵列的角度及旋转参考轴等参数。在命令的操作过程中，指定的角度或旋转的数目不同，进行阵列复制后，得到的效果也会有所不同。下面将对如图11-33所示的“垫片.dwg”图形文件（光盘:\素材\第11章\垫片.dwg）中的螺孔圆柱体进行三维阵列复制操作，效果如图11-34所示（光盘:\效果\第11章\垫片.dwg），其命令行及操作如下:

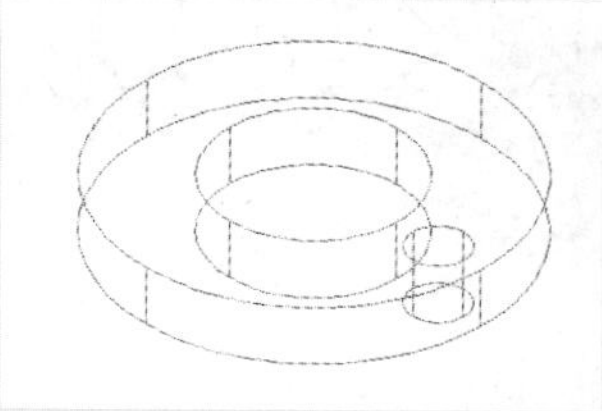

图11-33　待阵列复制图形

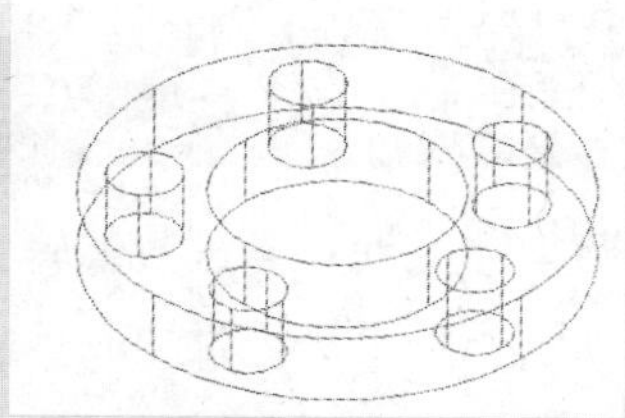

图11-34　阵列复制效果

```
命令: 3DARRAY                                        //执行“3DARRAY”命令
选择对象:                                             //选择圆柱体，指定阵列对象
选择对象:                                             //按【Enter】键确认对象选择
输入阵列类型 [矩形(R)/环形(P)] <矩形>:P                //选择“环形”选项，如图11-35所示
输入阵列中的项目数目: 5                                //输入项目数，如图11-36所示
指定要填充的角度 (+=逆时针, -=顺时针) <360>:           //输入填充角度，如图11-37所示
旋转阵列对象？ [是(Y)/否(N)] <Y>: Y                    //选择“是”选项，如图11-38所示
指定阵列的中心点:                                     //指定中心点，如图11-39所示
指定旋转轴上的第二点:                                 //指定旋转轴上的第二点，如图11-40所示
```

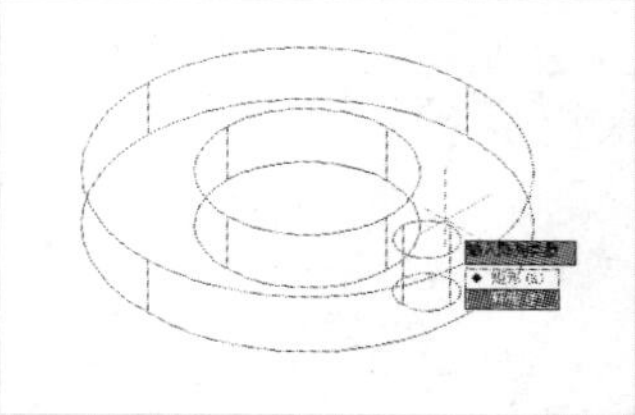

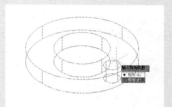

图11-35　选择“环形”选项

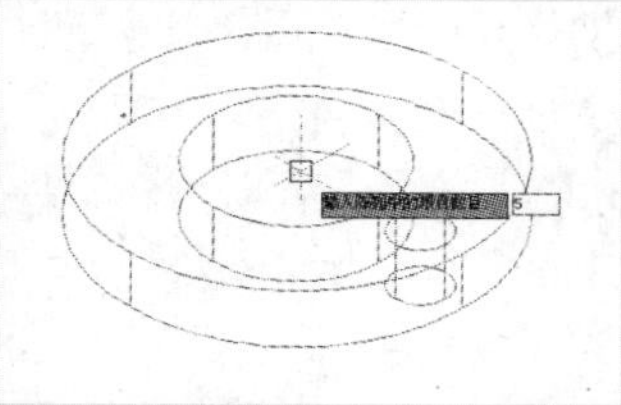

图11-36　输入项目数

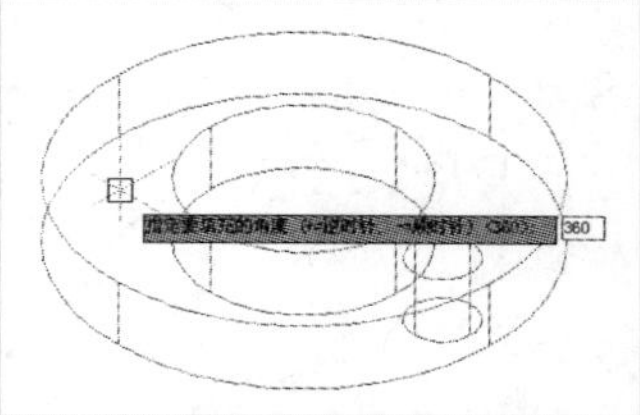

图11-37　输入填充角度

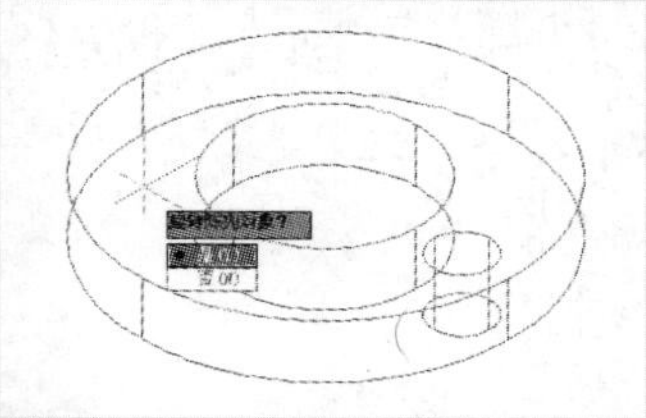

图11-38　选择“是”选项

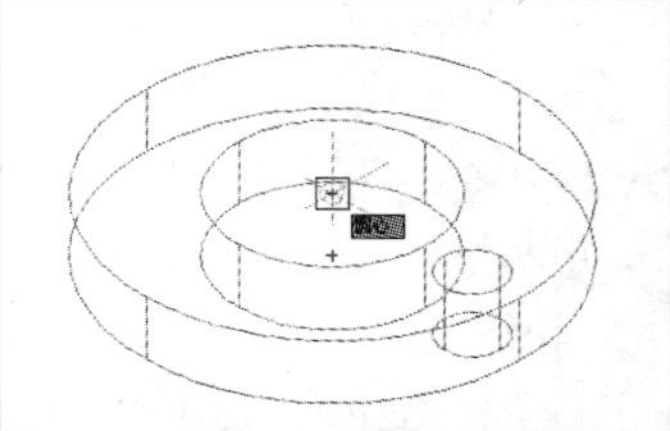

图11-39　指定阵列的中心点

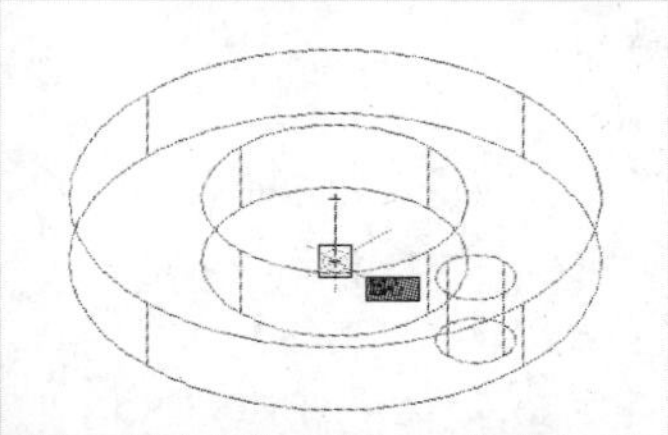

图11-40　指定旋转轴上的第二点

11.2 编辑三维实体

魔法师：小魔女，通过对编辑三维对象方法的学习，现在绘制三维模型的速度是不是更快了呢？

小魔女：是的，通过三维旋转、三维对齐、三维镜像等命令，的确可以快速地绘制三维模型，这真是太好了。

魔法师：在AutoCAD 2012中，还可以对三维实体模型进行编辑，例如，对模型进行剖切，只保留其中一半，以便看清内容结构等，下面就来学习吧。

11.2.1 剖切实体对象

使用剖切命令，可以将实体模型以某一个平面剖切成为多个三维实体，剖切面可以是对象、Z轴、视图、XY/YZ/ZX平面，或者以3点定义的面。调用剖切命令的方法主要有如下几种：

- 选择“常用”/“实体编辑”组，单击“剖切”按钮。
- 在命令行中执行“SLICE”命令。

下面将对如图11-41所示的“底座模型.dwg”图形文件（光盘:\素材\第11章\底座模型.dwg）通过螺孔的圆心的“ZX”平面进行剖切，效果如图11-42所示（光盘:\效果\第11章\底座模型.dwg），其命令行及操作如下：

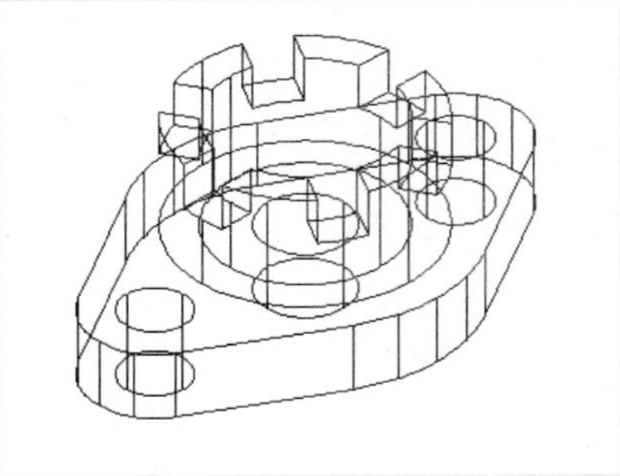

图11-41 待剖切实体

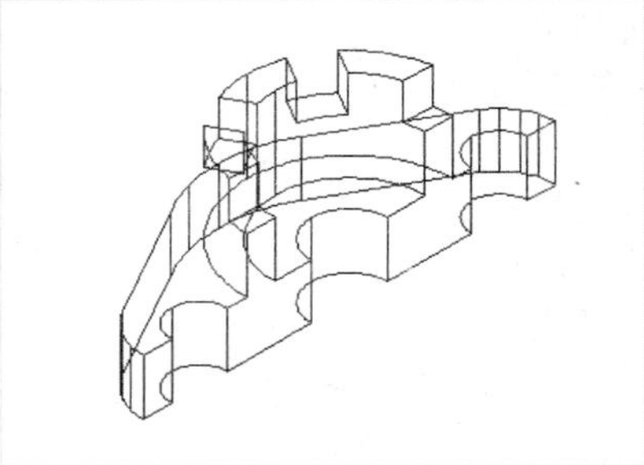

图11-42 剖切实体效果

```
命令:SLICE                                              //执行“SLICE”命令
选择要剖切的对象:                                       //选择剖切对象，如图11-43所示
选择要剖切的对象:                                       //按【Enter】键确定选择对象
指定 切面 的起点或 [平面对象(O)/曲面(S)/Z 轴(Z)/视图(V)/
XY(XY)/YZ(YZ)/ZX(ZX)/三点(3)] <三点>: zx                //选择“ZX”平面，如图11-44所示
指定 ZX 平面上的点 <0,0,0>:                             //捕捉圆心，如图11-45所示
在所需的侧面上指定点或 [保留两个侧面(B)]                //将鼠标向左上方移动，并单击鼠标左
<保留两个侧面>:                                          键，指定保留面，如图11-46所示
```

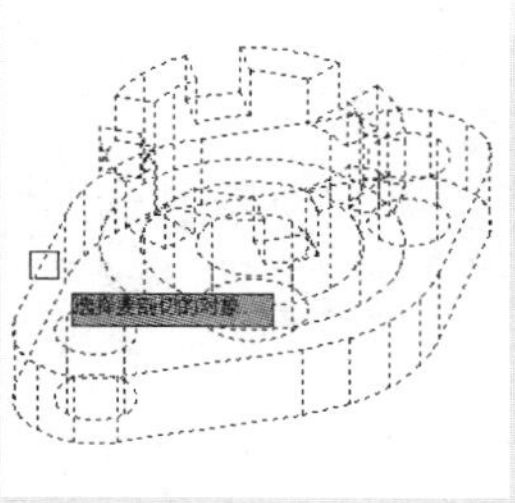
图11-43　选择剖切对象

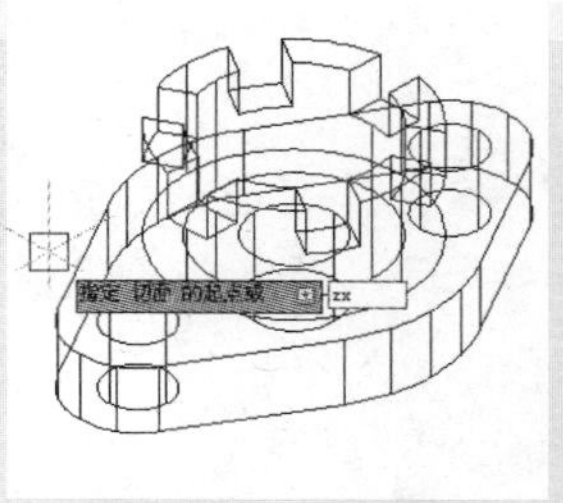
图11-44　选择“ZX”平面

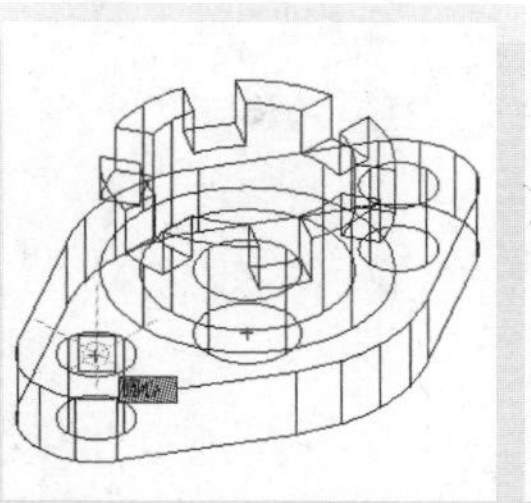
图11-45　指定通过点

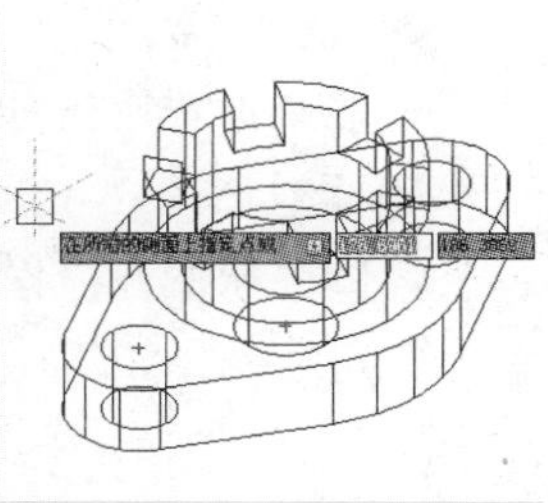
图11-46　选择保留面

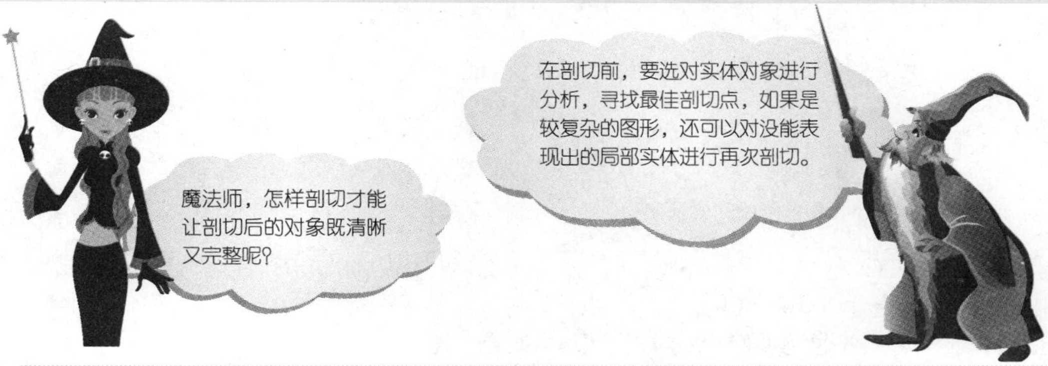

魔法师，怎样剖切才能让剖切后的对象既清晰又完整呢?
在剖切前，要选对实体对象进行分析，寻找最佳剖切点，如果是较复杂的图形，还可以对没能表现出的局部实体进行再次剖切。

魔法档案——保留两个剖切实体

在执行命令过程中若选择“保留两个侧面”选项，执行剖切操作后，则不会删除某个实体的部分，而会保留两个剖切的实体。

11.2.2 加厚

使用加厚功能可以给平面网格和三维网格等曲面添加厚度，调用加厚命令的方法主要有如下几种：

- 选择“常用”/“实体编辑”组，单击“加厚”按钮。
- 在命令行中执行“THICKEN”命令。

其命令行及操作如下：

```
命令:THICKEN                          //执行“THICKEN”命令
选择要加厚的曲面:                      //选择加厚曲面
选择要加厚的曲面:                      //按【Enter】键确定选择对象
指定厚度 <0.0000>:                     //输入需要加厚的厚度
```

11.2.3 抽壳实体

抽壳命令可以用来在三维实体对象中创建具有指定厚度的壁，调用抽壳命令的方法主要有如下几种：

- 选择“常用”/“实体编辑”组，单击“抽壳”按钮。
- 在命令行中执行“SOLIDEDIT”命令。

下面对如图11-47所示“抽壳实体.dwg”图形文件（光盘:\素材\第11章\抽壳实体.dwg）中的长方体进行抽壳操作，完成后的效果如图11-48所示（光盘:\效果\第11章\抽壳实体.dwg），其命令行及操作如下：

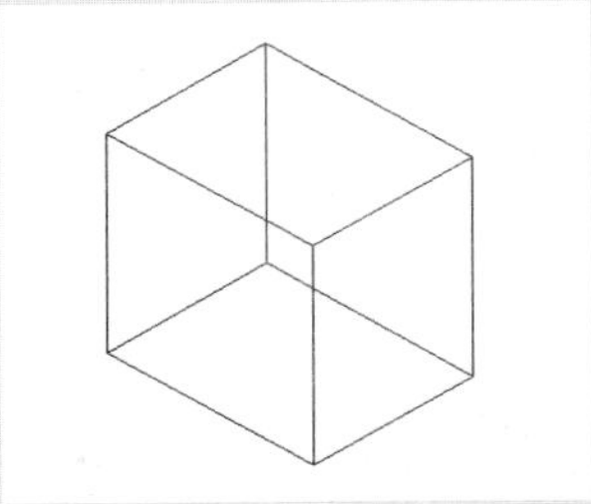
图11-47　待抽壳实体

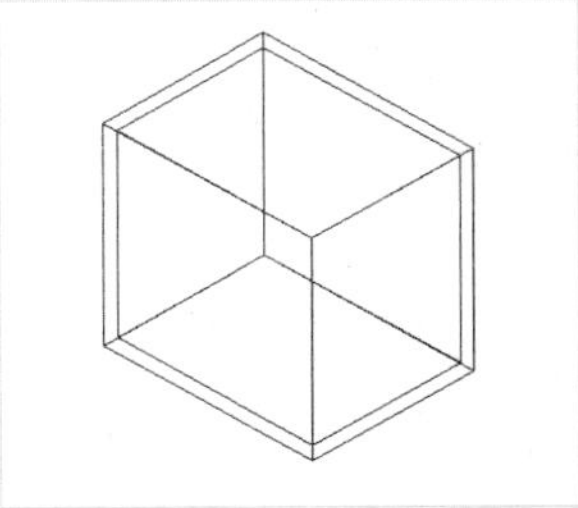
图11-48　抽壳实体效果

```
命令:SOLIDEDIT                                          //执行“SOLIDEDIT”命令
实体编辑自动检查: SOLIDCHECK=1                          //系统提示
输入实体编辑选项 [面(F)/边(E)/体(B)/放弃(U)/退出(X)]
<退出>: B                                               //选择“体”选项，如图11-49所示
输入体编辑选项[压印(I)/分割实体(P)/抽壳(S)/清除(L)/
检查(C)/放弃(U)/退出(X)] <退出>: S                      //选择“抽壳”选项，如图11-50所示
选择三维实体:                                           //选择抽壳对象，如图11-51所示
删除面或 [放弃(U)/添加(A)/全部(ALL)]:                   //按【Enter】键默认选择
输入抽壳偏移距离: 10                                    //输入抽壳偏移距离，如图11-52所示
已开始实体校验。                                        //系统提示
已完成实体校验。                                        //系统提示
输入体编辑选项[压印(I)/分割实体(P)/抽壳(S)/清除(L)检查
(C)/放弃(U)/退出(X)] <退出>:                            //按【Enter】键选择“退出”选项
实体编辑自动检查: SOLIDCHECK=1                          //系统提示
输入实体编辑选项 [面(F)/边(E)/体(B)/放弃(U)/退出(X)]
<退出>:                                                 //按【Enter】键选择“退出”选项
```

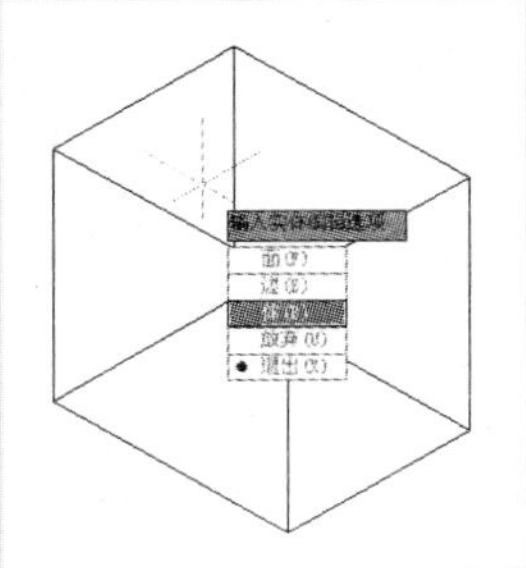
图11-49　选择“体”选项

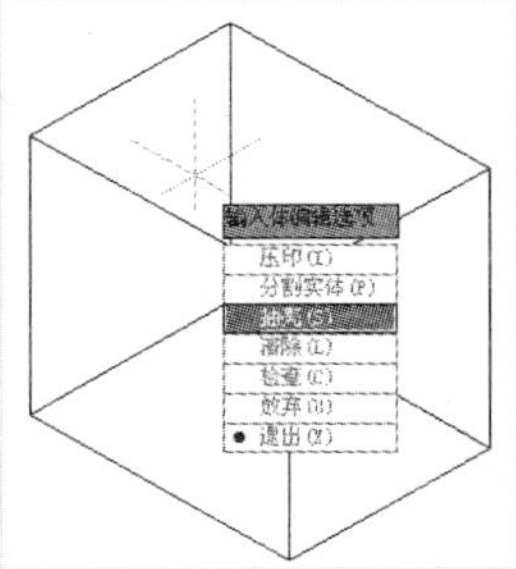
图11-50　选择“抽壳”选项

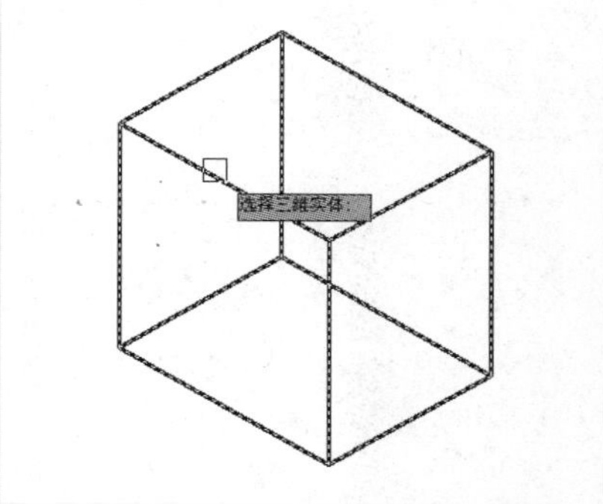

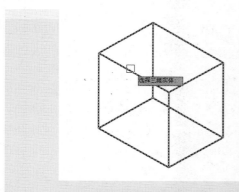

图11-51 选择抽壳对象

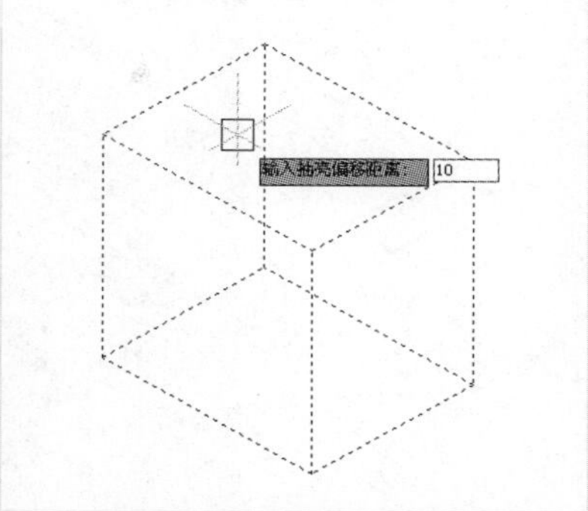

图11-52 输入抽壳偏移距离

11.2.4 对实体倒角

实体倒角命令与二维图形的倒角命令相同，但在操作方法上是不同的。下面将对如图11-53所示的“边角练习.dwg”图形文件（光盘:\素材\第11章\边角练习.dwg）中的图形进行倒角处理，效果如图11-54所示（光盘:\效果\第11章\倒角练习.dwg），其命令行及操作如下:

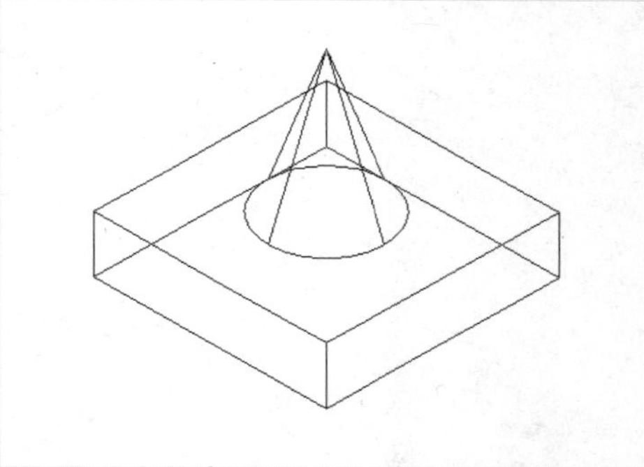

图11-53 待倒角图形

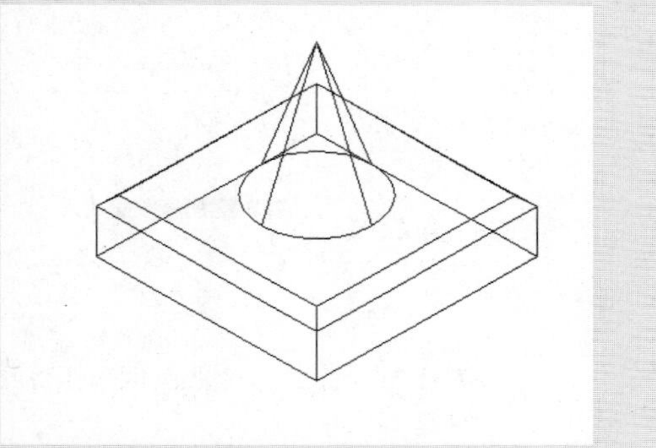

图11-54 倒角实体效果

命令: CHAMFER	//执行“CHAMFER”命令
(“修剪”模式) 当前倒角距离 1 = 2.0000，距离 2 = 2.0000	//系统提示
选择第一条直线或 [放弃(U)/多段线(P)/距离(D)/角度(A)/修剪(T)/方式(E)/多个(M)]:	//选择倒角实体，如图11–55所示
基面选择...	//系统提示
输入曲面选择选项 [下一个(N)/当前(OK)] <当前(OK)>: N	//选择“下一个”选项，如图11–56所示
输入曲面选择选项 [下一个(N)/当前(OK)] <当前(OK)>: OK	//选择“当前”选项，如图11–57所示
指定 基面 倒角距离或 [表达式(E)] <2.0000>: 2	//指定基面倒角距离，如图11–58所示
指定 其他曲面 倒角距离或 [表达式(E)] <2.0000>: 2	//指定其他曲面倒角距离，如图11–59所示
选择边或 [环(L)]:	//选择四面的直角边，如图11–60所示
选择边或 [环(L)]:	//按【Enter】键确定选择对象

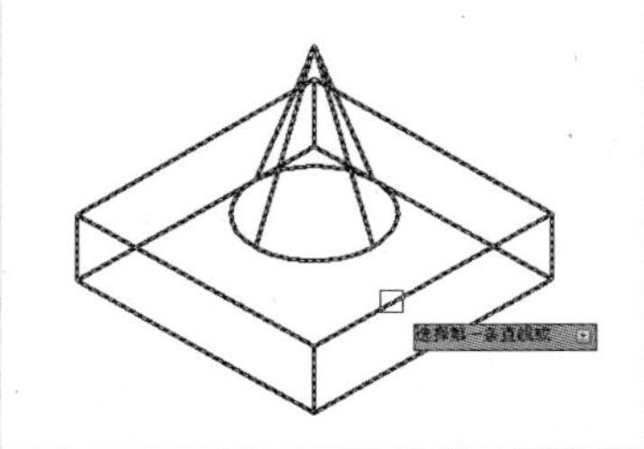

图11-55　选择倒角对象

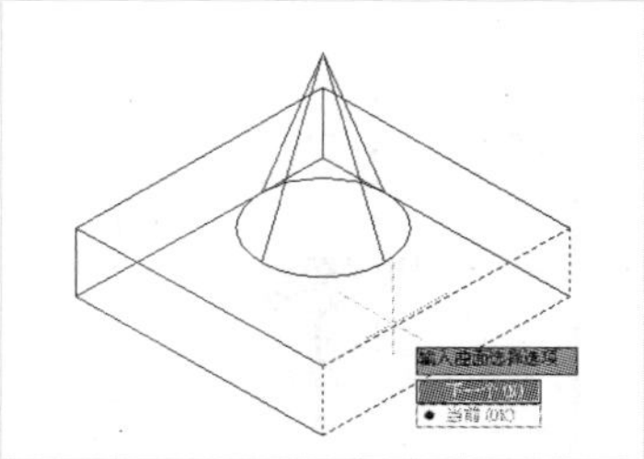

图11-56　选择“下一个”选项

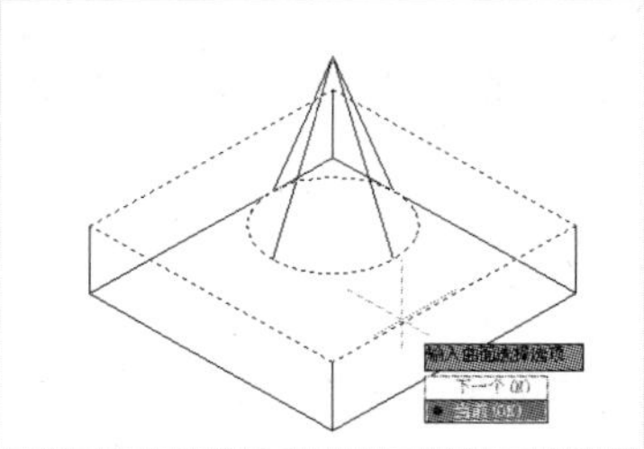

图11-57　选择“当前”选项

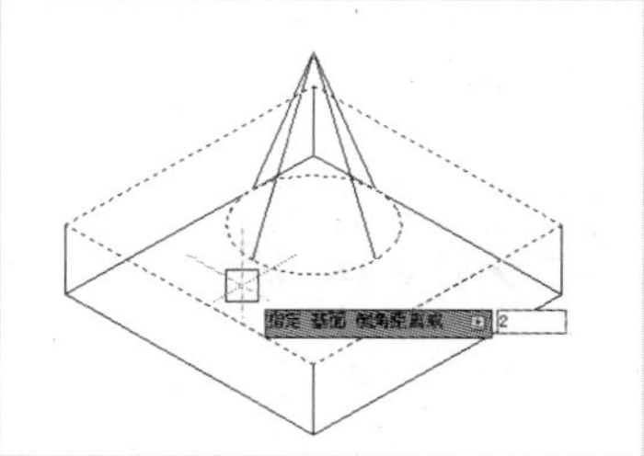

图11-58　指定基面倒角距离

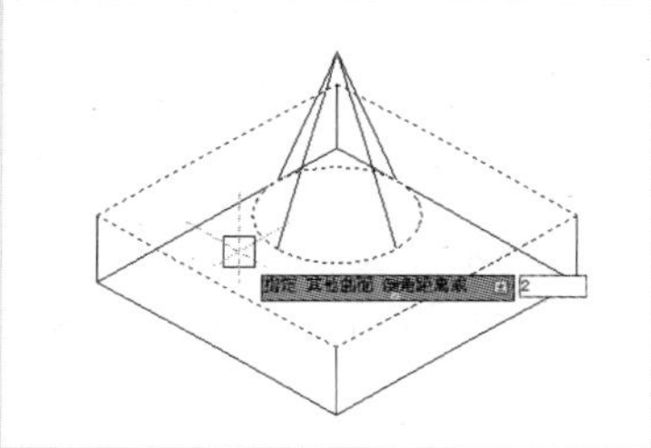

图11-59　指定其他曲面倒角距离

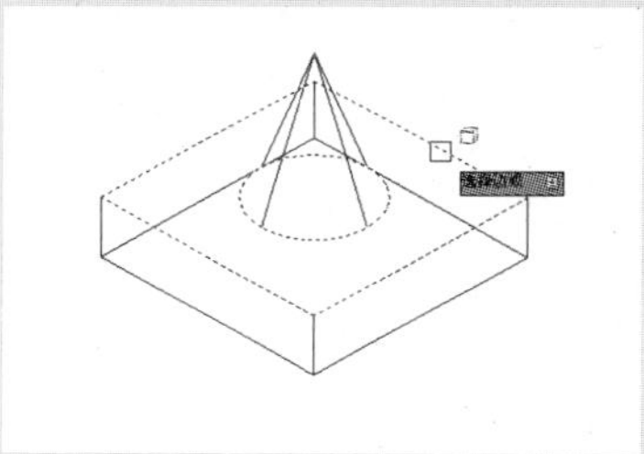

图11-60　选择四面的自角边

11.2.5 对实体圆角

三维圆角是指使用与对象相切，并且具有指定半径的圆弧连接两个对角。下面将对如图11-53所示的“边角练习.dwg”图形文件（光盘:\素材\第11章\边角练习.dwg）中的图形进行圆角处理，效果如图11-61所示（光盘:\效果\第11章\圆角练习.dwg），其命令行及操作如下：

命令: FILLET	//执行“FILLET”命令
当前设置: 模式 = 修剪，半径 = 0.0000	//系统提示
选择第一个对象或 [放弃(U)/多段线(P)/半径(R)/修剪(T)/多个(M)]:	//选择圆角实体，如图11-62所示
输入圆角半径或 [表达式(E)]: 2	//输入圆角半径，如图11-63所示
选择边或 [链(C)/环(L)/半径(R)]:	//按【Enter】键确定边的选择
已选定 1 个边用于圆角。	//系统提示

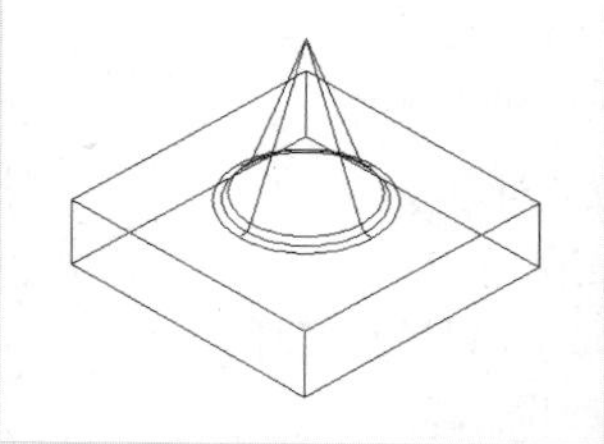

图11-61　圆角实体边

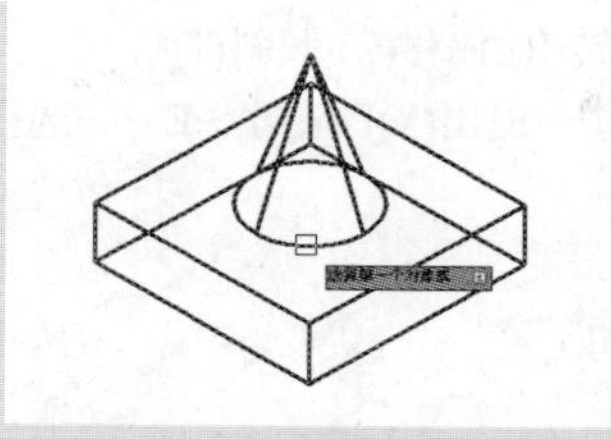

图11-62　选择圆角对象

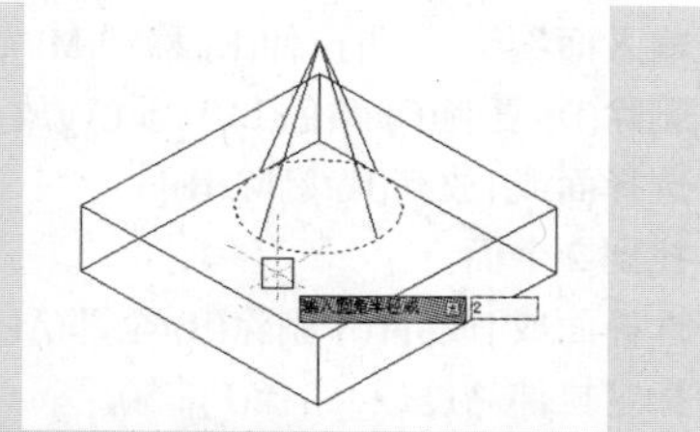

图11-63　输入圆角半径

11.3 编辑三维实体面

魔法师：小魔女，通过对三维实体模型编辑方法的学习，现在是不是可以对三维实体的细部结构进行绘制了？

小魔女：是的，掌握了三维实体编辑命令，我现在基本上可以绘制各种各样的三维实体了。

魔法师：在AutoCAD 2012中绘制三维实体模型时，还可以对实体的面进行编辑，让我们先来看看吧！

11.3.1 拉伸面

使用拉伸命令可以将选择的三维实体对象的面按某一路径或指定高度进行拉伸，调用拉伸面命令的方法主要有如下几种：

- 选择"常用"/"实体编辑"组，单击"拉伸面"按钮。
- 在命令行中执行"SOLIDEDIT"命令。

下面对如图11-64所示的"拉伸面.dwg"图形文件（光盘:\素材\第11章\拉伸面.dwg）中的对象进行面的拉伸操作，完成后的效果如图11-65所示（光盘:\效果\第11章\拉伸面.dwg），其命令行及操作如下：

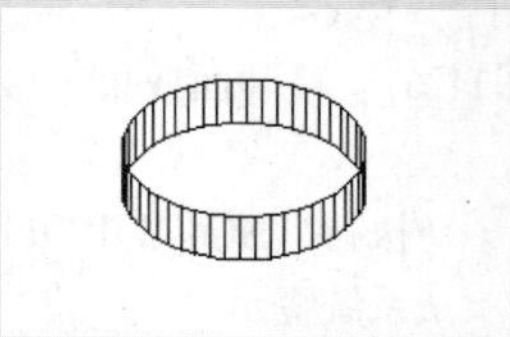

图11-64　待拉伸面图形

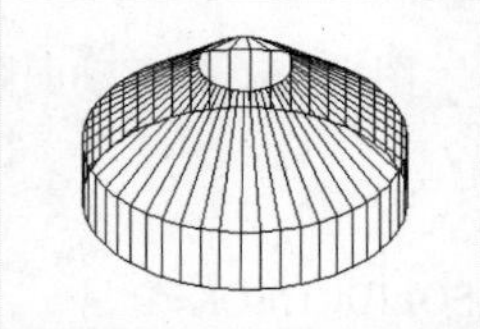

图11-65　拉伸面效果

```
命令:SOLIDEDIT                                   //执行"SOLIDEDIT"命令
实体编辑自动检查: SOLIDCHECK=1                    //系统提示
输入实体编辑选项 [面(F)/边(E)/体(B)/放弃(U)/退出(X)]
<退出>: F                                        //选择"面"选项
```

```
输入面编辑选项[拉伸(E)/移动(M)/旋转(R)/偏移(O)/倾斜(T)/
删除(D)/复制(C)/颜色(L)/材质(A)/放弃(U)/退出(X)] <退出>:E    //选择“拉伸”选项
选择面或 [放弃(U)/删除(R)]:                                  //选择拉伸对象
找到 2 个面。                                                //系统提示
选择面或 [放弃(U)/删除(R)/全部(ALL)]:                        //按【Enter】键默认选择
指定拉伸高度或 [路径(P)]: 50                                 //输入拉伸高度
指定拉伸的倾斜角度 <0>: 50                                   //输入倾斜角度
不能拉伸非平面，操作将被忽略。                               //按【Enter】键选择“退出”选项
已开始实体校验。                                             //系统提示
已完成实体校验。                                             //系统提示
输入面编辑选项[拉伸(E)/移动(M)/旋转(R)/偏移(O)/倾斜(T)/
删除(D)/复制(C)/颜色(L)/材质(A)/放弃(U)/退出(X)] <退出>:     //按【Enter】键选择“退出”选项
实体编辑自动检查: SOLIDCHECK=1
输入实体编辑选项 [面(F)/边(E)/体(B)/放弃(U)/退出(X)]
<退出>:                                                      //按【Enter】键选择“退出”选项
```

11.3.2 移动面

移动面是指沿指定的距离或高度移动三维实体对象的面，该操作会改变图形的形状。调用移动面命令的方法主要有如下几种：

- 选择“常用”/“实体编辑”组，单击“移动面”按钮移动面。
- 在命令行中执行“SOLIDEDIT”命令。

下面对如图11-66所示的图形对象（光盘:\素材\第11章\移动面.dwg）进行面的移动操作，效果如图11-67所示（光盘:\效果\第11章\移动面.dwg），其命令行及操作如下：

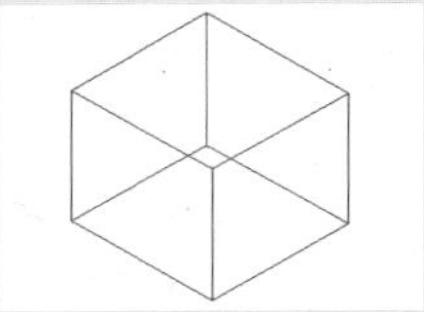

图11-66 待移动面图形

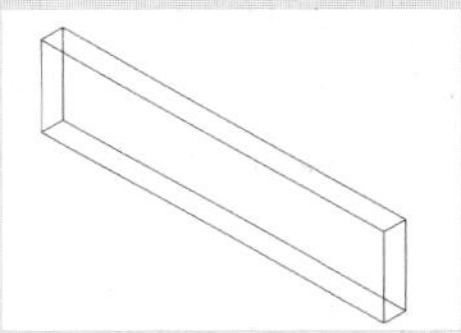

图11-67 移动面效果

```
命令:SOLIDEDIT                                               //执行“SOLIDEDIT”命令
实体编辑自动检查: SOLIDCHECK=1                               //系统提示
输入实体编辑选项 [面(F)/边(E)/体(B)/放弃(U)/退出(X)]
<退出>: F                                                    //选择“面”选项
输入面编辑选项[拉伸(E)/移动(M)/旋转(R)/偏移(O)/倾斜(T)/
删除(D)/复制(C)/颜色(L)/材质(A)/放弃(U)/退出(X)] <退出>:m    //选择“移动”选项
选择面或 [放弃(U)/删除(R)]:                                  //选择拉伸对象
找到 2 个面。                                                //系统提示
选择面或 [放弃(U)/删除(R)/全部(ALL)]:                        //按【Enter】键默认选择
```

指定基点或位移:	//捕捉长方体右下方端点
指定位移的第二点:	//在右下方指定拉伸的第二点
已开始实体校验。	//系统提示
已完成实体校验。	//系统提示
输入面编辑选项[拉伸(E)/移动(M)/旋转(R)/偏移(O)/倾斜(T)/	
删除(D)/复制(C)/颜色(L)/材质(A)/放弃(U)/退出(X)] <退出>:	//按【Enter】键选择“退出”选项
实体编辑自动检查: SOLIDCHECK=1	
输入实体编辑选项 [面(F)/边(E)/体(B)/放弃(U)/退出(X)]	
<退出>:	//按【Enter】键选择“退出”选项

11.3.3 旋转面

旋转面是指将一个或多个面或实体的某部分绕指定的轴进行旋转，调用旋转面命令的方法主要有如下几种：

- 选择“常用”/“实体编辑”组，单击“旋转面”按钮。
- 在命令行中执行“SOLIDEDIT”命令。

下面对如图11-68所示的“旋转面.dwg”图形文件（光盘:\素材\第11章\旋转面.dwg）中的对象进行面的旋转操作，完成后的效果如图11-69所示（光盘:\效果\第11章\旋转面.dwg），其命令行及操作如下：

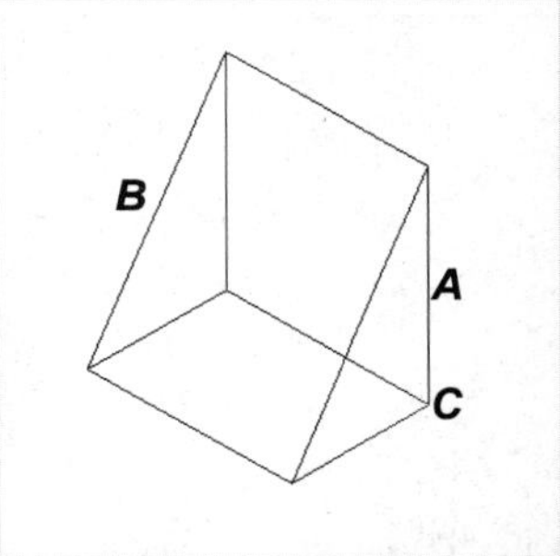

图11-68　待旋转面图形

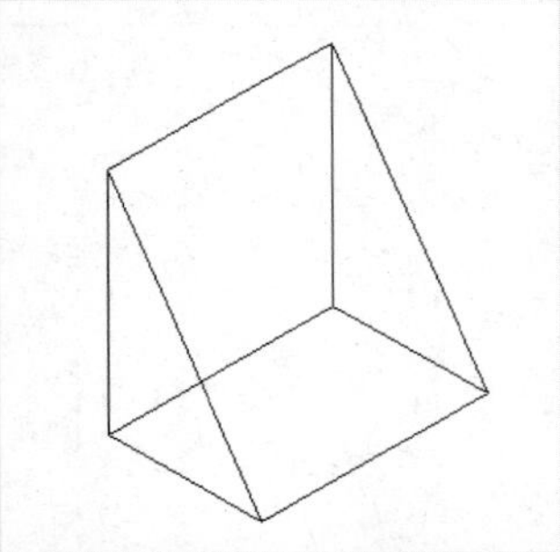
图11-69　旋转面效果

命令:SOLIDEDIT	//执行“SOLIDEDIT”命令
实体编辑自动检查: SOLIDCHECK=1	//系统提示
输入实体编辑选项 [面(F)/边(E)/体(B)/放弃(U)/退出(X)]	
<退出>: F	//选择“面”选项
输入面编辑选项[拉伸(E)/移动(M)/旋转(R)/偏移(O)/倾斜(T)/	
删除(D)/复制(C)/颜色(L)/材质(A)/放弃(U)/退出(X)] <退出>:r	//选择“旋转”选项
选择面或 [放弃(U)/删除(R)]:	//选择A边
找到 2 个面。	//系统提示
选择面或 [放弃(U)/删除(R)/全部(ALL)]:	//选择B边
找到 2 个面。	

选择面或 [放弃(U)/删除(R)/全部(ALL)]:	//按【Enter】键默认选择
指定轴点或 [经过对象的轴(A)/视图(V)/X 轴(X)/Y 轴(Y)/Z 轴(Z)] <两点>: z	//选择“Z轴”选项
指定旋转原点 <0,0,0>:	//捕捉C点
指定旋转角度或 [参照(R)]: 90	//输入旋转角度
已开始实体校验。	//系统提示
已完成实体校验。	//系统提示
输入面编辑选项[拉伸(E)/移动(M)/旋转(R)/偏移(O)/倾斜(T)/删除(D)/复制(C)/颜色(L)/材质(A)/放弃(U)/退出(X)] <退出>:	//按【Enter】键选择“退出”选项
实体编辑自动检查: SOLIDCHECK=1	
输入实体编辑选项 [面(F)/边(E)/体(B)/放弃(U)/退出(X)] <退出>:	//按【Enter】键选择“退出”选项

11.4 典型实例——绘制餐桌

魔法师：小魔女，通过学习编辑三维实体的命令，你是不是已经可以快速、准确地完成对各种三维实体模型的绘制了？

小魔女：魔法师，你看，我用圆角、三维阵列等命令绘制了一个餐桌模型，效果如图11-70所示（光盘:\效果\第11章\餐桌.dwg），你觉得怎么样？

魔法师：效果不错，看来你对本章的知识掌握得还可以嘛！

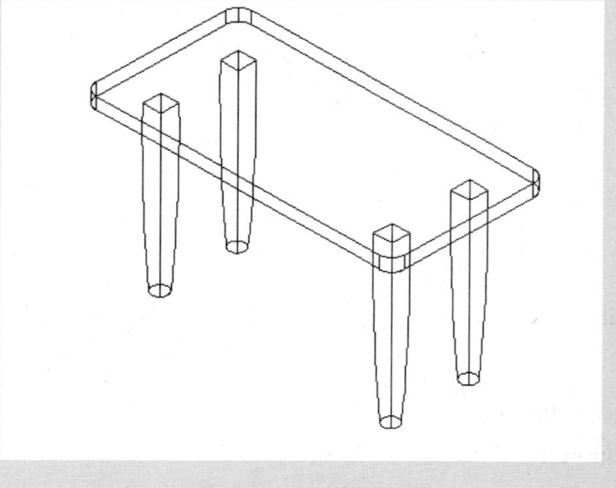

图11-70　最终效果

其具体操作如下：

步骤 01 打开“餐桌.dwg”图形文件（光盘:\素材\第11章\餐桌.dwg）。

步骤 02 在命令行中输入“3DARRAY”，执行三维阵列命令，效果如图11-71所示，其命令行及操作如下：

命令: 3DARRAY	//执行“3DARRAY”命令
选择对象:	//选择阵列对象，如图11-72所示
选择对象:	//按【Enter】键确认对象选择
输入阵列类型 [矩形(R)/环形(P)] <矩形>:R	//选择“矩形”选项，如图11-73所示
输入行数 (---) <1>: 2	//输入阵列行数，如图11-74所示
输入列数 (|||) <1>: 2	//输入阵列列数，如图11-75所示
输入层数 (...) <1>: 1	//输入阵列层数，如图11-76所示
指定行间距 (---): 900	//输入行间距，如图11-77所示
指定列间距 (|||): 300	//输入列间距，如图11-78所示

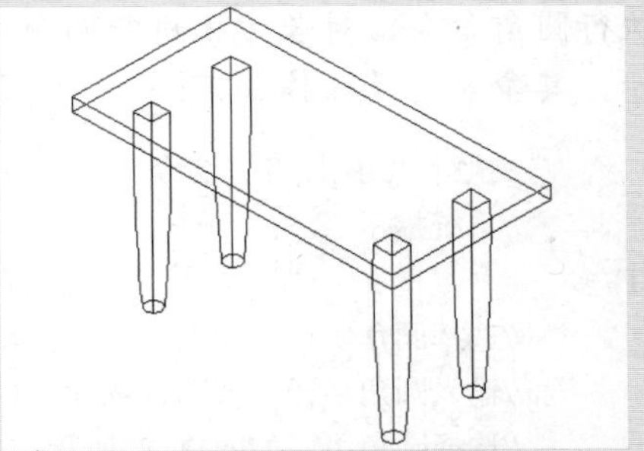

图11-71　三维阵列复制图形

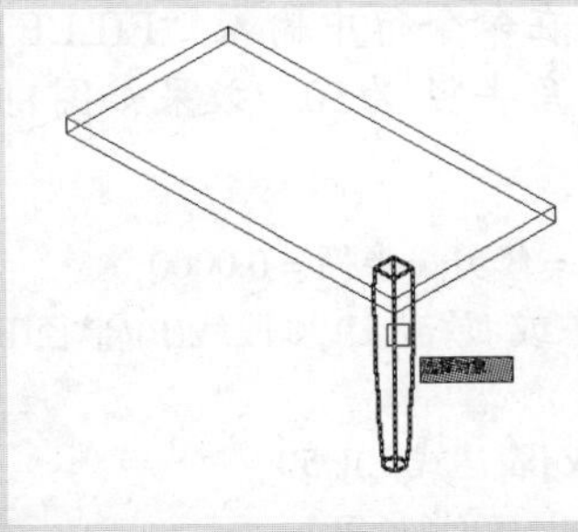

图11-72　选择阵列对象

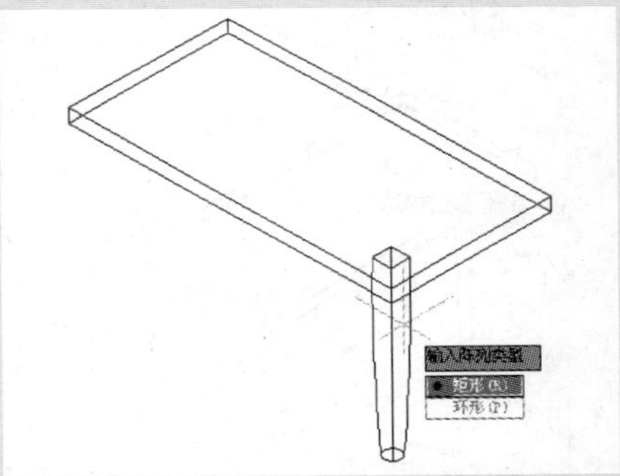

图11-73　选择“矩形”选项

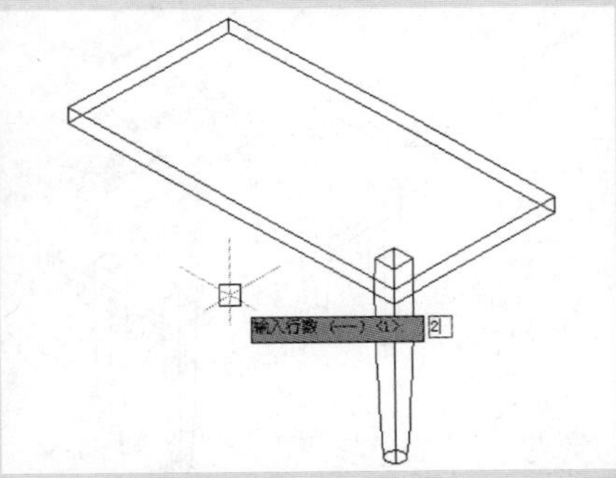

图11-74　指定阵列行数

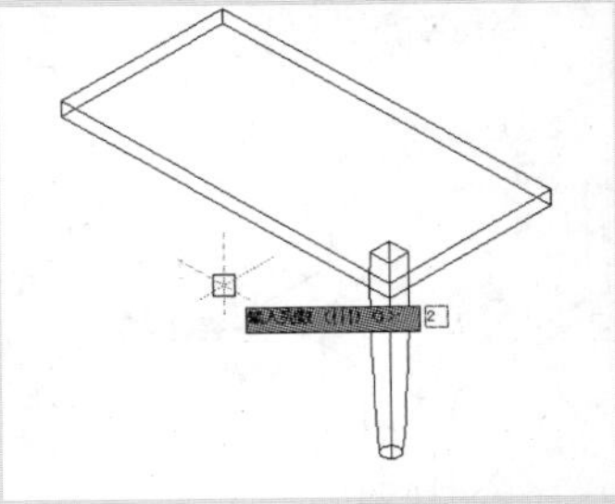

图11-75　指定阵列列数

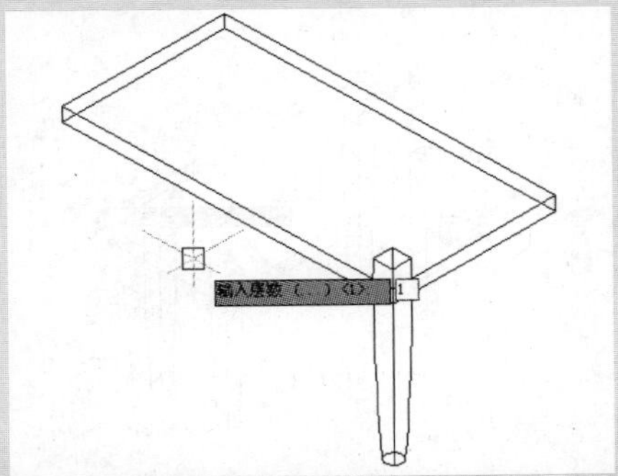

图11-76　指定阵列层数

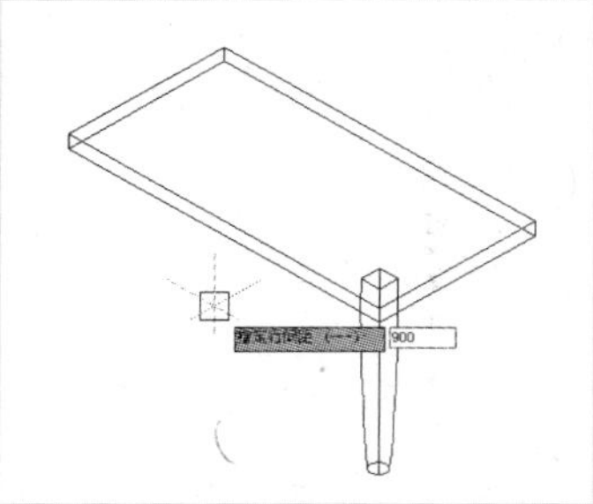

图11-77　指定行间距

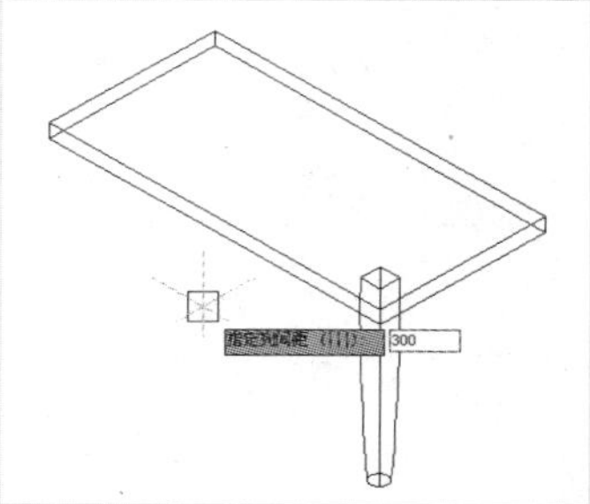

图11-78　指定列间距

步骤 03 在命令行中输入“FILLET”，执行圆角命令，对长方体进行圆角处理，圆角半径 为50，效果如图11-79所示，其命令行及操作如下：

命令: FILLET	//执行“FILLET”命令
当前设置: 模式 = 修剪，半径 = 0.0000	//系统提示
选择第一个对象或 [放弃(U)/多段线(P)/半径(R)/修剪(T)/多个(M)]:	//选择圆角实体，如图11–80所示
输入圆角半径或 [表达式(E)]: 50	//输入圆角半径，如图11–81所示
选择边或 [链(C)/环(L)/半径(R)]:	//选择圆角边，如图11–82所示
选择边或 [链(C)/环(L)/半径(R)]:	//按【Enter】键确定边的选择
已选定 4 个边用于圆角。	//系统提示

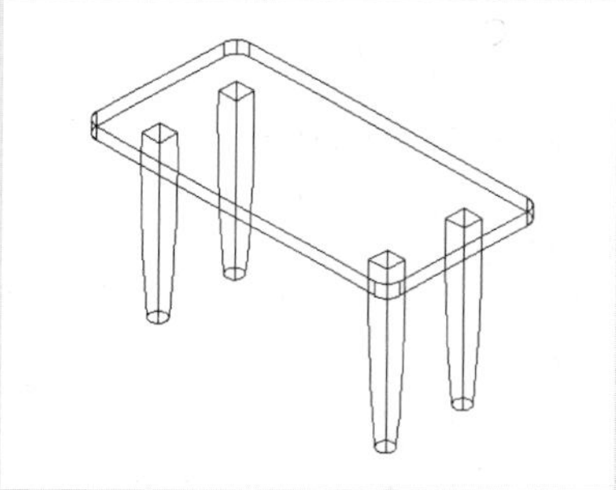

图11-79　圆角实体边

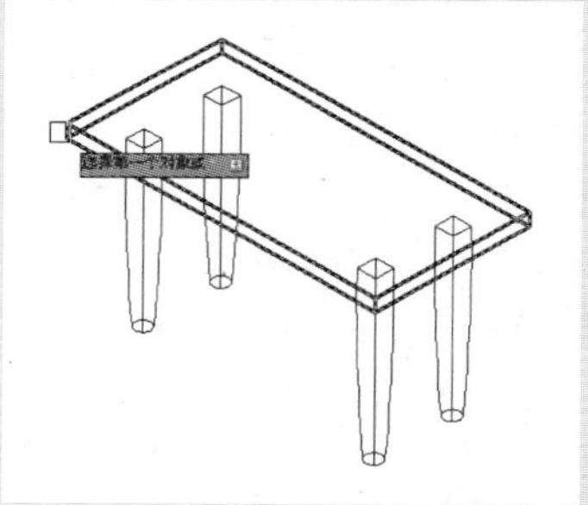

图11-80　选择圆角对象

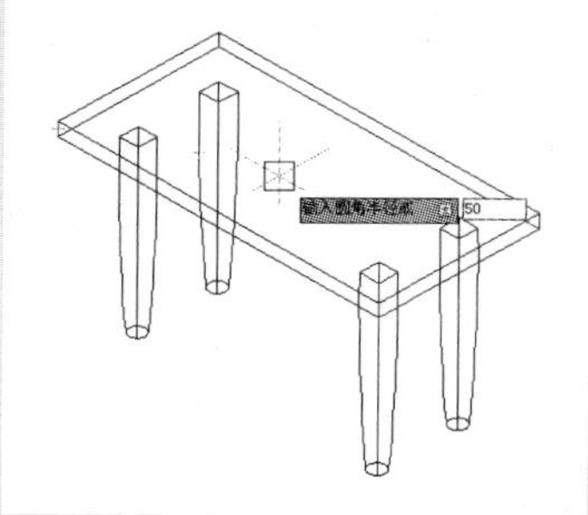

图11-81　输入圆角半径

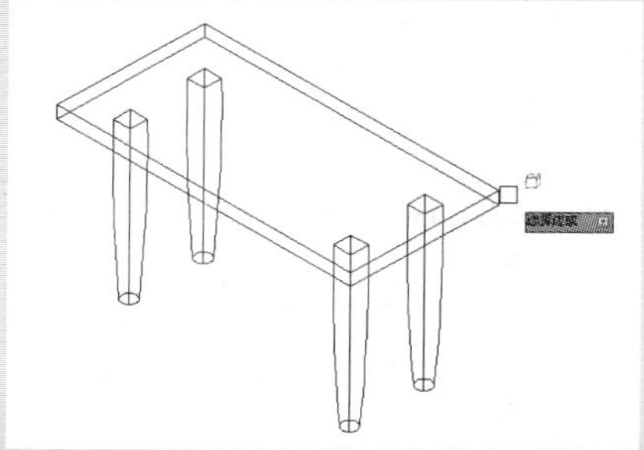

图11-82　选择圆角边

11.5 本章小结——三维图形编辑技巧

魔法师：小魔女，从综合实例的练习来看，你已经基本上掌握了三维编辑命令的使用方法了。

小魔女：真的吗？魔法师还有什么三维编辑命令的技巧要跟我说的吗？

魔法师：当然还有，在使用三维编辑命令绘制图形的过程中，还应该时常进行总结，这样才有利于自己的提高哦！

第1招：控制抽壳命令的方向

执行抽壳命令后，若输入的抽壳偏移距离为正值，则在面的正方向上创建抽壳；若为负值，则在面的负方向上创建抽壳。

第2招：拉伸与拉伸面的区别

拉伸命令是将二维闭合图形拉伸一定的厚度成为三维模型；拉伸面命令是将选定的三维实体对象的面拉伸到指定的高度或沿某个路径拉伸，是一种针对面的修改命令。

11.6 过关练习

（1）打开如图11-83所示的“茶几.dwg”图形文件（光盘:\素材\第11章\茶几.dwg），使用三维阵列命令，阵列复制出茶几的四条腿，阵列复制后的效果如图11-84所示（光盘:\效果\第11章\茶几.dwg）。

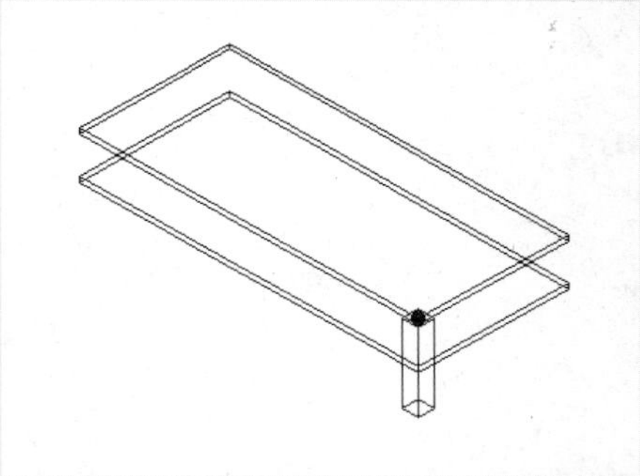

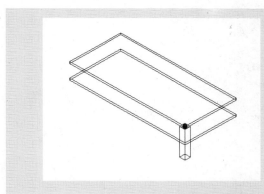

图11-83　原茶几图形

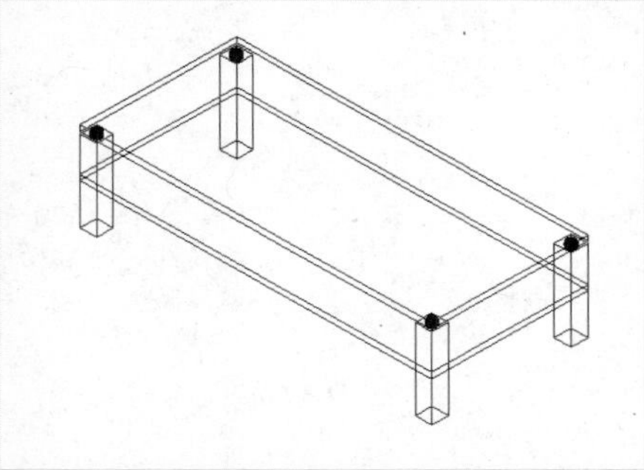

图11-84　阵列复制后的效果

（2）打开如图11-85所示的“石桌.dwg”图形文件（光盘:\素材\第11章\石桌.dwg），使用三维阵列命令，阵列复制出石桌的凳子，阵列复制后的效果如图11-86所示（光盘:\效果\第11章\石桌.dwg）。

（3）打开如图11-87所示的“导向平键.dwg”图形文件（光盘:\素材\第11章\导向平键.dwg），使用三维镜像命令，将螺孔圆柱体进行镜像复制，最后对三维镜像复制后的圆柱体进行差集运算操作，效果如图11-88所示（光盘:\效果\第11章\导向平键.dwg）。

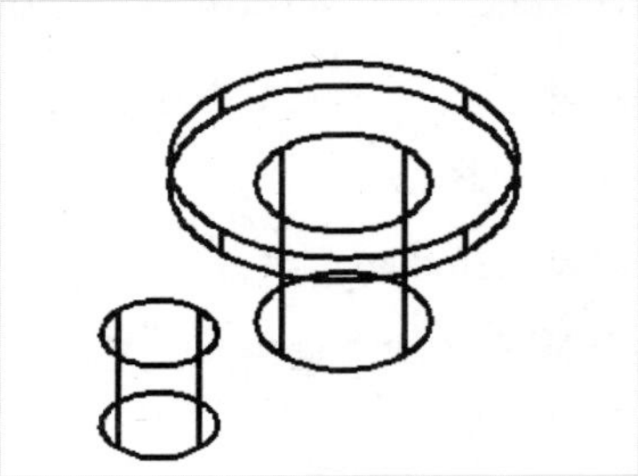

图11-85　原石桌图形

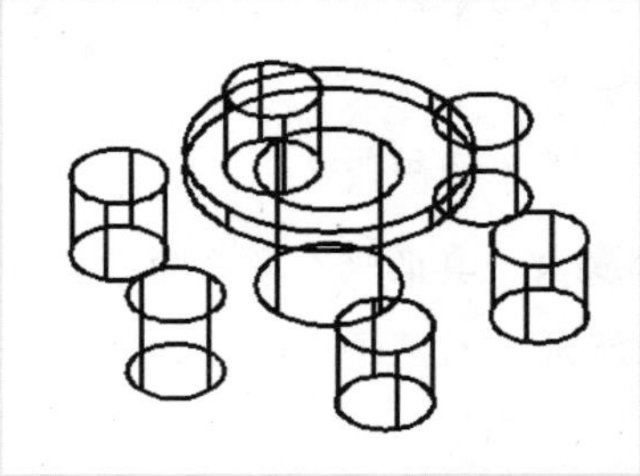

图11-86　三维环形阵列效果

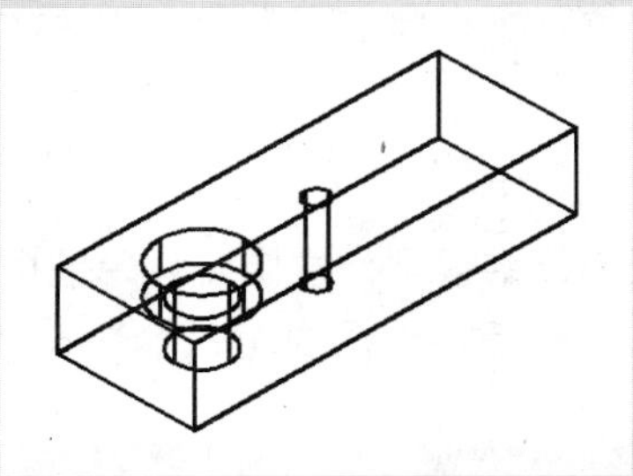

图11-87　原导向平键图形

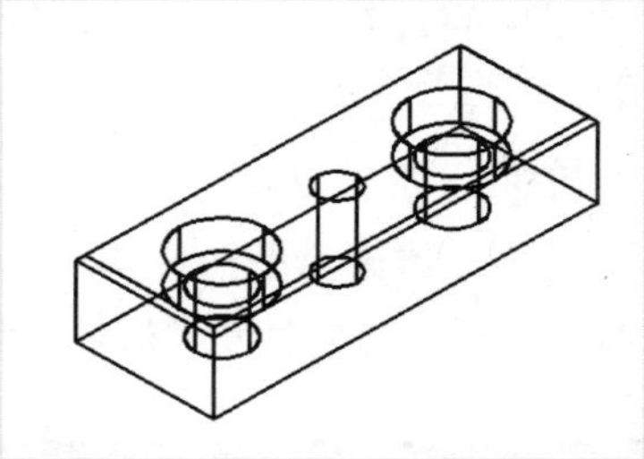

图11-88　导向平键

Chapter 12

第12章

图形的输出与协作

小魔女：魔法师，绘制好的图形文件是不是要通过打印才能将其显示在实体纸中呢？

魔法师：不错，确实需要打印才能实现。

小魔女：那你快教教我吧！下周一我就要将绘制好的图形打印出来交给领导了。

魔法师：打印的知识很简单，但是设置的参数可不少，每项参数都有各自的作用。

小魔女：原来是这样，不过没关系，你讲的知识我会很用心地记录下来，这样就不怕把知识混淆了。

学习要点：

- 打印参数的设置
- 打印图形的高级设置
- 与Autodesk旗下软件的协作
- 与其他软件之间的协作

12.1 打印参数的设置

魔法师：打印主要是在“打印-模型”对话框中进行的，在该对话框中包含了很多打印参数设置。

小魔女：在打印Word之类的文档时，并没有设置多少参数，怎么AutoCAD的打印参数这么多呢？

魔法师：AutoCAD的独特性决定了要设置打印的范围和打印的比例等很多参数。

12.1.1 选择打印设备

要打印CAD图形，首先要选择安装在计算机中的打印设备，单击“应用程序”按钮，然后选择“打印”命令，在打开的“打印-模型”对话框的“打印机/绘图仪”栏的“名称”下拉列表框中选择所需的打印设备即可，如图12-1所示。要注意的是，只有正确安装了打印机驱动程序，在“名称”下拉列表框中才会出现打印设备的名称。

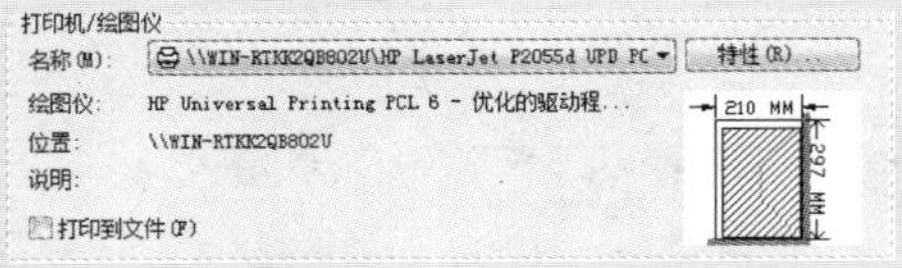

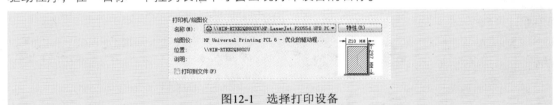

图12-1 选择打印设备

12.1.2 指定打印样式

打印样式是系统预设好的样式，通过修改打印样式可以改变图形对象在输出时的颜色、线型或线宽等特性。在“打印-模型”对话框中单击“展开”按钮，然后在“打印样式表”栏的下拉列表框中选择要使用的打印样式，即可指定打印样式，如图12-2所示。选择打印样式后系统自动打开“问题”对话框，如图12-3所示，询问“是否将此打印样式表指定给所有布局”，单击 是(Y) 按钮，表示确定将此打印样式表指定给所有布局，单击 否(N) 按钮则相反。

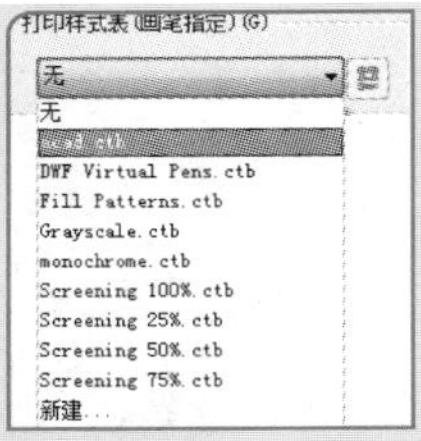

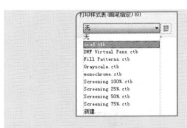

图12-2 选择打印样式

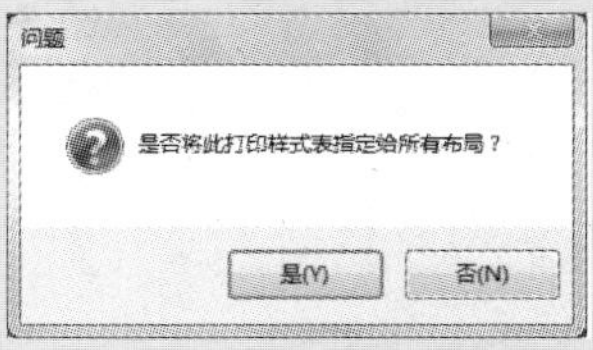

图12-3 “问题”对话框

12.1.3 设置图纸和打印方向

在“打印-模型”对话框的“图纸尺寸”下拉列表框中选择所需的图纸幅面，如图12-4所示，不同的打印设备能够支持的图纸大小是不同的。而打印方向则是在“图形方向”栏中进行设置的，在该栏中选中某个单选按钮或复选框后，右侧的图示将显示打印方向，如图12-5所示。在该栏中可以设置的打印方向介绍如下：

- ◉纵向**单选按钮**：选中该单选按钮，图形以水平方向放置在图纸上。
- ◉横向**单选按钮**：选中该单选按钮，图形以垂直方向放置在图纸上。
- ☑上下颠倒打印(-)**复选框**：选中该复选框，将图形在图纸上进行倒置打印，相当于将图形旋转180°后再进行打印。

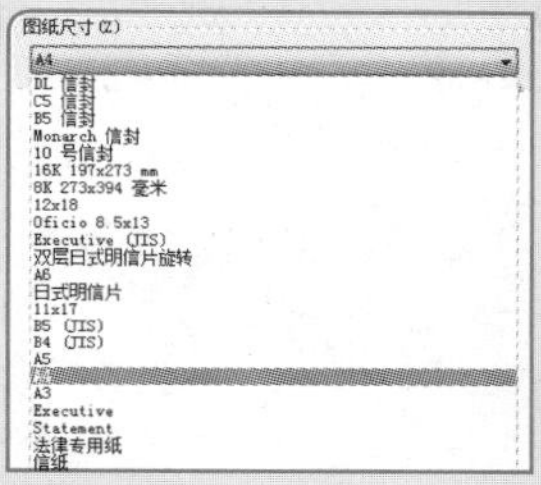

图12-4　选择图纸

图12-5　设置打印方向

12.1.4 控制出图比例

在“打印”对话框中的“打印比例”栏中可设置图形输出时的打印比例，控制图形单位与打印单位之间的相对尺寸，如图12-6所示。打印布局时，默认缩放比例为1:1。其中各选项的含义介绍如下：

- ☑布满图纸(I)**复选框**：如果选中该复选框，将缩放打印图形以布满所选图纸尺寸，并在“比例”下拉列表框、“毫米”和“单位”文本框中显示自定义的缩放比例因子，如图12-7所示。

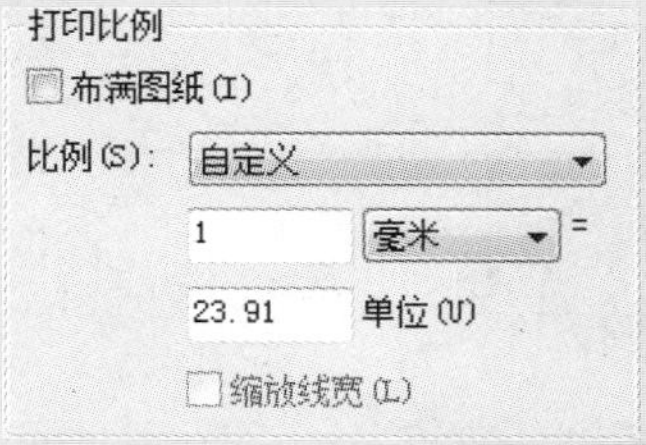

图12-6　设定打印比例

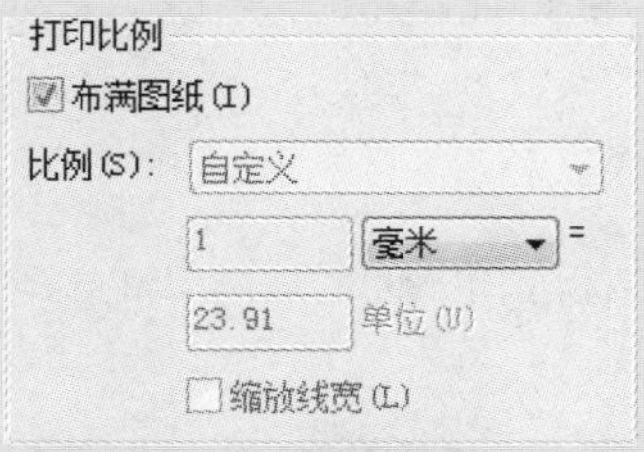

图12-7　布满图纸

- **“比例”下拉列表框**：定义打印的比例。
- **“毫米”文本框**：指定与单位数等价的英寸数、毫米数或像素数。当前所选的图纸尺寸决定单位是英寸、毫米还是像素。

- **“单位”文本框**：指定与指定的英寸数、毫米数或像素数等价的单位数。
- **☑缩放线宽(L)复选框**：如果是在图纸空间中打开的“打印”对话框，□缩放线宽(L)复选框将被激活，选中该复选框后，对象的线宽也会按打印比例进行缩放；取消选中该复选框则只缩放打印图形而不缩放线宽。

12.1.5 设置打印区域

在“打印区域”栏的“打印范围”下拉列表框中选择所需的选项即可设置打印区域，如图12-8所示。其中主要选项的含义介绍如下：

- **窗口**：选择该选项后，将返回绘图区要求指定窗口，框选打印区域后自动返回“打印-模型”对话框，同时右侧出现 窗口(O)< 按钮，单击该按钮可以返回绘图区重新选择打印区域，如图12-9所示。
- **图形界限**：只打印设定的图形界限内的所有对象。
- **显示**：打印模型空间当前视口中的视图或布局空间中当前图纸空间视图的对象。

图12-8　设置打印范围

图12-9　设置打印范围

12.1.6 设置打印偏移

在“打印-模型”对话框的“打印偏移”栏中可以设定图形打印到图纸上的位置，如图12-10所示。如果在该栏中选中☑居中打印(C)复选框，则图形以居中对齐方式打印到图纸上；如果取消选中该复选框，则可在“X”和“Y”文本框中设置图形在水平和垂直方向上的打印原点，如图12-11所示。

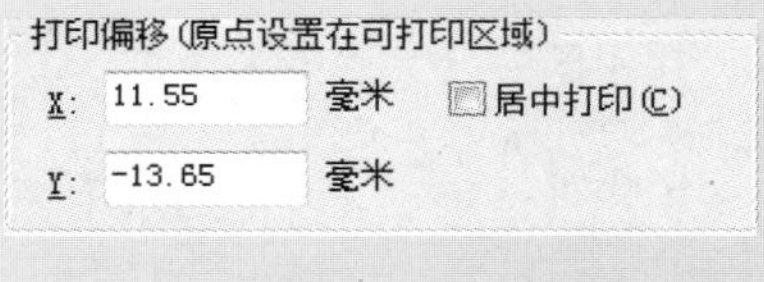

图12-10　指定图形打印到图纸上的位置

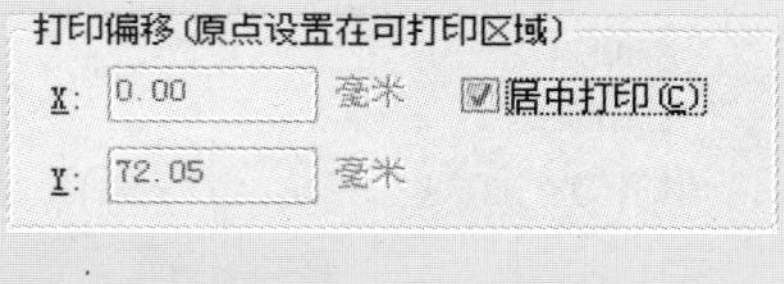

图12-11　选中复选框

12.1.7 打印着色的三维模型

如果要将着色后的三维模型打印到纸张上，需在“打印-模型”对话框的“着色视口选项”栏中进行设置，如图12-12所示。“着色打印”下拉列表框中常用的选项的含义如下：

- **按显示**：按对象在屏幕上显示的效果进行打印。

- **线框**：用线框方式打印对象，不考虑它在屏幕上的显示方式。
- **消隐**：打印对象时消除隐藏线，不考虑它在屏幕上的显示方式。
- **渲染**：按渲染后的效果打印对象，不考虑它在屏幕上的显示方式。

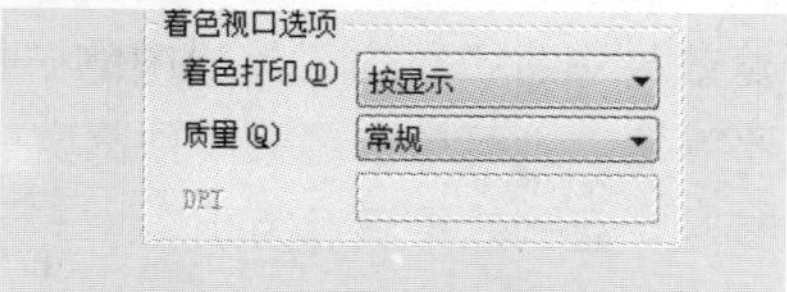

图12-12　选择着色打印方式

12.1.8 设置打印选项

在“打印选项”栏中用户可指定打印线宽、打印样式、着色打印和对象的打印次序等选项，如图12-13所示。其中主要选项的含义介绍如下：

- ☑后台打印(K)**复选框**：指定在后台处理打印。
- ☑打印对象线宽**复选框**：指定是否为打印对象或图层指定的线宽。
- ☑按样式打印(E)**复选框**：指定是否打印应用于对象和图层的打印样式。
- ☑最后打印图纸空间**复选框**：首先打印模型空间的几何图形，再打印图纸空间几何图形。
- ☑隐藏图纸空间对象(J)**复选框**：指定HIDE操作是否应用于图纸空间视口中的对象。此选项仅在布局选项卡中可用。此设置的效果将反映在打印预览中，而不反映在布局中。
- ☑打开打印戳记(N)**复选框**：选中该复选框，在其右边将显示“打印戳记设置”按钮，单击该按钮打开“打印戳记”对话框，如图12-14所示。打印戳记设置可以在“打印戳记”对话框中指定，也可以从该对话框中指定要应用于打印戳记的信息，如图形名、日期和时间及打印比例等。
- ☑将修改保存到布局(V)**复选框**：将在“打印”对话框中所做的修改保存到布局。

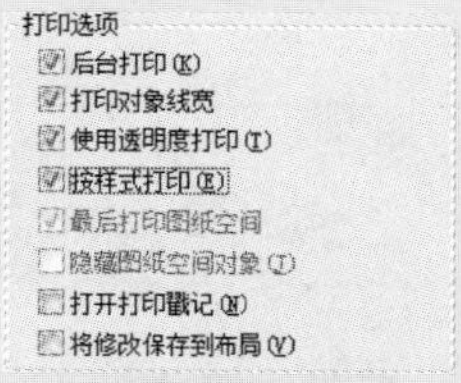

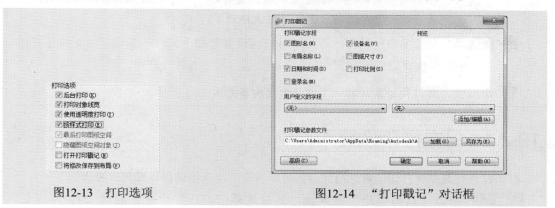

图12-13　打印选项

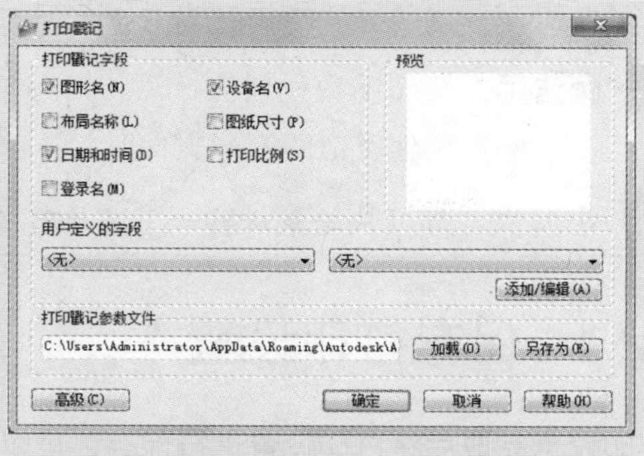

图12-14　“打印戳记”对话框

12.1.9 打印预览

打印设置完毕后，可先预览打印设置后的图形是否符合要求，如果不满足要求，可返回“打印-模型”对话框中修改参数。由于打印预览的效果与打印输出后的效果是相同的，因此该功能可以有效地避免打印浪费。

单击“打印”对话框底部的 预览(P)... 按钮，打开如图12-15所示的打印预览视图，如果对预览效果满意，单击工具栏中的“打印”按钮即可按打印设置将图样打印出来；如果对效果不满意，则可单击“关闭预览窗口”按钮或按【Esc】键，返回“打印-模型”对话框中修改参数，直到效果满意为止。

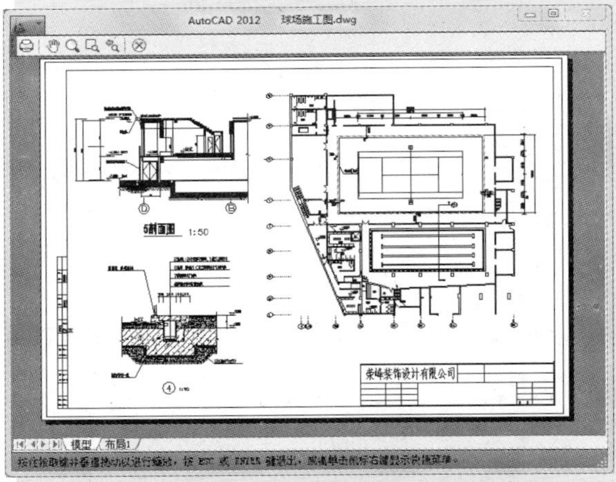

在预览窗口中还可以在上方的工具栏中对预览的图形进行缩放、平移等操作。除此之外，还可以切换到布局空间进行预览。

图12-15　打印预览视图

12.2 打印图形的高级设置

小魔女：根据前面讲解的参数设置，我试着打印了一下，虽然能够打印出来，但是每次都需要进行设置，感觉太麻烦了。

魔法师：打印参数设置完成后，可将打印设置与图形文件一并保存，在需要打印其他类似的图形文件时，再将其调入可以有效地节约时间。

小魔女：那赶快给我讲解一下这是怎么回事吧！

12.2.1 保存打印设置

打印设置完成后将打印设置进行保存，可以方便下次直接调用，其具体操作如下：

步骤 01 单击“应用程序”按钮，然后选择“打印”命令，打开“打印-模型”对话框。在对话框中对打印参数进行设置，然后在“页面设置”栏中单击 添加(.)... 按钮。

步骤 02 打开“添加页面设置”对话框，在“新页面设置名”文本框中输入打印设置保存的名称，单击 确定(O) 按钮，如图12-16所示，当保存图形文件时，打印参数就会随图形一并保存。

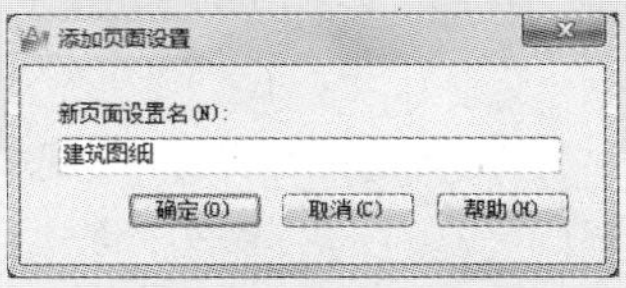

图12-16　“添加页面设置”对话框

12.2.2 调用打印设置

保存了打印参数设置后，就可以调用打印设置了，其具体操作如下：

步骤 01 在“打印-模型”对话框的“页面设置”栏的“名称”下拉列表框中选择“输入”选项，打开“从文件选择页面设置”对话框，如图12-17所示。

步骤 02 选择保存了打印参数设置的图形文件，单击 打开(O) 按钮，打开“输入页面设置”对话框，在“页面设置”列表框中显示该图形文件中的打印设置名称，如图12-18所示。

步骤 03 选择要使用的打印设置名称，单击 确定(O) 按钮，返回“打印-模型”对话框。对要修改的参数选项进行设置，完成后单击 确定(O) 按钮完成打印设置的调用。

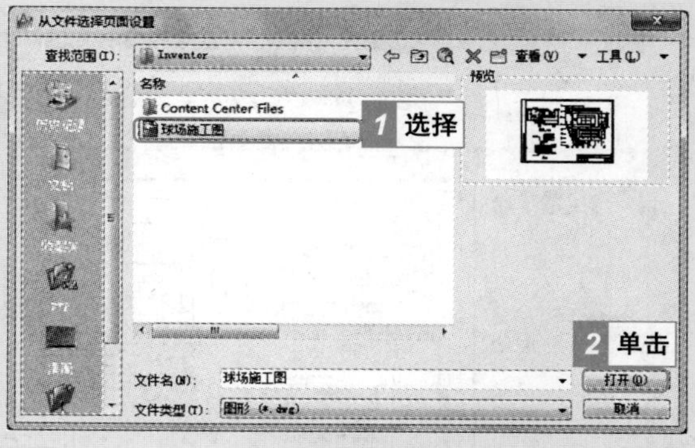

图12-17 “从文件选择页面设置”对话框

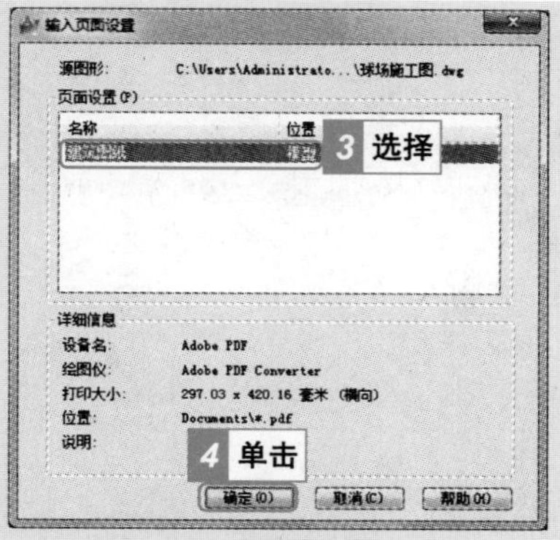

图12-18 “输入页面设置”对话框

12.3 与Autodesk旗下软件的协作

小魔女：魔法师，在工作中经常需要打开用其他软件绘制的图形，但是有些软件又不能直接打开，我该怎么办呢？

魔法师：这种情况下就需要使用AutoCAD与其他软件进行协作了，而AutoCAD的协作又分为了与Autodesk旗下软件的协作和与其他软件的协作。

小魔女：那赶快从简单的开始给我讲讲吧！

12.3.1 Design Review 2012

Design Review 2012是Autodesk旗下的软件，在安装AutoCAD 2012时，可以通过勾选选择是否安装该软件。利用Design Review可以以全数字化方式测量、标记和注释二维与三维图形，而无需使用原始设计创建软件，可以轻松、安全地对设计信息进行浏览、打印、测量和注释。但是该软件最大的缺点就是不可以绘制图形，仅仅可对图形进行查看、打印、测量和注释等操作。

在AutoCAD与Design Review进行协作时，只能以.dwf和.dwfx两种格式进行数据交换，简单来说，只有通过AutoCAD将图形文件另存为.dwf、.dwfx和.dxf格式才能在Design Review软件中进行查看、打印、测量和注释等操作。要转换成.dwf和.dwfx这两种格式需要在AutoCAD中单击“应用程序”按钮，并选择“输出”选项，然后在弹出的子菜单中选择需要的格式，最后在打开的对话框中设置好参数后单击保存(S)按钮即可，如图12-19所示。而转换为.dxf格式需要执行另存为操作，然后在打开的对话框中的“文件类型”下拉列表框中选择dxf选项即可。

转换为需要的格式后，直接在Design Review软件中将其打开即可进行查看、打印、测量和注释等操作，如图12-20所示。如果是Design Review软件编辑保存过的图形文件直接在AutoCAD中同样能直接打开编辑。

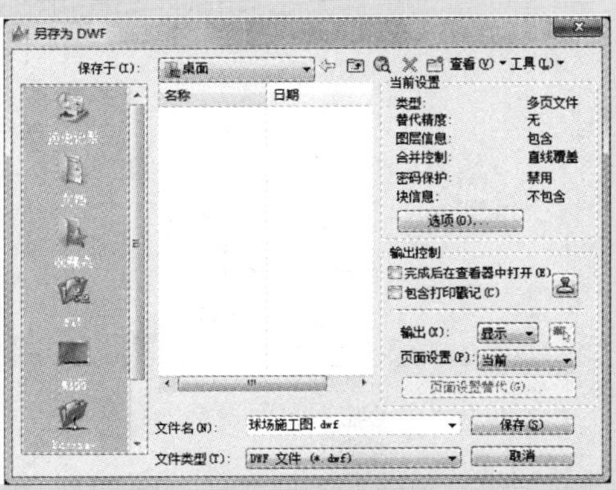

图12-19　输出图形对象

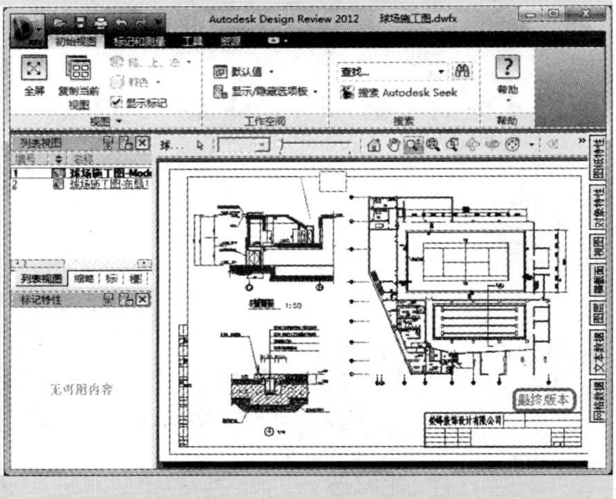

图12-20　Design Review软件标注图形文件

12.3.2 Inventor Professional 2012

Inventor是AutoDesk公司推出的一款三维可视化实体模拟软件，通常说的Inventor就是指的Inventor Professional，该软件可以进行运动仿真、布管设计、电缆与线束设计、零件设计、钣金设计、装配设计、工程图与其他文档的制作和进行数据管理与沟通等功能，同时，该软件还具备了零部件模型数据资源库，更有利于快速建模。然而我们常常接触到的还有Inventor Fusion 2012软件，该软件也是Autodesk旗下的软件，在安装AutoCAD 2012时，可以选择是否安装该软件。Inventor Fusion 2012是适用于三维建模的软件，其功能没有Inventor Professional强大。

在AutoCAD与Inventor Professional进行协作时，主要是用于机械行业，在两个软件之间并没有特定的格式进行数据交换，只要是.dwg格式即可。在Inventor Professional 2012中可以通过打开命令打开.dwg格式的二维或三维图形，如图12-21所示。然而，Inventor Professional 2012

绘制的三维图形默认格式为.ipt，二维图形格式为.dwg，用户可以在AutoCAD 2012的布局空间中选择“注释”/“工程视图”组，单击“基础视图”按钮，然后在打开的对话框中将.ipt格式的三维图形导入到AutoCAD 2012中，通过投影的方式来绘制实体零件的工程图。如图12-22所示为通过投影绘制的工程图。

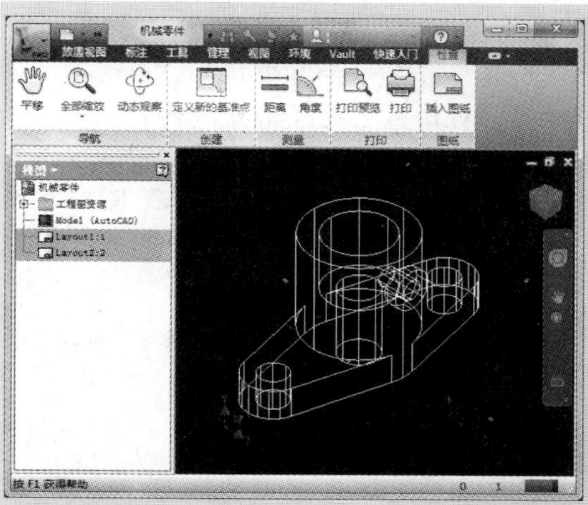

图12-21　打开.dwg格式文件

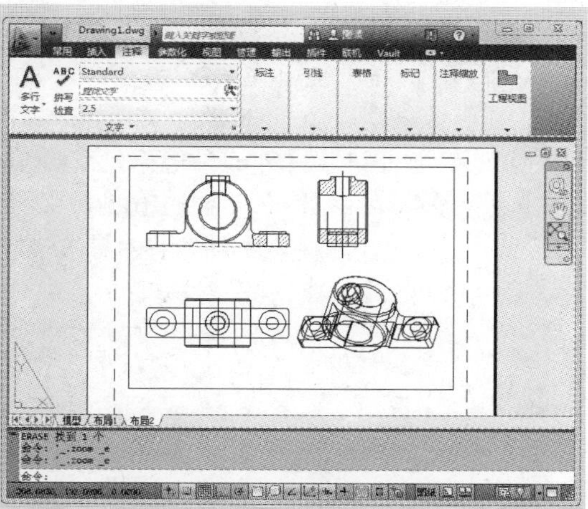

图12-22　通过.ipt文件投影绘制工程图

12.3.3　3ds Max 2012

3ds Max 2012同样是由Autodesk公司开发的软件，所以在这两个软件之间进行数据交换非常容易，主要的数据交换格式是.dwg、.dxf和.3ds文件格式。下面将对AutoCAD与3ds Max软件之间的数据交换的方法分别进行讲解。

1. 在3ds Max中打开图形文件

使用AutoCAD软件将图形文件另存为.dwg或.dxf格式，可在3ds Max软件中通过导入的方法使用.dwg文件格式打开，如图12-23所示为使用3ds Max 2012导入.dwg文件的效果。

图12-23　3ds Max 2012打开.dwg图形文件

在导入.dwg文件时，还需要考虑软件版本的因素，否则将无法成功导入。简单来说，AutoCAD 2012保存的.dwg文件是不能用3ds Max 9成功导入的。

2. 打开3ds Max图形文件

使用3ds Max软件绘制的图形需要保存为.3ds文件格式，AutoCAD软件才能打开。在AutoCAD中打开.3ds文件需要在“3D Studio 文件输入”对话框中进行，而要打开该对话框可以在命令行中执行“3DSIN”命令。下面将使用在命令行输入命令的方法，打开3ds Max软件绘制的“椅子.3ds”图形文件（光盘:\素材\第12章\椅子.3ds），其具体操作如下：

步骤 01 启动AutoCAD 2012，新建一个图形文件并在命令行中执行“3DSIN”命令，在打开的“3D Studio 文件输入”对话框中选择需要打开的文件，如图12-24所示，选择完成后单击 打开(O) 按钮。

步骤 02 在打开的“3D Studio 文件输入选项”对话框的“可用对象”栏中单击 全部添加(A) 按钮，将对象全部添加到“所选对象”栏中，如图12-25所示，最后单击 确定 按钮。

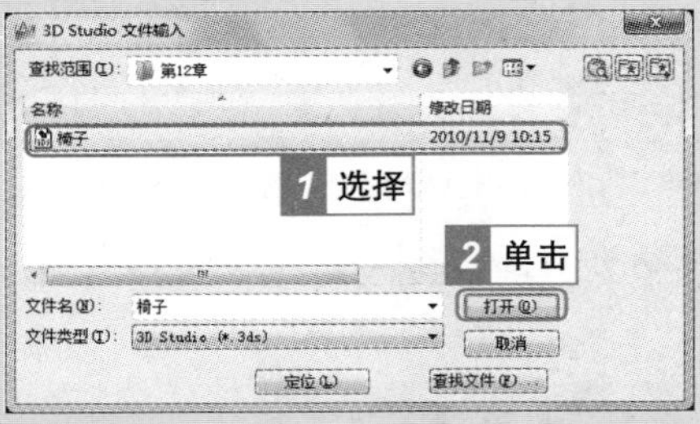

图12-24 “3D Studio 文件输入”对话框

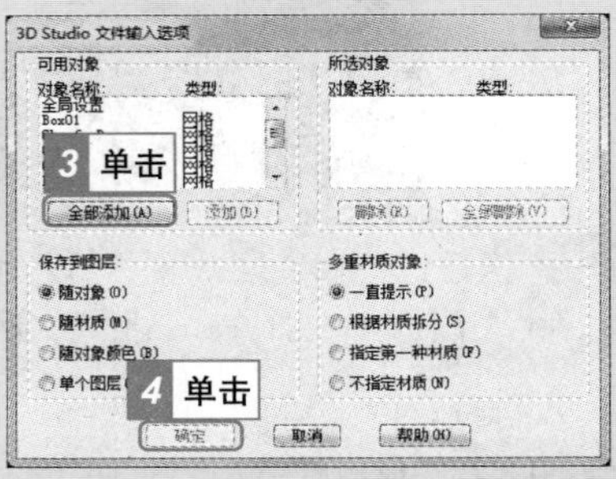

图12-25 “3D Studio 文件输入选项”对话框

步骤 03 返回绘图区中，3ds Max图形文件将显示在绘图区中，如图12-26所示。

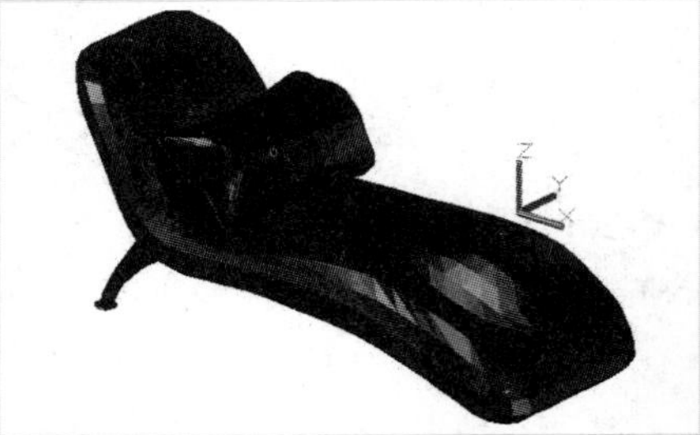

图12-26 导入AutoCAD中的效果

在导入.3ds文件时，在添加了所有对象后，如果有材质丢失的情况发生，系统会弹出提示框，用户可以重新为其指定材质。

12.4 与其他软件之间的协作

魔法师：协作主要就是图形文件格式之间的转换，下面我就给你讲解几个AutoCAD与其他软件之间的协作，Pro/ENGINEER、UG NX和Adobe Illustrator这三个软件最具有代表性。

小魔女：好的，那我们快开始吧！

12.4.1 Pro/ENGINEER

在AutoCAD 2012的图形文件格式中，可以与Pro/ENGINEER进行数据交换的文件格式有.dwg、.dxf和.sat等格式。.dwg和.dxf格式主要是用于二维图形的数据交换，而.sat格式主要用于三维图形的数据交换，下面将对AutoCAD与Pro/ENGINEER之间的数据交换进行介绍。

1. 在Pro/ENGINEER中打开AutoCAD图形文件

要在Pro/ENGINEER中打开AutoCAD图形文件，首先需要将AutoCAD图形文件转换为Pro/ENGINEER图形文件，其具体操作如下：

步骤 01 打开“塑料件.dwg”图形文件（光盘:\素材\第12章\塑料件.dwg），如图12-27所示，单击“应用程序”按钮，在弹出的菜单中选择“输出”/“其他格式”命令，打开“输出数据”对话框。

步骤 02 在打开的对话框的“保存于”下拉列表框中选择需要保存的位置，在“文件类型”下拉列表框中选择“AICS(*.sat)”选项，在“文件名”文本框中输入文件名为“Plasticparts.sat”，如图12-28所示，单击保存(S)按钮（光盘:\效果\第12章\Plasticparts.sat）。

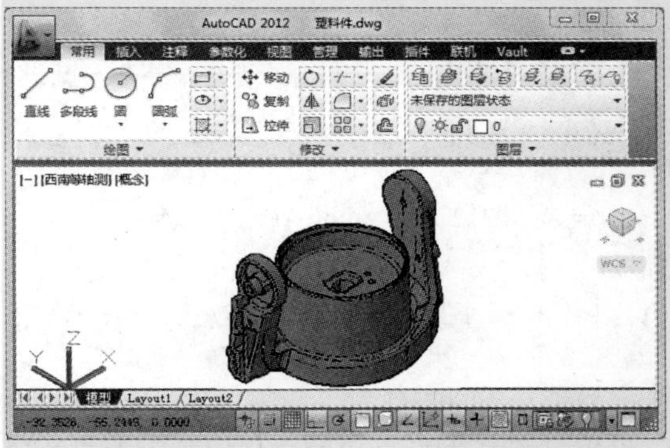

图12-27 打开图形文件

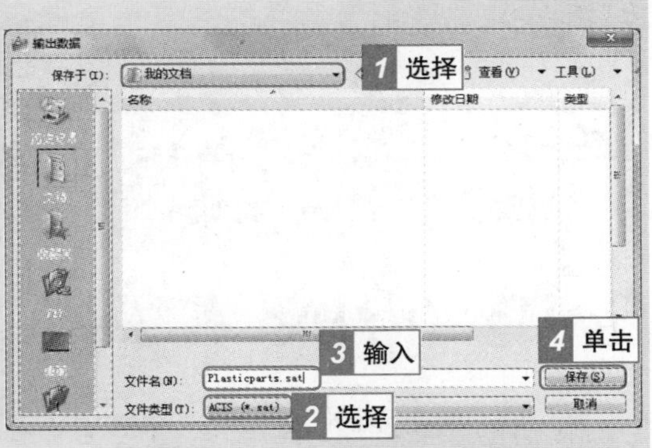

图12-28 “输出数据”对话框

步骤 03 启动Pro/ENGINEER，通过“打开”命令打开图形，效果如图12-29所示。

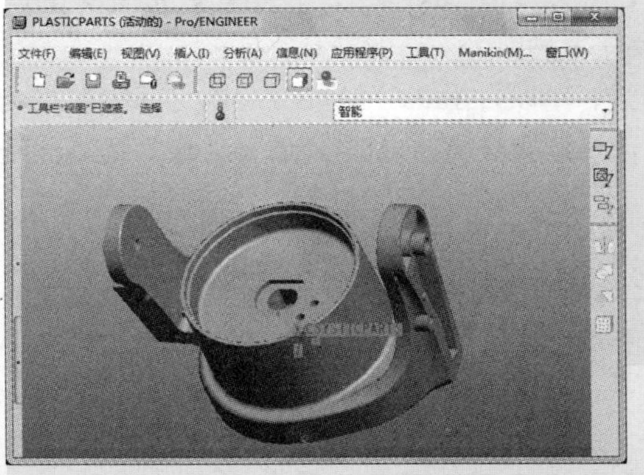

图12-29 Pro/ENGINEER打开效果

魔法档案——转换的注意事项

在转换为Pro/ENGINEER图形文件时，在“输出数据”对话框的“文件名”文本框中输入的文件名只能由英文字母和数字组成，而不能是中文汉字，文件名中也不能有空格符号。否则在数据输出后，使用Pro/ENGINEER软件不能打开输出的图形文件。若使用Pro/ENGINEER软件还是不能正常打开.sat文件，可以将文件复制到一个英文路径下即可打开文件。

2. 在AutoCAD中打开Pro/ENGINEER图形文件

使用Pro/ENGINEER软件绘制的图形文件需要保存为.sat文件格式，AutoCAD软件才能打开，打开.sat文件需要在命令行中执行“ACISIN”命令，其具体操作如下：

步骤 01 启动AutoCAD 2012软件，在命令行中执行“ACISIN”命令，打开“选择ACIS文件”对话框，如图12-30所示。

步骤 02 在打开的对话框的“查找范围”下拉列表框中选择需要打开的图形文件（光盘:\素材\第12章\foothold.sat），单击打开(O)按钮。

步骤 03 完成打开Pro/ENGINEER图形文件的操作，如图12-31所示。

图12-30 “选择ACIS文件”对话框

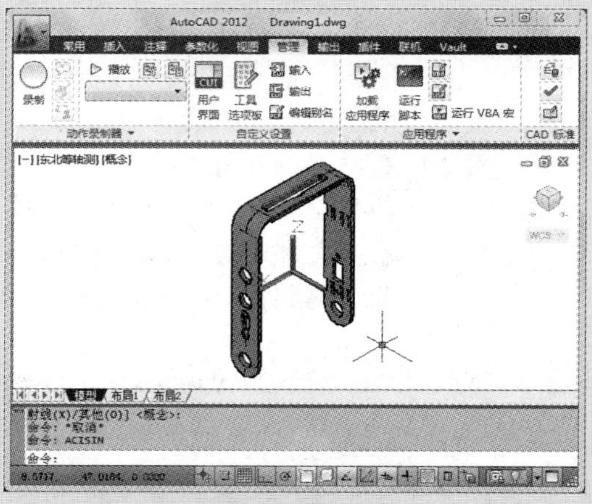

图12-31 AutoCAD打开效果

12.4.2 UG NX

在AutoCAD 2012的图形文件格式中，可以与UG NX进行数据交换的文件格式主要有.dwg和.dxf文件格式。而使用UG NX软件绘制的图形通过导出的方式生成的.dwg和.dxf文件格式的图形文件都可以在AutoCAD 2012软件中打开。如图12-32所示为使用AutoCAD打开UG NX保存为.dxf格式的图形文件，其打开的方法与打开其他的.dwg和.dxf格式文件相同。如图12-33所示为使用UG NX打开AutoCAD保存为.dxf格式的图形文件。

UG NX与Pro/ENGINEER的运用领域非常相近，所以，AutoCAD与UG NX之间的数据交换同样可以使用AutoCAD与Pro/ENGINEER之间进行数据交换的.sat格式进行。除此之外，还可以使用.iges文件格式进行数据交换。

晋级秘诀——UG NX打开AutoCAD文件的注意事项

AutoCAD与UG NX的数据交换通常使用.dxf文件格式进行。使用UG NX软件打开AutoCAD软件绘制的图形需要将图形文件放在UG NX软件安装目录（如D:\Program Files\Siemens\NX 8.0\UGII）下的UGII文件夹中，再使用UG NX软件打开。

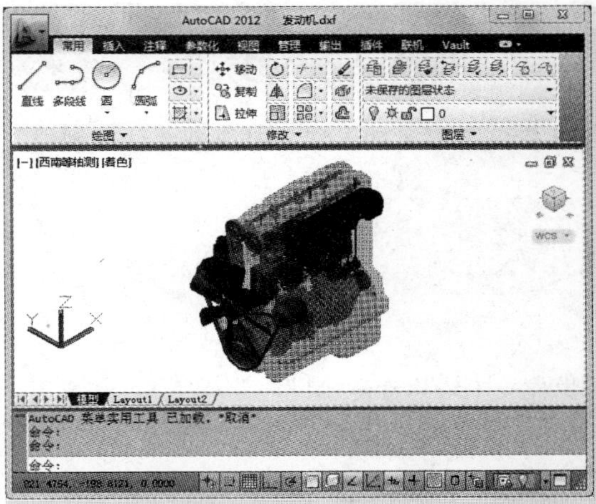

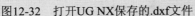

图12-32　打开UG NX保存的.dxf文件

图12-33　打开AutoCAD保存的.dxf文件

12.4.3 Adobe Illustrator

Illustrator是Adobe公司旗下用于绘制矢量图形的软件，AutoCAD虽然普遍应用于建筑和机械领域，但是AutoCAD也是一款矢量图形软件。在AutoCAD与Illustrator进行数据交换时用到的格式主要有.dwg、.dxf以及.eps等格式。

如果使用.dwg和.dxf格式进行数据交换，只需要运用“另存为”和“打开”两个命令即可实现。而使用.eps格式进行数据交换则需要在AutoCAD中使用“输入”命令，并在输入类型中选择.eps相关的选项即可。如图12-34所示为在AutoCAD中将图形输出为.eps格式并在Illustrator中打开的效果。

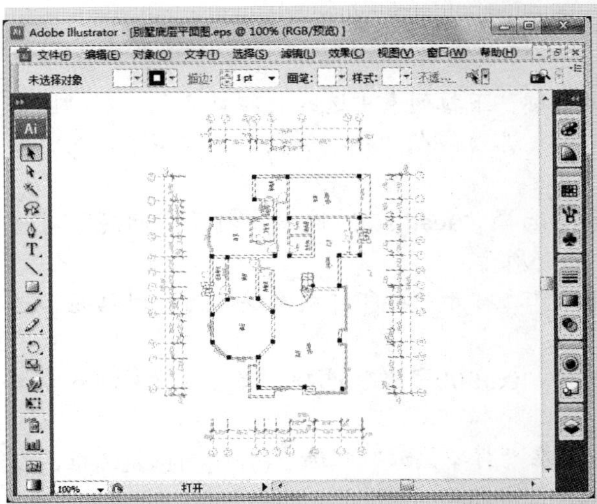

图12-34　打开输出的.eps格式文件

魔法档案——注意事项

AutoCAD可以绘制二维和三维图形，但是Illustrator却是一款二维矢量软件，所以不管是使用Illustrator打开AutoCAD保存的.dwg和.dxf格式，或是输出的.eps格式都只能显示出二维图形，即使在AutoCAD中是三维图形，也会以二维线宽的形式显示。

12.5 典型实例——打印建筑图纸

小魔女：协作的目的是通过数据的交换使绘制图形更加方便，打印却是让绘制的图形在施工时更加方便。

魔法师：不错，就是这么回事，看你对软件之间的协作掌握得这么到位，下面就将如图12-35所示的建筑图纸打印出来吧！看看你对打印的知识到底掌握了多少！

小魔女：不就是一张建筑图纸嘛，我就操作一下给你看看吧！

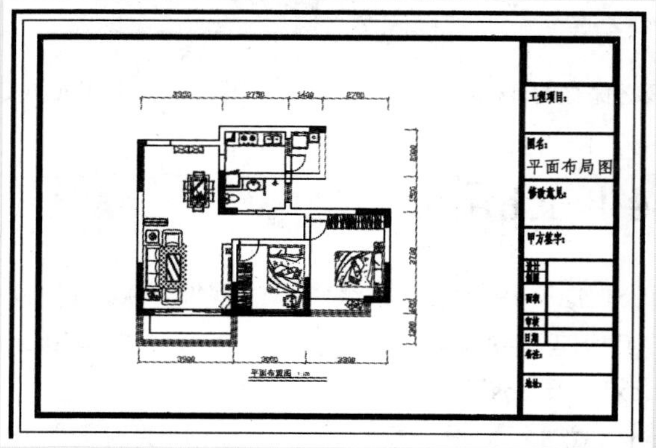

图12-35　建筑图纸

其具体操作如下：

步骤 01 打开“建筑图纸.dwg”图形文件（光盘:\素材\第12章\建筑图纸.dwg），单击“应用程序”按钮，然后选择“打印”命令，打开“打印-模型”对话框。

步骤 02 在“打印机/绘图仪”栏的“名称”下拉列表中选择打印机名称，在“图纸尺寸”下拉列表框中选择“A4”选项。在“打印份数”数值框中输入打印数量为“2”。

步骤 03 在“打印样式表”下拉列表中选择“acad.std”选项，打开“问题”对话框，单击 是(Y) 按钮，如图12-36所示。

步骤 04 然后单击其后的“编辑”按钮，打开“打印样式表编辑器”对话框，选择“表视图”选项卡。

步骤 05 再在“线宽”下拉列表中选择“0.3000毫米”选项。单击 保存并关闭 按钮，如图12-37所示。

步骤 06 返回到“打印-模型”对话框，在“打印偏移”栏选中 居中打印(C) 复选框，在“打印比例”栏中选中 布满图纸(I) 复选框。

步骤 07 在“打印范围”下拉列表框中选择“窗口”选项，返回绘图区中框选需要打印的部分，完成后返回“打印-模型”对话框中单击 预览(P)... 按钮。

步骤08 打开打印预览窗口，在该窗口中预览打印效果，确认无误后，单击“打印”按钮，将图形打印输出。

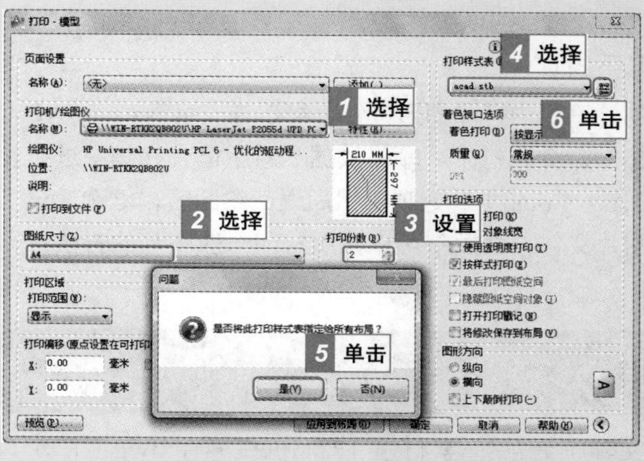

图12-36 设置打印样式表

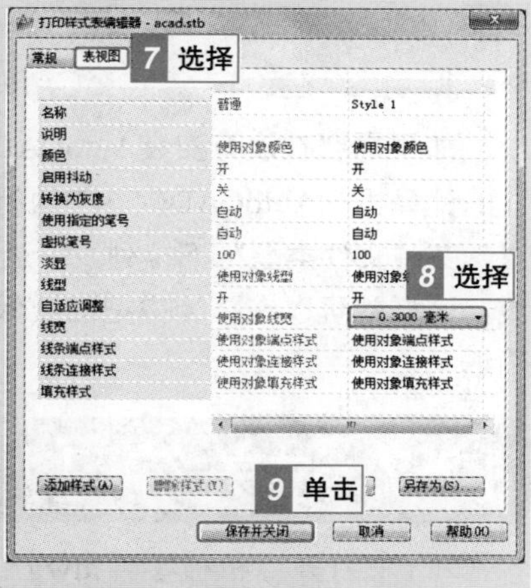

图12-37 设置线宽

12.6 本章小结——图形输出技巧

小魔女：魔法师，虽然图形的打印输出你给我讲解完了，但是我还是觉得打印的操作很麻烦，比如每次打开“打印-模型”对话框都要操作几步才行，如果我在没有安装AutoCAD的计算机中就不能打印了吗？

魔法师：其实你现在想的问题都是我接下来要给你讲的技巧，可要听好了，我现在就来为你排忧解难！

第1招：快速打印文档

在AutoCAD中绘制好图形进行打印时，每次都要通过单击“应用程序”按钮的方式来打开“打印-模型”对话框，显得非常繁琐，此时直接单击“快速访问工具栏”中的按钮、按【Ctrl+P】组合键或在命令行中执行“PLOT”命令等，即可快速打开该对话框。

第2招：在一张图纸上打印多个图形

若类似的图形对象或要打印的多个图形对象尺寸都较小，又没有需要单独输出的要求，可以将多个图形打印到一张图纸上以节省打印纸张，其方法为：在AutoCAD中新建一个图形文件；选择“插入”/“块”组，单击“插入”按钮，打开“插入”对话框，单击 浏览(B)... 按钮；在打开的“选择图形文件”对话框中选择要插入到当前文件中的.dwg格式的图形文件；单击 确定 按钮，将图形以块的方式插入到指定的位置；然后使用相同的方法插入要打印的多个图形，并对图形进行缩放和移动，以调整图形在图纸中的位置和大小。用前面介绍的设置打印参数的方法，以1:1的比例打印图形即可。

第3招：自动选择打印机/绘图仪

在打印图纸时，如果某台打印设备经常使用，可以将其设置为默认输出设备，避免每次打印时都要选择打印设备。设置默认输出设备的具体方法为：在“选项”对话框中，选择“打印和发布”选项卡，并选中◉用作默认输出设备(V)单选按钮，然后在其下的下拉列表框中设置即可。

第4招：在没安装AutoCAD的情况下打印

如果需要在没有安装AutoCAD软件的计算机中打印图形文件，可以在安装有AutoCAD软件的计算机的AutoCAD软件中执行“输出”命令，打开“输出数据”对话框，在其中进行设置，在“文件类型”下拉列表中选择“位图（*.bmp）”选项，然后返回绘图区，框选输出区域。这样就可以在路径中把图纸保存成图片文件，然后就可以按照打印一般图片的方法打印图纸了。

12.7 过关练习

（1）打开“机械零件.dwg”图形文件（光盘：\素材\第12章\机械零件.dwg），对其进行打印设置，使其布满图纸横向并居中打印在A4图纸上，打印样式为acad.std，线宽为0.4000mm，最终的打印预览效果如图12-38所示。

（2）将绘制的图形转换为Pro/ENGINEER软件能打开的.sat格式。

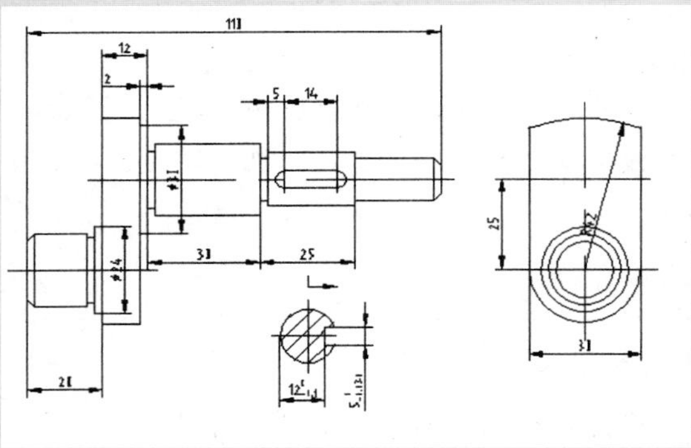

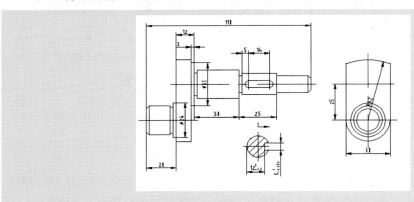

图12-38　打印预览机械零件

Chapter 13

第13章

综合实例

小魔女：学习了这么久，你还没有系统地为我讲解怎么绘制完整的图形呢？

魔法师：呵呵，不要着急，我正打算给你讲呢！

小魔女：真的吗？那你准备给我讲绘制机械图形还是建筑图形呢？

魔法师：放心，我都会给你讲解的，不过你对机械和建筑设计的相关知识一点都不了解，看来我还需要给你讲解一下这方面的基础知识。

小魔女：那太感谢你了，我们这就开始吧！

学习要点：

- 绘制建筑剖面图
- 绘制泵盖零件图与实体模型

13.1 绘制建筑剖面图

魔法师：相信建筑平面图的绘制一定难不倒你，但你绘制过建筑物的剖面图吗？

小魔女：剖面图？我完全不知道该从何开始！

魔法师：那现在就使用AutoCAD的部分命令和工具绘制一套住宅装饰图，希望你能通过本例的学习，对在AutoCAD中进行辅助设计的基本过程有深刻的认识。不过，在绘制图形前，还是先给你讲讲建筑设计的基础知识吧！

13.1.1 建筑设计基础知识

在进行建筑设计之前，必须先了解与建筑设计行业相关的制作标准和规定等。另外，了解建筑设计的步骤能够有效地提高制图效率。

1. 建筑设计制图的图纸尺寸

建筑专业图纸目录参照下列顺序编制：建筑设计说明、室内装饰一览表、建筑构造做法一览表、建筑定位图、平面图、立面图、剖面图、楼梯、部分平面、建筑详图、门窗表和门窗图。图纸图幅采用A0、A1、A2、A3、A4这5种标准，各图纸对应尺寸如表13-1所示。同一项工程的图纸，不宜多于两种幅面。以短边作垂直边的图纸称为横式幅面，以短边作为水平边的称为立式幅面。一般A0～A3图纸宜用横式。图纸的短边不得加长，长边可以加长，但加长的尺寸必须按照国家标准的规定。

表13-1 图纸尺寸对照表

图 纸 种 类	图纸宽度（mm）	图纸高度（mm）
A0	1189	841
A1	841	594
A2	594	420
A3	420	297
A4	297	210

常用图纸比例：1:1、1:2、1:5、1:10、1:20、1:50、1:100、1:200、1:500、1:1000。

其他图纸比例：1:3、1:15、1:25、1:30、1:150、1:250、1:300、1:1500。

2. 建筑设计制图的字体使用

除投标及其他特殊情况外，建筑设计图纸均应使用标准字体，尽量不使用TureType字体，以加快图形的显示。同一图形文件内字体不要超过4种。以下字体为标准字体，将其放置在AutoCAD软件的Fonts目录中即可：Romans.shx（西文花体）、romand.shx（西文花体）、bold.shx（西文黑体）、simplex（西文单线体）、txt.shx（西文单线体）、st64f.shx（汉字宋体）、kt64f.shx（汉字楷体）、fs64f.shx（汉字仿宋）、ht64f.shx（汉字黑体）、hztxt.shx（汉字单线）。

3. 建筑设计制图的线型使用

建筑设计图纸常用线宽标准介绍如下。

- **粗线**：0.50mm、0.55mm、0.60mm。
- **中粗线**：0.25mm、0.35mm、0.40mm。
- **细线**：0.15mm、0.18mm、0.20mm。

在使用AutoCAD绘图时，尽量用色彩（COLOR）控制绘图笔的宽度，少用多段线（PLINE）等有宽度的线，以加快图形的显示，缩小图形文件。

各组件在图纸中的规范介绍如下。

- **轴线**：轴线圆均应以细实线绘制，一般圆的直径为8mm。
- **索引符号**：索引符号的圆及直径均应以细实线绘制，一般圆的直径为10mm。
- **详图**：详图符号以粗实线绘制，一般直径为14mm。
- **引出线**：引出线为水平线，均采用0.25mm细线，文字说明均写于水平线之上。

13.1.2 案例目标

本例主要通过别墅剖面图的绘制来表达别墅内部的结构和构造形式、分层情况以及各部分的联系。在绘制剖面图之前，应先根据别墅底层平面图中所绘制的剖切符号准备剖面图的平面图素，然后绘制其剖切到的设施剖面。本例主要是沿别墅内部的楼梯和室外台阶进行剖切的，剖切到的对象包括墙体、门、台阶、楼梯和栏杆等，完成后的效果如图13-1所示（光盘:\效果\第13章\别墅剖面图.dwg）。

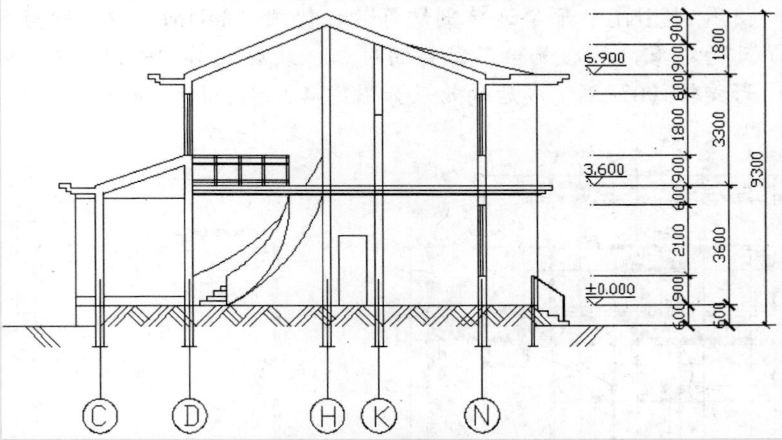

图13-1 最终效果

13.1.3 案例分析

本例所采用的剖切方向是根据别墅底层平面图中所绘制的剖切符号来确定的。在绘制时，可以使用“LINE”命令将剖切符号连接起来，然后将与剖切符号相反方向的图形删除，准备剖面图的平面图素。而绘制的剖面图，其结构较为简单，剖切到的对象主要是墙体，因此只要完成墙体剖面的绘制，基本上就完成了别墅剖面图的绘制。但是在绘制时，仍然需要注意台阶、楼梯和栏杆等设施剖面的绘制方法。在绘制过程中，首先需要将别墅底层平面图调入，并使用“LINE”命令连接剖切符号，然后将与剖切符号相反的图形对象删除，再根据平面图，绘制墙体剖面，并绘制剖切的门窗、楼梯、台阶剖面和其余设施的剖面图，最后标注相关的尺寸，流程如图13-2所示。

图13-2　流程图

13.1.4　绘制过程

在进行别墅剖面图的绘制时，要将别墅内部和外部的空间关系以及室内楼梯、栏杆、台阶和特殊构造反映出来。

1. 准备绘制剖面图的平面图

在绘制剖面图前，应先确定剖切位置和方向，然后根据剖切位置和方向准备出平面图，其具体操作如下：

步骤 01 打开“别墅底层平面图.dwg”图形文件（光盘:\素材\第13章\别墅底层平面图.dwg），如图13-3所示。

步骤 02 使用“LINE”命令连接剖切符号，使用“TRIM”命令修剪与剖切方向相反的对象，然后删除不需要的对象，最后使用“ROTATE”命令将整个图形旋转-90°，完成后的效果如图13-4所示。

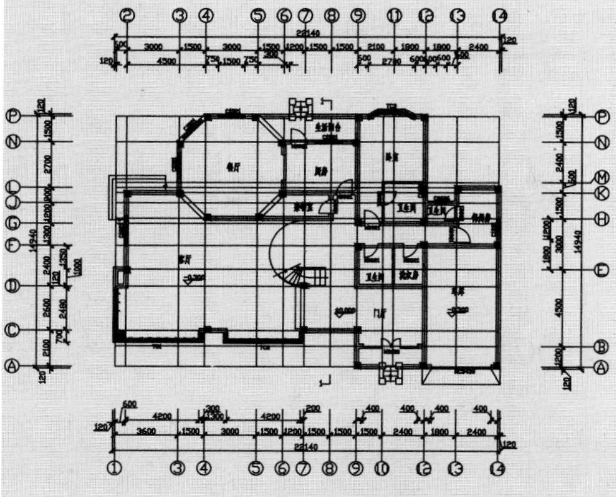

图13-3　别墅底层平面图

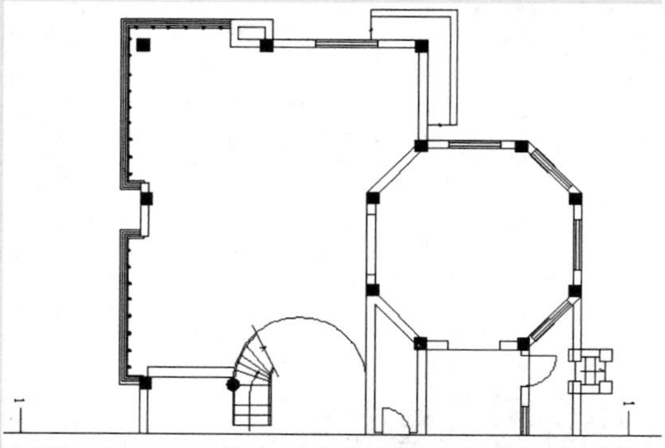

图13-4　绘制剖面图的平面图

2. 绘制墙体剖面

完成剖面图的平面图绘制后，即可开始绘制该建筑剖切到的墙线，其具体操作如下：

步骤 01 使用“LINE”命令在准备好的平面图中绘制剖面墙线，效果如图13-5所示。

步骤 02 使用“XLINE”命令绘制别墅地平线和一层位置线，完成后将地平线修改为粗实线，其命令行及操作如下：

```
命令: XLINE                                                  //执行“XLINE”命令
指定点或 [水平(H)/垂直(V)/角度(A)/二等分(B)/偏移(O)]: H       //选择“水平”选项
指定通过点:                                                  //在剖面墙线中任意拾取一点
指定通过点:                                                  //按【Enter】键结束构造线命令
命令:XLINE                                                   //执行“XLINE”命令
指定点或 [水平(H)/垂直(V)/角度(A)/二等分(B)/偏移(O)]: H       //选择“水平”选项
指定通过点: _from                                            //输入“_from”
基点:                                                        //捕捉上一步所绘构造线与墙线的交点
<偏移>: @0,600                                               //指定偏移坐标
指定通过点:                                                  //按【Enter】键结束构造线命令
```

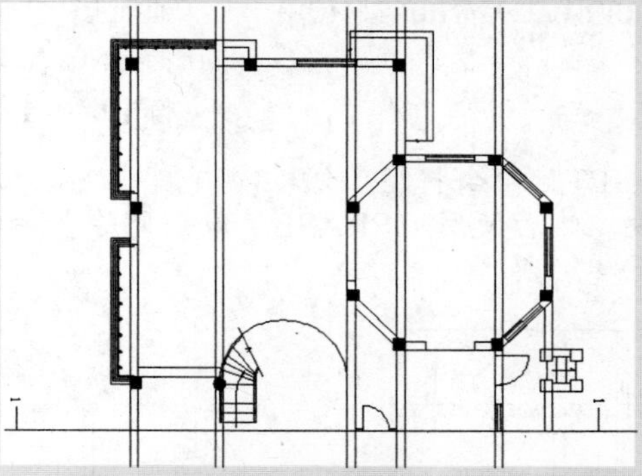

图13-5 绘制剖面墙线

步骤 03 使用OFFSET命令绘制别墅其他层的地板位置线，其命令行及操作如下：

```
命令: OFFSET                                                          //执行“OFFSET”命令
当前设置: 删除源=否 图层=源 OFFSETGAPTYPE=0                            //系统自动显示
指定偏移距离或 [通过(T)/删除(E)/图层(L)] <通过>: 3600                   //指定偏移距离
选择要偏移的对象，或 [退出(E)/放弃(U)] <退出>:                          //选择前面所绘的构造线
指定要偏移的那一侧上的点，或 [退出(E)/多个(M)/放弃(U)] <退出>:          //在该线的下方拾取一点
选择要偏移的对象，或 [退出(E)/放弃(U)] <退出>:                          //按【Enter】键结束偏移命令
命令: OFFSET                                                          //执行“OFFSET”命令
当前设置: 删除源=否 图层=源 OFFSETGAPTYPE=0                            //系统自动显示
指定偏移距离或 [通过(T)/删除(E)/图层(L)] <3600.0000>: 3300              //指定偏移距离
选择要偏移的对象，或 [退出(E)/放弃(U)] <退出>:                          //选择上一步偏移得到的构造线
指定要偏移的那一侧上的点，或 [退出(E)/多个(M)/放弃(U)] <退出>:          //在该线的上方单击
选择要偏移的对象，或 [退出(E)/放弃(U)] <退出>:                          //按【Enter】键结束偏移命令
命令: OFFSET                                                          //执行“OFFSET”命令
当前设置: 删除源=否 图层=源 OFFSETGAPTYPE=0                            //系统自动显示
指定偏移距离或 [通过(T)/删除(E)/图层(L)] <3300.0000>: 1800              //指定偏移距离
```

选择要偏移的对象，或 [退出(E)/放弃(U)] <退出>:	//选择上一步偏移得到的构造线
指定要偏移的那一侧上的点，或 [退出(E)/多个(M)/放弃(U)] <退出>:	//在该线的上方单击
选择要偏移的对象，或 [退出(E)/放弃(U)] <退出>:	//按【Enter】键结束偏移命令

步骤 04 使用“OFFSET”命令，将其他层的地板位置线依次向下偏移150、90和60。

步骤 05 使用“TRIM”和“ERASE”命令，修剪并删除剖面图中的多余墙线。

步骤 06 使用“OFFSET”命令，将H轴的右墙线向左偏移120，完成后的效果如图13-6所示。然后使用“XLINE”命令绘制屋顶，其命令行及操作如下：

命令: XLINE	//执行“XLINE”命令
指定点或 [水平(H)/垂直(V)/角度(A)/二等分(B)/偏移(O)]:	//捕捉上一步偏移所得直线的上端点
指定通过点:	//捕捉D轴左墙线与二层地面的交点
指定通过点:	//按【Enter】键结束构造线命令
命令: XLINE	//执行“XLINE”命令
指定点或 [水平(H)/垂直(V)/角度(A)/二等分(B)/偏移(O)]:	//捕捉上一步偏移所得直线的上端点
指定通过点:	//捕捉N轴右墙线与二层地面的交点
指定通过点:	//按【Enter】键结束构造线命令

步骤 07 使用“OFFSET”命令将屋顶线段向内偏移150，使用“TRIM”命令修剪偏移后的线段，然后使用“ERASE”命令删除多余的线段，完成后的效果如图13-7所示。

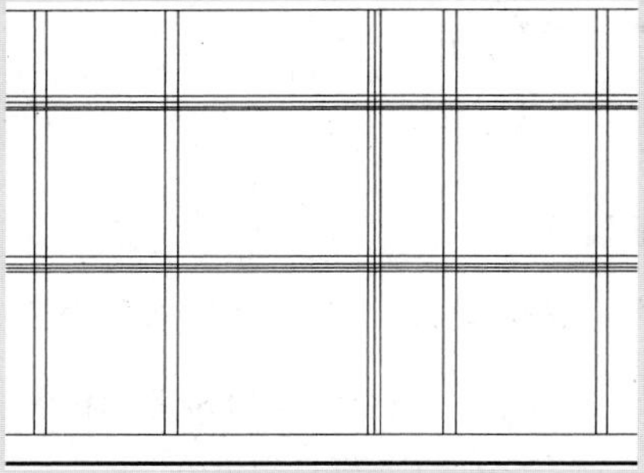

图13-6 偏移墙线

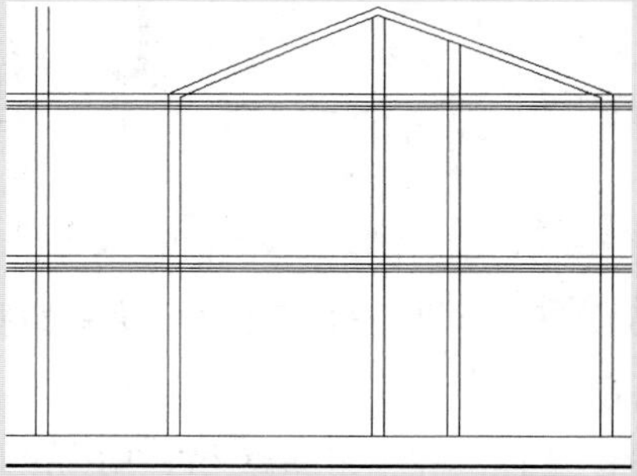

图13-7 绘制屋顶

步骤 08 使用“OFFSET”、“TRIM”和“LINE”命令绘制二层的左侧挑檐，效果如图13-8所示。然后使用相同的方法绘制右边的挑檐和二层的层顶及挑檐，效果如图13-9所示。

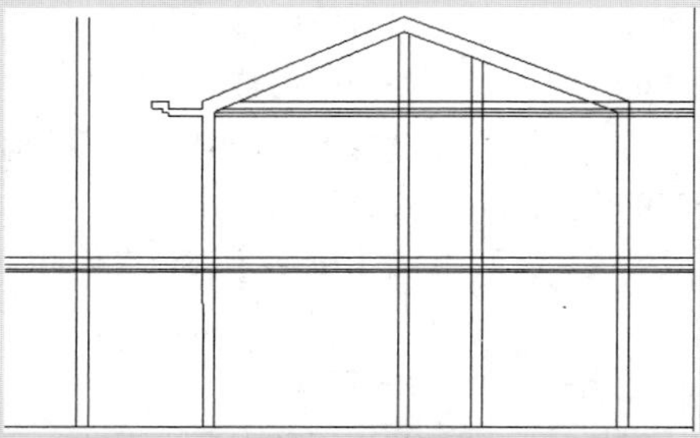

图13-8 绘制二层的左侧挑檐

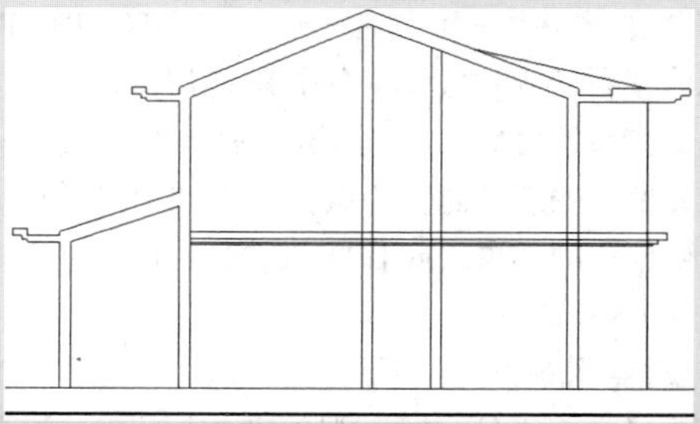

图13-9 绘制右边的层顶和挑檐

3. 绘制门窗剖面

绘制门窗时，首先需要通过平面图来确定门的宽度和窗的高度，然后通过部分修剪完成门窗的绘制，其具体操作如下：

步骤 01 使用“XLINE”命令在门的两端点处绘制两条垂直构造线，确定门的位置，效果如图13-10所示。

步骤 02 使用“OFFSET”命令，将一层地平线向上偏移2100，使用“TRIM”命令修剪多余的线段，完成门的绘制。使用相同的方法绘制K轴墙线上的门，完成后的效果如图13-11所示。

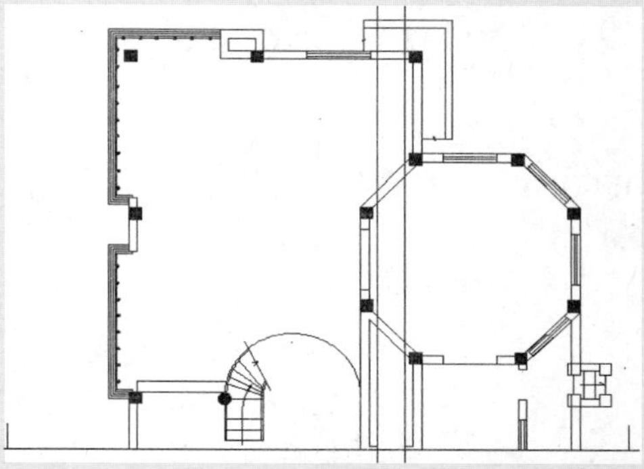

图13-10　确定门的位置

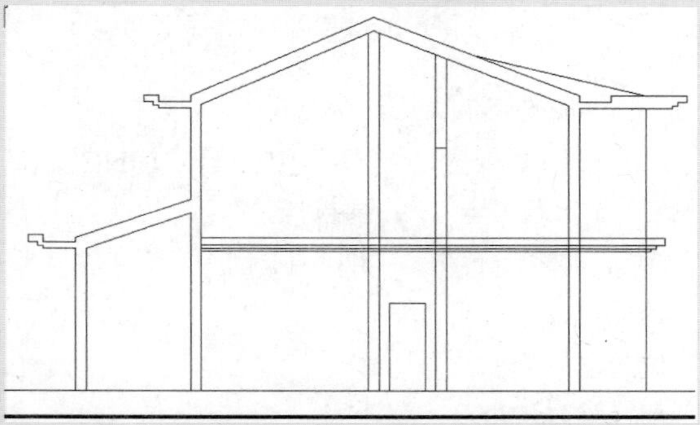

图13-11　绘制K轴墙线上的门

步骤 03 使用“LINE”命令绘制出两个窗，并将其定义成块插入到剖面图中，绘制的两个窗效果和尺寸如图13-12所示。

步骤 04 使用“OFFSET”命令绘制另一个窗，然后使用“TRIM”命令修剪图中的多余线段，完成后的效果如图13-13所示。绘制窗的命令及行操作如下：

```
命令: OFFSET                                                  //执行“OFFSET”命令
当前设置: 删除源=否  图层=源  OFFSETGAPTYPE=0                 //系统自动显示
指定偏移距离或 [通过(T)/删除(E)/图层(L)] <通过>: 580           //指定偏移距离
选择要偏移的对象，或 [退出(E)/放弃(U)] <退出>:                 //选择左外墙线
指定要偏移的那一侧上的点，或 [退出(E)/多个(M)/放弃(U)] <退出>:  //在左外墙线的左边单击
选择要偏移的对象，或 [退出(E)/放弃(U)] <退出>:                 //按【Enter】键结束偏移命令
命令: OFFSET                                                  //执行“OFFSET”命令
当前设置: 删除源=否  图层=源  OFFSETGAPTYPE=0                 //系统自动显示
指定偏移距离或 [通过(T)/删除(E)/图层(L)] <580.0000>: 300       //指定偏移距离
选择要偏移的对象，或 [退出(E)/放弃(U)] <退出>:                 //选择一层地面线
指定要偏移的那一侧上的点，或 [退出(E)/多个(M)/放弃(U)] <退出>:  //在一层地面线的上方单击
选择要偏移的对象，或 [退出(E)/放弃(U)] <退出>:                 //按【Enter】键结束偏移命令
命令: OFFSET                                                  //执行“OFFSET”命令
当前设置: 删除源=否  图层=源  OFFSETGAPTYPE=0                 //系统自动显示
指定偏移距离或 [通过(T)/删除(E)/图层(L)] <300.0000>:2900       //指定偏移距离
选择要偏移的对象，或 [退出(E)/放弃(U)] <退出>:                 //选择上一步偏移的直线
指定要偏移的那一侧上的点，或 [退出(E)/多个(M)/放弃(U)] <退出>:  //在该线的上方单击
```

```
选择要偏移的对象，或 [退出(E)/放弃(U)] <退出>:                    //按【Enter】键结束偏移命令
```

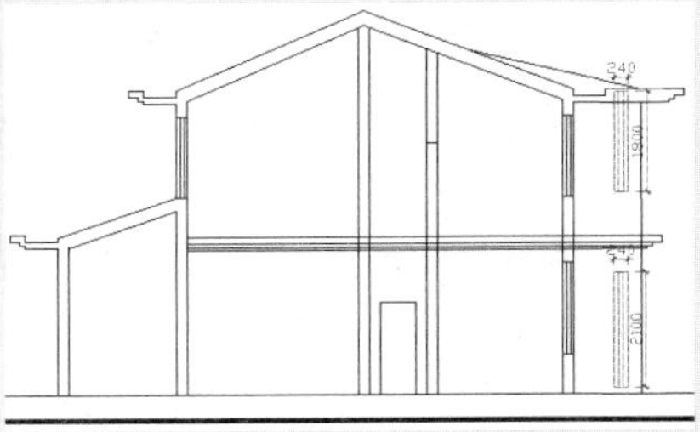

图13-12　绘制门的效果及尺寸

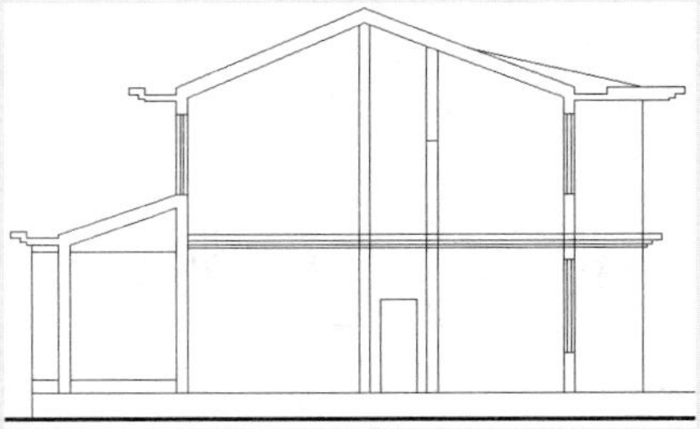

图13-13　绘制窗的最终效果

4. 绘制台阶和楼梯

台阶和楼梯的绘制只需要使用“LINE”和“OFFSET”等命令绘制出后，用图块功能将其插入到墙体中即可，其具体操作如下：

步骤 01 使用“PLINE”命令绘制入口台阶，其命令行及操作如下：

```
命令: PLINE                                                        //执行“PLINE”命令
指定起点:                                                          //指定台阶的起点
当前线宽为 0.0000                                                  //系统提示
指定下一个点或[圆弧(A)/半宽(H)/长度(L)/放弃(U)/宽度(W)]:150          //鼠标垂直向下移，输入距离
指定下一点或[圆弧(A)/闭合(C)/半宽(H)/长度(L)/放弃(U)/宽度(W)]:300    //鼠标水平向右移，输入距离
指定下一点或[圆弧(A)/闭合(C)/半宽(H)/长度(L)/放弃(U)/宽度(W)]:150    //鼠标垂直向下移，输入距离
指定下一点或[圆弧(A)/闭合(C)/半宽(H)/长度(L)/放弃(U)/宽度(W)]:300    //鼠标水平向右移，输入距离
指定下一点或[圆弧(A)/闭合(C)/半宽(H)/长度(L)/放弃(U)/宽度(W)]:150    //鼠标垂直向下移，输入距离
指定下一点或[圆弧(A)/闭合(C)/半宽(H)/长度(L)/放弃(U)/宽度(W)]:300    //鼠标水平向右移，输入距离
指定下一点或[圆弧(A)/闭合(C)/半宽(H)/长度(L)/放弃(U)/宽度(W)]:150    //鼠标垂直向下移，输入距离
指定下一点或[圆弧(A)/闭合(C)/半宽(H)/长度(L)/放弃(U)/宽度(W)]:       //按【Enter】键结束
```

步骤 02 使用“LINE”、“TRIM”和“OFFSET”命令绘制台阶扶手，然后使用“OFFSET”、“ARC”和“TRIM”命令绘制旋转楼梯的扶手，效果如图13-14所示。

步骤 03 使用“OFFSET”、“TRIM”和“LINE”命令绘制旋转楼梯的台阶，然后使用“OFFSET”、“TRIM”和“XLINE”命令绘制二楼栏杆，完成后效果如图13-15所示。

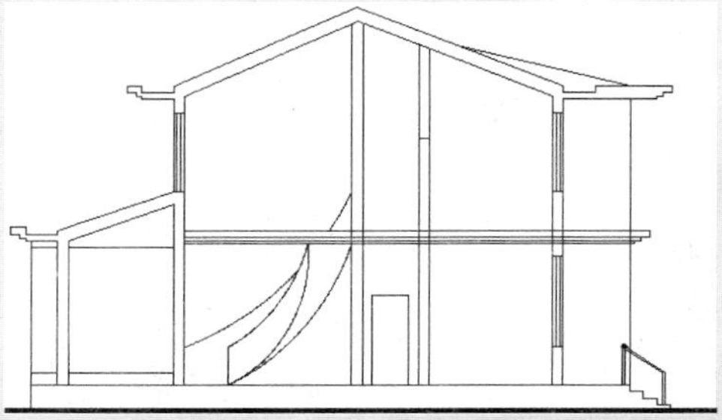

图13-14　绘制台阶和旋转楼梯扶手

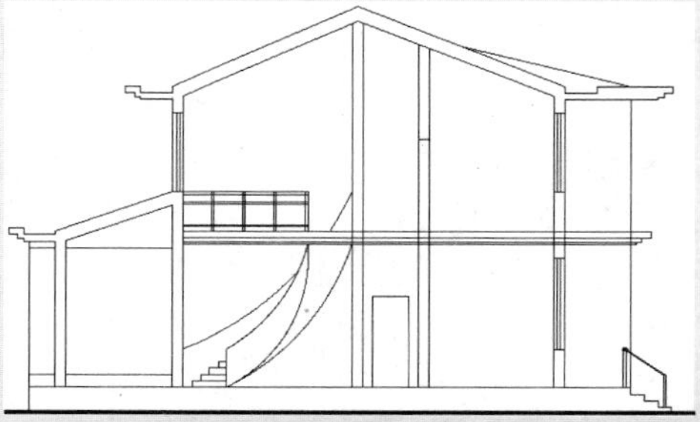

图13-15　绘制楼梯台阶和二楼栏杆

步骤 04 使用"LINE"和"TRIM"命令绘制地面以下的基础层，效果如图13-16所示。

步骤 05 使用尺寸标注命令标注部分设施的尺寸，效果如图13-17所示。

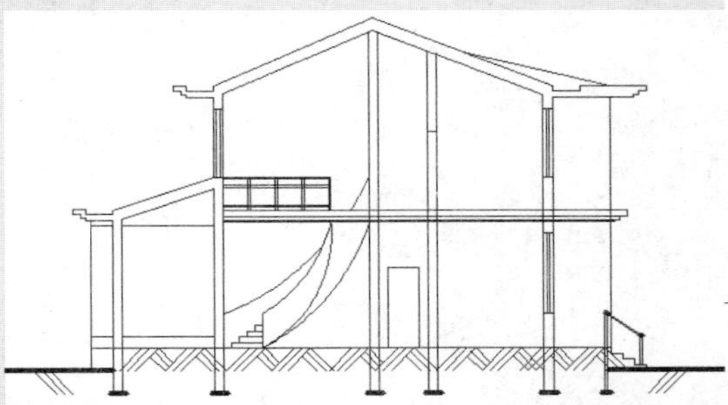

图13-16 绘制基础层

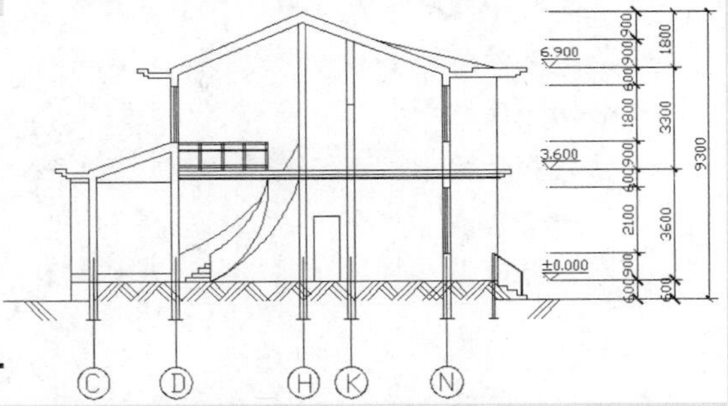

图13-17 标注尺寸

13.2 绘制泵盖零件图与实体模型

魔法师：AutoCAD 2012也常被用来绘制机械零件图，并且常常还需要将绘制的零件图绘制成三维实体模型。下面将综合运用前面所学的多种绘制方法绘制一个机械零件图，然后将其绘制成三维模型。

小魔女：听上去就挺有意思的，那我们赶快开始吧！

13.2.1 机械设计基础知识

在进行机械设计之前，必须先了解机械设计的相关基础知识，如国家相关标准、规定，如何让图表达准确、看图方便等。要在完整、清晰、准确地表达机件各部分形状的前提下，力求制图简便。另外，了解机械设计的步骤能够有效提高初学者的制图效率。

1. 机械设计对线型的要求

为了便于机械工程的CAD制图，可将GB/T 17450中所规定的8种线型分为以下几组，如表13-2所示。

表13-2 机械设计线型对照

图线类型	示例	代码	颜色
粗实线	————————	A	绿色
细实线	————————	B	白色
波浪线	～～～～～～	C	
双折线	—∧∨——∧∨——∧∨—	D	
虚线	－ － － － － － － － － －	F	黄色
细点画线	———— － ————	G	红色
粗点画线	———— － ————	I	棕色
双点画线	———— －－ ————	K	粉色

在绘图过程中，当遇到两个以上不同类型的图线重合时，应遵循相应的优先规则，其具体规则如下：

- 可见轮廓线和棱线（粗实线，A型线）。
- 不可见轮廓线和棱线（虚线，F型线）。
- 剖切平面迹线（细点画线，G型线）。
- 轴线和对称中心线（细点画线，G型线）。
- 假想轮廓线（双点画线，K型线）。
- 尺寸界线和分界线（细实线，B型线）。

2. 机械设计对字体的要求

机械工程的CAD制图所使用的字体应按GB/T 13362.4、GB/T13362.5中的要求，做到字体端正、笔画清楚、排列整齐、间隔均匀，具体要求如下。

- 数字：一般应以斜体输出。
- 小数点：进行输出时，应占一个字位，并位于中间靠下处。
- 字母：一般应以斜体输出。
- 汉字：在输出时应采用国家正式公布和推行的简化字。
- 标点：符号标点应按其含义正确使用，除省略号和破折号占两个字位外，其余均为一个符号占一个字位。

3. 机械设计制图标注的要求

机械工程的CAD制图中所使用的尺寸线的终端形式（箭头）有几种供选用（其具体尺寸比例一般参照GB/T 4458.4中的有关规定），标注的具体规定如下：

- 在图样中一般按实心箭头、开口箭头、空心箭头、斜线的顺序选用。
- 当尺寸线的终端采用斜线时，尺寸线与尺寸界线必须互相垂直。
- 同一张图样中一般只采用一种尺寸线终端形式。当采用箭头标注位置不够时，允许用圆点或斜线代替箭头。
- 当图形中的尺寸以毫米为单位时，不需要标注计量单位，否则必须注明所采用的单位代号或名称，如cm（厘米）、nm（纳米）等。
- 图形的真实大小应以图样上所标注的尺寸数值为依据，与所绘制图形的大小及画图的准确性无关。

4. 机械制图中包含的内容

机械制图主要包括零件图和装配图，其中零件图是表达单个零件形状、大小和特征的图样，也是在制造和检验机器零件时所用的图样，在绘制零件图时主要包括如下内容。

- 机械图形：用基本视图和剖视图等表达手法，完整、清晰地表达零件各个部分的形状、结构、位置和大小。
- 尺寸：标注制造和检验零件时的全部尺寸。
- 技术要求：用文字或符号标明零件在制造、检验和装配时应达到的具体要求。
- 标题栏：由名称、签字区、更改区和其他区组成。

装配图是表达机器或部件的图样，主要表达其工作原理和装配关系。在绘制装配图时主要包括如下内容。

- **机械图形**：用基本视图完整、清晰地表达机器或部件的工作原理，各零件间的装配关系和主要零件的基本结构。
- **几何尺寸**：包括表示机器或部件规格、性能以及与装配、安装的相关尺寸。
- **技术要求**：用文字或符号标明机器或部件的性能、装配和调整要求，试验和验收条件及使用要求等。
- **明细栏**：标明序号所指定的具体内容。
- **标题栏**：由名称、签字区和其他区组成。

13.2.2 案例目标

本例主要通过最基本的绘制与编辑命令绘制出如图13-18所示的零件图（光盘:\效果\第13章\泵盖零件图.dwg）。

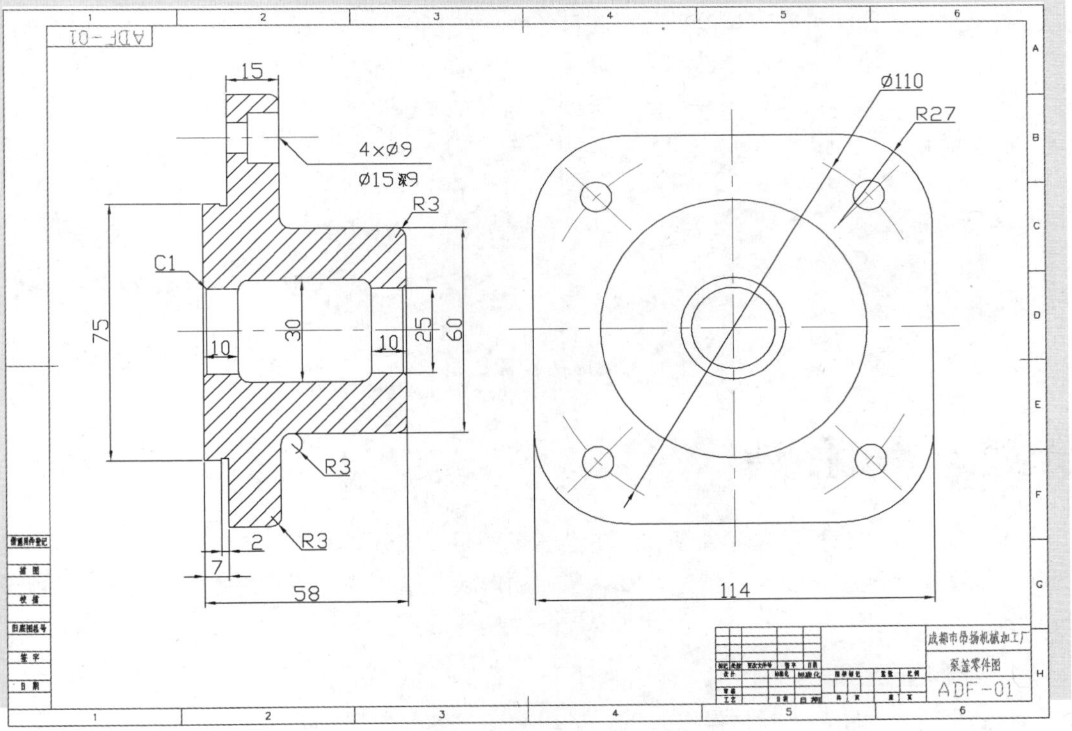

图13-18　泵盖零件图

然后在AutoCAD的三维建模空间中绘制出该零件的实体模型，如图13-19所示（光盘:\效果\第13章\泵盖实体模型.dwg）。通过本实例的绘制，可掌握零件图和实体模型图形的绘制方法，巩固本书所学内容。

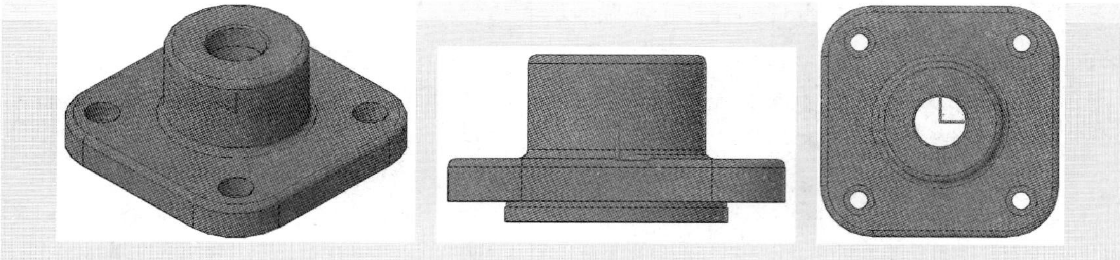

图13-19　泵盖实体模型

13.2.3 案例分析

在绘制该图形时，主要需要先确定图形的定位、主视图、左视图的绘制，以及实体模型的绘制等。在绘制图形的过程中，主视图一般用于表现轴向内部结构且所绘制图形为对称图形，绘制时可以先绘制一半，然后使用镜像命令完成另一半的绘制，再在此基础上使用旋转剖视图的绘制方法完成绘制。在绘制泵盖左视图时，可以参照主视图进行绘制，注意“长对正、高平齐”的绘图规则。可以先使用偏移等命令绘制图形的作图辅助线，然后在此基础上完成左视图的绘制。而实体模型是根据零件图的造型、尺寸进行绘制的模拟实体图形，绘制该图形时，可以先使用圆柱体等实体命令，并结合布尔运算等命令，完成泵盖实体轮廓的绘制，最后完成轴孔、螺孔的绘制，如图13-20所示。

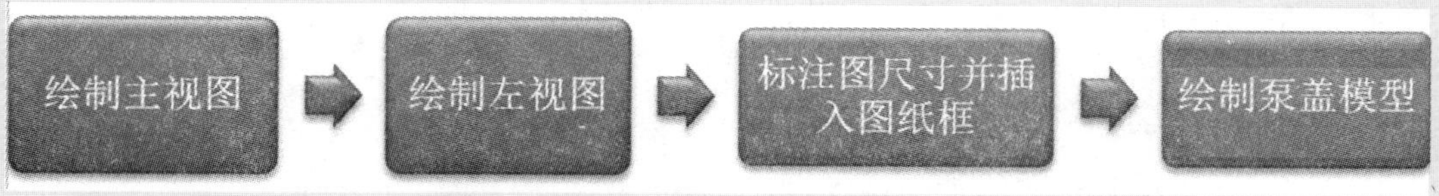

图13-20　流程图

13.2.4 绘制过程

本实例的绘制包括泵盖零件图和泵盖实体模型两个部分，而泵盖零件图只需要使用主视图和左视图两个视图，便可以清楚地表达零件的形状、结构等，下面将根据案例分析开始进行绘制。

1. 绘制主视图

绘制泵盖主视图，其具体操作如下：

步骤 01 使用“XLINE”命令，绘制水平及垂直中心线。然后使用“LINE”命令，以辅助线的交点为起点，绘制泵盖下端的基本轮廓，如图13-21所示。

步骤 02 使用“LINE”命令和“OFFSET”命令，绘制直线并将最左端的线段分别向右偏移10、48，如图13-22所示。

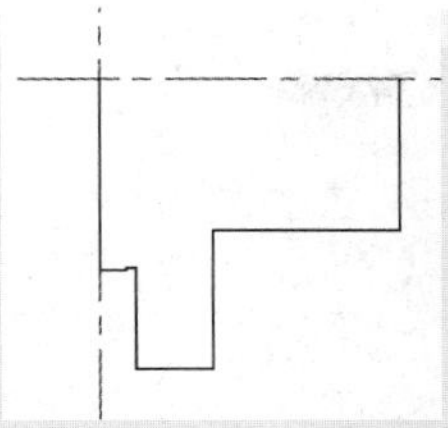

图13-21　绘制主视图下半部轮廓

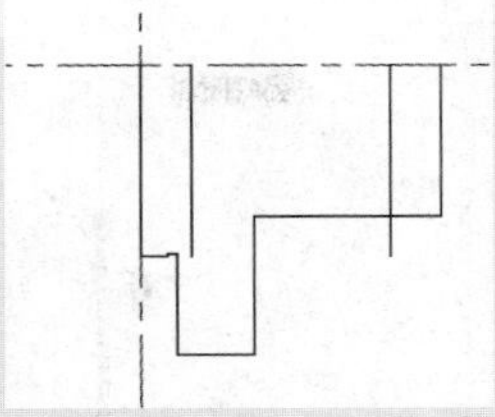

图13-22　偏移线段

步骤 03　再次使用“OFFSET”命令，将水平中心线向下分别偏移12.5、15，然后使用“TRIM”命令修剪多余的线段，完成后的效果如图13-23所示。

步骤 04　使用“FILLET”命令，设置圆角半径为3，对绘制的图形进行圆角操作，完成后的效果如图13-24所示。

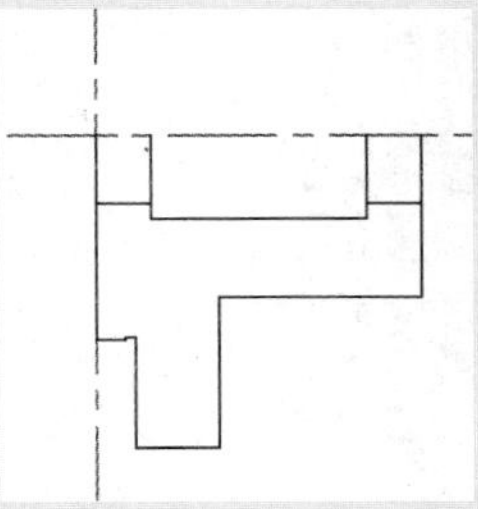

图13-23　修剪多余线段

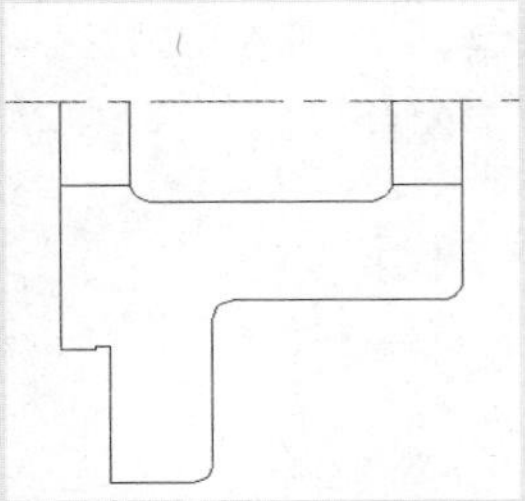

图13-24　对图形进行圆角操作

步骤 05　使用“CHAMFER”命令，设置倒角参数为1 × 45°，对绘制的轮廓线左右进行倒角操作，完成后再使用“LINE”命令，将倒角的部分使用直线连接至水平中心线，效果如图13-25所示。

步骤 06　使用“MIRROR”命令，以水平中心线为镜像轴，将绘制的图形对象向上进行镜像，如图13-26所示。

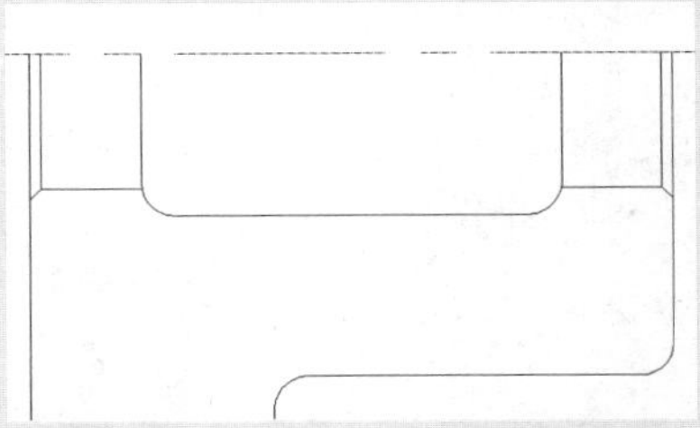

图13-25　绘制并连接倒角部分

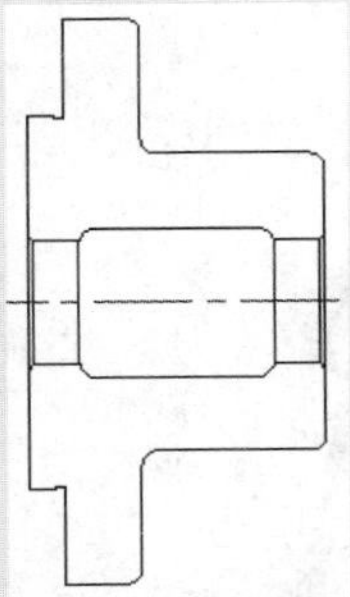

图13-26　镜像效果

步骤 07　使用“OFFSET”命令，将水平中心线向上偏移70，再将镜像后图形最上方的线段向上和向下分别偏移7.5、4.5，然后将与先前偏移线段垂直的线段向右偏移9，如图13-27所示。

步骤 08　使用“EXTEND”命令，对偏移得到的线条进行延伸，效果如图13-28所示。

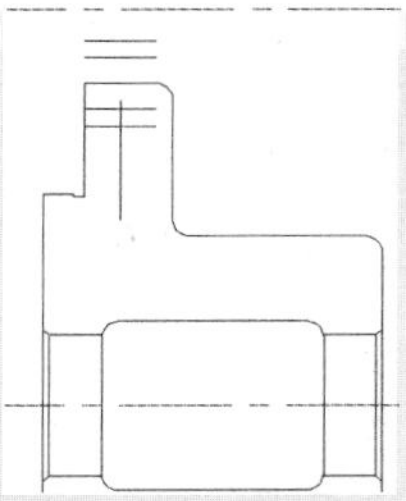

图13-27　偏移线段

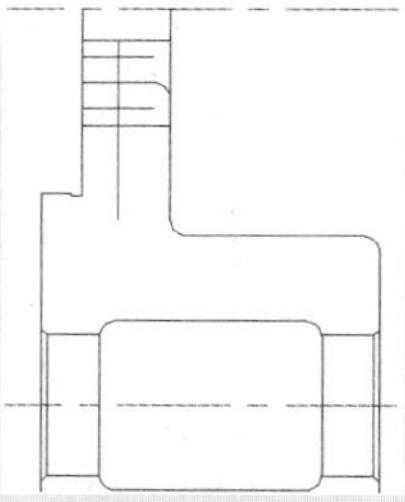

图13-28　延伸线段

步骤 09 使用“TRIM”命令对图形进行修剪操作，然后使用“ERASE”命令删除图形中多余的线段。

步骤 10 使用“FILLET”命令，将圆角半径设置为2，然后绘制过渡圆角，如图13-29所示。

步骤 11 使用“HATCH”命令，对泵盖的剖面部分进行填充，填充图案为“ANSI31”，线型比例为1.5，完成主视图的绘制，如图13-30所示。

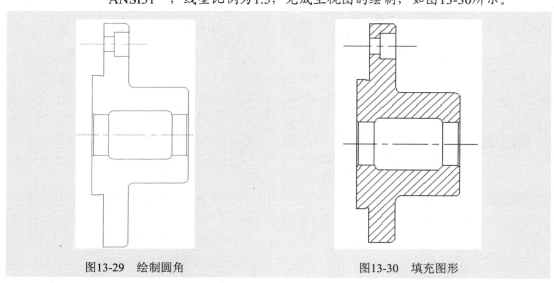

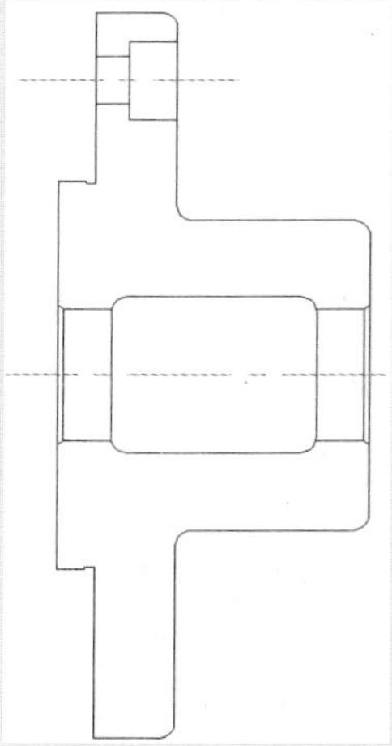

图13-29　绘制圆角

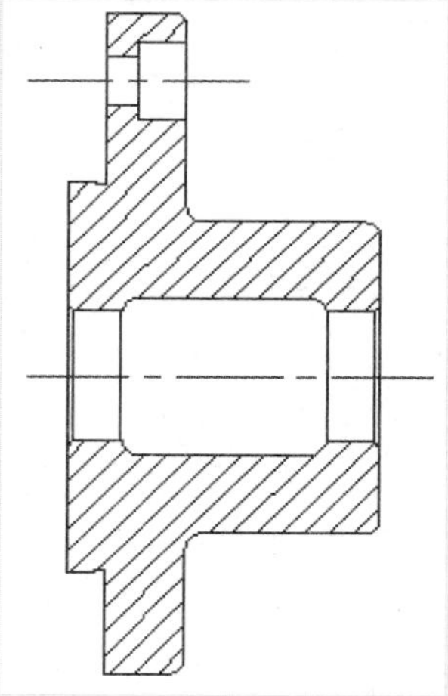

图13-30　填充图形

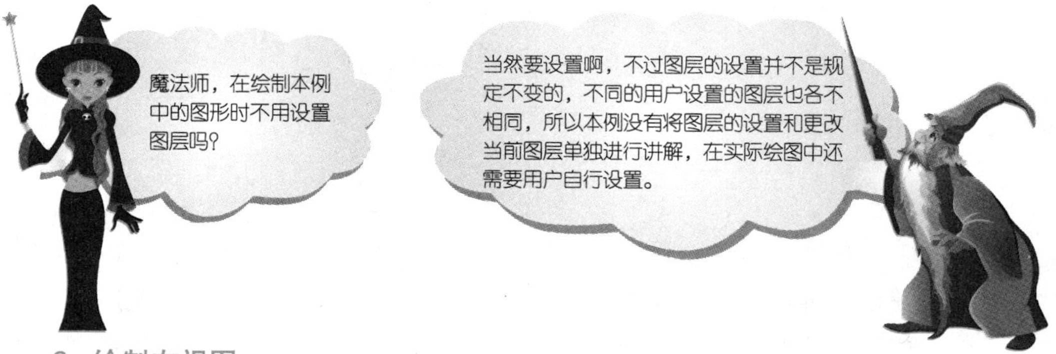

魔法师，在绘制本例中的图形时不用设置图层吗?
当然要设置啊，不过图层的设置并不是规定不变的，不同的用户设置的图层也各不相同，所以本例没有将图层的设置和更改当前图层单独进行讲解，在实际绘图中还需要用户自行设置。

2．绘制左视图

左视图需要根据主视图进行绘制才能达到“长对正、高平齐”的绘图要求，其具体操作如下：

步骤 01 使用“XLINE”命令，绘制左视图水平中心线和垂直中心线。然后使用“CIRCLE”命令，绘制半径分别为12、15、38、55的同心圆，圆心为水平和垂直中心线的交点，如图13-31所示。

步骤 02 使用“OFFSET”命令，将水平中心线和垂直中心线分别向上、下、左和右偏移57，如图13-32所示。

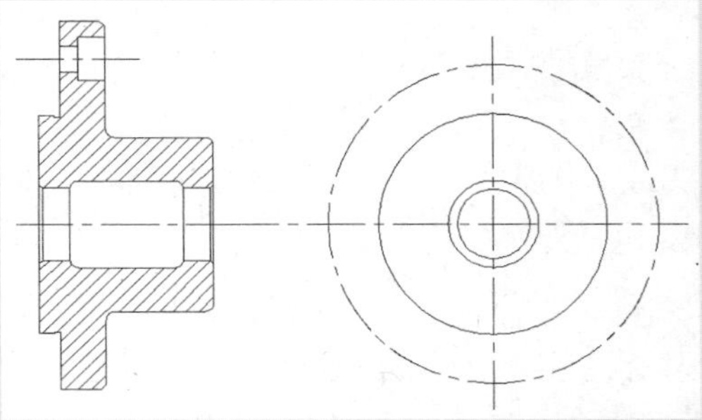

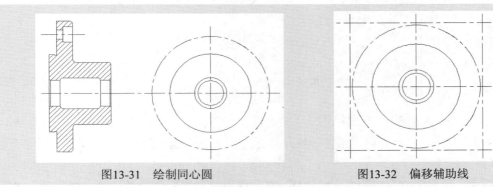

图13-31　绘制同心圆

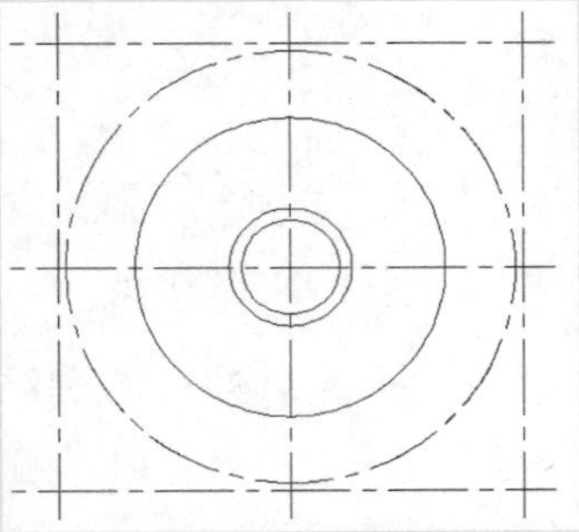

图13-32　偏移辅助线

步骤 03 使用“TRIM”命令对偏移的线段的多余部分进行修剪，然后使用“FILLET”命令将修剪的4个角进行圆角操作，圆角半径为27，效果如图13-33所示。

步骤 04 在状态栏中的辅助功能按钮上单击鼠标右键，在弹出的快捷菜单中选择“设置”命令。

步骤 05 在打开的“草图设置”对话框中，选择“极轴追踪”选项卡，选中 ☑启用极轴追踪 (F10)(P) 复选框，在“极轴角设置”栏的“增量角”下拉列表框中选择“45”选项，将角度捕捉设为45°，如图13-34所示，单击 确定 按钮。

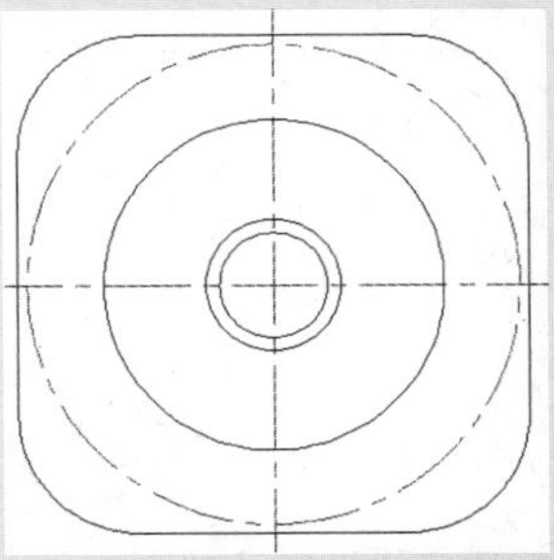

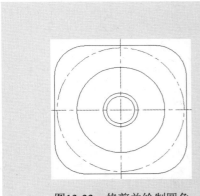

图13-33　修剪并绘制圆角

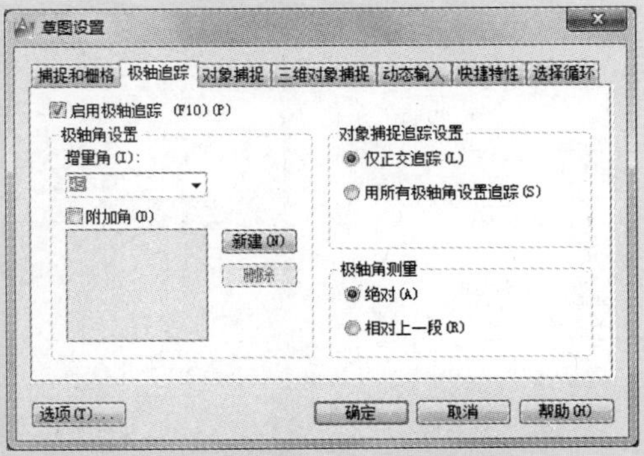

图13-34　设置极轴追踪

步骤 06 使用“LINE”命令，绘制如图13-35所示的辅助线，然后使用“CIRCLE”命令，绘制半径为4.5的圆。

步骤 07 使用“MIRROR”命令，对绘制的轴孔进行镜像，然后使用“TRIM”命令，对多余辅助线进行修剪处理，效果如图13-36所示。

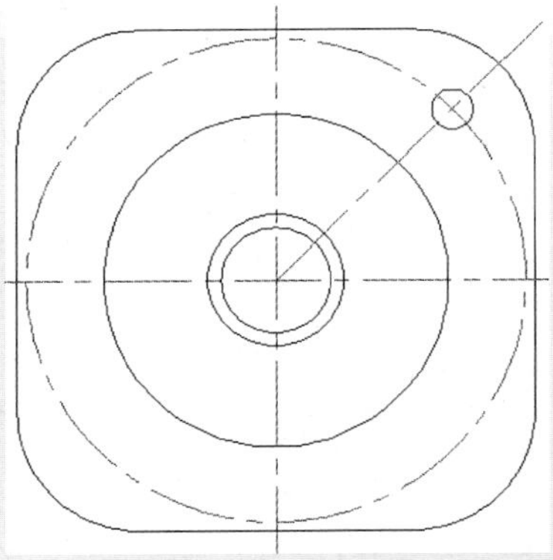

图13-35　绘制轴孔

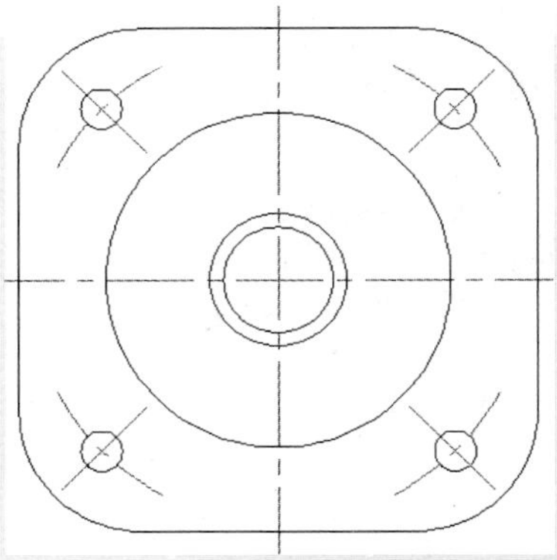

图13-36　修剪图形效果

3. 标注图形尺寸并插入图纸框

图形绘制完成后，就可以对图形进行尺寸标注了，最后将图纸框插入到图形中即可完成绘制，其具体操作如下：

步骤 01　使用“DIMLINEAR”命令，在主视图中指定零件图的左边直线为第一个尺寸界线，然后指定图形右边的直线为第二个尺寸界线，标注出零件的高度尺寸，如图13-37所示。

步骤 02　使用相同的方法，利用“DIMLINEAR”命令标注出图形中所有的线性尺寸，如图13-38所示。

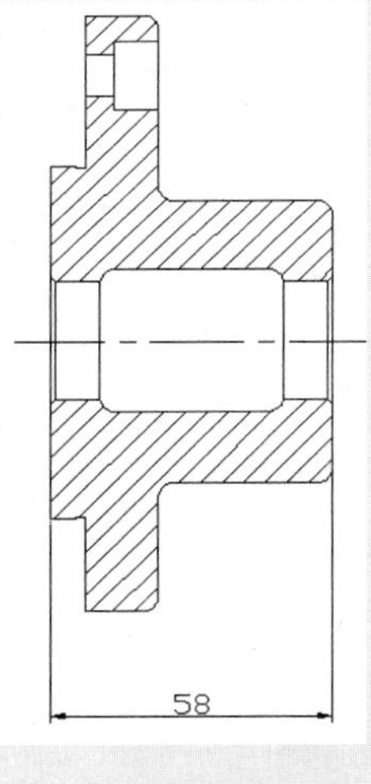

图13-37　标注线性尺寸

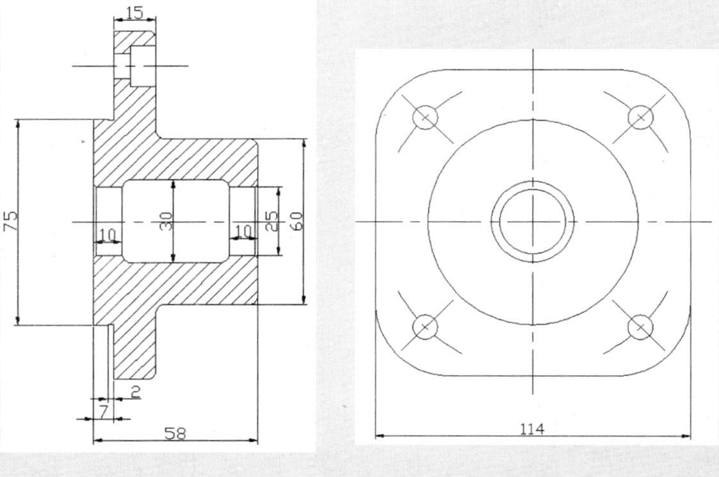

图13-38　标注主视图所有线性尺寸

步骤 03　使用“DIMRADIUS”命令，在主视图和左视图中标注出所有的半径尺寸，然后使用“DIMDIAMETER”命令在左视图中标注出直径尺寸，效果如图13-39所示。

步骤 04　使用“COPYCLIP”命令，对主视图进行引线标注，完成后的效果如图13-40所示。

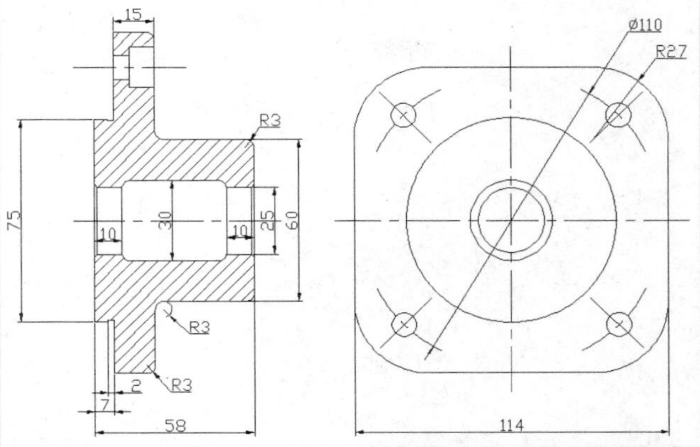

图13-39　标注直径和半径尺寸

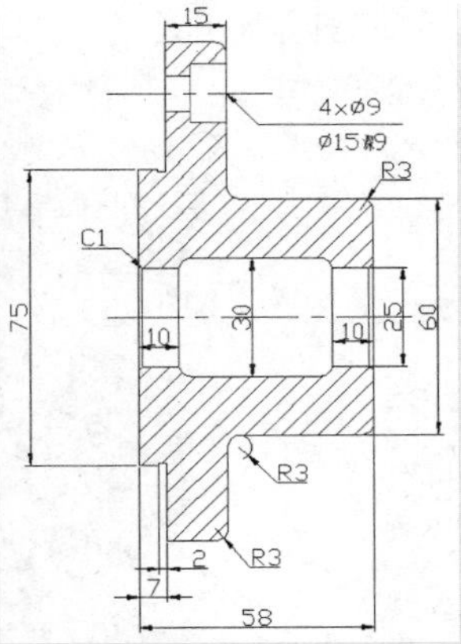

图13-40　引线标注效果

步骤 05 选择“插入”/“块”组，单击“插入”按钮，在打开的“插入”对话框中单击浏览(B)...按钮，在打开的“选择图形文件”对话框中找到并插入“图框.dwg”文件（光盘:\素材\第13章\图框.dwg），如图13-41所示。

步骤 06 使用“MTEXT”命令在图框的标题栏中分别输入相应的信息，如图13-42所示。

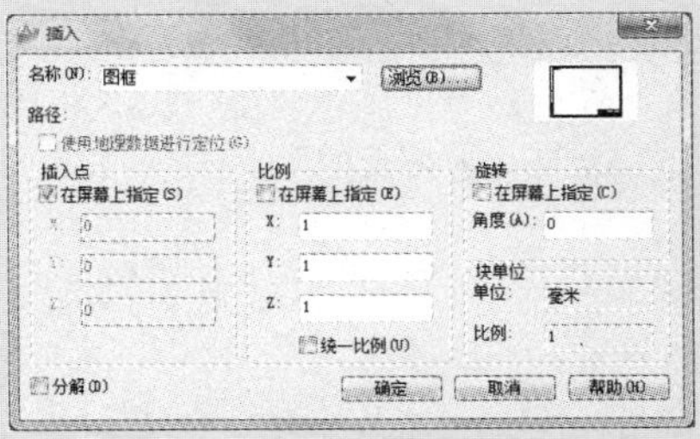

图13-41　“插入”对话框

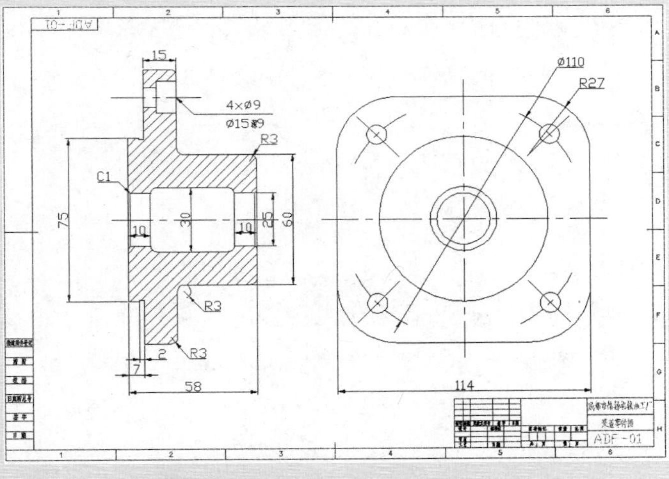

图13-42　插入图框并输入文字效果

4. 绘制泵盖模型

在完成零件图之后，便可在此基础上绘制泵盖实体模型了，其具体操作如下：

步骤 01 新建一个空白图形文件，然后将工作空间更改为“三维建模”。

步骤 02 使用“CYLINDER”命令，以坐标原点为圆心，绘制直径为75、高为5的圆柱体，如图13-43所示。

步骤 03 再次使用“CYLINDER”命令，以上一步绘制的圆柱体顶面中心为圆心，绘制直径为74、高为2的圆柱体，如图13-44所示，其命令行及操作如下：

```
命令: CYLINDER                                                      //执行“CYLINDER”命令
指定底面的中心点或 [三点(3P)/两点(2P)/相切、相切、半径(T)/椭圆(E)]:0,0,5   //指定底面的中心点
指定底面半径或 [直径(D)] <37.5000>:37                                 //指定圆柱体底面半径
指定高度或 [两点(2P)/轴端点(A)] <5.0000>:2                            //指定圆柱体高度
```

图13-43　绘制直径为75的圆柱体

图13-44　绘制直径为74的圆柱体

步骤 04　使用“UCS”命令建立新的用户坐标系，其命令行及操作如下：

```
命令: UCS                                                  //执行“UCS”命令
当前 UCS 名称: *世界*                                       //系统自动显示
指定 UCS 的原点或 [面(F)/命名(NA)/对象(OB)/上一个(P)/视图(V)/世
界(W)/X/Y/Z/Z 轴(ZA)]:@0,0,7                                //指定新坐标原点
指定 X 轴上的点或 <接受>:                                    //按【Enter】键结束命令
```

步骤 05　使用绘制长方体命令，绘制长度和宽度为114，高为15的长方体，其命令行及操作如下：

```
命令: BOX                                                  //执行“BOX”命令
指定第一个角点或 [中心(C)]: -57,-57,0                        //指定长方体角点
指定其他角点或 [立方体(C)/长度(L)]: l                        //选择“长度”选项
指定长度 <30.0000>: 114                                     //指定长方体长度
指定宽度 <10.0000>: 114                                     //指定长方体宽度
指定高度或 [两点(2P)] <30.000>: 15                           //指定长方体高度
```

步骤 06　使用绘制圆柱体命令，绘制直径为60、高为51的圆柱体，如图13-45所示，其命令行及操作如下：

```
命令: CYLINDER                                              //执行“CYLINDER”命令
指定底面的中心点或 [三点(3P)/两点(2P)/相切、相切、半径(T)/椭圆
(E)]:0,0,0                                                  //指定底面的中心点
指定底面半径或 [直径(D)] <37.5000>:30                         //指定圆柱体底面半径
指定高度或 [两点(2P)/轴端点(A)] <3.0000>: 51                  //指定圆柱体高度
```

步骤 07　使用并集运算命令对所有实体进行并集运算，使用“UCS”命令，选择“世界”选项，将当前的坐标系恢复到世界坐标系。

步骤 08　使用绘制圆柱体命令，绘制直径为25、高为58的圆柱体，并使用差集运算命令，对轴孔进行差集处理，如图13-46所示。

图13-45　绘制长方体与圆柱体

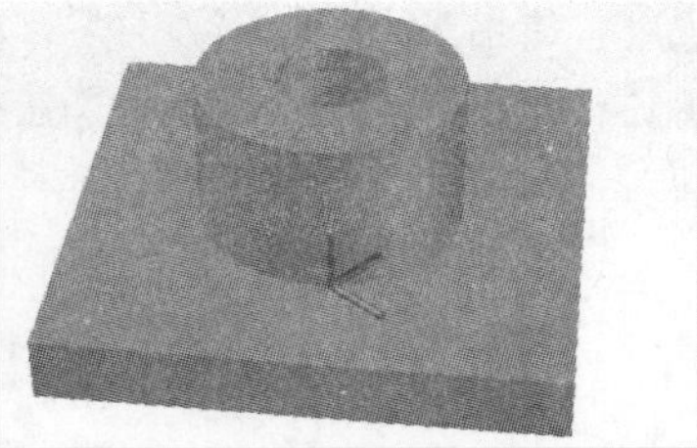

图13-46　绘制轴孔

步骤 09 使用“UCS”命令，将当前的坐标系进行移动，建立新的用户坐标系，其命令行及操作如下：

命令: UCS	//执行“UCS”命令
当前 UCS 名称: *世界*	//系统自动显示
指定 UCS 的原点或 [面(F)/命名(NA)/对象(OB)/上一个(P)/视图(V)/世界(W)/X/Y/Z/Z 轴(ZA)]:0,0,10	//指定新坐标原点
指定 X 轴上的点或 <接受>:	//按【Enter】键结束命令

步骤 10 使用圆柱体命令，绘制直径为30、高为38的圆柱体，其命令行及操作如下：

命令: CYLINDER	//执行“CYLINDER”命令
指定底面的中心点或 [三点(3P)/两点(2P)/相切、相切、半径(T)/椭圆(E)]:0,0,0	//指定底面的中心点
指定底面半径或 [直径(D)] <12.5000>:15	//指定圆柱体底面半径
指定高度或 [两点(2P)/轴端点(A)] <50.0000>: 38	//指定圆柱体高度

步骤 11 使用差集运算命令，对直径为30的圆柱体进行差集处理，如图13-47所示。

步骤 12 使用“UCS”命令，选择“世界”选项，将绘图坐标系返回到世界坐标系。然后使用“UCS”命令，对当前的坐标系进行移动，建立新的用户坐标系，其命令行及操作如下：

命令: UCS	//执行“UCS”命令
当前 UCS 名称: *世界*	//系统自动显示
指定 UCS 的原点或 [面(F)/命名(NA)/对象(OB)/上一个(P)/视图(V)/世界(W)/X/Y/Z/Z 轴(ZA)]:0,0,22	//指定新坐标原点
指定 X 轴上的点或 <接受>:	//按【Enter】键结束命令

步骤 13 使用直线、圆命令，绘制辅助线，如图13-48所示。

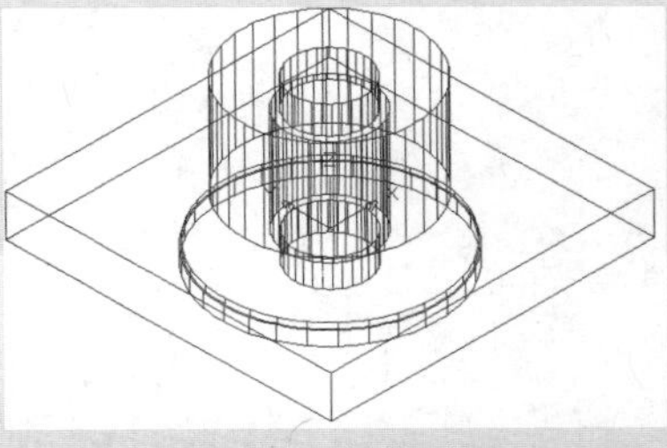

图13-47　差集处理

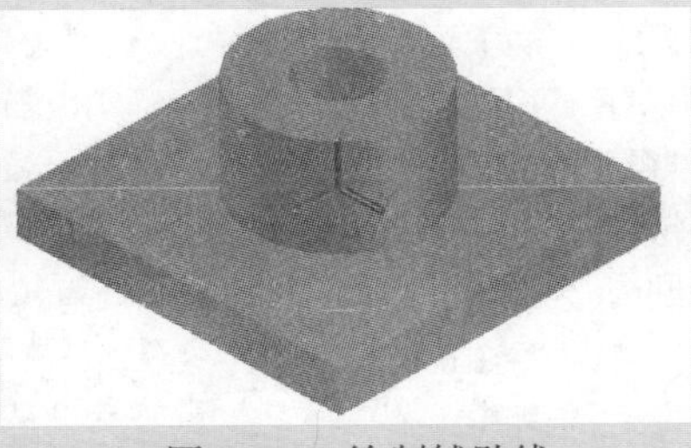

图13-48　绘制辅助线

步骤 14 使用圆柱体命令，绘制直径为15、高度为9的圆柱体，如图13-49所示。

步骤 15 使用圆柱体命令，以直径为15的圆柱体的顶面圆心为中心点，绘制直径为9、高度为15的圆柱体，如图13-50所示，其命令行及操作如下：

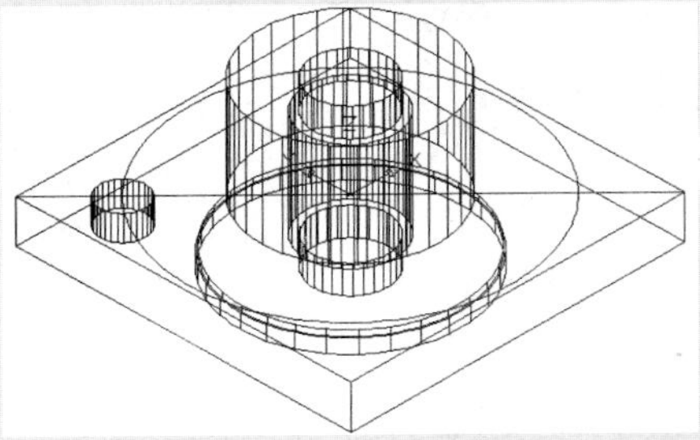

图13-49　绘制直径为15的圆柱体

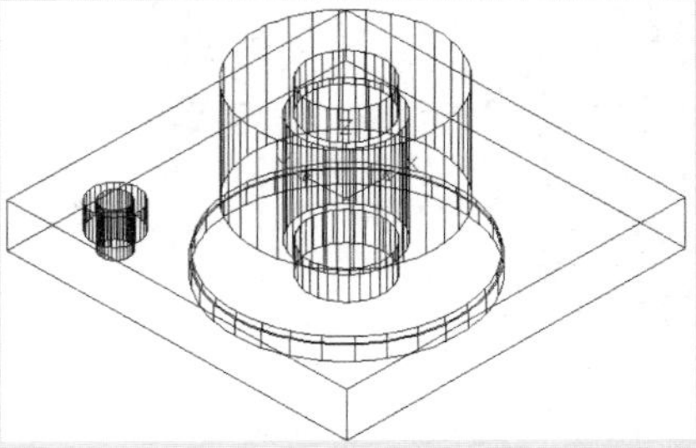

图13-50　绘制直径为9的圆柱体

```
命令: CYLINDER                                                    //执行"CYLINDER"命令
指定底面的中心点或 [三点(3P)/两点(2P)/相切、相切、半径(T)/
椭圆(E)]:                                                         //捕捉直径为15的圆柱体顶面圆心
指定底面半径或 [直径(D)] <12.5000>:4.5                            //指定圆柱体底面半径
指定高度或 [两点(2P)/轴端点(A)] <50.0000>: -15                     //指定圆柱体高度
```

步骤 16 使用三维阵列命令，将绘制的两个圆柱体进行三维阵列复制，其命令行及操作如下：

```
命令: 3DARRAY                                          //执行"3DARRAY"命令
选择对象:                                              //选择两个圆柱体
选择对象:                                              //确定对象的选择
输入阵列类型 [矩形(R)/环形(P)] <矩形>:p                 //选择"环形"选项
输入阵列中的项目数目: 4                                 //指定阵列项目数
指定要填充的角度 (+=逆时针, -=顺时针) <360>:            //指定填充角度
旋转阵列对象？ [是(Y)/否(N)] <Y>:                       //阵列时旋转对象
指定阵列的中心点: 0,0,0                                 //指定阵列的中心点
指定旋转轴上的第二点: 0,0,10                            //指定第二点
```

步骤 17 使用差集运算命令，对轴孔进行差集运算。然后使用圆角命令，对差集运算后的实体进行圆角处理，如图13-51所示，其命令行及操作如下：

```
命令:FILLET                                                        //执行"FILLET"命令
当前设置: 模式 = 修剪，半径 = 0.0000
选择第一个对象或 [放弃(U)/多段线(P)/半径(R)/修剪(T)/多个(M)]:      //选择长方体竖边
输入圆角半径 <0.0000>:27                                           //指定圆角半径
选择边或 [链(C)/半径(R)]:                                          //选择其余的竖边
选择边或 [链(C)/半径(R)]:                                          ……
选择边或 [链(C)/半径(R)]:                                          ……
选择边或 [链(C)/半径(R)]:                                          //按【Enter】键结束圆角命令
```

步骤 18 再次使用圆角命令，对实体进行圆角处理，其圆角半径为3，然后使用倒角命令，对实体的孔进行倒角处理，倒角参数为1 × 45°，如图13-52所示。

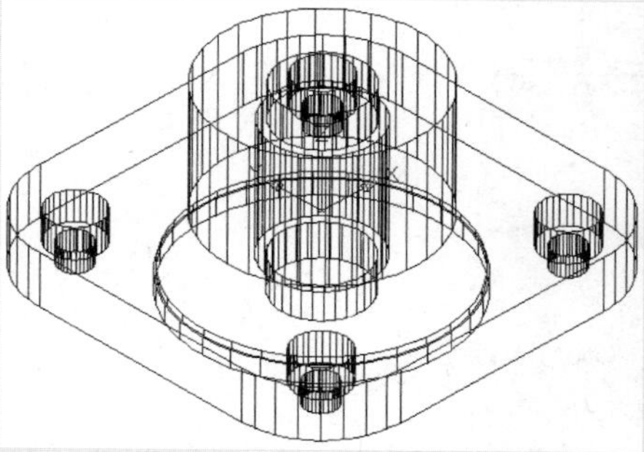

图13-51　圆角处理

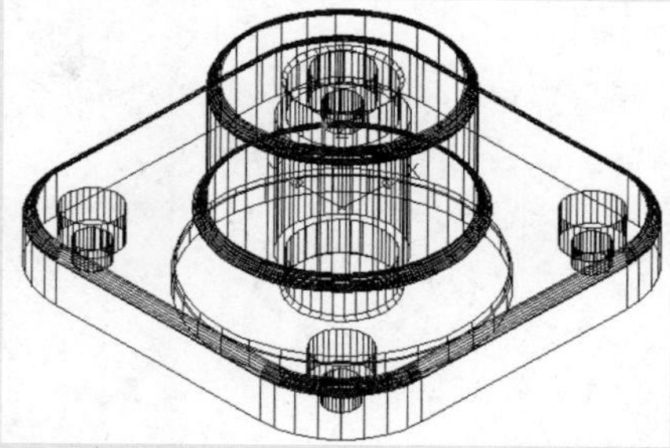

图13-52　倒角与圆角效果

步骤 19 使用消隐命令，将实体进行消隐处理并将多余线段删除，完成泵盖模型的创建。

13.3 本章小结——AutoCAD绘图技巧

魔法师：学习到此，我能教你的AutoCAD的基本操作也差不多了，不知道你掌握了多少？

小魔女：感谢魔法师对我的细心教导，在以后的时间，我一定会勤加练习，争取让自己的绘图水平更上一层楼。

魔法师：不错，不错，那我再教你几招绘图技巧，帮助你提升绘图水平吧！

第1招：如何选择零件图的视图

零件图的视图选择包括主视图的选择和其他视图的选择。在选择主视图时，方向要充分反映零件的形状特征，还要考虑零件的工作和加工位置。在选择其他视图时，应优先采用基本视图（俯视图、左视图），在满足要求的前提下，使视图的数量尽量少。

第2招：如何使引线标注更合心意

AutoCAD中的引线标注功能虽然能满足大部分的引线标注需求，但是对于一些特殊的引线标注却不能实现，如遇到需要在引线上面和下面同时标注文字的情况，使用引线标注就不能实现，这时，需要将标注出的引线标注进行分解操作，然后删除不需要的元素，最后通过绘制直线，并在直线上面和下面使用文字输入命令输入需要标注的文字即可。

13.4 过关练习

（1）使用所学的AutoCAD 2012的操作知识绘制如图13-53所示的标准轮轴零件图（光盘:\效果\第13章\标准轮轴零件图.dwg）。

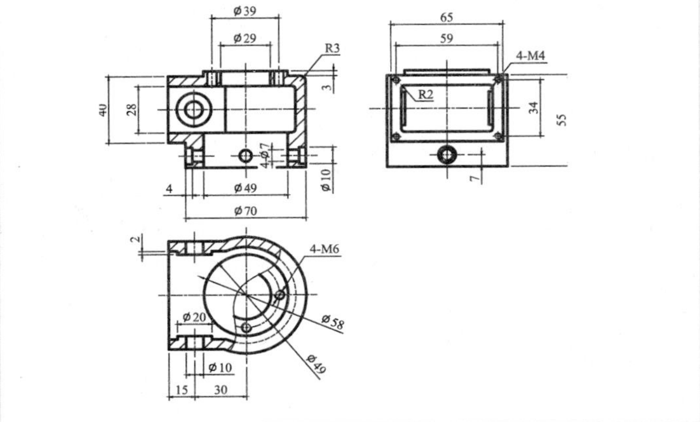

图13-53　标准轮轴零件图

（2）使用所学的AutoCAD 2012的操作知识绘制如图13-54所示的某厂房一层建筑平面图（光盘:\效果\第13章\某厂房一层建筑平面图.dwg）。

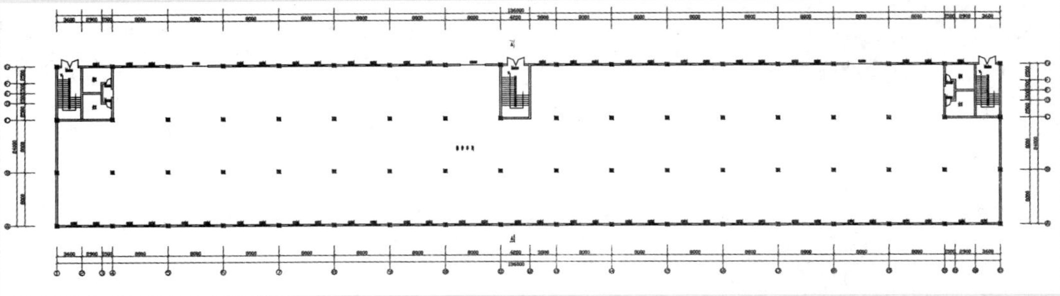

图13-54　某厂房一层建筑平面图

（3）使用所学的知识，根据图形中的尺寸绘制如图13-55所示的轴承座模型（光盘:\效果\第13章\轴承座模型.dwg），练习AutoCAD三维绘图的方法。

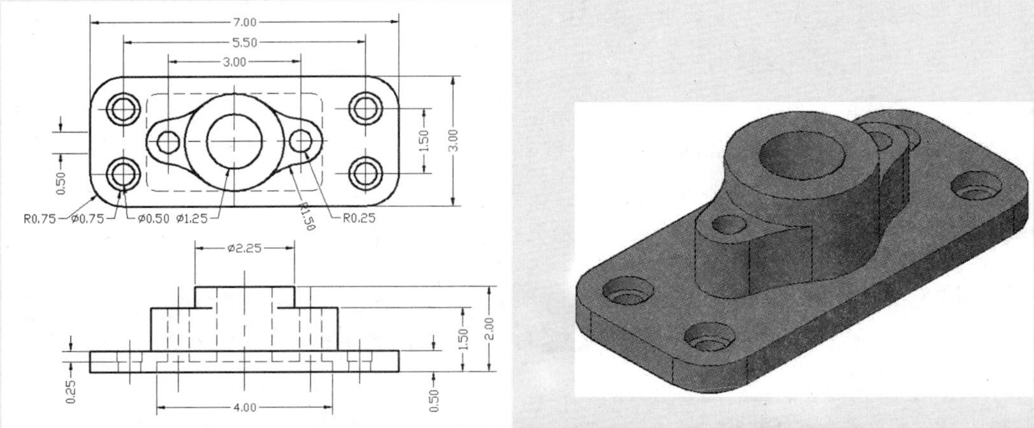

图13-55　轴承座模型